城市地下管线探测技术与工程项目管理

洪立波　李学军　主编

中国建筑工业出版社

图书在版编目（CIP）数据

城市地下管线探测技术与工程项目管理/洪立波，
李学军主编 .—北京：中国建筑工业出版社，2012.3（2023.9重印）
ISBN 978 - 7 - 112 - 14097 - 8

Ⅰ.①城…　Ⅱ.①洪…　②李…　Ⅲ.①市政工程-
地下管道-探测技术-文集②市政工程-地下管道-管道工
程-项目管理-文集　Ⅳ.①TU990.3-53

中国版本图书馆 CIP 数据核字（2012）第 035093 号

责任编辑：石振华
责任设计：董建平
责任校对：党　蕾　刘　钰

城市地下管线探测技术
与工程项目管理

洪立波　李学军　主编

＊

中国建筑工业出版社出版、发行（北京西郊百万庄）
各地新华书店、建筑书店经销
华鲁印联（北京）科贸有限公司制版
建工社（河北）印刷有限公司印刷

＊

开本：787×1092 毫米　1/16　印张：23¼　字数：576 千字
2012 年 3 月第一版　2023 年 9 月第九次印刷
定价：55.00 元
ISBN 978 - 7 - 112 - 14097 - 8
（22121）

序

　　地下管线是城市基础设施的重要组成部分，是城市赖以生存和发展的物质基础，被称为城市的"生命线"。布局合理、运营高效、运行安全的地下管线网络是城市现代化的重要体现，而城市地下管线信息也是城市空间基础地管信息的组成部分，是"数字城市"建设不可缺少的重要内容。

　　我们应从城市发展战略高度来认识地下管线在经济建设和社会发展中的作用与地位。掌握和摸清城市地下管线的现状，科学地管好地下管线各种信息资料，是城市自身经济与社会发展的需要，是城市规划、建设和管理的需要，是防灾减灾和应付突发性重大事故的需要，是"数字城市"建设的需要，是城市可持续发展的需要。对维护城市"生命线"的正常运行，保证人民的正常生产、生活和确保经济与社会发展都具有重大的现实意义和深远的历史意义。

　　改革开放以来，随着国民经济飞速发展，城市发展的速度也越来越快，对地下管线的依赖性也越来越强。但是，由于历史和现实的各种原因，我国城市地下管线及其管理滞后于城市的发展，落后于国际同行业水平。我国大约有70%的城市没有完整的地下管线基础性城建档案资料，地下管线家底不清的现象普遍存在，管线事故不断发生。地下管线科学规划意识薄弱，重审批、轻监管，重建设、轻养护，缺乏统一管理，有效监管力度不够。另外，地下管线普查经费不足，进度缓慢，效果不佳，而且地下管线养护不良，浪费现象严重。总的来说，缺乏有效的行业指导、管线信息分散、信息无法共享等亟待解决。

　　开展地下管线的普查探测和管线信息系统建设，是掌握和摸清地下管线现状和科学地管好地下管线的有效途径与方法。地下管线普查探测和信息系统建设工程是一项技术性强、涉及面广的系统工程，涉及城市许多管理部门、权属单位以及探测单位、监理单位等；从技术层面来讲，它是多学科联合作业的一项技术工程，涉及地球物理学、测绘学、地理学、管理学等学科。为了更好地指导城市地下管线普查探测和信息管理系统建设的开展，提高行业内从业人员的技术水平和业务素质，中国城市规划协会地下管线专业委员会邀请有关专家，编写了《城市地下管线探测技术与工程项目管理》一书。该书围绕地下管线探查、测绘、成果建库、管线图计算机编绘、管线信息系统建设和工程项目管理等技术问题，结合工作实际和体会，系统地介绍了各项工作的内容、特点、程序和技术方法等，把物探技术、测绘技术、空间技术、计算机技术和现代项目管理方法等有机地结合起来，为全面学习了解地下管线探测和工程项目管理的知识创造条件。该书内容全面、丰富，具有科学性、指导性、适用性和可操作性，是理论与实践结合的结晶，可供从事地下管线探测与监理以及管线信息系统建设的工程技术人员学习使用，亦可供地下管线设计、施工、管理人员参考，是业内技术培训的良好教材，也可作为大专院校地下管线信息化专业的教材。该书的出版，对推动城市地下管线普查探测和管线信息系统建设将起到积极促进作用，无疑是城市地下管线探测、管理工作中的一件大事，将为我国城市规划、建设和管理做出积极的贡献。

赵宝江

（原建设部副部长　中国城市规划协会会长）

2011 年 12 月 6 日

前　言

随着我国城市化进程的加速，城市人口、资源、环境等方面的压力越来越大，负载也越来越重，对地下管线的依赖性也越来越强。作为城市"生命线"的地下管线，是城市赖以生存和发展的物质基础，是城市基础设施重要的组成部分。城市地下管线的图纸资料也是城市规划、建设和管理的重要基础信息。但是，由于历史和现实的各种原因，我国城市地下管线及其管理滞后于城市的发展和国际同行业水平，地下管线家底不清、资料不全、不准，管理混乱、在工程施工中地下管线事故不断，造成不应有的重大经济损失和不良的政治影响，已成为制约我国城市建设和国民经济发展的瓶颈之一。因此，开展城市地下管线普查探测和进行地下管线信息管理系统建设，对维护城市"生命线"的正常运行、确保城市经济与社会可持续发展，具有重要的现实意义和深远的历史意义。

城市地下管线普查探测和信息系统建设工程是一项技术性强、涉及面广的系统工程。涉及的单位和部门多，有政府主管部门和相关部门，管线权属单位、探测单位、监理单位等；同时，它是多学科联合作业的一项技术工程，涉及地球物理学、测绘学、地理学、管理学等学科。为了提高行业内从业人员的技术和业务素质，更好地指导城市地下管线普查探测和信息管理系统建设工程的开展，1998年为配合《城市地下管线探测技术规程》(CJJ61-94)的发布实施，由周凤林、洪立波主编了《城市地下管线探测技术手册》，并由中国建筑工业出版社出版发行，对指导全国城市地下管线普查工作的开展起到积极作用。随着城市地下管线普查探测逐渐在全国展开和科学技术的快速发展，城市地下管线普查探测技术水平不断提高，地下管线探测工程项目管理工作不断规范，工作成效日益显现，为进一步总结行业发展经验与成果，适应新技术发展，加速推进城市地下管线信息化进程，中国城市规划协会地下管线专业委员会组织有关专家，在原《城市地下管线探测技术手册》基础上，编写了《城市地下管线探测技术与工程项目管理》一书，围绕着地下管线探查、测绘、成果建库、管线图计算机编绘、信息系统建设、工程项目管理等技术问题，结合工作实际和体会，系统地介绍了各项工作内容、特点、程序和技术方法等，把物探技术、测绘技术、空间技术、计算机技术和现代管理技术等有机地结合起来。该书内容全面、丰富，具有科学性、指导性、适用性和可操作性，是理论与实践结合的结晶，可供从事地下管线探测与监理以及系统建设的工程技术人员学习使用，亦可供地下管线设计、施工、管理人员参考，也可作为大专院校地下管线信息化专业的教材。

本书内容分上、下篇。上篇为"城市地下管线探测技术"，第1章由洪立波（中国城市规划协会地下管线专业委员会）编写，第2章由李学军（山东正元地理信息工程有限责任公司）编写，第3章由司少先、王勇（山东正元地理信息工程有限责任公司）、洪立波编写，第4章由李学军、司少先、任维成（山东正元地理信息工程有限责任公司）编写，第5章由李四维（中国地质大学（武汉））、李学军、洪立波编写。下篇为"城市地下管线探测工程项目管理"，第6～9章、第12～14章由朱冬元（中国地质大学（武汉））编写，

第 10 章由江贻芳（北京市测绘设计研究院）编写，第 11 章由吴绘忠（保定金迪地下管线探测工程有限公司）、刘博文（北京市测绘设计研究院）编写。全书由洪立波、李学军负责策划、组稿和统稿与审定。

本书的编写与出版，一直得到中国城市规划协会领导的关心，赵宝江会长亲自为本书作序。

本书的编辑出版得到了北京富急探仪器设备有限公司、武汉中地数码有限公司、厦门精图信息技术有限公司、山东正元地理信息工程有限责任公司、广州市城市信息研究所有限公司等单位的积极支持、帮助和提供有关资料。书中还引用了其他一些单位的经验成果、技术总结或工程资料。统稿过程中的修改、打印、编排等工作得到了刘会忠、田学军、朱照荣等积极参与、支持，在此一并表示衷心感谢。

本书内容涉及专业范围广，实践性强，由于编者水平有限，书中可能还存在片面性或不足之处，望广大读者批评指正。

2011 年 8 月 10 日

目　录

上篇 城市地下管线探测技术

第1章 城市地下管线探测技术概论

1.1 城市地下管线的作用与地位

城市地下管线是城市基础设施的重要组成部分。城市地下管线包括给水、排水（雨水、污水）、燃气（煤气、天然气、液化石油气）、电信、电力、热力、工业管道等几大类，它就像人体内的"神经"和"血管"，日夜担负着传递信息和输送能量的工作，是城市赖以生存和发展的重要物质基础，被称为城市的"生命线"。地下管线管理是城市基础设施管理工作最重要的环节，同时地下管线的图纸、资料也是城市规划、建设和管理的重要基础信息，在进行城市规划、设计、施工和管理工作中，如果没有完整、准确的地下管线信息，就会变成"瞎子"，到处碰壁，寸步难行，影响人民的正常生产和生活，甚至造成重大损失，以至生命财产的损失。良好的基础设施和完善的城市功能所形成的良好的投资环境，是加快经济发展、加速现代化进程的保障。城市发展越来越快，负载也越来越重，对地下管线的依赖性也越来越大。

新中国成立以来，尤其是改革开放以来，我国城市建设取得了巨大成就，城市数量和城市人口急增，城市化进程加快，市政建设投资大幅增加。1980年全国设市的城市只有223个，城市人口9000多万人；2008年全国城市增加到660个，人口增长到5亿人，城市数量和人口分别增长近3倍或5倍。市政公用设施建设投资1978年为8.35亿元，2005年飞速增长到5602亿元，是1978年投资的667倍。投资建设的地下管线分别由城建、电力、信息产业、广电等部门管理。城建部门所属管线的种类最多，数量最大，到2005年，全国已建成城市市政各类管线总长度约100万km，其中供水管线约45万km，燃气管线约20万km，热力管线约10万km，排水管线约25万km。2005年城市供水总量达501亿m^3；人工煤气供应总量达255.8亿m^3；天然气供应总量达210.5亿m^3；液化气供应总量达1222.0万t；城市污水处理量达187.1亿m^3，与1978年相比都有上百倍的增长。一大批市政公用设施投入使用，为促进我国国民经济建设和社会发展以及改善和提高人民生活水平提供了基础保障。随着我国经济社会快速发展，城市化步伐加快和城市功能的拓展，地下管线在城市建设和发展中发挥着越来越重要的作用。

构建节约型社会，对地下管线管理工作提出了更高的要求。温家宝总理2005年6月30日在"建设节约型社会电视电话会议"上指出"要着力抓好六个方面的重点工作：（一）大力节约能源；（二）大力节约用水；（三）大力节约原材料；（四）大力节约和集约利用土地；（五）大力推进资源综合利用；（六）大力发展循环经济。"而这些工作大都与地下管线的规划建设与安全高效运营以及规范化的维护管理有关。如地下管线的城市地下空间利用建设，是城市现代化和节约用地的需要，是今后发展的趋势。再如以节水工作为例，根据2002年对全国408个城市的统计，城市公共供水管网漏损率平均达21.5%，年漏损量达 100 亿 m³，其他管网腐蚀损坏率以及造成的损失也很严重。因此，我们应站在构建节约型社会的高度，重视城市地下管线管理工作。

加强地下管线管理是城市防灾、减灾、防范灾害事故的安全保障需要，是建立社会应急机制的重要内容。随着社会经济发展和人口的城市化，城市灾害危害日益突出，尤其是迅速膨胀发展的大城市和特大城市，城市的自然灾害、环境灾害和人为灾害都十分严重。一个现代化的城市的可持续发展，必须是具有安全保障，特别是面对突发事件和灾害，能够作出快速的正确决策和有效的救援响应。因此，城市要有完整准确的地下管线信息并能及时、高效发挥作用，就能在第一时间进行科学决策、调度和指挥，有利于救灾和加快城市恢复功能，减少人民生命财产的损失。我国一些大城市因管线排水不畅造成部分城区洪涝灾害，影响交通和人民生活，教训深刻。城市发生地震灾害时，完整准确的地下管线信息，对抗灾、救灾更具有特殊的作用和意义。

地下管线信息化是建设"数字城市"的重要组成部分。2006 年 1 月 20 温家宝总理在国家信息化领导小组会讲话指出，"信息化是当前发展的大趋势，是推动经济社会发展和变革的重要力量。制定和实施国家信息化发展战略，是顺应世界信息化发展潮流的重要部署，是实现经济和社会发展新阶段任务的重要举措"。我国信息化进程日益加速，数字化技术广泛应用到城市各个方面，是现代化城市的发展方向，而城市数字化离不开地下管线数字化，它是城市信息化基础性的组成部分。城市地下管线信息管理系统为城市规划建设、管网运营维护、保障城市的正常生产、生活将发挥重要作用。

总之，地下管线作为城市基础设施的重要组成部分在城市规划、建设与管理中的地位日益突出。所以，我们要从城市发展的战略高度来认识地下管线，来认识地下管线在城市规划、建设与管理中的作用与地位。因此，掌握和摸清城市地下管线的现状、建立地下管线信息管理系统，是城市自身经济社会发展的需要，是城市规划、建设、管理的需要，是防灾、减灾和防范突发事故的安全保障的需要。对维护城市"生命线"的正常运行，保障城市人民的正常生产、生活和社会发展都具有重大的现实意义和深远的历史意义。

1.2　城市地下管线的历史与现状

1.2.1　城市地下管线的历史与沿革

在我国一些大城市，地下管线工程建设有着悠久的历史，如北京城早在 19 世纪中叶就建设有较完整的明暗结合的排水系统，上海市早在 1861 年就开始埋设第一条煤气管道，天津市在 1898 年开始埋设第一条自来水管道，一些省会城市在新中国成立前也都有部分地下管线，主要是给水、排水系统管线。新中国成立以来，尤其是改革开放以来，我国城市建设飞速发展，市政基础设施的投资大幅增长，城市地下管线工程建设取得巨大成绩。随着城市现代化程度的不断提高，地下管线的种类越来越多，其数量也越来越大，使地下的各种管线密如蛛网，纵横交错。据调查，当前我国省会城市地下管线总长一般都在5000km 以上，中等城市的地下管线也都在 2000km 以上，像北京、上海、天津、重庆、广州等特大城市的各种管线的总长都在上万公里或数万公里以上。

城市地下管线是现代化城市的大动脉，历来为中央领导和主管部门所重视。周总理早在 20 世纪 60 年代初就指出:"从美化城市和战略考虑,要把地面上的电力电讯线都移到地下,搞好地下管网建设对现代化城市建设具有重要意义。"万里同志在 20 世纪 70 年代也指出:"搞好城市地下管网建设是为子孙后代造福的大事,具有深远的战略意义,一是要努力搞清地下管网现状,加强地下管网的科学管理;二是加强安全维护保养等。"在 1980 年全国科技档案工作会议上又指出:"所有管线档案,无论如何要搞几份……给后代做点好事,当代需要,后代更需要,这个工作不抓不行了。"江泽民同志在上海工作时就讲过:"一定要搞好地下管线档案,综合管线图要搞微缩资料,把它保存起来,这是很重要的啊!这个工作非抓不可,我们要对子孙后代负责。"2006~2007 年曾培炎副总理也多次批示要加强城市地下管线管理,要尽快制定《城市地下管线管理条例》。

1.2.2 城市地下管线管理存在的问题

长期以来,由于历史和现实的种种原因致使地下管线管理滞后于城市建设的发展和国际同行水平,地下管线施工、维护过程中各类事故层出不穷,各类地下管线档案资料和信息管理混乱,损失巨大,由此揭示出的一些深层次矛盾日益突出,已成为我国城市建设和经济发展的瓶颈,并已引起国务院领导的高度重视。主要问题如下:

1 家底不清,档案不全,工程事故不断

据有关部门的调研,全国大约有 70% 的城市没有地下管线基础性的城建档案资料,地下管线信息不清的现状普遍存在;对原有的地下管线没有及时普查、建档;对新增地下管线信息未能及时上图入库,甚至不按规定进行地下管线竣工测量。在我国的大多数城市地下管线没有一个全面、准确的地下管线综合图或数据库,与我国经济社会高速发展形成极大反差。城市规划部门在审批地下管线规划时,经常出现管线"打架"现象;建设施工中经常发生管线被挖断事故,引起停水、停电、停气及中断通信,造成严重的经济损失和不良的社会影响。据不完全统计,全国每年因施工而引发的管线事故所造成的直接经济损失达 50 亿元,间接经济损失达 400 亿元。

2 缺乏科学规划与有效监管,造成损失严重

科学规划意识薄弱。在我国城市建设中,长期以来一直存在着重地上、轻地下,重审批、轻监管等倾向,对地下管线这种隐蔽的非形象的工程的规划与建设,上述倾向更加突出,实施过程中缺乏有效监管,经常出现管线打架,临时变更设计,新老管线叠加等现象,潜在诸多事故隐患。

缺乏统筹协调。地下管线种类繁多,产权投资分属管理,规划建设与资金投入不同步,各管线产权部门又缺乏统筹协调,造成重复开挖,"拉锁式马路"不断出现,既影响道路使用寿命,损害城市形象,也给城市百姓交通、生活带来不便。

有效监管力度不够,地下管线建设施工部门不按规划要求进行施工,工程竣工不进行竣工测量,或竣工测量的图纸资料不及时按规定交档案管理部入档或交信息管理部门入库等现象经常出现,但主管部门又缺乏有效监管手段和法规来维护。

3 养护不足、运营消费与安全隐患严重

重建设、轻养护也是我国城市建设中长期存在的弊端之一。城市地下管线建设施工,工程竣工后万事大吉,长年无人过问,无人养护。由于养护不足,管道腐蚀、损坏等原因,漏水和漏气现象普遍存在,造成浪费严重。据不完全统计,我国城市单位管长、单位

时间的漏水量为 $2.7m^3/h \cdot km$，是瑞典的 11 倍，法国的 8 倍，美国的 2.7 倍。按我国 2002 年统计的水网长度核算，城市每天的无效供水量达 2106 万 m^3，与我国这样一个最贫水的国家形成极大的反差，（我国人均淡水资源量仅为 $2300m^3$，只相当于世界人均的 1/4，在世界排名为 121 名）。我国的燃气和热力管道的腐蚀率达 30%，不仅造成了漏气损失，有时还存在严重的安全隐患。

4　系统重复建设，信息难以共享

城市各管线专业管理部门为了方便工作，都积极开发和建立本专业部门的地下管线信息管理系统。但由于缺乏统筹协调，各专业系统的数据格式、数据标准、信息平台等方面各行其是，形成"信息孤岛"，信息无法共享，无法形成综合管线信息系统。多头开发、多头研制、重复投资、浪费严重。同时有的城市没有建立起有效的地下管线动态更新机制，动态更新不及时，甚至未实行动态更新，不能提供完整、准确、现势的管线信息，造成资源浪费。

5　缺乏国家的法律法规和有效组织引导

由于现阶段只有相关部委及地方政府制定的有关城市地下管线管理的政策规定，缺乏约束力，并且尚不完善，造成城市政府相关部门对地下管线管理方面的职责不明，没能建立地下管线有效管理的社会机制，没能统筹协调和科学地做好地下管线管理工作。与发达国家相比，我国在地下管线法规建设方面的差距还很大。

6　缺乏有效的组织引导、市场监管不力、技术发展不平衡

地下管线作为一个新兴行业尚处于发展阶段，尚存在市场准入不规范、监管不力、无序竞争等现象。分析其原因，主要是缺乏有效的组织引导，缺乏规范的市场行业约束，行业组织监管不力。同时，我国地下管线探测和系统建设专业队伍的整体技术水平还不高，发展也不平衡，技术过硬的队伍和技术带头人不多，地方上的技术队伍（包括权属单位的队伍）力量还较薄弱。地下管线的技术设备还不够先进、技术标准还不健全，普查监理、测漏检测，系统建设等尚无技术规范指导，还有许多技术问题有待解决。

1.2.3　城市地下管线现状与成就

在中央和各级领导的重视、支持下，城市地下管线管理工作取得较大的成就和进展。自 1995 年建设部和国家统计局联合发布在全国首次开展地下管线普查工作以来，采取了许多有效措施和办法，地下管线管理工作取得了很大成效，对于改变我国地下管线管理混乱无序的状况，推动其科学管理创造了有利条件。地下管线管理的法规建设、技术标准建设、普查探测和系统建设、技术交流、行业管理等都取得较大的成绩。主要体现在以下几方面：

1　制定和发布关于加强城市地下管线管理的政策文件，对城市地下管线工作提出了明确要求。1998 年建设部专门下发了"关于加强城市地下管线规划管理的通知"（建规〔1998〕69 号），"通知"中明确规定："未开展城市地下管线普查的城市，应尽快对城市地下管线进行一次全面普查，弄清城市地下管线的现状，有条件的城市应采用地理信息系统技术建立城市地下管线数据库，以便更好地对地下管线实行动态管理，"并严格城市地下管线工程建设的完成和竣工测量制度。2005 年建设部第 136 号令《城市地下管线工程档案管理办法》发布。2007 年国务院有关领导指示，要加紧城市地下管线管理的立法工作，建设部领导非常重视，责成有关部门抓紧制定《城市地下管线管理条例》，不久将出台《条例》，加强对地下管线法制管理，将第一次以国务院令的形式明确了城市地下管线管理的行政主体和执法主体，地下管线规划、建设与管理的程序；规范了各责任主体的建设行为和管理行为，以及对违法行为进行处罚。在此基础上，还有一些城市也制定了地方性政策、法规文件，在开展地下管线普查工作的城市，大多强化了行政法规的配套建设力度。

2　城市地下管线相关技术规范的编制与实施，促进了城市地下管线管理与技术的标准化、规范化建设。1992 年组织有关单位和专家编制并于 1995 年实施《城市地下管线探测技术规程》CJJ61-94，为开展城市地下管线普查探测工作提供技术保障。随着技术进步与发展，2001 年又组织有关专家对该《规程》进行修订，2003 年发布《城市地下管线探测技术规程》CJJ61-2003，为配合该《规程》的实施，还组织专家编写《城市地下管线探测技术手册》。《规程》与《手册》已成为全国城市地下管线普查探测工作的重要技术标准和技术参考材料。与此同时，建设部还组织编制《城市供水管网漏损控制及评定标准》CJJ92-2002，为控制城市供水管网漏水和城市节约用水提供了技术标准依据控制目标。这些技术标准的制定实施，使地下管线管理和技术工作逐步走向规范化、标准化。

3　开展城市地下管线普查，建立地下管线信息管理系统。目前，我国的广州、深圳、厦门、武汉、中山、重庆、石家庄、福州、昆明、杭州等 100 余个城市和 300 多个专业管线权属单位开展了地下管线普查工作，并建立了城市地下管线综合信息管理系统及专业管线信息管理系统。同时出台有关地方政策、法律，实施地下管线的动态管理和数据更新，有力地促进了城市规划建设的实施和城市的科学化管理。北京市测绘设计研究院于 1991 年在全国率先利用 GIS 技术建立"北京市地下管线图形数据库"，对综合地下管线信息实施科学管理，并于 1996 年获国家测绘局科技进步一等奖。广州市"探测与机助成图内外行业一体化作业，同步建库和动态管理"的普查技术方案及开发的"广州市地下管线信息系统"，获得 1999 年度建设部科技进步一等奖。"武汉市地下管线普查探测与系统建设工程"获中国测绘学会优秀工程金奖，"厦门市地下管线普查与信息管理系统"获中国测绘学会测绘科技进步二等奖，苏州市地下管线普查与信息系统获中国测绘学会测绘科技进步三等奖，淄博市地下管线信息动态管理系统获中国地理信息系统协会优秀工程银奖，昆明市、吉林松原市、乌鲁木齐等城市地下管线普查分别获得表彰和奖励。近年来，中国城市规划协会地下管线专业委员会还根据不同类型或规模的城市，选择了山西省的临汾市，黑龙江省的齐齐哈尔市，江苏省的苏州市，福建省的泉州市，作为实施新修订的《城市地下管线探测技术规程》CJJ61-2003 的试点城市，创造了不同条件下执行技术规程与相关管理结合的新经验。

4　加强城市地下管线的行业管理和技术交流活动。建设部早在 1996 年 2 月 27 日就成立建设部科学技术委员会地下管线管理专业委员会，建设部副部长李振东和原建设部副部长、科技委主任储传亨任专业委员会的顾问；建设部总工、科技委副主任许溶烈任专业委员会主任，建设部科技司、城建司、计财司等有关部门的领导任专业委员会副主任，表明了建设部对地下管线管理工作的高度重视。在建设部科技委地下管线管理技术专业委员会的领导下，十多年先后举办多次大型的技术交流会，有力地促进了城市地下管线普查探测、管线测漏和防腐检测，以及其他地下管线管理技术的进步与发展。为了加强城市地下管线的行业管理，经建设部和民政部的批准，于 2005 年 3 月将建设部原科技委地下管线管理技术专业委员会成建制转为中国城市规划协会，成立地下管线专业委员会，实施了地下管线的行业管理，制定了"中国城市地下管线行业自律公约"，召开了多次行业管理和大型技术交流会，同时召开多次专业管线研讨会，开展技术培训等。有力地推动和促进地下管线行业的管理和技术的发展与进步。

5　地下管线管理与技术领域不断拓展与壮大。随着城市现代化建设的飞速发展，伴随着城市地下管线的规划、建设和管理工作已形成一个跨系统、跨部门、多学科的相对独立的新兴行业。城市地下管线普查探测技术、防腐探测技术、地下管线信息系统建设和软件开发技术、监理技术等都有很大的发展。在引进先进的探测技术设备和软件系统的同时，开发国产的探测技术设备和系统建设软件平台。目前有几十家管线探测、检测公司和防腐检测仪器生产厂家，还有十几家地下管线信息系统软件开发公司，为我国的城市地下管线管理的科学化、现代化作出了积极贡献。围绕城市地下管线规划、建设与管理的生产企业，管理队伍也不断壮大，涌现出了一批骨干专业技术公司，其技术与管理水平较高，有的已达到国际先进水平，并具有我国特色。

1.3　地下管线的种类与结构

城市地下管线的种类繁多，结构复杂，为了搞好地下管线探测和普查工作，必须弄清地下管线的种类及结构，才能采用相应的探测技术方法，以达到有的放矢，高效率、高质量地完成地下管线的探测任务。

1.3.1　地下管线的种类

1　给水管道：包括生活用水、消防用水、工业给水输配水管道等。

2　排水管道：包括雨水管道、污水管道、雨污合流管道、工业废水等各种管道，特殊地区还包括与其工程衔接的明沟（渠）盖板河等。

3　燃气管道：包括煤气管道、天然气管道、液化石油气等的输配管道。

4　热力管道：包括供热水管道、供热气管道、洗澡供水管道等。

5　电力管道：包括动力电缆管线、照明电缆、路灯等各种输配电力电缆等。

6　电信管道：包括市话管道、长话管道、广播管线、光缆管线、电视管线、军用通信管线、铁路及其他各种专业通信设施的直埋电缆。

7　工业管道：包括氧气，乙烯，液体燃料，重油，柴油，化工管道有氯化钾，丙烯，甲醇等，工业排渣管道，排灰管道等。

1.3.2　地下管线的结构

1　给水管道的结构

1）给水管道结构的特点：

给水管道其系统构成，一般是由水源地（江河、湖泊、水库、水源井等）取水，通过主干管道（明渠、隧洞、大型管道等）送到水厂，经水厂净化处理后，再由主管道送至各方用水区（工厂、住宅小区、企事业单位等）。各用水区又根据自己的需要和条件，敷设本区的给水管道系统，其方式一般是从城市接管点把水送往单位水塔、高位水池或贮水池等，然后通过管道送至各用水点或通过支管道送往各家各户用水点。工厂给水管道的敷设形式是根据工艺流程、建（构）筑物的布置以及场地的地形条件等确定，一般分为三种系统，即分组系统、组合系统和混合系统。生产用水、生活用水或消防用水均各自成独立系统的称为分组系统；生活用水和消防用水合为一个系统，生产用水另成一个独立系统的称为组合系统；生产、生活和消防用水合在一个系统内的称为混合系统。

2）给水管道的管材：

（1）铸铁管：使用最为广泛，分承插口和法兰口两种，其规格见表 1-1。

表 1-1

公称内径	75	100	125	150	200	250	300	350	400	450
实外径（mm）	93.0	118.0	143.0	169.0	220.0	271.6	322.8	374.0	425.6	476.0
公称内径	500	600	700	800	900	1000	1100	1200	1350	1500
实外径（mm）	528.0	630.8	733.0	836.0	939.0	1041.0	1144.0	1246.0	1400.0	1554.0

（2）钢管：在 150mm 以下的管线中广泛使用，其规格见表 1-2。

表 1-2

公称内径	mm	15	20	25	32	40	50	70	80	100	125	150
英制内径	in	0.50	0.75	1.00	1.25	1.50	2.00	2.50	3.00	4.00	5.00	6.00
外径	mm	21.25	26.75	33.50	42.25	48.00	60.00	75.50	88.50	114.00	140.00	165.00

（3）其他管材：预应力钢筋混凝土管，石棉水泥管等。

3）给水管道的管件：

给水管道的管件较多，以下是比较常用的部分构件：

（1）丁字管：见图 1-1。

（2）叉管：见图 1-2。

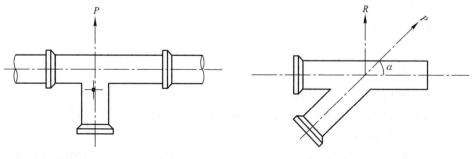

图 1-1　丁字管示意图　　　　图 1-2　叉管示意图

（3）弯管：见图 1-3。

（4）垂直向上弯管：见图 1-4。

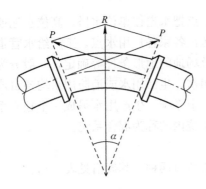

图 1-3　弯管示意图

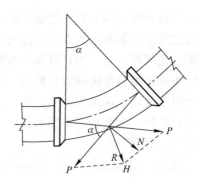

图 1-4　垂直向上弯管图

（5）垂直向下弯管：见图 1-5。

（6）穿墙套管：见图 1-6。

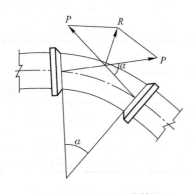

图 1-5　垂直向下弯管图

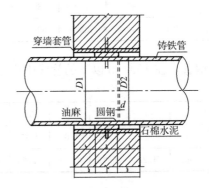

图 1-6　穿墙套管图

4）给水管道的构筑物：

（1）取水构筑物，用以取得地表水或地下水，如水源井等；

（2）升水构筑物，如水泵站（房）等；

（3）净化构筑物，用以改善水质，如清水池、净化池等；

（4）输水管道和管道网，用以输送到所需用地；

（5）贮水池（水塔、高位水池等）；

（6）冷却设备（冷却塔、喷水池），一般在采用循环式供水时才采用。

5）附属设备：

（1）闸门、阀门：多安装在检查井内，启、闭水道之用；

（2）消火栓：分地上的和地下的两种，地下消火栓安装在专门的检查井中，消火栓多安装在干线或支线的引出管上；

（3）止回水阀：是一种防水逆流的装置，安装在只允许水向一个方向流动的地方，例如给水干线上常常安装此装置；

（4）排气装置：安装在管道纵断面的高点（驼峰处），可自动排除管道中贮留的空气；

（5）排污装置：安装在管道纵断面的低点（低凹处），用于排除沉淀物；

（6）预留接头：是为扩建给水管道预先设置在管道上接管子用的接头；

（7）安全阀：是放置"止回阀"迅速关阀时产生水锤的压力过大，超过管道和设备能承受的安全压力的保护装置，当管道内压力超过安全阀的安全压力时，水即向外自动溢出；

（8）检修井：一般安装管道上各种附属设备用，或维修人员进入井内检修用。

2　排水管道的结构

1）排水管道的特点：

排水管道是接受、输送和净化城市、工厂以及生活区的各种污水，其中包括工业废水，生活污水，雨水等。排水管道系统按排出的方式分为合流式、分流式、组合式三种，合流式是将生产废水、生活污水和雨水经由一个共同的管道排出；分流式是每一种污水经由独立的排水管道排出；组合式是将需要处理的生产废水和生产污水经由一管道排出，将不需要处理的生产废水及雨水经由另一管道排出。排水管道是属于要考虑冻土深度的一种自流管道网。

2）排水管道的管材与管径：

一般排水管道的管材有：钢筋混凝土管，混凝土管，铸铁管，石棉水泥管，陶瓷管以及砖石沟等。我国的排水管道管材主要是钢筋混凝土管，其管径的公称内径是同一的，但壁厚有差异，故外径随之不尽相同，其公称内径见表1-3。

排水管道管径表　　　　　　　　　表 1-3

内径（mm）	壁厚（mm）	外径（mm）	内径（mm）	壁厚（mm）	外径（mm）
200	30	260	1000	82	1164
300	33	366	1100	89	1278
400	38	476	1250	98	1446
500	44	588	1350	105	1560
600	50	700	1500	125	1750
700	58	816	1640	135	1910
800	66	932	1800	150	2100
900	75	1050			

3）排水管道的构筑物：

排水管道系统经常由下水道、水泵站、净化池等构筑物组成。在山区的局部城区或工厂、住宅区也有采用明沟和阴沟排除污水和雨水的。城市的排水管道系统一般是由排水道和窨井组成。在排水管道上，设有一系列阴井，这些阴井的功能不相同，主要种类有：

（1）检查井：是维修人员进入井内清理淤塞物和检查修理用。检查井小室根据不同情况和要求做成圆形、扇形、矩形或多边形，不论哪一种形状，其小室高度在管道埋深所许可时一般为1.8m，污水检查井由流槽顶算起。

（2）结点井：是接受污水和废水在井中汇合后输出。

（3）跌落井：设在落差较大处，将接受的废水和污水经沉淀后输出，是降低坡度，起净化作用的井。在平坦地区，此类井的设置是根据工艺流程的需要和下水含杂物的情况而定。

（4）冲洗井：这类井一端连接上水管，另一端与检修井相通，利用上水的压力冲刷窨井中的淤物。

（5）转角井（拐弯井）：这类井的作用与结点井相同，同时也是为了便于清理和检查转角拐弯处的淤物。

（6）特别井：设在排水管与其他地下设施交叉处。

（7）渗透井：通过地下渗透方法排除雨水。

（8）倒虹吸管：主要为了避让某种障碍物如冲沟、铁路等而设置的。

（9）渡槽：为了避让障碍物，除采用虹吸管外，在个别地方也可架设渡槽。

（10）化粪池：在住宅区，每栋楼房为了更好的净化粪便，排除污水，一般在接收楼房污水的汇合处（即与支干线的连接处）设置矩形化粪池。

（11）雨水口：雨水口分偏沟式单篦、偏沟式双篦、联合式单双篦、平行单篦、平行式双篦、平行三篦或多篦等。

4）特殊排水管道有如下几种：

（1）拱形排水管道：见图1-7。

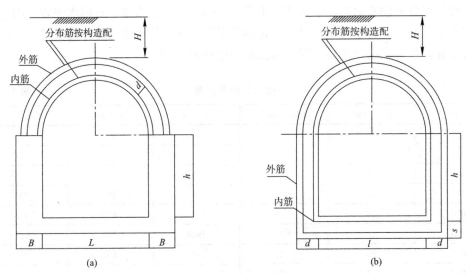

图1-7　拱形排水管道断面图

（2）倒虹吸排水管道：见图1-8。

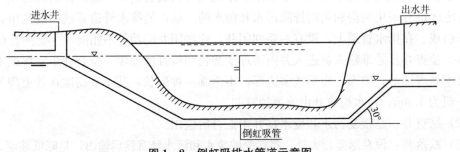

图1-8　倒虹吸排水管道示意图

（3）水封井：见图1-9。

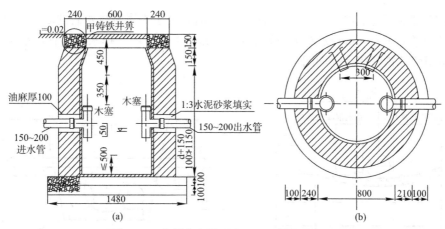

图 1-9　水封井立面 (a)、平面断面 (b) 图

5）排水管道与其他管道交叉结构：当排水管道与给水、煤气、油管（铸铁管或钢管）交叉，水、气、油在排水管道上时有如下情况：

（1）当排水管为圆管时如图 1-10 所示。

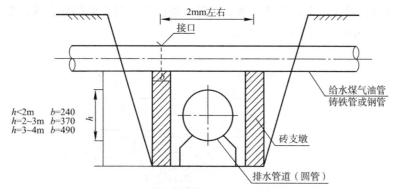

图 1-10　圆排水管与其他管交叉示意图

（2）当排水管为方沟时如图 1-11 所示。

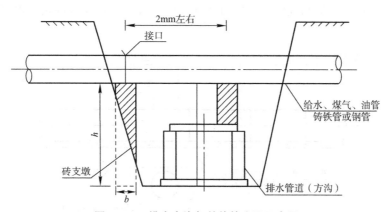

图 1-11　排水方沟与其他管交叉示意图

（3）当排水管与给水、煤气、油管高程冲突时，为了不影响排水管的断面，排水管道为圆管时管径大于 600mm 交叉段可改为方沟（如图 1-12 a）。排水管道管径小于 600mm 交叉时可用两铸铁管代替（如图 1-12b）。

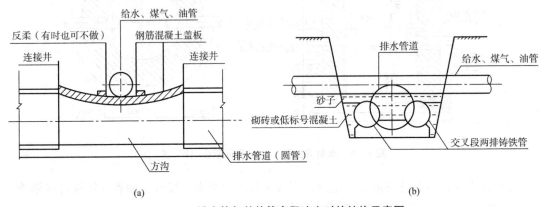

图 1-12　排水管与其他管高程冲突时的结构示意图

（a）交叉段为方沟；（b）交叉段改铸铁圆管

（4）当排水管道在给水、煤气、油管上时，铸铁管或钢管要加外套管，套管内径至少比内管外径大 300mm。如图 1-13 所示。

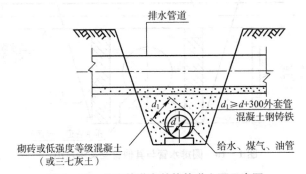

图 1-13　排水管道在其他管道上面示意图

（5）排水管道接口应与煤气管道接口错开，以防煤气管漏气时进入排水管道内。如图 1-14 所示。

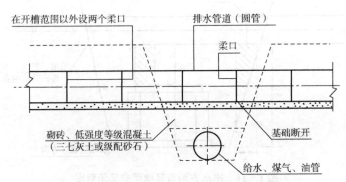

图 1-14　排水管道与煤气管道接口错开示意图

（6）当排水管道在电缆以下时，如图 1-15 所示。

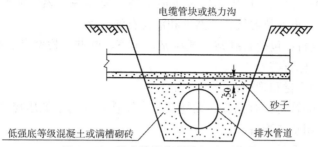

图 1-15　排水管道在电缆之下示意图

（7）当排水管道在电缆管块或热力方沟下时，如图 1-16 所示。

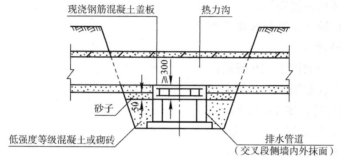

图 1-16　排水管道在其他管道之下示意图

（8）当排水管道在热力方沟上时，如图 1-17 所示。

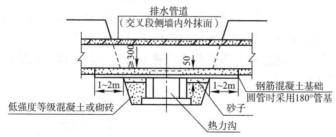

图 1-17　排水管道在热力方沟之上示意图

（9）当排水管道互相交叉时，如图 1-18 所示。

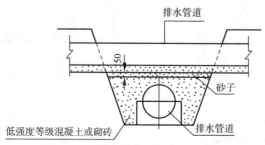

图 1-18　排水管道互相交叉示意图

3　燃气管道的结构

1）燃气的种类：燃气是现代化城市生活中的主要能源。燃气能源种类有焦炉煤气、直立式炭化炉煤气、重油裂解气、天然气和液化石油气等。

2）燃气管道设备：包括有罐站、气压站、小室、闸井、检修井、阀门、抽水缸（凝水器）、牺牲阳极、标石桩等。

3）燃气管道的管材和管径：

（1）燃气管道的管材：有钢管、无缝钢管、铸铁管（用于低压煤气）、塑料管（在一定的温度和压力下用塑料管）；

（2）燃气管道的管径：由 ϕ15mm～1500mm。

4）燃气管道的接口：

（1）低压流体输送用镀锌接口管；

（2）低压液体用焊接钢管；

（3）承压流体输送用螺旋埋弧焊钢管。

5）燃气部分构件：

（1）全承丁字管如图 1 - 19 所示；

（2）全承十字管如图 1 - 20 所示；

（3）45°双盘弯管如图 1 - 21 所示；

（4）90°承插弯管如图 1 - 22 所示；

（5）插承渐缩管如图 1 - 23 所示。

4　热力管道的结构

1）热力管道的种类：热力管道根据管道输送介质不同分为以下两种：

（1）热水热力管道：其输入介质是热水的热力管道，这种管道还根据用户之处是否设置热交换器设备，分为闭式管道和开式管道。闭式管道还分有双管制热力管道（即只供居民用户供热使用）和多制热力管道（即供生产或工艺供热使用）。

（2）蒸汽热力管道：其输送介质是蒸汽的热力管道一般采用一根管道供气，这种管道较经济可靠，采用比较普遍。

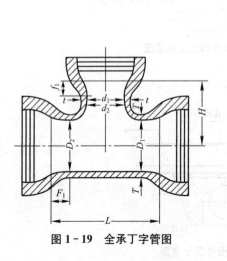

图 1 - 19　全承丁字管图

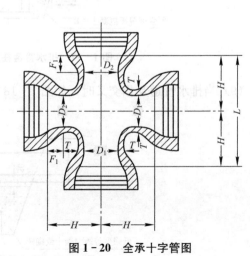

图 1 - 20　全承十字管图

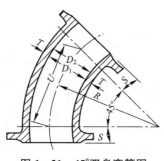

图 1-21　45°双盘弯管图

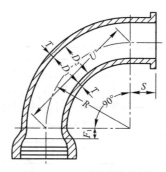

图 1-22　90°承插弯管图

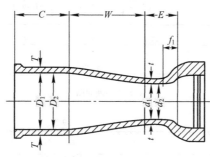

图 1-23　插承渐缩管图

2）热力管道的设备：包括热力厂、调压站、中断泵站、检查小室、阀门、闸井、聚集凝结水短管、凝结水箱、放气阀、放水阀等设备。

3）热力管道的材料及连接

（1）城市热力管道一般采用无缝钢管，钢板卷焊管；

（2）热力管道的连接采用焊接管道与设备，阀门等拆卸的附件连接时，采用法兰连接。对于直径小于或等于 20mm 的放气管可采用螺纹连接；

（3）热力管道三通钢管焊制，支管开孔进行补强；

（4）热力管道所用的变径管采用压制或钢板卷制；

（5）热力管道干、支线的起点安装关断阀门；

（6）热水热力管道输送干线每隔 200～300m，输配干线每隔 1000～1500m 装设一个方段阀门；

（7）热水凝结水的高点安装放气阀门；

（8）热水凝结水的低点安装放水阀门。

4）热力管道的构件及检查小室断面图形如下：

（1）热力管道直管构件的平面、立面断面图如图 1-24 所示；

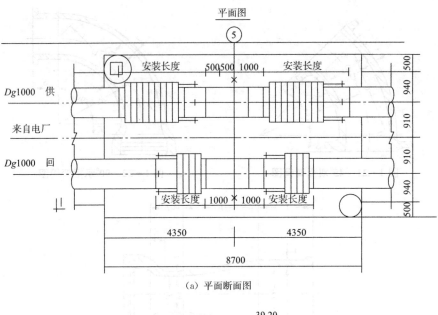

（a）平面断面图

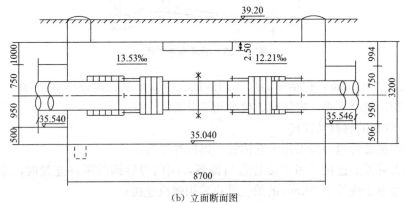

（b）立面断面图

图1-24　热力管道直管断面图

（2）热力管道三通的平面、立面断面图如图1-25。

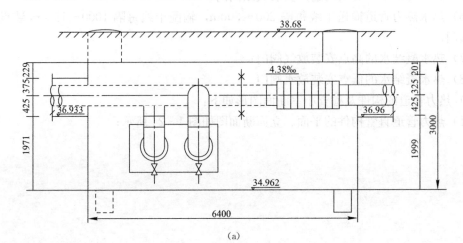

（a）

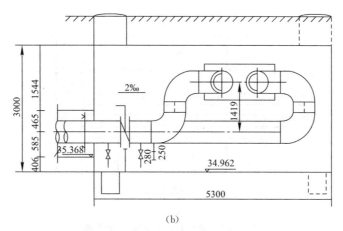

(b)

图 1 - 25　热力管道三通断面图

（a）水平断面图；（b）立面断面图

（3）热力管道检查井平面图见图 1 - 26。

平面图

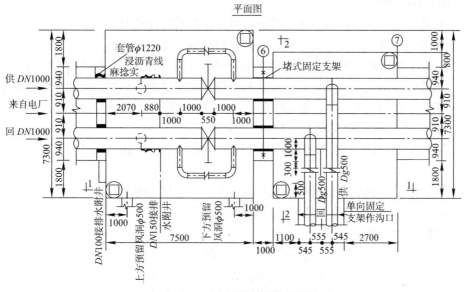

图 1 - 26　热力管道检查井平面图

（4）热力管道变坡曲头立面、平面断面图见图 1 - 27。

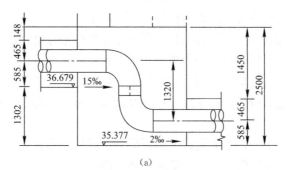

(a)

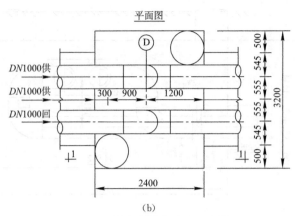

图 1-27　热力管道变坡立面平面图

（a）立面断面图；（b）平面断面图

5　电力管道的结构

1）电力管道的设备与构建筑物：包括发电厂、变电站、配电站、配电箱、检查井等。

2）电力管道的埋设种类：

（1）壕沟：电缆入壕沟内，覆盖软土，再设保护板埋齐地面。

（2）电缆沟：封闭式不通行管道，盖板可启的构筑物。

（3）浅槽：容纳电缆数量少，未含支架，沟底可不封实的有盖板式的构筑物。

（4）隧道：容纳电缆较多，有供安装和巡视方便的通道，是封闭性的电缆构筑物。

（5）夹层：控制式楼层下，能容纳众多电缆汇接，便于安装活动的大厅式电缆构筑物。

3）电力电缆分支的形式采用 T 形或 Y 形。

4）电缆芯线的材质：根据不同情况和不供电量，分为一芯、二芯、三芯、四芯、五芯电缆。

5）电力电缆的功能：分为供电（输入或配电）、路灯、电车等。

6）电力电缆的电压：分为低压、高压和超高压三种。

6　电信管道的结构

1）电信管道结构的特点：电信管道是由具有一定容量的电缆、通道和一定数量的人孔、手孔和出入口，按一定的组合方式组合成通信管道设施系统。其中布设通信管道的管孔部分和与之相接的人孔、手孔，是组成通信管道的基本要素。

2）电信电缆的布设形式：

（1）单局制电信电缆管道系统的布设形式：见图 1-28。

（2）多局制电信电缆管道系统的布设形式：见图 1-29。

3）电信管道的分类：电信管道因其在通信网络中所处的位置，布放电缆的性质，所用的管材和建设的结构不同，可综合分类为如下五种：

（1）进出局管道：从电信局（所），通信台（站）的电缆进线室局，局外主干通信管道之间通信管道叫做进出局管道；这段管道是电话局（所）全部电缆进出之唯一通道，是咽喉要害部位。

（2）主干管道：位于城市主要道路上的通信管道或用于布设主干道通信电缆的通信管道都叫做主干道，主干道的管孔容量一般是比较大的。

图 1 - 28　单局制电信电缆管道布设示意图

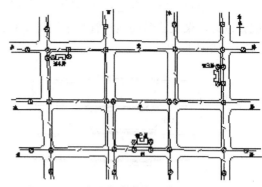

图 1 - 29　多局制电信电缆管道布设示意图

（3）中继管道：在多局制的城市中，连通各个电话局（所），通信台（站）的通道叫做中继管道，在中继管道中除布放上述电缆外，还可以布设其他通信电缆。

（4）分支电缆：位于市区道路（包括胡同小巷）的通信管道叫做分支管道或支线管道。一端与主干管道或中继管道相接，另一端至用户集中区附近，主要为布放分支通信电缆之用，所以也叫做配线管道，分支管道一般孔容量小于主干管道。

（5）用户管道：从主干管道或分支管道之特定人孔接出，进入用户小区，用户建筑物或用户院内的通信管道，并在用户小区建筑群间进行延伸的通信管道叫做用户管道。

4）电信管道的管材：

（1）水泥电信管道：这是最普通的，使用最多的通信管道的管材，是一种多管孔组合式结构的管材，有单孔、双孔、三孔、四孔、六孔、九孔、十二孔、二十四孔等管材之分，图 1 - 30 为四孔、六孔和二十四孔的管材示意图。

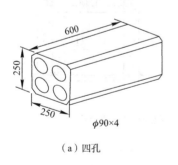

（a）四孔　　　　　　　　（b）六孔　　　　　　　　（c）二十四孔

图 1 - 30　水泥电信管道示意图

（2）钢管电信管道：钢管电信管道采用的管材是钢管；钢管管材都是通用的单孔钢管，按照一定的组合结构方式建成。如图 1 - 31。

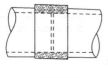
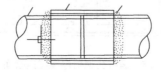
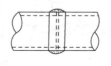

（a）管箍接口　　　　　　（b）套管接口　　　　　　（c）焊缝接口

图 1 - 31　钢管电信管道接口示意图

（3）塑料管电信管道：塑料管电信管道采用的管材是聚氯乙烯塑料管，经过管群组合成管道的，聚氯乙烯硬塑料管是采用热塑料性聚氯乙烯塑料，经过挤压成型的单孔硬性塑料管。如图1-32。

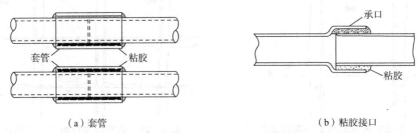

（a）套管　　　　　　　　　　　　　　　　（b）粘胶接口

图1-32　塑料管电信管道接口示意图

（4）其他管材的电信管道：除以上几种管材的电信管道外，还有石棉水泥管道和陶瓷电信管道。

5）通信管道构筑物的分类：

（1）管孔式通信管道：管道的铸铁是采用具有大于通信道路外径的管孔的管材，按一定要求进行组合顺序衔接，作为布设通信电缆的通道。在一定的位置设置人孔（或手孔），作为调节孔，变换结构排列方式，变换方向和高程等的场所。

（2）通信电缆隧道：管道的主体部分采用沟道作为布设通信电缆的通道，由于沟道的规模和性能要求不同，又分为不通行式、半通行式、通行电缆专用和公用隧道四种。图1-33为不通行通信电缆隧道，图1-34为半通行通信电缆隧道，图1-35为通行式通信电缆隧道。

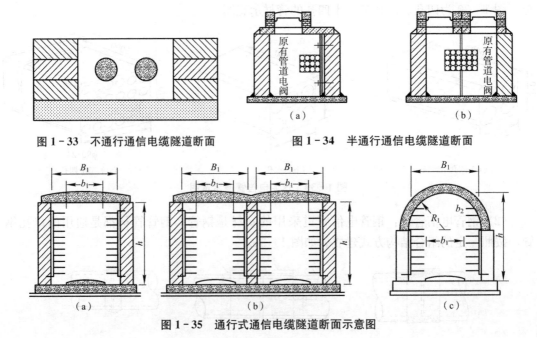

图1-33　不通行通信电缆隧道断面　　　　　图1-34　半通行通信电缆隧道断面

（a）　　　　　　　　　（b）　　　　　　　　　（c）

图1-35　通行式通信电缆隧道断面示意图

（3）人（手）孔的结构及分类

（A）人孔的主要功能

人孔是通信管道的重要组成部分之一，人孔是各方向管道汇集的场所，各方向的管孔通过人孔互相连通，如图 1-36 所示。

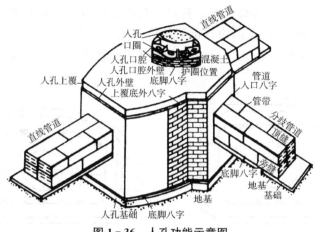

图 1-36　人孔功能示意图

（B）人孔是摆放布设于管孔中的通信电缆、电缆接头、充气门、中继器、负荷箱、光缆盘留等设施的场所，如图 1-37 所示。

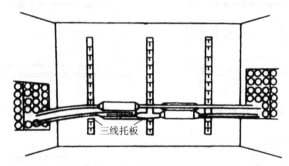

图 1-37　人孔各种设施布设示意图

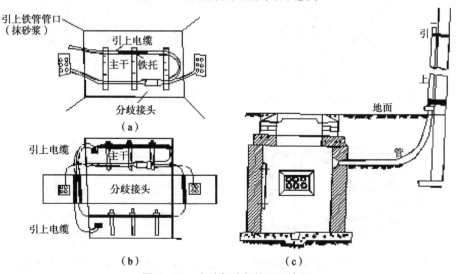

图 1-38　人孔与外部接口示意图

（4）人孔的分类：人孔根据功能特点及其建设模式分为四种类型：①矩形直通人孔：见图1-39。②扇形人孔：根据不同的折角分为多种，10°、15°、30°、45°、60°，见图1-40。③斜通人孔根据不同的分歧情况，斜通人孔组群分为45°～75°的图形，见图1-41。④移位人孔：根据不同的布设结构有矩形移位人孔（图1-42）、Z形移位人孔（图1-43）、三通分歧人孔（图1-44）、对称三通分歧人孔（图1-45）和四通（十字）分歧人孔（图1-46）。

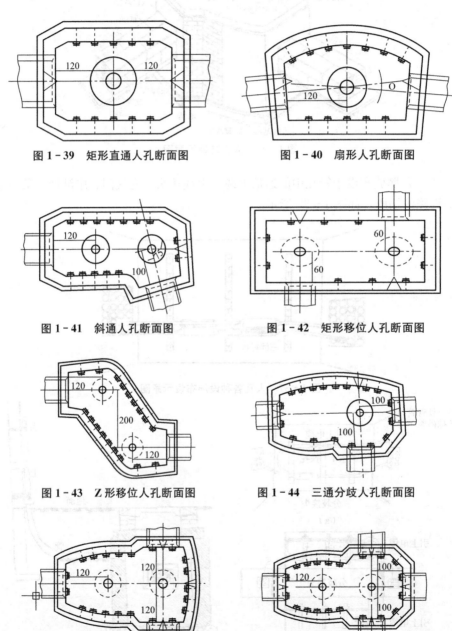

图1-39　矩形直通人孔断面图　　　　　图1-40　扇形人孔断面图

图1-41　斜通人孔断面图　　　　　图1-42　矩形移位人孔断面图

图1-43　Z形移位人孔断面图　　　　　图1-44　三通分歧人孔断面图

图1-45　对称三通分歧人孔断面图　　　　　图1-46　四通（十字）分歧人孔断面图

（5）手孔的建筑结构：

① 手孔剖面示意图如图 1-47 所示。

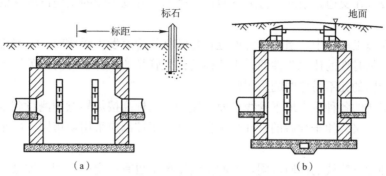

图 1-47　手孔剖面示意图

② 手孔各类型平面示意图如图 1-48。

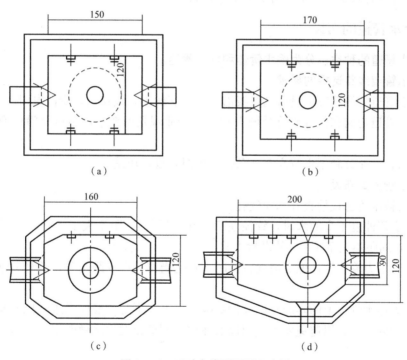

图 1-48　手孔各类型平面示意图

1.4　地下管线的布设

1.4.1　地下管线的布设原则

城市地下管线敷设的指导方针应当是全面规划，合理布局，化害为利，保护环境造福人民。坚持合理使用土地，少占农田，节省劳动力，做到技术先进，经济合理，安全通用，确保质量。

城市地下管线的敷设要在城市总体规划的基础上进行，一般均应与规划道路平行布设，尽量不设置在交通频繁的车行道下面；可燃的、有危害性的及埋设较深的管道应离建筑物远些。

在设计和施工过程中，当敷设管道位置与已有的管道发生矛盾时，一般应遵循：拟建的让已建的；临时性的让永久性的；小管径的让大管径的；有压力的让无压力（靠重力自流）的；可弯曲的让不易弯曲的为原则。

为确保拟建的各种城市地下管线平面位置和竖向标高按规划意图测设到实地上，以及各种管线相互衔接，便于今后的管理和维护，其施工控制应采用城市同一的平面坐标系统和高程系统。

由于各种地下管线的性质不同，其测量精度要求也有一定的区别，如城市排水管道靠重力自流排水时，其纵波小，则对高程精度要求较严格，而有压力的给水管道和易弯曲的电缆、电信电缆等对高程精度要求较低，因此测量方法也有所不同。所以，城市地下管线测量工作应针对管线工程的不同特点和要求进行。

1.4.2　给水管道的布设

1　给水管道的种类：分为输水管道和配水管道。

2　输水管道线路选择的要求

1）输水管道的线路应尽量做到管线沿线地形起伏小，线路短，少占农田。

2）输水管道走向和位置要符合城市和工业企业规划的要求，尽可能沿已有道路或规划道路敷设。

3）输水管道充分利用水位高差，条件许可时，设加压站。

3　输水管道的布设

1）重力输水管道设检查井和通气孔。

（1）输送浑浊度不高的水时，管径在700mm以下，间距不大于200m；管径在700～1400mm时，间距不大于400m处设检查井。

（2）对于重力输水管，地面坡度较陡时，在适当位置设置跌水井、符号井或其他控制水位的措施。

（3）压力输水管道上的隆起点以及倒虹吸管的上、下游一般应设进气阀和排气阀，以便及时排除管内空气，以避免发生气阻以及在放空管道或发生水锤时引入空气，防止管内产生负压。

2）在输水管道的低凹处设置泄水管及泄水阀，泄水管接至河沟或低洼处，当不能自流排出时，设集水井，用提水机排出，泄水管管径一般为输水管的1/3。

4　输水管道根数

1）输水管道的根数应根据供水系统的重要性、输水规模来确定它的根数。

2）不允许间断供水的过程，一般设置两条以上的输水管道，当有其他安全供水设施时则可设一条。

3）允许间断供水的给水过程或一处水源断水并不影响整个供水系统供水的多水源给水工程，一般只设置一条输水管。

5　连通管及阀门布设

1）两条以上的输水管一般应设连通管，连通管的条数可根据断管时满足事故用的要求，通过计算确定。

2）连通管直径与输水管相同，或较输水管直径小 20%～30%，但应考虑任何一段输水管发生事故时仍能通过事故用水量。

3）设有连通管的输水管道上，应放必要的阀门，以保证任何管段发生事故或检修阀时的切换。当输水管直径小于或等于 400mm 时，阀门直径应与输水管直径相同；当管径大于 500mm 时，可通过经济比较确定是否缩小阀门口径，但不得小于输水管直径的 80%。

4）连通管及阀门的布置：如图 1-49 所示，（a）为常用布置形式，（b）为管道立体交叉时布置形式，当供水要求安全极高、包括检修任何一个阀门都不中断供水时，可采用（c）形式布置，在连通管上增设阀门一只。

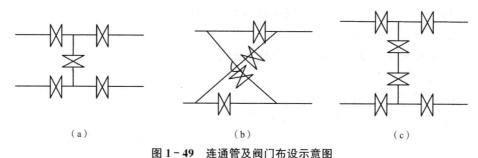

（a）　　　　　　　　　　（b）　　　　　　　　　　（c）

图 1-49　连通管及阀门布设示意图

5）输水管的阀门间距需要根据具体位置，常结合地形起伏穿越障碍物及连通管位置等综合考虑而定，可参考表 1-4。

输水管阀门间距　　　　　　　　　　　　　　表 1-4

输水管长度（km）	<3	3～10	10～20
间距（km）	1.0～1.5	2.0～2.5	3.0～4.0

6　配水管道布设

1）配水管道根据用水要求合理分布于全供水区。在满足各用户对水量、水压要求的条件下应尽可能缩短配水管线的总长度。管网一般可布置成环网状，当允许间断供水，也可敷设为树状。

2）配水干管的位置，尽可能布置在两侧均有较大用户的道路上，减少配水支管的数量。

3）配水干管之间在适当间距处设置连管以形成环网。连接管间距按供水区重要性、街坊大小、地形等条件考虑，并在通断管时满足事故用水要求确定。

4）用以配水至用户和消火栓的配水支管，一般采用管径为 150～200mm；负担消防任务的配水支线管不小于 150mm。

5）城市生活用水的管网，严禁与各单位自备的生活用水供水系统直接连接。如必须作为备用水源而连接时，应采取有效的安全隔断措施。如图1-50。

用户自备生活用水　　　　　　　　　　　城镇生活水管

放水闸（常开）

图1-50　生活用水安全接口示意图

7　配水管道与构筑物或管道的间距

1）配水管道与以下构筑物的水平净距

（1）铁路路堤坡脚为5m；路堑坡顶为10m；

（2）建筑红线为5m；

（3）街树中心为1.5m。

2）与其他管道之间的水平净距

（1）煤气管：低压为1.0m；次高压为1.5m；高压为2.0m；

（2）热力管道为1.5m；

（3）通信照明杆柱为1.0m，高压电杆支座为3.0m；

（4）电力电缆为1.0m。

3）给水管与污水管的净距

（1）给水管相互交叉，净距不少于0.15m；

（2）给水管应敷设在污水管上面，当给水管与污水管交叉时，管外壁净距不小于0.4m，且不允许有接口重叠；

（3）当给水与污水平行敷设时，管外壁净距不小于1.5m；

（4）当污水管道必须敷设在生活用水管上面时，给水管必须采用钢管或钢套管，套管伸出交叉管的长度，每边不小于3m，套管两端用防水材料封闭，并根据土壤的渗水性及地下水位情况而确定净距。

4）阀门给水栓的布设

（1）应以满足事故管段的切断需要，其位置结合连接管及重要供水支管的节点设置，干管上的阀门距一般为500～1000m。

（2）一般情况下干管上的阀门设置在连接管的下游，以便阀门关闭时，不影响支管供水。

（3）支管与干管相接处，一般在支管上设置阀门，支管修理时不影响干管供水。干管上的阀门根据配水管网分段、分区检修的需要设置。

5）消火栓的布设

（1）在城市管网支干管上的消火栓及工业企业重要水管上的消火栓均应在消火栓前装设阀门。

（2）消火栓的间距不大于120m。

（3）消火栓的接管管径不小于100mm。

（4）消火栓尽可能放置在交叉口和醒目处。消火栓按规定应距建筑物不小5m；距车行道边不大于2m，以便消防车上水。

1.4.3　排水管道的布设

1　排水管道设计原则

1）排水管道系统根据城市规划和建设情况统一布置，分期建设。

2）排水管道布设时要顾及沿线的地形，地质，道路建设，地下水位及原有的或规划的地下设施以及施工条件等综合因素。

3）排水管道及其附属构筑物以及管道接口等的材料选择应根据排水水质，水温，冰冻情况，管内外所受压力，地下水侵蚀性和施工条件等因素。

2　排水管道布设规定

1）各种不同直径的管道在检查井内的连接采用水面或管顶平接。

2）管道转弯和交接处，其水流转角不小于 $90°$。

3）管顶最小覆土厚度，应根据外部荷载管材强度和土的冰冻情况等条件，在车行道下一般不小于 0.7m。

4）冰冻层内污水管道埋设

（1）无保温措施的生活污水管道，其管底可埋设在冰冻线以下 0.15m；

（2）有防止冰冻膨胀破坏的措施下，污水管道可直埋在冰冻线以上。

5）压力管应考虑水垂的影响，在管线的高低点以及每隔一定距离处，设排气装置；压力管接入自流管时应有消能设施。

3　检查井设置

1）检查井的设置，应设置在管道交汇处、转弯处、管径或坡度改变处、跌水处以及直线管段上每隔一定距离处。

2）检查井最大间距，见表 1-5。

4　污水管道或雨污合流管道的最小坡度

污水管道或雨污合流管道的最小坡度参见表 1-6。

5　污水管道流水最大充满量

污水管道流水最大充满量见表 1-7。

排水管道检查井最大间距　　　　　　　　表 1-5

管径或暗渠净高（mm）	最大间距（m）	
	污水管道	雨水（合流）管道
200～400	30	40
500～700	50	60
800～1000	70	80
1100～1500	90	100
>1500	100	120

管径与最小坡度关系　　　　　　　　表 1-6

管径（mm）	200	300	400	500	600	700	800	900	1000	1100	1250	1500	1600
最小坡度（‰）	5	3.3	2.5	2.0	1.7	1.4	1.2	1.1	1.0	0.9	0.8	0.7	0.6

管流或渠高（mm）	最大充满量
200～300	0.55
350～450	0.65
500～900	0.70
>1000	0.75

管径与最大充满量关系　　　　　　　　　　表 1-7

6　污水管道跌水井的设置

1）当污水管道跌水水头为 1～2m 时，设跌水井；管道转折处不宜设跌水井。

2）跌水井的进水管道管径不大于 200mm 时，一次跌水，水头高度不大于 6m；管径为 300～400mm 时，一次跌水水头高度不大于 4m。跌水方式一般可采用竖管或矩形竖槽。管径大于 400mm 时，其一次跌水水头高度及跌水方式应按水力计算确定。

7　水封井

1）当生产污水能产生引起爆炸或火灾的气体时，其管道系统中必须设置水封井，应设置在产生上述污水的排出口处及其干管上每隔适当距离处。

2）水封井深度 0.25m，井上应设通风设施。

3）水封井以及同一管道系统中的其他检查井，均不应设置在车行道和行人众多地段，并应在适当远离生产明火的场地。

8　污水管道的倒虹吸管

1）倒虹吸管设置在穿越河流、障碍物、特殊重要结构、地下铁路等处；

2）倒虹吸管通过河流一般不少于两条；

3）倒虹吸管径一般不小于 200mm；

4）倒虹吸管的管顶距规划河底一般不少于 0.5m；

5）倒虹吸井设置在不受洪水淹没处，井内设闸槽、闸板、闸门；

6）倒虹吸上行、下行斜管一般不大于 30°。

1.4.4　地下燃气管道的布设

1　地下燃气管道与有关地物的净距

地下燃气管道与有关地物的净距参见表 1-8。

地下燃气管道与建筑物、构筑物或相邻管道之间的垂直净距（m）　　表 1-8

项　　目		地下燃气管道［当有套管时，以套管计］
给水管、排水管或其他燃气管道		0.15
热力管的管沟底［或顶]		0.15
电缆	直埋	0.50
	在导管内	0.15
铁路轨底		1.20
有轨电车轨底		1.00

2 地下燃气管道与建筑物、构筑物或相邻管道之间的水平净距

地下燃气管道与建筑物、构筑物或相邻管道之间的水平净距如表 1-9。

地下燃气管道与其他建筑物水平净距（m）　　　　　表 1-9

项　　目		地下燃气管道				
		低压	中压		高压	
			B	A	B	A
建筑物的外墙		1.2	1.5	2.0	4.0	6.0
给水管		0.5	0.5	0.5	1.0	1.5
排水管		1.0	1.2	1.2	1.5	2.0
电力电缆		0.5	0.5	0.5	1.0	1.5
通信电缆	直埋	0.5	0.5	0.5	1.0	1.5
	在导管内	1.0	1.0	1.0	1.0	1.5
其他燃气管道	$DN<300mm$	0.4	0.4	0.4	0.4	0.4
	$DN>300mm$	0.5	0.5	0.5	0.5	0.5
热力管	直埋	1.0	1.0	1.0	1.5	2.0
	在管沟内	1.0	1.5	1.5	2.0	4.0
电杆（塔）的基础	35kV	1.0	1.0	1.0	1.0	1.0
	>35kV	5.0	5.0	5.0	5.0	5.0
通信照明电杆（至电杆中心）		1.0	1.0	1.0	1.0	1.0
铁路钢轨		5.0	5.0	5.0	5.0	5.0
有轨电车钢轨		2.0	2.0	2.0	2.0	2.0
街树		1.2	1.2	1.2	1.2	1.2

注：建筑物外墙在有窗井或一层阳台时，应按窗井或阳台的外墙起算，对于高层建筑或其他特殊建筑物视基础的具体情况，必要时加大距离。

3 地下燃气管道埋设与深度

1) 埋设在车行道主干线下时不得小于 1.2m，在车行道支线下时不小于 1.0m；

2) 埋设在非车行道下时不小于 0.9m；

3) 埋设在庭院内时不小于 0.60m；埋设在水田下时不小于 0.8m；

4) 输送湿燃气或冷凝液的燃气管道，应埋设在冰冻线以下；

5) 地下燃气管道埋设时，应在其管顶以上 300～500mm 处，敷设耐腐蚀的材料制成的警示带，警示带的底色为黄色，上面印标有压力等级、燃气种类和所属公司名称及危险字样。

4 地下燃气管道凝水器的设置

1) 输送湿燃气管道，坡度不小于 3‰，凝水器敷设在管道低点，其间距一般不大于 500mm；

2) 输气干管在适当的地点的管道低点设置少量凝水器；

3) 倒虹吸管道的低点设凝水器。

5 地下燃气管道布设的特殊规定

地下燃气管道不得在堆积易燃和具有腐蚀性液体的场地下穿越，并不与其他管道或电缆同沟敷设。当需要同沟敷设时，必需采取防护措施。

6　地下燃气管道的阀门设置

1）高中压管道

（1）高中燃气干管上设分段阀门，其间距长，输送干线上一般为 4km；环形管网为 2km；

（2）高中压支管的起点处设置阀门；

（3）离厂站 6～100m 范围内设置进出口阀门；支线阀门与进口阀门间距小于 100m。

2）低压管道

（1）低压出口管上，离调压站 6～100m 范围设置阀门；

（2）两个调压站互为备用时，低压连道管上设阀门。

7　地下燃气管道末端预留时的处理

1）管径小于或等于 200mm 的低压管道末端预留长度为 1.0m；

2）管径小于或等于 300mm 的低压管道末端预留长度为 1.5m；

3）管径大于 300mm 的低压管道末端预留长度为 2.0m；

4）高中压管线的预留管道装设阀门，并在阀门后加盲板，管道伸出阀门井外墙外 1.0m，阀门前必须装设放散阀门。

8　燃气管道穿越障碍物

1）地下燃气管道穿过污水管、热力管沟、隧道及其他各种沟槽时，应将燃气管道敷设于套管内，套管伸出构筑物外墙不小于 0.5m。套管两端的密封材料采用柔性的防腐、防水材料。

2）燃气管道穿越铁路时，敷设在涵洞内；在穿越城镇主要干道时，敷设在套管或地沟内。

（1）套管或地沟两端密封，在重要地段的套管或地沟端部安装检漏管，并采用检查井或保护罩保护；

（2）套管端部距堤坡脚距离不小于 1.0m，应满足距铁路边轨不小于 2.5m；

（3）燃气管道穿越主要铁路干线时，应在铁路两侧装设闸门和调长器；

（4）燃气管道垂直穿越公路，套管和管沟伸出公路道牙 0.5m。

3）燃气管道在穿越河底时

（1）管道至规划河底的埋设深度，根据水流冲刷条件确定不小于 0.8m；

（2）燃气管道穿越河流采用倒缸吸过河时，在管道最低点设置凝水器，并在两岸设立标志；

（3）穿越或跨越重要河流的燃气管道在河流两岸设置阀门和调长器。调长器安装在两个阀门内侧。

4）地下燃气管道的材料

（1）一般采用钢管，并加强防腐；

（2）套管一般采用钢筋混凝土套管或钢套管；

（3）当采用钢套管时，套管直径根据穿越管道直径而定，穿越管道外径小于 200mm 时，套管内径应比穿越管道外径大 100mm，穿越管道外径大于等于 200mm 时，套管最小内径应比穿越管道外径大 200mm。

9　聚乙烯燃气管道布设

1）聚乙烯燃气管道不得从大型构筑物的下面穿越；不得在堆积易燃、易爆材料和具有腐蚀性液体的场地下面穿越；不得与其他管道或电缆同沟敷设。

2）聚乙烯燃气管道与供热管之间水平净距不应小于表 1-10 的规定，与其他建筑物、构筑物的基础或相邻管道之间的水平净距应符合表 1-11 的规定。

3）聚乙烯燃气管道与各类地下管道或设施的垂直净距不应小于表 1-12 的规定。

聚乙烯燃气管道与供热管之间水平净距（m）　　　　　　表 1-10

供热管种类	净距	注
t<150℃直埋供热管道		燃气管埋深小于2m
供热管	3.0	
回水管	2.0	
t<150℃热水供热管沟	1.5	燃气管埋深小于2m
蒸汽供热管沟		
t<280℃蒸汽供热管沟	3.0	聚乙烯管工作压力不超过0.1MPa
		燃气管埋深小于2m

注：如采用恰当的措施后，要求可以适当放宽。

聚乙烯燃气管道与建筑物和相邻管道之间水平净距（m）　　　表 1-11

序号	项目		低压	中压	
				B	A
1	建筑物基础		0.7	1.0	1.5
2	给水管		0.5	0.5	0.5
3	排水管		1.0	1.0	1.0
4	电力电缆	直埋	0.5	0.5	0.5
5	通信电缆	在导管内	1.0	1.0	1.0
6	其他燃气管道	DN<300mm	0.4	0.4	0.4
		DN>300mm	0.5	0.5	0.5
7	电杆（塔）的基础	<35kV	1.0	1.0	1.0
		>35kV	5.0	5.0	5.0
8	通信照明电杆（至电杆中心）		1.0	1.0	1.0
9	铁路钢轨		5.0	5.0	5.0
10	有轨电车的钢轨		2.0	2.0	2.0
11	街树（至树中心）		1.2	1.2	1.2

聚乙烯燃气管道与各类地下管道或设施的垂直净距　　　　表 1-12

名称		净距（m）	
		聚乙烯燃气管道在该设施上方	聚乙烯燃气管道在该设施下方
给水管、燃气管		0.15	0.15
排水管		0.15	0.20 加套管
电缆供热管道	直埋	0.50	0.50
	在导管内	0.20	0.20
	t<150℃直提供热管	0.50	1.30 加套管
	t<150℃热水蒸汽供热管沟	0.20 加套管或0.40	0.30 加套管
	t<280℃蒸汽供热管沟	1.00 加套管，套管有降温措施可缩小	不允许
铁路轨底			1.20 加套管

4）聚乙烯燃气管道埋设的最小管顶覆土厚度应符合下列规定：

（1）埋设在车行道下时，深度不应小于 1.2m；

（2）埋设在非车行道下时，不应小于 0.8m；

（3）埋设在水田下时，不应小于 1.0m；当采取行之有效的防护措施后，上述规定可适当降低；

（4）聚乙烯燃气管道的地基宜为无尖硬土石和无盐类的原土层，当土层有尖硬土石和盐类时，应铺垫细沙或细土。凡可能引起管道不均匀沉降的地段，其地基应进行处理，采取其他防沉降措施。

1.4.5 热力管道的布设

1 城市热力管道的布置，应在城市建设规划的指导下，考虑负荷分布，热源位置，与各种地上、地下管道及构筑物，园林绿化地的关系和水文、地理条件等多种因素，经技术经济比较确定。

2 热力管道的位置应符合下列要求

1）城市道路上的热力网管道一般平行道路中心线，并应尽量敷设在车行道以外的地方，一般情况下同一条管道应只沿街道的一侧敷设；

2）穿越厂区的热力网管道应敷设在易于检修和维护的位置；

3）通过非建筑区的热力网管道应沿公路敷设；

4）管径等于或小于 $\phi300mm$ 的热力网管道，可以穿过建筑物的地下室或自建筑物下专门敷设的通行管沟内穿过；

5）热力管道可以和自来水管道，电压 10kV 以下的电力电缆，通信电缆，压缩空气管道，压力排水管道和重油管道，一起敷设在综合沟道内，但热力管道应高于自来水管道和重油管道，同时自来水管道应做绝热层和防水层。

6）热力管道敷设时，宜采用不通行管沟敷设或直埋敷设；穿越不允许开挖检修地段时，应采用通行管沟。当采用通行管沟有困难时，可采用半通行管沟。

3 热力管沟敷设

1）管沟敷设的有关尺寸见表 1-13。

表 1-13

管沟敷设有关尺寸

地沟类型	有关尺寸名称					
	管沟	人行道	管道保温表面与沟墙净距	管道保温表面与沟顶净距	管道保温表面与沟底净距	管道保温表面间的净距
	净高	道宽				
	(m)	(m)	(m)	(m)	(m)	(m)
通行管沟	≥1.8	≥0.8	≥0.2	≥0.2	≥0.2	≥0.2
半通行管沟	≥1.2	≥0.5	≥0.2	≥0.2	≥0.2	≥0.2
不通行管沟	—	—	≥0.1	≥0.05	≥0.15	≥0.2

注：考虑在沟内更换钢管时，人行通道宽度还应不小于管子外径加 0.1m。

2）对于直径等于或小于 500mm 的热力网管道宜采用直埋敷设，当敷设于地下水位以下时，直埋管道必须有可靠的防水层。

3）工作人员经常进入的通行管沟应有照明设备和良好的通风。人员在管沟内工作时，空气温度不超过 40℃。装有蒸汽管道的通行管沟每隔 100m 设一个事故入孔，没有蒸汽管道的通行管沟每隔 200m 设一个事故入孔。整体混凝土结构的通行管沟，每隔 200m 设一个安装孔。

4　热力管道与建筑物（构筑物）间的关系

1）热力管道与建筑物（构筑物）其他管线的最小间距见表 1-14。

热力管道与建筑物（构筑物）其他管线的最小间距　　　　　　表 1-14

建筑物、构筑物或管线名称	与热力网管道最小水平净距（m）	与热力网管道最小垂直净距（m）
地下敷设热力网管道		
建筑物基础：对于管沟敷设热力网管道	0.5	—
对于直埋敷设闭式热力网管道 $DN{\leqslant}250$	2.5	—
$DN{\geqslant}300$	3.0	—
对于直埋敷设开式热力网管道	5.0	—
铁路钢轨	钢轨外侧 3.0	轨底 1.2
电车钢轨	钢轨外侧 2.0	轨底 1.0
铁路、公路路基边坡底脚或边沟的边缘	1.0	—
通信、照明或 10kV 以下的电力线路的电杆	1.0	—
桥墩（高架桥、栈桥）边缘	2.0	—
架空管道支架基础边缘	1.5	—
高压输电线铁塔基础边缘 35～60kV	2.0	—
110～220kV	3.0	—
地下敷设热力网管道		
通信电缆管块	1.0	0.15
通信电缆（直埋）	1.0	0.15
电力电缆和控制电缆 35kV 以下	2.0	0.5
110kV	2.0	1.0
热力管道		
压力<150kPa	1.0	0.15
压力 150～300kPa	1.5	0.15
压力 300～800kPa　对于沟管敷设热力网管道	2.0	0.15
压力>800kPa	4.0	0.15
压力<300kPa	1.0	0.15
压力>800kPa　对于直埋敷设热力网管道	1.5	0.15
给水管道	1.5	0.15
排水管道	1.5	0.15
地铁	5.0	0.8
电气铁路接触网电杆基础	3.0	—
乔木（中心）	1.5	—
灌木（中心）	1.5	—
道路路面	—	0.7

2）开式热力网直埋敷设管道，当管径大于 200mm 并于污水管道平行敷设时，最小水平净距不小于 3m。

开式热力网直埋敷设管道，不得穿过垃圾场、墓地等污染地区，与这些地区最小水平净距在 30m 以上。

　　3）热力网管道同河流、铁路、公路等交叉时应尽量垂直相交。特殊情况下，管道与铁路或地下铁路交叉不得小于 60°角；管道与河流或公路交叉不得小于 45°角。

　　4）地下敷设管道与铁路或不允许开挖的公路交叉，交叉段的一侧留有足够的抽管检修地段时可采用套管敷设。套管敷设时，套管内不宜采用填充式保温，管道保温层与套管间留有不小于 50mm 的空隙。

　　5）地下敷设热力网管道要设坡度，其坡度不小于 2%；地上敷设的管道可不设坡度。

　　5　地下敷设热力网管道的覆土深度如下：

　　1）管沟盖板或检查室盖板覆土深度不小于 0.2m。

　　2）直埋敷设管道覆土深度，见表 1-15。

地下热力管道直埋深度　　　　　　　　　　　　　　　表 1-15

管径（mm）		50～125	150～200	250～300	350～400	>450
覆土深度 （m）	车行道下	0.80	1.00	1.00	1.20	1.20
	非车行道下	0.60	0.60	0.70	0.80	0.90

　　3）燃气管道不得穿入热力网不通行管沟。给水管道、排水管道或电缆与热力网管道交叉必须穿入热力网管沟时，应加套管或用厚度 100mm 的混凝土防护层与管沟隔开，同时不妨碍热力管道的检修及地沟排水。套管伸出管沟（检查室）以外，每侧 1.0m。

　　4）热力网管道与燃气管道交叉燃气管道加套管。套管两端超出管沟 1m 以上。

　　5）热力网管道穿过建筑物时，管道穿墙处应封堵严密。

1.4.6　电力电缆的布设

1　电缆直埋敷设及有关规定

　　1）电缆埋设避开含有酸、碱强腐蚀或杂散电流化等腐蚀严重影响的地段。

　　2）未设防护措施时，要避开白蚁危害地带、热源影响和易遭外力损伤的地段。

　　3）电缆应敷设在壕沟里，沿电缆全长的上、下紧邻侧铺以厚度不小于 100mm 的软土或砂层。

　　4）沿电缆全长应覆盖宽度不小于电缆两侧 50mm，保护板用混凝土制作。

　　5）位于城镇道路等开挖较频繁的地方，可在保护板上层铺以醒目的标志带。

　　6）位于城郊或空旷地带，沿电缆路径的直线间隔约 100m 转弯处或接头部位，应竖立明显的方位标志或标桩。

　　7）直埋电缆敷设于非冻土地区时，电缆直埋深度：

　　（1）电缆外皮至地下构筑物基础，不小于 0.3m；

　　（2）电缆外皮至地面深度，不小于 0.7m；当位于车行道或耕地下时应适当加深，不小于 1m。

　　8）直埋敷设于冻土地区时，埋入冻土层以下，当无法深埋，可在土壤排水性好的干燥冻土层或回填土中埋设，也可采取其他防止电缆受到损伤的措施。

　　9）直埋敷设的电缆，严禁位于其他地下管道的正上方或下方。

10）电缆埋设与地物构筑物的关系见表 1-16。

11）直埋敷设的电缆与铁路、公路或街道交叉时，要加保护管，保护范围超出路基、街道路面两边以及排水沟边 0.5m 以上。

12）直埋敷设的电缆引入构筑物，在贯穿墙孔处设置保护管，对管口实施阻水堵塞。

2　直埋敷设电缆的接头配置

1）接头与邻近电缆的净距不小于 0.25m。

2）并列电缆的接头位置相互错开，不小于 0.5m 的净距。

3）斜坡地形处的接头安置，应呈水平状。

4）对重要回路的电缆接头，在其两侧约 1000m 开始的局部段，按留有备用量敷设电缆。

3　电缆敷设于水下的要求

1）电缆要敷设在河床稳定、流速较缓、岸边不易被冲刷的地方。

2）水下电缆敷设要选择水下无礁石或沉船等障碍物、少有沉锚和拖网渔船活动的水域。

3）电缆不设在码头，渡口，水工构筑物近处以及挖泥区和规划构筑地带。

4）水下电缆不得悬空于水中，埋设于水底适当深度，并加以稳固覆盖保护，浅水区埋深不小于 0.5m，深水航道的埋深不小于 2.0m。

5）水下电缆相互间严禁交叉、重叠，相邻的电缆保持足够的安全间距。

6）主航道内，电缆相互间距不小于平均最大水深的 1.2 倍，引至岸边间距可适当缩小。

7）水下电缆与工业管道之间的水平距离不小于 50m，受条件限制时，不小于 15m。

电缆与电缆或管道、道路、构筑物等相互间容许最小距离（m）　　　　表 1-16

电缆直埋敷设时的配置情况		平行	交叉
控制电缆之间		—	0.5①
电力电缆之间或与控制电缆之间	10kV 及以下电力电缆	0.1	0.5①
	10kV 以上电力电缆	0.25②	0.5①
不同部门使用的电缆		0.5②	0.5①
电缆与地下管沟	热力管沟	2③	0.5①
	油管或易燃气管道	1	0.5①
	其他管道	0.5	0.5①
电缆与铁路	非直流电气化铁路路轨	3	1.0
	直流电气化铁路路轨	10	1.0
电缆与建筑物基础		0.6②	—
电缆与公路边		1.0③	
电缆与排水沟		1.0③	
电缆与树木的主干		0.7	
电缆与 1kV 以下架空线电杆		1.0③	
电缆与 1kV 以上架空线杆塔基础		4.0③	

①用隔板分隔或电缆穿管时可为 0.25m；
②用隔板分隔或电缆穿管时可为 0.1m；
③特殊情况可酌减且最多减少一半值。

1.4.7　电信管道的布设

1　通信管道线路的选择

1）通信管道线路选择尽量结合城市规划，沿规划道路进行建设，避免敷设在不固定的临时道路上。

2）同一方向的通信管道尽量选择直达路由，避免过大的迂回。

3）在进行通信管道建设路由选择时，尽量避开过于狭窄、地上地下的构筑物过于拥挤和地面交通过于繁忙的街巷，以避免施工时期相互干扰的困难。

4）尽量选择经由尚未铺设高级路面的街道，避开刚刚铺设高级路的道路。

5）尽量照顾到用户配线方便，靠近已有架空杆路，以利电缆引上。

6）避开高压输电线电气化铁路和危险的道路，减少干扰。

7）尽量避开土壤化学腐蚀及电化学等腐蚀较严重的地区。

8）尽量避开河湖坡岸或距铁路过近的地区。

2　手孔、人孔的设置

1）分歧人孔的设置

在交叉口或直线管道上的需要引出四孔以上的分支管道处，要根据实际需要设置三道分歧或四通分歧人孔。

2）转弯人孔的设置

在管道中心线在某处发生大于5°的折角时，在折点处设置合适的转弯人孔。

3）直通人孔的设置

关于直通人孔的设置参考下列条件：

（1）直线管道的段长一般最大不超过150m，如果超过150m时，在适当位置上设置直道人孔。

（2）直线管道路由沿线有三孔以下分支管需要就近引出，在引上点之附近可设置直通人孔，做为分支电缆与主干电缆的连通场所。

（3）直线管道中心在某处发生小于5°的折角时，可在折点处设置一直道人孔，以缓和因折角对管孔通畅产生之影响。

（4）如有超出上述各项的情况，需根据实际情况考虑入孔建设模式的选择。

3　通信管道的坡度

为了使管道管孔内的积水（因管道漏水，渗水或潮湿空气的凝结水）能够自行排出至人孔；或为调节管道及人（手）孔的埋设深度，在两人孔之间的管道一般都安排一定的坡度，坡度一般可与所接近的平行道路的纵坡基本相同；在道路纵坡小时，可人为的安排坡度，一般在3°～5°；有时为调节深埋管道与浅埋管道之间的连接，需要加大管道的坡度，最大控制在不超过15°。

4　通信管道的埋设深度

1）人孔口腔的高度一般以50～60cm，最高不超过100cm。

2）人孔内高非分歧人孔一般为180cm；分歧人孔一般不小于200cm，以利于主干直通电缆与分歧管道入口错开。

1.5 地下管线探测的目的、对象与任务

1.5.1 探测目的

随着城市现代化建设的迅速发展，作为城市重要基础设施的城市地下管线，已由单一、简单的形式发展到包括给水、排水、电力、电信、燃气、热力、工业等多类别及多权属管理的布局复杂的管网线。但是由于历史原因，我国各城市都不同程度存在地下管线资料不全、不准的情况，而且各类地下管线处于有规划、无规划发展和缺乏规划、建设监管的局面。加强城市地下空间规划管理，使地面建设与地下建设协调发展已显得越来越重要。城市地下管线探测的目的，就是查清地下管线现状和建档并为建立科学、完整、准确的地下管线信息管理系统，为城市规划、建设与管理提供可靠的基础资料。

1.5.2 探测对象与任务

城市地下管线探测的对象是：已埋设并尚未进行竣工测量以及情况不明的各种地下管线。

城市地下管线探测的任务是：查明地下管线的平面位置、高度、埋深、走向、规格、性质、敷设年代、产权单位并绘制成地下管线平面图、断面图。在实际探测工作中由于服务对象不同，其要求也不尽相同，因此应根据不同的要求确定探测的侧重点。地下管线探测按任务性质和范围可分为市政及公用管线探测（即综合管线探测）、厂区或住宅小区管线探测、施工场地管线探测和专用管线探测四类。

1 市政及公用管线探测是指为市政及公用管线的规划、设计和管理部门服务的探测，城市地下管线规划、设计目的，是要充分发挥各种地下管线的效能，满足城市运行及发展的需要，同时对各种地下管线结合道路及其他地面设施进行合理安排，充分利用地下空间因此需要全面、准确掌握地下管线的空间位置、属性外，其要求更侧重于各种附属设施的位置及其相互关系。因此探测工作应根据这些部门的要求进行，其探测范围也应按这些部门的要求确定，一般包括道路（街道、公路）、厂场等主干道通过的区域。

2 厂区或住宅小区管线探测，是为工厂或住宅小区（或单位庭院）内部的管线设计和管理服务而探测，因此其探测范围限于厂区或住宅小区所辖的区域内，探测时需要注意与市政及公用管线探测范围之间的衔接，避免漏测或重复。

3 施工场地管线探测，是指为某项工程施工在开挖前进行的探测，目的是保护地下管线，防止施工开挖造成地下管线的破损，其探测范围包括需要开挖的区域的可能受开挖影响威胁地下管线安全的区域，因此它对地下管线空间位置探测要求高。

4 专用地下管线探测是指为某项管线工程的规划、设计、施工和管理服务的探测，具体探测工作应按委托部门的要求进行，其探测范围包括管线工程和可能已经敷设的区域。

1.6　地下管线探测的一般要求

1.6.1　坐标系统的选择

地下管线探测资料应与规划、设计部门使用的有关基础资料相衔，因此地下管线探测坐标系统的选择，必须以与相应基础资料所采用的坐标系统相一致为原则，市政及公用管线探测采用当地城市建设的坐标系统；厂区或住宅小区管线探测和施工场地必要时可以采用本地区建筑坐标系统，但应与本市坐标系统建立转换关系，以便信息共享。

1.6.2　地下管线图比例尺的选择

地下管线图比例尺应与城市基本地形图或厂区、住宅小区的基本地形图的比例尺相一致，一般可以参照表 1 - 17 选择。

地下管线图比例尺的选择　　　　　　　　　　　　　　表 1 - 17

探测类别		选用比例尺
市政公用管线探测	市区	1∶500～1∶2000
	郊区	1∶1000～1∶5000
厂区或住宅小区管线探测		1∶500～1∶1000
施工场地管线探测		1∶200～1∶1000
专用管线探测		1∶500～1∶5000

1.6.3　探测精度

地下管线探测主要包括实地探查、管线点测量（包括地形测量）和管线图编绘三个阶段。因此，探测精度分为：隐蔽管线点探查精度、管线点测量精度和管线图的精度。

1　隐蔽管线点的探查精度

隐蔽管线点的探查精度，是指通过仪器探查实地设置的管线点与实地管线位置之间的误差，包括平面位置与埋深的误差，以限差衡量。

平面位置限差 δ_{ts}：$0.10h$；

埋深限差 δ_{th}：$0.15h$。

（式中 h 为地下管线的中心埋深，单位为厘米，当 $h<100cm$ 时则以 100cm 代入计算）。

注：特殊工程精度要求可由委托方与承接方商定，并以合同形式书面确定。

2　管线点的测量精度

平面位置中误差 m_s 不得大于±5cm（相对于邻近控制点）；

高程测量中误差 m_h 不得大于±3cm（相对于邻近控制点）。

3　地下管线图测绘精度

地下管线与邻近的建筑物、相邻管线以及规划道路中心线的间距中误差 m_c 不得大于图上±0.5mm。

1.7　地下管线探测的工作模式

全国许多城市为配合城市规划工作在 20 世纪 80 年代中期陆续开展地下管线探测普查工作，在已完成或正在开展普查的城市中采用的工作模式各有不同，综合起来有二类：一是传统的探测工作模式，二是利用新技术、新设备的现代化的探测工作模式，即一体化的探测工作模式。

1.7.1　传统的探测工作模式

传统的探测工作模式主要包括：专业管线探查与统一测绘；专业管线探查、测量与综合；资料编绘与补测。这三种工作模式在已完成普查的城市中基本上都采用过。

专业管线探查与统一测绘是各专业管线权属单位分别负责地下管线探查工作（包括搜集资料实地调查与仪器探查）各专业管线完成探查后由综合管理部门统一组织测绘单位测绘各类管线图。专业管线探查、测量与综合，则是由各专业管线权属单位各自完成本单位所属管线的探查测绘，然后向档案管理部门提交规定的专业管线资料，再由档案管理部门将各类地下管线资料综合汇编成综合地下管线图。资料编绘与补测是利用现有的各种设计图、施工图、竣工图及资料转绘汇编成地下管线图，对缺乏资料的管线采取探查、测绘的方法进行补测最后汇总成地下管线图。这类工作模式在探测技术上采用实地调查、探查与开挖相结合，早期的探测则以开挖为主；测量上以解析法和图解法相结合，地形均以图解法测绘，绘图则采用传统的手工绘图，其优点是可以充分利用原有的地下管线资料，调动各管线权属单位的人力、财力减轻普查组织机构的工作和政府投资，省时、省力，成果也能暂时满足传统管理模式的需要。但存在以下几个问题：一是管理上比较松散，同时由于各管线权属单位技术力量及重视程度的不均衡，难以保证普查严格按照统一的技术要求和计划实施；二是由于探查和测绘分别由不同的单位负责，在工序衔接上会出现诸多问题，影响作业进度和质量；三是由于多个单位在同一路段作业会造成工作的交叉、重复增加总体投资，同时在管线与管线之间、管线与地物之间间距很小的情况下还会造成成果综合时的矛盾；四是由于同时采用解析法和图解法两种手段进行测量数据精度不统一，不能满足建立地下管线信息管理系统的要求，对地下管线信息的管理难以摆脱传统的管理方式。

1.7.2　探测一体化的工作模式

随着我国地下管线探测技术的发展及全站型电子速测仪和计算机技术在测绘领域的应用和普及，已完全可以解析法测绘和机助成图并建立地下管线图形数据库，取代过去图解法测绘和手工管理的落后手段。如广州市地下管线普查所采用的一体化作业与同步建立地下管线数据库的普查技术方案，就是在这个前提下经过分析、论证和普查实验、建库实验之后，提出来的技术方案，即在专业管线权属单位进行现状调绘的基础上由探测作业单位采用明显管线点实地调查与隐蔽管线点仪器探查相结合、全解析法测绘与机助图相结合，并同步建立地下管线信息管理系统，这类探测的一般工作流程可参考图 1-51。该工作模式将物探技术、测绘技术和计算机技术有机地结合起来获取高质量的地下管线数据，使地下管线综合管理更加科学化、现代化。与传统的普查技术方案比较，技术先进、管理严密、成果精度高、质量可靠，同时实现了地下管线规划、设计、管理自动化和现代化，适应了社会发展对管理工作的要求，目前国内城市地下管线普查均采用这种探测模式。

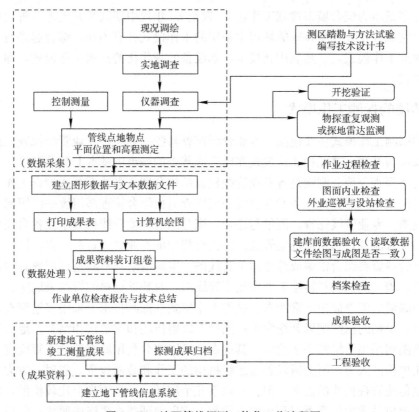

图 1 - 51　地下管线探测一体化工作流程图

1.8　地下管线探测的技术方法

1.8.1　探查方法

地下管线探查方法包括：明显管线点实地调查、隐蔽管线的物探探查和开挖调查，在实际的地下管线探查工作中采用这三种方法相结合进行。

1　明显管线点实地调查

对所出露的地下管线及其附属设施作详细调查、量测和记录查清一条管线的情况，填写管线点调查表，确定必须用物探方法探测的管线段。明显管线点包括接线箱、变压器、水闸、消防栓、人孔井、阀门井、检修井、仪表井及其他附属设施。

实地调查应查清各种地下管线的权属单位、性质、材质、规格（对地下管道查清其几何断面尺寸对电缆应查清其根数或孔数）、附属设施名称，对电力电缆还应查明其电压，对排水则应查明其流向，同时量测明显管线点上地下管线的埋深和附属设施中心位置与地下管线中心线的地面投影之间的垂直距离，即偏距。埋深的量测应根据不同管类或要求量测到地下管线的不同位置，地下管线的埋深一般分为内底埋深和外顶埋深，内底埋深是指管道内径最低点到地面的垂直距离，外顶埋深是指管道外径或直埋电缆最高点到地面的垂直距离。在市政及公用管线探测时，一般情况下地下沟道或自流的地下管道，量测其内底埋深，而有压力的地下管道、直埋电缆和管块量测其外顶埋深。为地下隧道工程而进行的地下管线探测，主要是为了防止地下顶管施工时引起管线的破损，为安全可靠应量测所有管线的外顶埋深。外底是指管线外径的最低点。

2　隐蔽管线的物探探查

对隐蔽管线采用物探方法进行探查，应使用专用管线仪或其他物探仪器，对埋设于地下的管线进行搜索、追踪、定位和定深，将地下管线中心位置投影至地面，并设置管线点标志。管线点标志一般设置在管线特征点上，在无特点的直线段上也应设置管线点，其设置间距以能控制管线走向为原则，具体应根据探测目的确定。对市政公用管线探测，其设置间距应该按照现行的《城市地下管线探测技术规程》CJJ61 执行，也可根据实际或业主要求设置。当管线弯曲时，至少在圆弧的起讫点和中点上设置管线点，当圆弧较大时应增加管线点，设置的密度以保证其弯曲特征为准。管线特征点是指管线交叉点、分支点、转折点、起讫点、变坡点、变径点及管线上的附属设施中心点。物探方法主要有电磁法、直流电法、磁法、地震波法和红外辐射法等。在地下管线探测中应用最广泛的是电磁法，目前使用的专用地下管线仪都是采用电磁法原理设计的，由发射机和接收机两部分组成。应用电磁法探测地下管线的探测方法有被动源法和主动源法。被动源法包括 50Hz 法和甚低频法；主动源法包括直接法、电偶极感应法、磁偶极感应法和电磁波法。探测时应根据探测对象、探测条件和探测目的，选择最佳的探测方法。

应用电磁感应类专用地下管线探测仪对地下管线进行定位的方法有极大值法和极小值法（也称"零值法"或"哑点法"）。定深的方法主要有直读法、45°法、70%法、极值法，此外还有多种定深方法，应根据当地的方法试验结果，确定最佳的作业方式，通过方法试验还可以确定定深修正系数，提高定深的精确度。

3　开挖调查

开挖调查是最原始和效率最低却最精确的方法，即采用开挖方法将管线暴露出来，直接测量其深埋、高程和平面位置。一般只在由于探测条件太复杂，现有物探方法无法查明管线敷设状况及为验证物探精度时才采用。

1.8.2　物探技术的应用

早在 19 世纪末期至 20 世纪初叶，国际上用地球物理方法寻找金属体、金属矿石、地下水、地下管线的研究几乎是同步进行。但早期物探技术在找矿方面的应用较为广泛，后来逐步应用于工程方面（工程物探）。物探技术在地下管线探测技术上的应用国外虽然较早，我国却是 20 世纪 70 年代末才开始进行一些探索性的简单应用。20 世纪 80 年代开始，特别是近几年随着城市建设的迅速发展，物探技术在地下管线探查、测漏的应用越来越广泛和成熟。早期的探测技术只适用于管线单一、分布较稀、空间干扰磁场较弱的条件下。而现在城市的地下管线种类多、分布密集、地面建筑和地下设施多、干扰源复杂、管线埋设方法多种多样、管线周围物理性质不均匀等等，同时城市建设和管理对地下管线探测要求也越来越高，从而促进探测技术在理论、仪器设备等方面的发展，并在实际工作中得到广泛应用。

应用物探技术探测地下管线就是利用因管线的存在能引起物理异常的方法，通过测量各种物理场分布的特征来确定管线的存在和位置。物探技术是地下管线探测中的高新技术，但并不是各类物探方法在各种条件和环境中都是有效的，在所有物探方法中，应用效果好、适用范围广的是电磁法。电磁探测法是通过发射机在发射线圈中供以谐变电流，称一次电流，从而在地下建立谐变磁场，称一次场，地下管线在谐变磁场的激励下形成的电流，称为二次电流，然后在地面通过接收机的接收线圈来测定二次电流所产生的谐变磁场（称为二次场），来推求地下管线的存在和具体位置。因此电磁法是利用电磁感应原理来探测地下管线的，其主要探测目标是金属管线和电缆，对有出入口的非金属管道（如排水管）配上可塞入管道内的示踪器，也可以很好地进行探测。应用电磁法探测地下管线的工作方式有：工频法、甚低频法、电偶极感应法、磁偶极感应法、示踪电磁法和夹钳法。

1.8.3　测绘技术方法

地下管线测绘方法包括：内外业一体化测绘法、解析法、图解法和平板测图法。

1　内外业一体化测绘法

应用全站型电子速测仪或配有电子记录手薄的电子测距经纬仪直接测量，并自动记录管线点的三维坐标，对没有数字化地形图的地区，同时还应测量与管线相关的带状地形，经内业数据处理，以机助成图方法绘制地下管线图，并编制地下管线点成果表。这种方法所得成果精度高、质量可靠、是建立地下管线信息系统、实现现代化管理的基础。

2　解析法

就是采用测量仪器直接测定管线点的三维坐标，然后以传统的手工方法，根据管线点坐标将地下管线展绘在地图上，绘制成地下管线图。该方法管线点成果精度高，但管线点精度与地形图测量精度不匹配，不利于建立地下管线信息系统。

3　图解法

利用原有地形图，将实地管线点点位根据与相关地物的关系标绘到地形图上，形成地下管线图。该方法工作量较小，但管线点坐标只能在图上量取，精度无法保证。该方法目前不宜采用。

4　平板测图法

是应用传统的平板测图方法将管线点和周围的地形地物测绘到图上，形成地下管线带状图。其精度与图解法基本一样。由于精度不能满足要求，故不宜采用该方法。

1.9　地下管线探测的基本程序

地下管线探测的基本程序是：接受任务、收集资料、现场踏勘、仪器检验、探查方法试验、技术设计、实地调查、仪器探查、建立测量控制、地下管线点测量、地下管线图编绘、技术总结、成果验收。

1　接受任务：地下管线探测任务由专业探测单位的上级部门以任务书的形式下达，或由用户以合同书的形式委托。任务书或委托书包括以下内容：工程名称、工区位置和范围、任务内容及技术要求、工程期限、应提交的成果、工程总价、付款方式及有关责任和奖罚规定等。·

　　2　收集资料：接受任务后，先全面搜集和整理测区范围内已有地下管线资料和有关测绘资料，其内容主要包括：各种地下管线的设计图、施工图、竣工图和技术说明、资料以及已有的其他地下管线图、资料；测区相应比例尺的地形图；测区及其邻近测量控制点成果，将搜集到的地下管线资料进行整理，并转绘到地形图上，作为探测工作示意图。当由各管线权属单位提供现况调绘图时，直接以现况调绘图为探测工作示意图。

　　3　现场踏勘：现场踏勘是在搜集、整理、分析已有资料的基础上进行的，其任务是：（1）核查搜集的资料，评价资料的可信度和可利用程度；（2）察看和了解测区的地形、交通和地下管线分布出露情况、地球物理条件及各种可能的干扰因素；（3）核查测区内测量控制点的位置及保存情况。

　　4　仪器检验：测区探测前，应对所选用的探查仪器和测量仪器进行检验。探查仪器应按要求对仪器的能和各项指标作全面检验，当使用多台仪器同时进行探查作业时，还应对仪器进行一致性检验。测量仪器的检验按《城市测量规范》的要求进行。

　　5　探查方法试验：测区开始探查前，还应选用不同的仪器、工作方式在有代表性的地段进行方法试验，通过将试验结果与当地已有地下管线数据比较或足够的、有代表性的开挖点验证、校核，确定探测方法和仪器的有效性和可靠性，从而选择最佳的工作方法、合适的工作频率和发送功率、最佳收发距，并确定所选择方法和仪器测深的修正系数或修正方法。

　　6　技术设计：在搜集资料、现场踏勘、仪器检验、探查方法试验的基础上，进行测区技术设计，并编写技术设计书。

　　7　外业探测：在完成上述前期准备工作后，即可进场进行外业探测，包括实地调查、仪器探查、建立测量控制、管线点连接及地形测量。同时包括质量检验工作，保证探测质量。

　　8　内业工作数据处理：野外作业结束后，即进行内业的数据处理与建库，编制地下管线点成果表和地下管线图。对数据、成果及图件进行全面检查，保证成果质量。

　　9　编写技术报告：在完成外业、内业工作后，要编写技术报告

　　10　成果验收：在完成技术总结报告并提交全部成果资料时，上级或甲方即可进行成果验收。

1.10　城市地下管线信息管理系统的建立

　　城市地下管线信息管理系统的建立是城市地下管线普查的重要组成部分，只有建立地下管线信息管理系统才能科学地管好地下管线。《城市地下管线探测技术规程》（CJJ61-2003）第3.0.16条规定，地下管线探测时，要同步建立地下管线信息管理系统，并实施动态管理。

1.10.1　建立城市地下管线信息管理系统的目的和意义

　　目前城市地下管线已经发展成为一个多种类、纵横交错布局复杂的网络，它最突出的特点是隐蔽和动态（随城市建设的发展新敷设管线日益增多，少部分管线因不适应发展需要而废弃）。这就决定了城市地下管线信息具有信息量庞大而且也不断变化的特点。而随

着社会经济和城市建设和发展，城市规划、建设与管理已由过去的只注重地上空间发展到今天的将从整个城市的地上、地下空间作为一个整体来进行规划建设。这就要求对地下管线信息的管理必须能够实时地、全面地反映城市各种地下管线的基本特征，各种属性及相互关系。目前我国城市地下管线信息的管理仍停留在将其按种类、规格、某一范围（如图幅道路）分割成若干小单元进行管理，这种传统的人工管理方法已经无法适应规划建设管理的要求。因此，随着 GIS 技术的发展与成熟，必须利用城市地下管线探测成果和地下管线竣工测量资料（包括图形数据和属性数据）建立地下管线数据库，并应用 GIS 技术对数据库进行管理，从而达到建立地下管线信息管理系统，实现对地下管线信息的现代化管理和动态管理的目的。

1.10.2 城市地下管线信息系统的特点

城市地下管线具有隐蔽性，而且随着社会科技进步，城市的物质流、能量流与信息流的数量将大量地增长。因此，城市地下管线密度也会不断增大，加上地下管线系统的种类繁多、复杂，决定了地下管线信息管理系统具有以下基本特点：

1 是一个具有三维空间数据的四维信息系统，具有空间信息又有属性信息的管理系统；

2 系统的存储量随着城市的发展急剧增长，而且在空间分布上极不均匀，建成区密度大，从中心区向城市边缘急剧减少；

3 应具有动态更新管理功能，以确保管理系统的现势性；

4 应具有每类管线的信息管理功能，同时具有综合协调各类管线在空间安排上及时间顺序上的有关方面关系的能力；

5 应具有为各管线权属单位建立专业信息管理系统提供数据支持，并具有双向相互更新数据的渠道，满足数据共享的需求。

1.10.3 城市地下管线信息系统的功能

城市地下管线信息系统是城市规划管理部门和更新权属部门对地下管线进行综合管理和运行管理的重要基础，因此他应具有综合查询、网络分析（包括事故分析）、截面分析及地下管线综合的四大基本功能。

综合查询功能与查询效率是建立信息系统的重要指标。根据城市规划、建设与管理的要求，综合地下管线信息系统除应具有一般的图形属性交互式查询，图形属性的 SQL 查询等通用 GIS 查询功能外，还应具有图幅查询、拼接、产生和有关数据统计，以及以道路为依据的查询和统计功能。

对于面向城市规划管理的综合地下管线信息系统，虽然不必详细管理更新的运作情况，但为了扩大其应用范围和实用性，在其他专业地下管线详细系统的支持下，应具有网络分析功能。网络分析功能包括：事故影响区分析、最短路径分析及施工对交通影响分析等功能。

截面分析功能是道路与管理工程规划设计管理的基础，也是地下管线工程综合的主要依据，应具有提供任意地点的纵截面图和横截面图（包括任意角度的斜截面图）的自动生成功能。纵截面自动生成功能可以自动生成任意管线对应的纵截面展开图，以表示管线沿走向与路面的相对位置关系。同时，产生该管线截面对应的属性数据和线上各管线点的属性数据。横截面图自动生成功能可以自动生成任意截面管线对应的横截面图，以表示管线与道路、管线之间的相对位置关系、生成相应属性数据。

管线工程综合功能就是在综合查询、网络分析、截面分析功能的配合下，实现下列功能：

1　城市各种干线的总体布置图生成功能；

2　地下管线与建构筑物之间水平间距判断与分析功能；

3　地下管线与建构筑物及绿化树种间的水平净距判断与分析功能；

4　各类地下管线之间水平净距判断与分析功能；

5　各类地下管线垂直净距判断与分析功能；

6　交叉路口任意截面图生成功能；

7　地下管线三维显示功能；

8　进而实现管线规划设计和施工设计的自动化。

对于地下管线现状不清资料不全的城市，地下管线信息管理系统的建立应与地下管线普查结合起来，作为普查技术方案的组成部分。对普查工作中的数据采集，成图及数据成果的数据格式进行统一规定，并通过对普查成果磁盘进行计算机监理、入库，实现同步建立地下管线数据库。城市地下管线信息是一个动态的信息源，在建立地下管线信息系统的同时，必须通过对地下管线工程实施竣工测量，来补充、更新地下管线数据库，建立高精度、高可靠和现势性的地下管线现状数据库。

信息系统的建立可以分级进行，一是在城市规划管理部门建立全市范围的，包括各类管线的综合性地下管线信息系统，这一系统存储全市范围各类管线的主要内容，主要是为各类管线的规划、设计、施工服务，而不是详细管理每类管线的运作情况，这种系统称为一级系统。二是各专业管线管理部门在一级系统支持下建立专业管线详细系统，电力、电信、排水、供水等，这些系统是为专业管线规划设计、施工、维护与日常运作管理服务的，称为二级系统。需要管理到城市的区（镇）一级深度的二级管理系统，可以考虑建立其属下的三级专业管线详细系统。各级系统之间应具备相互更新数据的渠道，其功能具有互补性。

1.11　城市地下管线普查探测成果与档案管理

1.11.1　城市地下管线普查探测成果资料

地下管线普查成果资料包括地下管线探测和信息管理系统建立的成果资料，一般情况应提供以下资料（管线探测与信息管理系统建立也可以分别提供）：

1　任务委托书；

2　技术设计书；

3　探测作业所利用的已有成果图表、现状调绘、资料、起算数据、仪器检验资料；

4　明显管线点调查表、隐蔽管线点探查手段、测量控制点和管线点测量成果表；

5　对采用数字化机助成图的，还应包括图形文件和成果表数据文件磁盘；

6　综合管线图、专业管线图等；

7　各种观测记录、计算资料；各种检查和开挖验证记录；

8　检查报告及精度统计表、质量评定表；

9　信息管理系统用户使用说明书（手册），系统运行报告，数据光盘等；

10　技术总结报告。

1.11.2　地下管线探测成果检查

探测成果检查验收，包括探测作业单位对探测成果进行检查和委托方进行的成果验收。检查验收时评估工程质量的必要手段，其核心是认真贯彻执行三级检查验收制度。在生产作业过程实行全面质量管理和监督机制，是作业单位生产技术质量管理的一项重要内容。成果检查分为小组自查和队级检查。基本要求是：

1　检查的组织。检查工作应贯穿于探测作业的全过程，采用各工序成果分别检查的形式进行，在每一工序完成作业，下工序开始前就对上工序成果进行检查，以避免把上工序的问题带到下工序而造成连环错误。

2　检查的原则。检查采用随机抽样和对作业薄弱环节重点检查相结合，以充分体现被检查成果的随机性和能及时发现问题，确保工程质量为原则。

3　检查的比例。检查数量视工序特点、工程难易程度、作业人员的素质和所采用的技术方法确定。一般情况下，外业检查量不低于外业总工程量的 5%；内业检查，作业小组自检应为 100%，单位（队、院、公司级）检查不低于总工作量的 20%。对简单工程或小工程，检查比例可适当调整。

4　检查方法。探查检查可采用开井、重复测量、探测仪重复探测（包括采用地质雷达检测等）与开挖验证相结合的综合方法进行。

测绘检查可采用同精度设站检查和钢尺丈量检查间距检查。管线图以室内图面检查为主，结合野外图面巡视检查。

5　检查质量评定

以重复量测中误差评定明显管线点埋深量测精度。通过重复探查和开完验证方式，用平面位置中误差和埋深中误差以及符合规定的验证点数量统计来评定隐蔽管线点探查精度。而管线点测量精度则按照有关技术规定通过重复测量方式，采用平面位置中误差、高程中误差评价，同时要以地下管线与邻近的建筑物、相邻管线以及规划道路中心线间距中误差评价管线图测绘精度。此外，在地下管线探测质量检验中，要核实管线点的属性信息，发现问题及时采取纠正、补充等措施，保证成果质量。检查工作要编制质量检查报告。

1.11.3　地下管线信息管理系统成果检查

地下管线信息管理系统成果检查应包括数据库入库检查、数据库管理软件功能的检查。应包括以下内容：

1　数据文件检查

1）入库数据文件和图形文件的命名、格式和版本；

2）入库数据文件的数据结构；

3）元数据；

4）入库数据文件的逻辑性；

5）相邻测区接边数据。

2　图形文件检查

1）图廓整饰；

2）数据分层和层名；

3）线形、色值和字体；

4）图侧、图式和代码；

5）注记内容和位置；

6）管块、管沟、排水暗渠边线绘制。

3　成果一致性检查

1）图形文件与入库数据一致性；

2）图形文件与非电子载体管线图的一致性；

3）入库数据文件与原始记录的一致性；

4）入库数据文件与管线成果表的一致性；

5）编写检查报告。

1.11.4　地下管线普查检测成果验收

验收是委托方在作业单位完成质量检查后，提交成果的基础上进行。

1　验收内容：

1）作业周期、工作量、技术指标是否符合合同要求；

2）采用的技术措施、作业方法是否符合国家相关规范、规程以及技术设计的要求；

3）提交的成果资料是否齐全，组卷、装订是否符合归档要求；

4）对提交的成果进行抽查，是否符合质量要求；

5）验收合格后应对成果进行质量评定；

6）编写成果验收报告书。

2　验收组织：由委托方邀请有关专家、主管领导和管理部门有关领导组成验收专家组负责验收；并召开成果验收会议，由委托方主持，组织作业单位、管线权属单位、城建档案及有关管理部门负责人参加。

3　验收的工作形式：验收的工作形式有一次性验收和分工序验收。对于地下管线普查工程，可有一次性验收，也可分管线探测和信息管理系统建设的分阶段验收；同样，管线探测也可以进行一次性验收或分工序验收（包括管线探查、管线测量以及数据处理、管线图和成果表等工序）。信息管理系统一般进行一次性验收。

4　验收的工作方法：验收采用随机抽样检查的办法，按分布均匀、合理、有代表性和随机性的原则抽样，抽样的比例要符合有关技术标准。对简单工程和小工程可适当调整。

5　成果质量评定原则：成果质量评定原则应按验收内容，以验收抽检的情况为依据，根据出现的差错多少、各项检查的误差、统计结果和各项资料的总体质量进行综合评定。成果质量按优、良、合格、不合格或合格、不合格两种形式评定。成果质量等级划分的原则和标准请参考《城市地下管线探测工程监理导则》RISN－TG011－2010实施。

1.11.5　成果资料归档

　　系统、完整的成果资料是档案管理工作的基础，是现代化信息管理的需要。长期以来，我国城建档案，特别是地下管线档案资料管理薄弱，造成了管线档案资料不完整、不准确、不规范，加上资料分散管理等因素影响。因此，地下管线资料档案可供查询利用和共享率低，直接影响了城市规划设计、建设施工和管线安全运营，管线事故不断，给国家财产造成损失，给人民的生产、生活带来不便。管线事故已引起国务院领导高度重视，多次指示加强城市地下管线的管理工作，建设部为此做了许多技术和法规建设工作。为加强管线档案管理，2005年以部令136号发布了《城市地下管线工程档案管理办法》。凡从事地下管线普查探测工程的施工队伍都应结合本地的工程档案管理办法，认真贯彻建设部136号令，使地下管线探测工程的资料档案更加规范化、标准化。作业单位在工程完成后应及时、全面地将与工程有关的成果资料按档案管理的要求进行整理、组卷、装订、归档。成果资料整理的基本要求如下。

　　1　基本规格。各类文字资料、表格的页面按8开或16开。各类管线图的图幅规格应与城市相应比例尺地形图的分幅一致，或选用国家标准分幅。卷夹、卷盒、圆袋一般正面应有宗卷名称、编号和编制单位名称。具体要求一般应以当地城建档案部门的要求为准。

　　2　组卷。成果资料归档组卷按文字、表、图和数据光盘四大类分别组卷。文字资料包括：案卷目录、任务委托书（或合同书）、技术设计书、质量检查与统计分析资料，技术总结报告书、工程监理资料、质量验收与评定资料等。上列可以自装或合装成册，并按顺序编号装盒为一卷。表格包括隐蔽管线点探查记录表、明显管线点调查表及其它们的质量检查表；控制点和管线点测量记录、计算和检查等的记录表、成果表。各类表格分别组卷装订，可根据工程规模大小，以整个工程或图幅为单位进行装订组卷，以便管理和查阅。图纸包括综合地下管线图、专业管线图、断面图等。可按各种图以某一单元为单位分别装袋组卷（如城市1：500管线图的组卷可以1：2000图幅或1：5000图幅为单位装袋组卷）。磁盘（光盘）包括图形文件及数据文件光盘。

　　3　封面、目录、副封底的规格。封面（含副封）包括案卷名称（工程名称）、委托单位、施工单位、编制单位、负责人、编制人、编制日期、密级、保管期限、档案编号等。

　　目录包括文件、资料名称、文件原编号、编制单位、本卷顺序号。

　　副封底包括文件数量、总页数、立卷单位、接收单位、立卷人、接收人、日期。

　　4　档案资料移交。成果资料组卷装订后，应编制档案移交目录和档案移交书。档案移交目录应按案卷列出全部移交成果资料的清单。移交书应列出总卷数，每一卷的册数（文字、表格）、图幅总数。工程竣工后，由委托单位和作业单位根据档案移交书履行移交手续。

第2章 地下管线探查技术和方法

地下管线探查是地下管线探测的重要基础工作，也是地下管线探测技术工作中的首要环节。探查是指在作业区现场应用实地调查、物探、开挖等手段对地下管线进行探寻和调查，获取地下管线埋深、平面位置以及相关属性信息的过程。本章主要介绍地下管线探查的有关技术方法与工作内容。

2.1 地下管线探查的工作内容与程序

为获取地下管线的相对位置及有关属性，应首先确定针对管线隐蔽特点和不同用途的工作方法和工作程序。一般地，地下管线探查工作按照实地调查、仪器探查、探查质量检验的程序进行，仪器探查前应进行仪器检验和方法试验。

2.1.1 地下管线的实地调查

1 实地调查任务

主要根据地下管线现况调绘资料实地对管线位置和走向进行核查落实，重点对明显管线点如消防栓、接线箱、窨井等作详细调查，记录和量测规定的信息，同时确定需用物探手段或仪器探查的管线段。

2 实地调查方法

对明显管线点的调查一般采用直接开井量测有关数据的方法，并现场填写明显管线点调查表，调查表样因实际可做调整。所有管线点应按照现行有关技术规定的要求设置地面标志，并进行实地栓点和绘制位置示意图。实地量测工具一般采用经过检验的钢尺或特制量具进行，埋深单位用米（m）表示，误差不得超过±5cm。

为了保证实地调查的质量和提高工作效率，实地调查实施应尽可能请管线权属单位熟悉管线敷设情况的人员予以协助。在实际工作中，要根据条件采取安全保护措施，保证作业人员的人身安全。

3 实地调查项目

通过实地调查，应按照技术规定的有关规定查明每条管线的性质和类型，量测其埋深。地下管线的埋深分为内底埋深、外顶埋深和外底埋深。各种管线实地调查项目按表2-1进行选择或按照委托方的要求确定。

4 实地调查内容

实地调查的内容与调查项目（表2-1）相对应，不同类型的地下管线调查的内容不同。目前我国地下管线的种类包括给水、排水、燃气、工业、热力、电力、电信以及综合管沟等，敷设方式分为直埋、管沟、管块。

各种地下管线的实地调查项目　　　　　　　　表 2-1

管线类别		埋深		断面		根数	材质	构筑物	附属物	载体特征			埋设年代	权属单位
		内底	外顶	管径	宽×高					压力	流向	电压		
给水			△	△			△	△	△				△	△
排水	管道	△		△			△	△	△		△		△	△
	方沟	△			△		△	△	△		△		△	△
燃气			△	△			△	△	△	△			△	△
工业	自流	△		△			△	△	△		△		△	△
	压力		△	△			△	△	△	△			△	△
热力	有沟道	△			△		△	△	△				△	△
	无沟道		△	△			△	△	△				△	△
电力	管块		△		△	△	△	△	△			△	△	△
	沟道	△			△		△	△	△			△	△	△
	直埋		△	△		△	△	△	△			△	△	△
电信	管块		△		△	△	△	△	△				△	△
	沟道	△			△		△	△	△				△	△
	直埋		△	△		△	△	△	△				△	△

注：表中"△"所示应实地调查的项目

1）给水管道：给水管道（主要针对室外给水管道）可按给水的用途分为生活用水管道、生产用水管道和消防用水管道。给水管材可分为金属和非金属两大类。金属给水管主要有钢管、球墨铸铁管，以防腐蚀性能来说又可分为保护层型和无保护层型金属给水管；非金属管材主要有钢筋混凝土管、石棉水泥管、玻璃钢管、塑料管和钢骨架增强塑料复合管等几大类。敷设方式主要是直埋。

2）排水管道：排水管道可按排泄水的性质分为污水管道、雨水管道和雨污合流管道。其材质主要有钢筋混凝土管、混凝土管、石棉水泥管、陶土管、陶瓷管、砖石沟等。敷设方式分为直埋、管沟。

3）燃气管道：燃气管道可按其所传输的燃气性质分为煤气管道、液化气管道和天然气管道；按燃气管道的压力大小可分为无压（或自流）管道、低压管道、中压管道和高压管道。其材质主要有铸铁管、钢管和近年发展较快的聚乙烯（PE）管。根据国家标准《城镇燃气设计规范》GB50028-2006 的要求，室外燃气管道的高压和中压 A 燃气管道，应采用钢管；中压 B 和低压燃气管道宜采用钢管或机械接头铸铁管；中低压地下燃气管道可采用燃气用 PE 管。敷设方式主要为直埋。

4）工业管道：工业管道可按所传输的材料性质分为氢、氧、乙炔、石油、排渣管道等；按管内压力大小分为无压（或自流）管道、低压管道、中压管道和高压管道。敷设方式主要为直埋。

5）热力管道：热力管道可按所传输的材料性质分为热水和蒸汽管道。地下热力管道其敷设方式主要有地沟或直埋两种，在其上有保护层（隔热层）。敷设方式分为有沟道直埋和无沟道直埋。

6）电力电缆：电力电缆可按其功能分为供电（输电或配电）、路灯、电车等；按电压的高低分为低压、高压和超高压。其敷设方式有直埋（或穿管）、管沟和管块三种方式。

7）电信电缆：电信电缆可按其功能分为电话电缆、有线电视和其他专用电信电缆等。其敷设方式同电力电缆。电信电缆每隔一定的距离、拐弯、交叉处和分支处设有检修井，分人孔井和手孔井。敷设方式主要有管块、直埋或沟道。

8）综合管沟：目前主要将电缆与电信或热力与排水等敷设于同一管沟内，或者将不同权属的电信类管线集中敷设于同一管沟内。

除调查各种地下管线的种类、材质、敷设方式外，根据不同管线种类还需要查明以下信息：

1）实地量测信息：地下沟道或自流管道量测其内底埋深，有压力管道、直埋电缆和管块量测其外顶埋深，顶管工程或地下隧道施工场地的地下管线需量其外底埋深。同时，量测管径是调查的内容之一，圆形管道量其内径，矩形沟道量其断面内壁的宽和高，管径量测结果用毫米表示。

2）实地调查信息：包括电缆类的电缆根数、管块类敷设的管块孔数、管线上的建（构）筑物和附属设施、有关管线的载体特征（如排水管道的排水流向、电力电缆的电压、燃气管道的压力等）的调查，以及管线的敷设年代及其权属单位的核实。

2.1.2　隐蔽地下管线的仪器探查

对于实地调查无法获得有关信息的隐蔽地下管线，需要采用物探、钎探、开挖等手段来进行探查，这个过程可以称为仪器探查，方法以物探为主。仪器探查分为仪器检验和方法试验、仪器探查和质量检验。

1　仪器检验和方法试验

采用仪器探查前，应对所有准备投入使用的仪器设备按照有关技术要求和仪器检验的有关规定进行全面检验，仪器检验均要做好详细记录，并作为测区成果资料的一部分。通过检验证明仪器性能状态良好，未经检验或经检验不符合规定的仪器设备不能投入使用。

由于管线探查的物探方法有多种，并且各种物探方法都有其各自的应用条件和不同的探测效果，因此实施探查作业前，应选用不同的仪器设备和不同的物探方法进行方法试验，从而确定方法技术和仪器设备的有效性、精度指标和有关参数。试验时应选择在有代表性路段（如管线种类多、分布密集、管线埋设深度不同、地面介质有充分代表性等）进行。不同类型的地下管线、不同地球物理条件的地区，应分别进行方法试验。

2　仪器探查

仪器探查应在现况调绘和实地调查的基础上，针对工作区内不同的地球物理条件，选用不同的物探方和仪器设备实施探查工作。仪器探查主要是探查确定地下管线的平面位置、埋深，追踪确定地下管线连接关系。实际工作要按照有关技术规定进行技术设计、探查作业，并应健全有效的探查质量和安全作业保证措施。

3　质量控制与质量检验

探查质量控制与质量检验是必不可少的工作内容。地下管线探查严格实行"预控为主、检验为辅"的方针，在探查作业过程中应严格实行作业组、项目部和作业单位的三级检查的质检制度，加强过程控制，确保探查工序质量合格，并提交工序质量检查报告。质量检验要按照有关技术规定进行抽样，检验项目和精度指标要符合有关规定要求。

2.2　地下管线探查的物探技术方法

2.2.1　工作原则与应用条件

1　工作原则

应用物探技术方法探查地下管线应遵循如下原则：

1）从已知到未知。作业区内管线敷设情况完全已知的路段先行实施仪器探查，探查技术方法基本确定后推广到其他待探查的路段。

2）从简单到复杂。管线稀疏路段先探查，管线稠密路段后探查；埋深较浅的管线先探查，埋深较深的管线后探查；管径大的管线先探查，管径小的管线后探查。

3）方法有效、快捷、轻便。采用成本较低、探查效果较好、方便快速的技术方法，对管线分布复杂、地球物理条件较差和干扰较强的路段应采用多种物探方法综合探查。

2　应用条件

应用物探技术方法探查地下管线，需要具备下列基本条件：

1）被探查的地下管线与其周围介质之间有明显的物性差异，如电性差异、弹性差异、温度差异等。

2）被探查的地下管线所产生的异常场有足够的强度，能从干扰背景中清楚的分辨出来。

3）探查精度能够达到技术规定的要求。

2.2.2　物探方法的选择

物探方法应根据工作区的任务要求、探查对象和探查区域的地球物理条件，通过方法试验来选择确定。实践证明：目前可供探查地下管线选择的物探技术方法主要有：频率域电磁法、电磁波（探地雷达）法、磁法、地震波法、直流电法、红外辐射法等。其中频率域电磁法和电磁波（探地雷达）法是目前地下管线定位探查的主要技术方法，应用较普遍。一般而言，探查金属管线采用频率域电磁法，即采用磁偶极感应法或电偶极感应法，探查电力电缆管线可采用50Hz被动源法，探查磁性管道可采用磁法。探查非金属管线可采用电磁波（探地雷达）法和示踪电磁法，还可采用直流电阻率法和浅层地震法等其他探查方法。

2.3　频率域电磁法

2.3.1　基本理论

电磁法是探查地下管线的主要方法，是以地下管线与周围介质的导电性及导磁性差异为主要物性基础，根据电磁感应原理观测和研究电磁场空间与时间分布规律，从而达到寻找地下金属管线或解决其他地质问题的目的。电磁法可分为频率域电磁法和时间域电磁法，前者是利用多种频率的谐变电磁场，后者是利用不同形式的周期性脉冲电磁场，由于这两种方法产生异常的原理均遵循电磁感应规律，故基础理论和工作方法基本相同。在目前地下管线探测中主要以频率域电磁法为主，这里主要介绍频率域电磁法。

各种金属管道或电缆与其周围的介质在导电率、导磁率、介电常数有较明显的差异，这为利用电磁法探查地下管线提供了有利的地球物理前提。由电磁学知识可知无限长载流导体在其周围空间存在磁场，而且这磁场在一定空间范围内可被探查到，因此如果能使地下管线带上电流，并且把它理想化为一无限长载流导线，便可以间接地测定地下管线的空间状态。在探查工作中通过发射装置对金属管道或电缆施加一次交变场源，对其激发而产生感应电流，在周围产生二次磁场，通过接收装置在地面测定二次磁场及其空间分布（图 2-1），然后根据这种磁场的分布特征来判断地下管线所在的水平位置和埋藏深度。

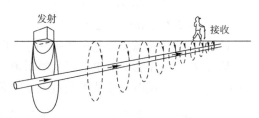

图 2-1　电磁法工作原理示意图

为进一步了解频率域电磁法的基本原理，有必要结合电磁场及电磁波的有关知识加深理解该方法应用于地下管线探查。

1　交变电磁场

交变的电流或随时间变化的电荷所产生的磁场或电场也是交变的。交变的磁场可产生交变的电场，交变的电场又可产生交变的磁场，两者相互依赖，互相联结，成为一个统一体——交变电磁场，有交变磁场必然伴随着有交变的电场；有交变的电场，必然随着有交变的磁场，两者不可分割，不能独立存在，它们各以对方为自己存在的前提。

交变的电荷产生交变电场，总电场为交变电荷和交变磁场所产生的电场之和。交变电流也产生交变磁场，总磁场为交变电流和交变电场所产生的磁场之和。交变磁场的磁感应线永远是封闭的，无头无尾的，连续的，不中断的。交变电场分成两部分，一部分是交变的运动着的电荷所产生的，它终端于电荷。另一部分是交变磁场所产生的，它是封闭的，无头无尾的。

2　电磁波

磁偶极子通过交变电流后，在其附近产生交变磁场（图 2-2 中实线），在交变磁场附近又产生了交变电场（图 2-2 中虚线），接下去，交变电场的附近又产生交变磁场，一圈套一圈，循此前进。交变磁场支持交变电场，交变电场支持交变磁场，磁场转化为电场，电场转化为磁场，彼此支持，彼此转化，交变电磁场就是这样往远离场源方向传播，形成电磁波，就这么传播出去，电磁波里的电波和磁波是同时存在不可分割的。通过磁偶极子的电流值大时，磁场强，电场也强，电流值小时，磁场弱，电场也弱。交变电磁场在传播时为波动形式，像水波那样，一高一低，此起彼伏，向前行进，越传越远，故称其为电磁波。它是电波和磁波的总称。

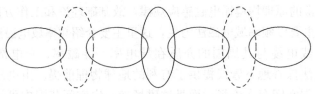

图 2-2 电磁波传播示意图

3 正弦交流电

正弦交流电就是指按正弦规律变化的电动势（e）、电压（v）及电流（i），其数学表达式如下：

$$e = E_m \sin(\omega_t + \varphi_e) \qquad (2-1)$$

$$v = V_m \sin(\omega_t + \varphi_v) \qquad (2-2)$$

$$i = I_m \sin(\omega_t + \varphi_i) \qquad (2-3)$$

式中　　　　　　　　　e、v、i——正弦交流电在某一瞬间时的实际量值，称瞬时值；

　　　　　　　E_m、V_m、I_m——正弦交流电的最大瞬时值，简称最大值（振幅）；

　　$(\omega_t + \varphi_e)$、$(\omega_t + \varphi_v)$、$(\omega_t + \varphi_i)$——随时间变化的角度（相位角），简称相位；

　　　　　　　　　　　ω——角频率，$\omega = \dfrac{2\pi}{T} = 2\pi f$，单位为弧度/秒；

　　　　　　　　　　　T——周期（正弦交流电重复变化一次所需的时间），单位为秒（s）；

　　　　　　　　　　　f——频率（正弦交流电在每秒钟内变化的周数），$f = 1/T$，单位为赫兹（Hz），每秒变化一个周期为 1Hz，$1Hz = 10^{-3} kHz$（千赫）$= 10^{-6} MHz$（兆赫）。

周期（T）、频率（f）、角频率（ω）三个量所代表的物理概念虽不同，但它们只不过是从不同的角度来描述正弦交流电变化的快慢，它们具有内在联系，只要知道其中一个量，就可推出其余各量，正弦交流电压的波形、周期见图 2-3、图 2-4。由图 2-3 可看出，正弦交流电的波形每隔 2π 弧度重复变化一次，由图 2-4 可看出周期 T 就等于正弦交流电重复变化一次所需的时间。

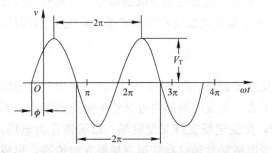

图 2-3 正弦交流电压的波形

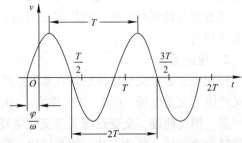

图 2-4 正弦交流电压的周期

电磁波在 1 秒内振动（变化）的次数被称为频率，以 f 表示；频率的倒数为周期，即振动的时间，以 $T = 1/f$ 表示；电磁波每个周期内所传播的距离为波长，以 λ 表示；电磁波每秒内传播的距离为速度，以 V 表示（$V = 3 \times 10^8 m/s$）。三者之间有如下关系：

$$\lambda = V/f = VT \qquad (2-4)$$

交变电流不但能够产生磁场，而且能够使磁场按一定频率变化（图 2-5），在同一磁场强度下，磁场的交变频率越高，感应的电压就越高。

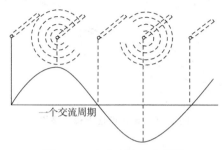

图 2-5　交变电流变化周期

4　电磁场的衰减

用一个频率为几赫兹到几万赫兹的人工场源向地下发送电磁波，该电磁波在地层中传播时，随深度增加，场强不断减弱，其衰减规律如公式（2-5）所示：

$$E_h = E_0 \cdot e^{\frac{-2\pi h}{\lambda_1}} \qquad (2-5)$$

式中：E_h 为深度 h 处的场强，E_0 为地面的场强，λ 为电磁波在地层中的波长。

当深度 $h = \frac{\lambda}{2\pi}$ 时，则 $\frac{E_h}{E_0} = \frac{1}{e}$，通常将深度 $h = \frac{\lambda}{2\pi}$ 定义为电磁波有效穿透深度（集肤深度）。由式（2-5）可知电磁波的穿透深度与 λ 有关，在均匀介质中 $\lambda = \sqrt{\frac{10^7 \rho}{f}}$。可见 λ 与地层电阻率 ρ 成正比，与电磁波的频率 f 成反比。由此可知：

1）当 ρ 一定（同一介质）时，f 越小，h 就越大，即频率越低，勘探深度越大。

2）当 f 固定不变时，地层电阻率越高，其穿透深度 h 越大。

3）当介质 ρ 稳定时，可通过改变工作频率 f，就可控制交变电流透入地下的深度 h。

5　一次场及二次场

电磁法探查地下管线时，是通过发射线圈供以谐变电流，在其周围建立谐变磁场，该场称为一次场。地下管线在谐变磁场的激励下，形成谐变电流，带谐变电流的管线在其周围又形成谐变磁场，此场称为二次场。二次场的大小与发射场源的形式、电流的大小、频率高低、管线的物性、几何形体、赋存深度、测点位置等因素有关。用电磁法探查地下管线时，一般通过测定二次场的变化来进行。二次场的关系由下列推导说明：

当谐变电流 $I_1 = I_{10} e^{i\omega t}$ 通过发射机的发射线圈（图 2-6），使其在周围产生足够强的一次谐变磁场（图 2-7）。$H = H_{10} e^{i\omega t}$ 则在地下良导体（金属管线）中形成感应电动势。

$$e = \frac{\mathrm{d}\varphi}{\mathrm{d}t} = -M \frac{\mathrm{d}I_1}{\mathrm{d}t} = -i\omega M I_1 \qquad (2-6)$$

公式（2-6）中 M 为发射线圈与地下管线间的互感系数，由发射线圈及地下管线的形状及其间距、方位等因素决定。地下管线与大地可视为电阻为 R、电感为 L 的回路，若地下管线视为电阻 R 和电感 L 组成的串联闭合回路，在该等效回路中产生的感应电流 I_2 为：

$$I_2 = \frac{e}{R + i\omega L} \qquad (2-7)$$

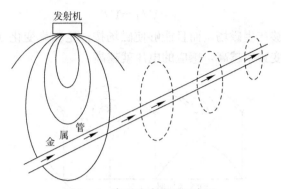

图2-6　电磁感应原理示意图

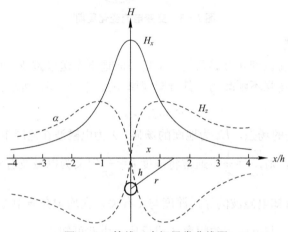

图2-7　管线一次场异常曲线图

将（2-6）式代入上式可得：

$$I_2 = -iMI_1 \frac{\omega}{R+i\omega L} \tag{2-8}$$

又可写为：

$$I_2 = -MI_1 \left(\frac{\omega^2 L}{R^2+\omega^2 L^2} + i \frac{\omega R}{R^2+\omega^2 L^2} \right) \tag{2-9}$$

感应电流 I_2 在其周围产生二次磁场 H_2，空间某点的二次场为：

$$H_2 = -MI_1 G \left(\frac{\omega^2 L}{R^2+\omega^2 L^2} + i \frac{\omega R}{R^2+\omega^2 L^2} \right) \tag{2-10}$$

式中 G 为几何因子。

磁场在直角坐标系中可分解为水平分量和垂直分量，测量磁场水平分量或垂直分量的方法称为水平分量法或垂直分量法。

6　水平无限长直导线中电流的电磁响应

真正的无限长直导线在实际工作中并不存在，但等效的无限长直导线却常见。经理论计算证明，当在垂直于导线走向的某一剖面进行观测时，若该剖面距导线某一端（或导线走向变向点）的距离大于导线埋深的4～5倍，即可把这个导线端视为无限延伸。图2-8a绘出单一管线上方的各种电磁响应。其计算时各参量的含义见图2-8b，表达式如下：

$$H_p = K \cdot \frac{1}{r} \qquad (2-11)$$

$$H_x = H_p \cos\alpha = K \cdot \frac{1}{r} \cdot \frac{h}{r} = KI \cdot \frac{h}{x^2+h^2} \qquad (2-12)$$

$$H_z = H_p \sin\alpha = K \cdot \frac{1}{r} \cdot \frac{x}{r} = KI \cdot \frac{x}{x^2+h^2} \qquad (2-13)$$

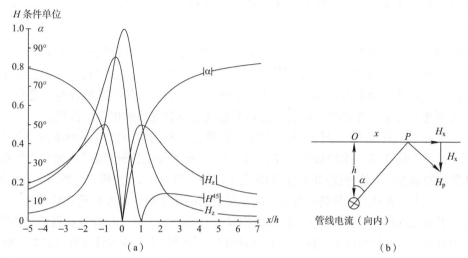

图 2 - 8　水平无限长直导线中电流的电磁响应及参量示意图

$$\alpha = \text{tg}^{-1}\frac{H_z}{H_x} = \text{tg}^{-1}\frac{x}{h} \qquad (2-14)$$

接收线圈面法向方向与水平面夹角 α 为 45°时,接收线圈所测得的交变磁场以 H^{45} 表示,其值为:

$$H^{45°} = \frac{1}{\sqrt{2}} \cdot KI \cdot \frac{x-h}{x^2+h^2} \qquad (2-15)$$

图 2 - 8a 中的 H_x、H_z、$H^{45°}$ 曲线都是以 $H_x^{\max}$ 进行归一。现对它们的特点分别简述如下:

① H_x 曲线:它是单峰 Z 轴对称异常。异常幅度最大,该异常峰值正好在管线正上方 ($x=0$ 处),在此点处,H_x 的斜率为零。该异常范围较窄,异常半极值点宽度正好是管线埋深的两倍。0.8 倍极值的宽度正好是管线的埋深。

② H_z 曲线:H_z 是原点对称曲线。曲线的过零点,或 H_z 振幅绝对值曲线的最小点 ("哑点")正好与管线在地面上的投影相对应,且斜率大。在 $\frac{x}{h}=\pm 1$ 处,H_z 取得极值。如果把正负极值作为异常幅度,则它与 H_x 的异常幅度相同。但若只测异常的幅值,则 H_z 的异常幅度仅为 H_x 最大幅度的一半。异常幅度较宽。H_z 两个极值间的宽度等于管线埋深的两倍。$|H_z|$ 的异常曲线较复杂,是一个双峰异常。作为一个完整的异常,其模式一定要满足振幅的变化为小—大—小—大—小这种格式,即峰值—哑点—峰值。

③ α 曲线:为原点对称曲线。曲线的过零点正对应管线在地面上的投影。在过零点附近,曲线的斜率最大。$\alpha=\pm 45°$ 间的距离等于管线埋深的两倍。

④ $|H^{45°}|$ 曲线:曲线为双峰异常,但一个峰值(极值)大,一个较小。曲线的过零

点（"哑点"）正好与 $\frac{x}{h}=\pm1$ 相对应，即过零点与 H_z 分量的过零点间的距离正好等于管线的埋深。

经过对上述这些异常曲线的对比研究可以清楚地看出：

① 在管线的正上方即 $x=0$ 处：$H_z=0$、$H_x=H_x^{\max}$、$\alpha=0°$；

② 在 $\frac{x}{h}=1$ 处即 $x=h$ 位置上：$H_z=H_z^{\max}=\frac{1}{2}H_x^{\max}$、$H_x=\frac{1}{2}H_x^{\max}$、$\alpha=45°\left(\frac{H_z}{H_x}=1\right)$、$H^{45°}=0$。

经过整理、分析这些特征点上的特征值，可以组合成几种可行的探查方案：

第一个方案：利用 $H_z=0$ 求平面位置；利用 $H^{45°}=0$ 那个点的位置，量出它与 $H_z=0$ 对应点的距离，便直接求出埋深。零点附近曲线的斜率大，定位的准确性高，是单一管线探测较为理想的方案，在外界干扰较严重和多管线地段会遇到麻烦，应慎重。

第二个方案：利用 $H_x=H_x^{\max}$ 那个点定平面位置，利用半极值点间的距离（等于 $2h$）求埋深。这就是所谓的"单峰法"、"单天线法"、"水平分量特征值法"，现称之为极大值法。从数学的角度讲，这种技术的定位精度是不高的，因为在 $H_x^{\max}$ 所在点附近，H_x 曲线的变化率最小。水平分量曲线最具吸引力的地方在于它的异常幅度最大和异常形态单一，特别是对决定平面位置和埋深起关键作用的半极值以上的那些异常值，在所能观测到的各类异常特征点中具有最高的信噪比这个特性，因而利用水平分量异常来探测管线可以更准、更深。

第三个方案：利用 $H_z=0$ 的点定水平位置，利用 $H_z^{\max}$ 点的位置与 $H_z=0$ 这点间的距离（正好等于 h）定埋深的所谓"垂直分量特征值法"亦称极值法，由于极值点附近场强的变化太慢，以致在实际观测中很难精确找出极大值点的位置，所以求埋深的精度不高。如果再遇到干扰大的地段，定平面位置所需的极小点又找不准，所以这种观测方案的实用性就很小了。

以上这几个方案都是利用各种异常在水平方向上的变化特征来确定管线的平面位置和埋深的。与 H_z 曲线相比，H_x 的异常简单、直观，所探数据的精度或可靠性成倍大于 H_z，其异常值也大，容易发现，特别是对埋深较收发距较大时用极大值定位要比极小值法更优越。

2.3.2　应用条件与范围

电磁法是通过发射机在发射线圈中供以谐变电流，称一次电流，从而在地下建立谐变磁场，称一次场，地下管线在谐变磁场的激励下形成的电流，称二次电流，然后在地面通过接收机的接收线圈来测定二次电流所产生的谐变磁场（称为二次场），来推求地下管线的存在和具体位置。因此电磁法是利用电磁感应原理来探查地下管线的，其主要探查目标是金属管线和电缆，对有出入口的非金属管道（如排水管、电力预埋水泥管），配上可置入管道内的示踪器，也可以进行探查。

频率域电磁法是物探方法的一种，应用于探查地下管线除对象必须是金属材质外，还应该满足下列应用条件：

1) 被探查管线与其周围介质要有明显的电性、磁性、介电常数差异。

2) 被探查管线相对于埋深、介质等具有一定的管径，且符合一维长导线条件。

3) 干扰因素较少，或虽有干扰因素存在但仍能分辨出被探查对象所引起的异常。

4）地形、地物、植被的影响不致造成物探现场工作不能开展的程度。

上述各种基本条件之间具有相对的关系，例如物性差异较小时，则相对埋深较浅时也会有探查效果；而管径较小时，埋深较浅且与其周围介质有较大的物性差异，同样可以取得探查效果。那么，在什么条件下使用频率域电磁法，表 2-2 列出了频率域电磁法探查地下管线的适用范围。

探查地下管线的频率域电磁法及适用范围　　　　　　表 2-2

方法名称		基本原理	特　点	适用范围	示意图
电磁法	被动源法 工频法	利用动力电缆电源或工业游散电流对金属管线感应所产生的二次电磁场	方法简便，成本低，工作效率高	在干扰背景小的地区，用来探查动力电缆和搜查金属管线	
	甚低频法	利用甚低频无线电发射台的电磁场对金属管线感应所产生的二次电磁场	方法简便，成本低，工作效率高，但精度低、干扰大，其信号强度与无线电台和管线的相对方位有关	在一定条件下，可用来搜索电缆或金属管线	
	主动源法 直接法	利用发射机一端接被查金属管线，另一端接地或接金属管线另一端，场源信号直接加到被查金属管线上	信号强，定位、定深精度高，且不易受邻近管线的干扰。但被查金属管线必须有出露点	金属管线有出露点时，用于定位、定深或追踪各种金属管线	
	夹钳法	利用专用夹钳，夹套在金属管线上，通过夹钳上的感应线圈把信号直接加到金属管线上	信号强，定位、定深精度高，且不易受邻近管线的干扰，方法简便但被查管线必须有管线出露点	用于管线直径较小且有出露点的金属管线，可作定位、定深或追踪	
	电偶极感应法	利用发射机两端接地产生的电磁场对金属管线感应产生的信号	信号强，不需管线出露点，但必须有良好的接地条件	在具备接地条件的地区，可用来搜索和追踪金属管线	
	磁偶极感应法	利用发射线圈产生的电磁场对金属管线感应所产生的二次电磁场	发射、接收均不需接地，操作灵活、方便、效率高、效果好	可用于搜索金属管线，也可用于定位、定深或追踪	
	示踪电磁法	将能发射电磁信号的示踪探头或电缆送入非金属管道内，在地面上用仪器追踪信号	能用探测金属管线的仪器探查非金属管道，但必须有放置示踪器的出入口	用于探查出入口的非金属管道	

注：T——发射机，R——接收机，G——地下管线。

2.3.3　仪器设备

1　仪器构成与工作原理

前已述及，只要探到地下管线在地面产生的电磁异常，便可得知地下管线的存在。利用频率域电磁法探查地下管线，除了要掌握一整套探查技术外，还必须要有相应的适当工具——管线探测仪。目前市场上销售的各种型号管线仪，其结构设计、性能、操作、外形等虽各不相同，但工作原理相同，均是以电磁场理论为依据，以电磁感应定律为理论基础设计而成，它们都是由发射机与接收机组成的发收系统。

1）发射机。发射机是由发射线圈及一套电子线路组成。其作用是向管线加一特殊频率的信号电流。电流施加可采用感应、直接、夹钳等方式，其中感应方式应用最广泛（见图2-9）。根据电磁感应原理，在一个交变电磁场周围空间存在交变磁场，在交变磁场内如果有一导体穿过，就会在导体内部产生感应电动势；如果导体能够形成回路，导体内便有电流产生这一交变电流的大小与发射机内磁偶极所产生的交变磁场（一次场）的强度、导体周围介质的电性、导体的电阻率、导体与一次场源的距离有关。一次场越强。导体电阻率越小；导体与一次场源距离越近，则导体中的电流就越大，反之则越小。对一台具有某一功率的仪器来说，其一次场的强度是相对不变的，管线中产生的感应电流的大小主要取决于管线的导电性及场源（发射线圈）至管线的距离，其次还决定于周围介质的阻抗和管线仪的工作频率。

（1）发射状态：根据发射线圈面与地面之间所呈的状态，发射方式可分为水平发射和垂直发射两种（图2-9）。①水平发射：发射机直立，发射线圈面与地面呈垂直状态进行水平发射（图2-9a）。当发射线圈位于管线正上方时，它与地下管线耦合最强，磁场强度有极大值。管线被感应产生圆柱状交变磁场。②垂直发射：发射机平卧，发射线圈面与地面呈平行状态进行垂直发射（图2-9b）。当发射线圈位于管线正上方时，它与地下管线不耦合，即不激发，磁场强度出现极小值（零值）。

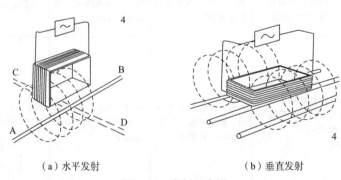

（a）水平发射　　　　　　　　　　（b）垂直发射

图2-9　发射示意图

（2）发射功率：发射功率的大小会影响探查的有效深度、追踪距离及邻近管线的干扰情况。一般地讲采用电偶极发射方式功率较大，磁偶极感应发射较小。功率越大产生的一次场越强，但在实际中，并非是发射功率越大越好，因为功率大了，发射的一次场强了，目标管线产生的二次场虽强了，探查深度加大，但其周围的非目标管线或金属物产生的干扰场也强了，最小收发距也加大了。因此，一台实用的管线仪其功率应尽量大，而且可调。这样可根据工作需要和目标管线的材质、埋深、分布、环境、干扰等特点，可随时方便地选择合适的功率。早期的管线仪功率一般均较小，如最早的 RD400 发射机最大发射功率为 100mW，以后推出的 RD400SL 发射机的功率增加到 3W，且连续可调。后来推出的 RD4000 其输出功率可达 10W，而近期的部分管线仪均有多个功率可供选择。

　　2）接收机。接收机是由接收线圈及一套相应的电子线路和信号指示器组成（如图 2-10），其作用是在管线上方探查发射机施加到管线上的特定频率的电流信号产生的电磁异常。管线仪的接收机从结构上可分为单线圈结构、双线圈结构及多线圈组合结构，图 2-11 为多线圈组合的管线仪结构示意图。目前应用较多的是双水平线圈结构管线仪和多线圈组合结构管线仪，为使读者了解管线仪的发展，这里分别介绍几种类型的接收机。

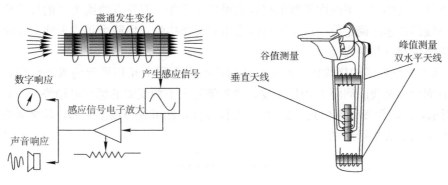

图 2-10　接收机工作原理图　　　　　图 2-11　接收机线圈组合示意图

　　（1）单线圈结构接收机。单线圈结构又可分为单水平线圈及单垂直线圈，采用这类线圈结构的接收机只能对地下管线进行定位，不能定深度。

　　① 单水平线圈接收机：该类接收机的线圈主要接收被激发的管线所产生的磁场水平分量（图 2-12a）。当线圈面与管线垂直并位于管线正上方时，仪器的响应信号最大，这不仅是因为线圈离管线近，线圈所在位置磁场强，还因为此时磁场方向与线圈平面垂直，通过线圈的磁通量最大，如图 2-12a 中的（2）位置。当线圈位于管线正上方两侧时，仪器的响应信号会随着线圈远离管线而逐渐变小，这不仅是因为离管线远，线圈所在位置磁场变弱，还因为此时磁场方向与线圈平面不再垂直，使通过线圈的磁通量变小，如图 2-12a 中的（1）、（3）位置。

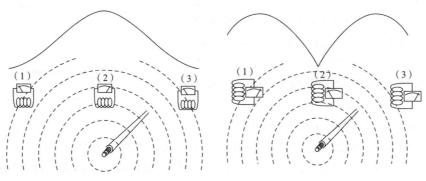

（a）单水平线圈接收工作示意图　　　（b）单垂直线圈接收工作示意图

图 2-12　单线圈接收机工作原理示意图

② 单垂直线圈接收机：该类接收机的线圈主要接收被激发管线所产生的磁场垂直分量（图 2-12b）。当线圈面与管线平行并位于管线正上方时，仪器的响应信号最小，这主要是因为磁场方向与线圈平面平行，通过线圈的磁通量最小，如图 2-12b 中的（2）位置。当线圈位于管线正上方两侧位置时，仪器的响应信号会随着远离管线而逐渐增大，这是因为随着线圈远离管线，磁场方向与线圈平面不再平行，而成一定的角度，磁场垂直线圈平面的分量逐渐增大，从而使通过线圈的磁通量逐渐变大，同时随线圈远离磁场强度逐渐变弱，当这一因素成为影响通过线圈磁通量的主要因素时，仪器的响应信号就又会逐渐变小，如图 2-12b 中的（1）、（3）位置。

（2）双线圈结构接收机。为了提高探查效率，能更快速、方便地测出管线的水平投影位置及埋深。其中双水平线圈类型的接收机可用于定深，双垂直线圈类型的接收机可以实现地下管线的快速准确定位。这类接收机采用双天线接收，用两个接收天线来检测地下管线上感应电流建立起的磁场。

① 水平双线圈结构接收机：该类接收机内有上下两个互相平行的水平线圈，放置于同一垂直面内，两线圈间距 L 固定不变，通过测定上下两线圈的感应电动势 v_1、v_2，如图 2-13 所示，运用深度计算公式（2-16）进行计算，即可获得深度值 D，其结果通过显示器，用数字或表头指示出来。

$$D = \frac{v_2}{v_1 - v_2} \cdot L \qquad (2-16)$$

② 垂直双线圈接收机：该类接收机内有左、右二个接收天线，它通过比较左、右接收天线所获得感应电动势的大小，来完成水平定位。左右接收天线水平放置在同一平面内，水平间隔距离固定不变。当接收机偏离管线左边时，由于左接收天线偏离管线的距离大于右接收天线偏离管线的距离，所以左接收天线上获得的感应电动势比右接收天线上获得的感应电动势小；反之，当接收机偏离管线右边时，右接收天线上获得的感应电动势比左接收天线上获得的感应电动势小；当接收机处于管线正上方时，合成后电动势为零。可见，只要正确选定一个参考电压的相位作为基准，以鉴别左、右接收天线合成电动势的相位（二者相差 180°），就可以正确实现管线的水平定位指示。这在电路上并不难实现。只要做到当接收机偏离管线左边时，表头指示偏左；接收机偏离管线右边时，表头指示偏右；只有当接收机处于管线正上方时，表头指示居中（指示为零），就可实现准确定位。

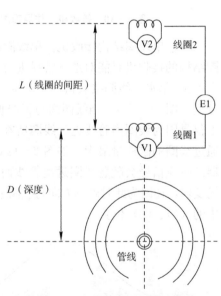

图 2-13　水平双线圈结构示意图

（3）多线圈组合型结构接收机。国内利用电磁法探查地下管线已有 20 余年的历史，到目前为止，管线仪在总结实践经验的基础上，不断创新，特别是在提高仪器的抗干扰能力和智能化方面做了一次又一次改进，并且取得大量应用经验和成果。多线圈组合型结构接收机就是管线仪创新的新成果。这类接收机采用了多水平线圈、多垂直线圈相结合，并辅以差分技术和相位识别技术等智能技术，在有效地消除外界磁场信号的干扰、突出目标管线的磁场信号以及提高探查作业效率等方面效果明显，使得管线仪的抗干扰能力更强，定位更准确，更能适合在各种复杂环境下进行工作。尤其是有的管线仪增加了罗盘线圈，利用管线仪追踪地下管线的智能化程度大大提高。目前多种线圈组合形式有双水平线圈与双垂直线圈组合、四水平线圈与单垂直线圈组合以及外加罗盘线圈等几种。图 2 - 14 为一种三水平线圈与一垂直线圈组合结构的管线仪接收机，它在抗干扰能力方面具有一定优势。

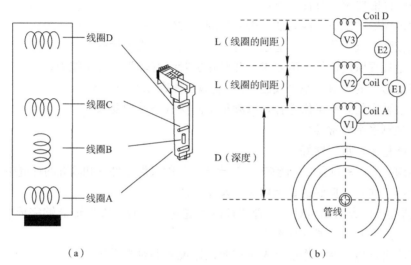

图 2 - 14　三水平线圈结构 (a) 及测深原理 (b) 示意图

　　3）工作频率。目前频率域电磁法使用的仪器，无论是发射的一次场还是接收探测的二次场都具有一定的频率特征。在同一磁场强度下，磁场的交变频率越高，感应的电压就越高，导体的电容越大，电流也越大，磁场的损耗也就越大，传输的距离就近。反之，频率越低，感应的电流越小，磁场损耗的少，传输的距离就越远。因此在进行管线探查时，工作频率应选择得合适，以能增加目标体的响应，减小外部空间电磁干扰及非目标体的干扰为原则，这样才能加大探测深度及提高分辨率。因此对管线仪来说，最好能具备高、中、低多种频率为好，这样适应性会更强。为取得理想的探测效果，应通过试验选取最佳工作频率。目前，常用的管线探测仪的频率范围一般由几百赫兹到数千赫兹以上。不同频率适用条件不同，较低频率有利于长距离追踪及对较大直径与深埋管道的探测。较高频率利于探测较浅、较小管径管线和有高阻接头管线，但探测距离受到限制。

2　观测参数

　　目前，管线仪观测的参数主要包括磁场强度水平分量、垂直分量、水平梯度和感应电流，部分型号的管线仪开始设置阻抗等参数。

　　(1) 磁场强度水平分量（H_x）。当接收天线呈水平放置，且其轴向与管线走向垂直时，接收机中观测读数为磁场水平分量 H_x 在管线垂直投影位置处 H_x 值最大。

　　(2) 磁场强度垂直分量（H_z）。当接收天线呈垂直放置，其轴向与地面垂直，此时接收机中观测读数为磁场垂直分量 H_z。在管线垂直投影位置处 H_z 值最小。

（3）磁场强度水平梯度（ΔH_x）。当接收机采用双天线，上下两个天线呈水平放置并处于同一垂直面内，两者距离固定，此时接收观测到的为磁场水平梯度值 ΔH_x。在管线正上方其观测读数显示最大，此值受附近干扰体影响较小。

（4）感应电流（I）。因感应电流大小与管线埋深无关，在某些情况下进行电流大小及方向测量，用于区分相邻管线或交叉重叠管线。

3 性能要求与检查

1）性能要求。在现行行业标准《城市地下管线探测技术规程》CJJ61 中明确规定了管线仪应具备的性能要求，具体如下：

（1）对被探测的地下管线，能获得明显的异常信号；

（2）有较强的抗干扰能力，能区分管线产生的信号或干扰信号；

（3）满足规程所规定的精度要求，并对相邻管线有较强的分辨能力；

（4）有足够大的发射功率（或磁矩），能满足探查深度的要求；

（5）有多种发射频率可供选择，以满足不同探查条件的要求；

（6）能观测多个异常参数；

（7）性能稳定，重复性好；

（8）结构坚固，密封良好，能在- 10℃至＋45℃的气温条件下和潮湿的环境中正常工作；

（9）仪器轻便，有良好的显示功能，操作简便。

2）仪器性能检查。如何对一台管线仪的性能进行检查，以保证能够完成管线探测任务至关重要。这里介绍一般的检查方法。

（1）接收机自检。在工作前首先应按照仪器说明书对接手机进行自检。具有自检功能的接收机，打开接收机，启动自检功能，若仪器通过自检，说明仪器电路无故障，功能正常。

（2）最小、最大及最佳收发距检查。管线仪的最小、最大、最佳收发距，常可影响探测工作的效率和效果。管线仪的使用者必须对其有所了解，具体检测方法如下：

① 最小收发距检查。在无地下管线及其他电磁干扰的区域内，固定发射机位置，并将其功率调至最小工作状态，接收机沿发射机一定走向（由近至远）观测发射机一次场的影响范围，当接收机移至某一距离后，开始不受发射场源影响时，该发射机与接收机之间的距离即为最小收发距。

② 最大收发距检查。将发射机置于无干扰的已知单根管线上，并将功率调至最大，接收机沿管线走向向远离发射机方向追踪管线异常，当管线异常减小至无法分辨时，发射机与接收机之间的距离即为最大收发距。

③ 最佳收发距检查。将发射机置于无干扰的已知单根管线上，接收机沿管线走向不同距离进行剖面观测，以管线异常幅度最大、宽度最窄的剖面至发射机之间的垂直距离即为最佳收发距。不同发射功率及不同工作频率的最佳收发距亦不相同，需分别进行测试。

（3）重复性及精度检查。

① 重复性检查。在不同时间内用同一台仪器对同一管线点的位置及深度值进行重复观测，视其各次观测值差异来判定该仪器的重复性。

② 精度检查。在已知管线区对某条管线采用不同的方法进行定位、测深，将现场观测值与已知值进行比较，其差值越小，精度就越高，在未知区，可通过开挖验证来确定探

查精度。

③ 稳定性检查。在无管线区将发射分别置于不同的功率档，固定频率，用接收机在同一测点反复观测每一功率档的一次场变化，以确定信号的稳定性。改变频率，用同样的方法，确定接收机各频率的稳定性。

4　代表性仪器介绍

目前在地下管线探查中使用的管线仪主要有国外、国内产品两类。国外的产品有英国 RD 系列、日本 PL 系列、美国 Metrotech 系列和 Subsite 系列等，而国内生产的产品则以 LD 系列和 AP-I 型仪器应用较多。

1) 英国 RD 系列：英国雷迪公司的 RD8000PDL 和 PXL 系列地下管线探测仪作为 RD4000PDL 和 PXL 的换代产品，其响应速度更快、准确性高、可靠性更强，适应范围更广，是一款符合人体工程学原理设计，性能先进的定位仪器。其外型设计更具人性化：重量比 RD4000 轻 28%；IP54 防水指标，可在任何环境下使用；发射机和接收机配有超大、高对比度 LCD 显示屏。仪器采用了多项软硬件专利技术，智能化和自动化水平明显提高。

主动频率范围宽和感应频率广是 RD8000 的突出特点之一。RD8000PDL 型可使用 24 种主动频率，RD8000PXL 可使用 7 种主动频率，发射机有 8 种感应频率，有 1W、3W 和 10W 三种发射功率可选，并且实现了发射机与接收机之间，以及与记录仪器的蓝牙无线连接，其中的真深度确定技术使得采用本仪器探测地下管线的深度精度的可靠性大大提高。

2) 日本 PL 系列：日本的 PL-960 "金属管线和电缆测位器" 是集三种主动频率探测及自然波法探测技术于一体的探测供水、煤气等各种地下金属管道的埋设位置、方向及深度的新型仪器，比过去此类仪器的性能及探测精度有大幅度提高，无论管道的口径大小、距离长短，还是错综复杂的混合管网，均有准确的探测能力，工作效率明显提高。

PL960 的大屏幕液晶显示器操作过程清晰明了，使操作者在现场毫不迟疑地使用面板上的键盘选择正确的工作方式；可单手操作重量仅 2kg 的接收机键盘，长时间工作不会感到疲劳；综合国际先进技术，保持富士原有专利；使用了三种探测效率最高的频率，即 27kHz、83kHz 和 334kHz 来定位和寻找金属管线设备；而且发射机可同时发射 27kHz 和 83kHz 两种频率，接收机自动选择接收频率，达到对管线最佳测位效果，这一功能对于探测由不同管径组合而成的管路时尤为重要；增加了一个新的无线功能，即在现场有感生磁场时，可不使用发射机的功率进行寻管探测，特别适用于地下管线的长距离追踪；设有最大值和最小值工作方式，通过液晶屏以图形及数字显示，埋设管线的位置、方向及埋深一目了然；接收机天线采用富士特有的专利差动式天线，这种天线定位管线精确，对于并行管线较多的城市管网探查非常实用。

新近推出的 PL-1000 型发射机可以同时发射 83kHz、27kHz 和 8kHz 三种频率，接收机可任意选择接收频率，达到对管线最佳测位效果，这一功能对于探测由不同管路组合的管线时尤为适用。新增加的连续测深模式可以随时掌握被测管线的深度变化，轻松定位管线的埋深变化点。独有的峰值保持功能可使操作人员快速准确的定位地下管线的水平位置，这一独特的功能对于探测环境嘈杂的地段和使用仪器经历较短的操作人员来说尤为重要。接收机继续采用了专利差动天线。

3) 美国管线仪：

(1) Metrotech 系列：Metrotech9890-XT 发射机输出功率 3W，可自动选择最佳搜索频率，自动测量环路电阻，连续自动阻抗匹配功能保证输出最佳的信号。音频接收机可接收两种被动频率和最多三种可选主动频率，自动实时增益调节、左右方向指示等智能化的操作指示功能，发射机在配备外皮故障定位（FF）功能后，可用于电缆外皮故障的精确定位。9890-XT 管线探测仪广泛应用于电力、燃气、供水、电信、铁路及专业管线探测专业队伍的地下管线探测。该仪器采用了"左/右方向指示"的专利技术，具有自动"实时增益"调节和手动增益控制功能、用于区分平行管线和被测管道识别的电流测量功能、声音和图形指示功能和自动"最佳"频率选择功能等，可进行数字式按键深度测量和 45°法深度测量以及连续自动阻抗匹配。

（2）Subsite950R/T 地下管线探测仪：Subsite 950R/T 地下管线探测仪是在以往产品（Subsite750 等）基础上而开发设计的新型产品，其操作简便、重量轻、含多功能天线、操作灵活，具有较强的环境适应能力。该管线仪有 3 种模式、20 种频率，适用于探测埋藏于地下的电话线、CATV、电力线、煤气管道、给水排水管道等金属管线。该接收机采用获专利的 DSP 数字处理技术，定位更准确，抗干扰能力更强，而且读数稳定，不受温度和时间影响。此外，接收机内置有单水平天线、双水平天线、零值天线以及左右箭头指示天线，可以左右箭头指示管线位置，使管线定位追踪更加快捷方便，而且其管线电流测量功能，可以帮助操作者在管线密集区很容易的识别目标管线。

（3）MPL-H10E 地下管线探测仪：该仪器采用最先进的数字电路技术，抗干扰能力和定位精度都得到了极大的提高。发射机具有自动阻抗匹配、无线电频率自动搜索、外置感应式夹钳线圈以及管线横断面测绘等功能。其合理的频率设置、轻便节电的特点，使地下管线探测变得简单、轻松、快捷。MPL-H10E 主要用于对各种类型的掩埋金属管线及电缆进行定位，并且可以通过单键操作对测得的数据进行储存（最多可存达 400 个数据），通过仪器上的数据输出端子和电脑进行对接，将数据传输到个人电脑中。该仪器的最大特点是采用三水平线圈差分技术和相位识别技术，对利用仪器进行精确定位和精确定深具有重要作用。

4）LD 系列管线探测仪

LD500 采用最先进的数字电路技术，抗干扰能力和定位精度都得到了极大的提高。发射机具有自动阻抗匹配、无线电频率自动搜索、外置感应式夹钳线圈以及管线横断面测绘等功能，可与国外同类产品媲美。LD500 频率设置合理，同样采用了最先进的三水平线圈差分技术和相位识别技术，成为国内品牌产品的代表。

LD6000 接收机突破性地实现了全频接收功能，预设 55 个主要探测频率，根据现场条件，选用最合理的探测频率，提高对复杂管线的探测能力，同时兼容各种管线仪的工作频率，可与任意品牌的发射机一起使用。该仪器采用了多项先进的信号接收技术，如超高灵敏度、大动态范围的新型接收线圈技术，压缩信号响应范围的特殊接收技术，以及利用双线圈技术消除或抑制空间及地下邻近管线的电磁干扰技术和双核高速处理器技术等，成为LD500 的换代产品。

5）AP-1 管线探测仪

AP-I（奥华一号）管线探测仪是一款全新的数字管线仪，它采用了四水平线圈、双感应线圈探测技术，仪器的抗干扰性能、测深性能极大提高，适合各种复杂条件的管线探测。该仪器采用专利的双罗盘导航指示，具有自动追踪管线功能。其超低功耗、人体工程学机身设计、清晰的操控界面，适合全天候野外作业。

2.3.4　探查方法与技术

1　工作方法

频率域电磁法应用于地下管线探查，其工作方法根据场源性质可分成被动源法和主动源法（表2-2）。主动源法中又可分为直接法、夹钳法、感应法、示踪法和电磁波（探地雷达）法。被动源是指工频（50～60Hz）及空间存在的电磁波信号，主动源则是指通过发射装置建立的场源。探查人员可根据任务要求、探查对象（管线类型、材质、管径、埋深、出露条件）和地球物理条件（物性差、干扰、环境条件）等情况选择使用。

1）被动源法。被动场源由于不需要人工建立场源，地下管线探查现场工作较为简便。国内外许多管线仪都设置了被动源探查功能。由于被动源不稳定、激发方式不可变等特点，除可对载流（50～60Hz）的地下电缆进行追踪定位外，它不能作为精确定位方法。一般只能对存在管线的区域进行盲探，然后用主动源法再对地下管线进行精确定位、定深。被动源有两种方法，即工频法及甚低频法。

（1）工频法：是指利用载流电缆所载有的 50～60Hz 工频信号及工业游散电流在电缆中的工频电流或金属管线中的感应电流所产生的电磁场进行管线探查的方法。

载流电缆与大地间具有良好的电容耦合，在载流电缆周围形成交变电磁场，地下管线在此电磁场的作用下，产生感应电流，在管线周围形成二次磁场，见图 2-15。工业游散电流同样能使地下金属管产生电磁异常。通过观测管线电缆周围交变电磁场及管道所形成的二次磁场便可探测地下金属管线，这种方法称工频法。该方法无需建立人工场，方法简便，成本低，工作效率高，但分辨率不高，精度较低。用于探查动力电缆和搜索金属管线，是一种简便，快速的初查方法。

（2）甚低频法：利用甚低频无线电台所发射的无线电信号，在金属管线中感应的电流所产生的电磁场进行探测的方法称甚低频法（图 2-16）。许多国家为了通讯及导航目的，设立了强功率的长波电台，其发射频率为15～25kHz，在无线电工程中，将这种频率称为甚低频（VLF），能为我国利用的电台有：日本爱知县 NDT 台，频率为17.4kHz，功率为500kW；澳大利亚西北角的 NWC 台，频率为15.5kHz 及22.3kHz，功率为1000kW。

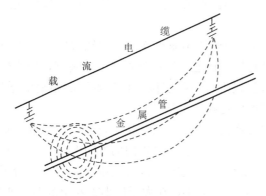

图 2-15　工频法原理示意图

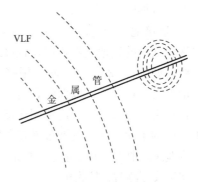

图 2-16　甚低频法原理示意图

甚低频电台发射的电磁波，在远离电台地区可视为典型的平面波。由于发射天线垂直，故其磁场分量水平，且垂直于波的前进方向。当地下金属管线走向与电磁波前进方向一致时，因一次磁场垂直于管线走向，管线将产生感应电流及相应的二次磁场。由于一次场均匀，管线所形成的二次磁场具有线电流场性质。当地下管线走向与电磁波前进方向垂直时，电磁波对地下管线不激励，则不能形成二次磁场。其感应二次磁场的强度与电台和管线的方位有关。该方法简便，成本低，工作频率高，但精度低，干扰大。其信号强度与无线电台与管线的相对方位有关。可用于搜索电缆或金属管线。

2）主动源法。主动源是指可受人工控制的场源，探查工作人员可通过发射机向被探测的管线发射足够强的某一频率的交变电磁场（一次场），使被探管线受激发而产生感应电流，此时在被探管线周围产生二次场。根据给地下管线施加交变电磁场的方式不同，又可分为直接法（图2-17、图2-20）、夹钳法（图2-18）、感应法（图2-19）和示踪法（图2-21）。

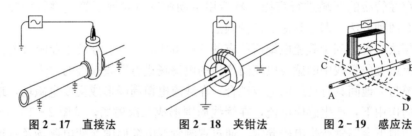

图2-17　直接法　　　　图2-18　夹钳法　　　　图2-19　感应法

（1）直接法。直接法有三种连接方法：双端连接、单端连接及远接地单端连接，即：将发射机输出一端接到被查金属管线上，另一端接地或接到金属管线的另一端，利用直接加到被查金属管线的电磁信号，对管线进行追踪，定位，该法信号强，定位、定深精度高，易分辨邻近管线，但金属管线必须有出露点，且需良好的接地条件。金属管线有出露点时，用于定位，定深，追踪各种金属管线。

① 双端连接方式。当地下金属管线有两个出露点时，根据场地条件，将发射机两端，（输出端，接地端）用长导线连接在两出露点上，且连接导线与管线相距一定的距离，以减小地面连接对探测效果的影响，这样，发射机发出的谐变电流通过管线与地面连接形成回路，以对地下金属管线进行追踪定位，见图2-20（a）。

② 单端连接方式。发射机的输出端与管线出露点或阀门连接，另一端就近接地或与窨井壁连接如图2-20（b）。

③ 远接地单端连接方式：将发射机输出端与管线出露点连接，接地端用一导线与离输出端较远处的接地电极相连，且接地条件良好，接地线尽量与管线走向垂直，少跨越其他管线，如图2-20（c）。而后用接收机对管线进行追踪定位，且随着探测距离的增加，随时增大发射机功率，以保证金属管线能够产生足够的电磁异常。

在选用直接法时，不论单端连接还是双端连接，连接点必须接触良好，应将金属管线的绝缘层剥干净；接地电极布置应合理，一般布设在垂直管线走向的方向上，距离大于10倍管线埋深的地方，并尽量减小接地电阻。管线有两个出露点时，应根据场地条件，合理选用。在接收探测时，接收机应根据发射机设置功率的大小，在大于最小收发距范围内进行，以避免发射机发射的一次场干扰，影响探测效果，还可通过测量电流来区分附近干扰管线。

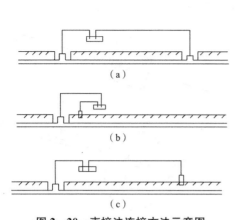

图 2 - 20　直接法连接方法示意图
(a) 双端连接；(b) 单端连接；(c) 远接地单端连接

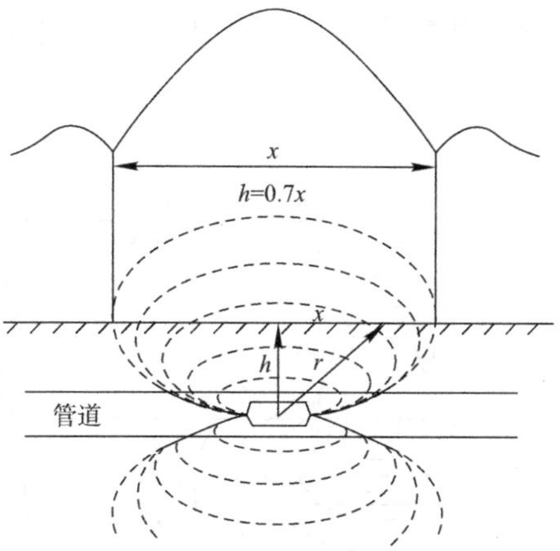

图 2 - 21　示踪法示意图

（2）夹钳法。利用管线仪配备的夹钳（耦合环），夹在金属管线上，通过夹钳把信号加到金属管线上（图 2 - 18）。该法信号强，定位、测深精度高，易分辨临近管线，方法简便。但管线必须有出露点，被查管线的直径受夹钳大小的限制。适用于管线直径较小且不宜使用直接法的金属管线或电缆。探查前先将夹钳与发射机输出端相连，套在管线上，然后用地面接收仪器对管线进行追踪定位。

夹钳的钳体为铁磁材料，钳体上绕有多圈绕组，绕组的每一圈都是顺着走向正对着管线的"上方"进行最大的激发，整个钳体的作用，就好似有很多直立的小线圈围着所钳住的管线激发，使用时管线直径应小于夹钳直径，以保证有较好的耦合状态。由于管道电缆的直径悬殊很大，故在实际使用时应配有不同内径规格的夹钳。电缆本身与大地具有电流耦合作用，用夹钳法效果好（图 2 - 22）。使用时应注意安全，不要碰触夹钳的接头处，当使用直接法探查密集管线时，发射机发射的谐变电流，会沿最易传播的路径传播，在目标管线上信号不一定最强，而采用夹钳法，目标管线传导的信号最强，其他管线传导信号较弱（图 2 - 23）。

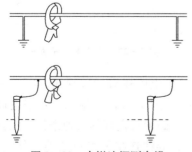

图 2 - 22　夹钳法探测电缆

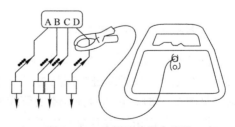

图 2 - 23　夹钳法分辨电缆线

（3）感应法。当被探的目标管线出露少，不具备直接法和夹钳法条件时，可采用感应法（图 2 - 19），该法使用方便，不需接地装置，是城市地下管线探查中常用的方法。它是通过发射机发射谐变电磁场，使地下金属管线产生感应电流，在其周围形成电磁场。通过接收机在地面接收管线所形成的电磁场，从而对地下金属管线进行搜索、定位。感应法可分为磁偶极感应法（图2-24）和电偶极感应法（图2-25）。

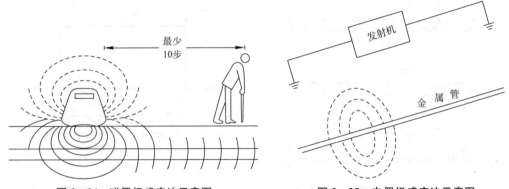

图2-24　磁偶极感应法示意图　　　　图2-25　电偶极感应法示意图

① 磁偶极感应法。利用发射线圈发射的电磁场，使金属管线产生感应电流，形成电磁异常，通过接收机对地下金属管线定位、测深的方法为磁偶极感应法。该方法发射机、接收机均不需接地，操作灵活、方便、效率高。用于搜索金属管线、电缆，可定位、测深和追踪管线走向。利用磁偶极感应法探查地下金属管线时，发射线圈一般有两种方式。

水平磁偶极子发射时，发射机呈直立状态发射，发射线圈面垂直地面，这时发射线圈与管线的耦合最强，可有效地突出地下管线的异常，并可压制邻近管线的干扰（图2-26）。垂直磁偶极子发射时，发射机的发射线圈在管线正上方呈平卧状态，发射线圈面水平，这时发射线圈与管线不产生耦合，被压管线不产生异常，此方法可压制相邻管线间的干扰，有效地区分平行管线（图2-27）。

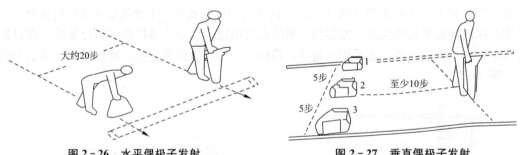

图2-26　水平偶极子发射　　　　　图2-27　垂直偶极子发射

② 电偶极感应法。利用发射机两端接地产生的一次电磁场对金属管线感应产生的二次电磁场，对地下金属管线进行探测的方法称电偶极感应法，该法一般采用水平电偶极方式发射（见图2-28）。它信号强，不需管线出露点，但必须有良好的接地条件。在具备接地条件的地区，可用来搜索追踪金属管线。工作时用长导线连接发射机两端，分别接地，且保证接地良好。使发射机、长导线、大地形成回路，建立地下电磁场，激励金属管线在其周围形成电磁场。选用本方法，应根据场地条件，需具有良好的接地点，接地导线应尽量与地下金属管线平行，且相距适当距离，以免接地导线电磁信号对接收信号的影响。

当采用感应法工作时，电偶极感应法因受场地条件及方法本身特点限制，工作中较少采用，但电偶极感应法建立的电磁场信号强，管线异常易分辨。磁偶极感应法建立的电磁场衰减较快，但其工作方法简便，不需接地，工效高，故在实际工作中，较多利用磁偶极感应法进行地下金属管线探查。

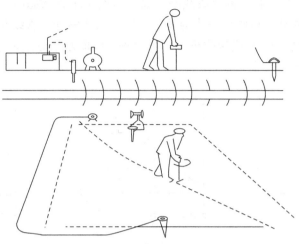

图 2 - 28　电偶极感应法搜索地下管线

（4）示踪法。探查不导电的非金属管道时，可采用示踪法进行定位、测深。它通过示踪探头，沿着管道走向移动进行发射，将能发射电磁信号的示踪探头（信标）或导线送入非金属管道内，在地面上用接收仪器探查该探头所发出的电磁信号，据此信号变化确定地下非金属管线的走向及埋深（图 2 - 28）。该法探查非金属管道，信号强，效果好。但管道必须有放置跟踪探头的出入口。将探头通过非金属管道的出入口，置入管道内，沿管道推进探头，在地面用接收机接收探头所发射出的信号。探头实际是一磁偶极子。从它的轴心辐射出一峰值区，在每一峰值端形成回波信号。调节接收机的灵敏度，仔细寻找回波信号及两回波信号间的峰值信号。同时沿垂直管线的方向寻找一最大值信号，以确定管道的正确位置。

地下磁偶极子在地面上的水平分量为：

$$H_x = \frac{m}{r^3}(3\cos^2\theta - 1) = \frac{m}{r^5}(2x^2 - h^2) \tag{2-17}$$

式中　m 为磁矩；θ 为磁偶极到接收点的连线与水平地面的夹角；r、h、x 的意义见图 2 - 21。

当 $x=0$ 时，$|H_x|$ 最大值，在探头的正上方。

当 $x = \pm\frac{\sqrt{2}}{2}h$ 时，$H_x = 0$，即在地面上可探到两个过零点，此两零点之距离与管道埋深的关系为 $h = 0.7x$，即探头的深度为两零值点距离的 0.7 倍。

2　定位和测深方法

无论采用直接法或感应法来传递发射机的交变电磁场，均会使地下金属管线被激发产生交变的电磁场，这磁场可被高灵敏的接收机所接收，根据接收机所测得的电磁场分量变化特点，对被探查的地下管线进行定位、测深。

1）定位方法：利用管线仪定位时，可采用极大值法或极小值法。极大值法，即用管线仪两垂直线圈测定水平分量之差 ΔH_x 的极大值位置定位；当管线仪不能观测 ΔH_x 时，

宜采用水平分量 H_x 极大值位置定位。极小值法，即采用水平线圈测定垂直分量 H_z 的极小值位置定位。两种方法宜综合应用，对比分析，确定管线平面位置。

（1）极大值法。当接收机的接收线圈平面与地面呈垂直状态时，线圈在管线上方沿垂直管线方向平行移动，接收机表头会发生偏转，当线圈处于管线正上方时，接收机测得之电磁场水平分量（H_x）或接收机上、下两垂直线圈水平分量之差（ΔH_x）最大（图 2 - 29a 和图 2 - 29b）。

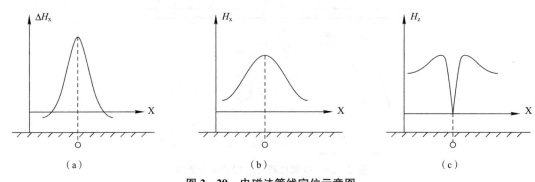

图 2 - 29　电磁法管线定位示意图
(a) ΔH_x 极大值法；(b) H_x 极大值法；(c) 极小值法

（2）极小值法。当接收机的接收线圈平面与地面呈平行状态时，线圈在管线上方沿垂直管线方向平行移动时，接收机表头指示同样会发生偏转，当线圈位于管线正上方时，表头指示偏转最小（理想值为零），如图 2 - 29c 所示。因此可根据接收机中 H_z 最小读数点位来确定被探查的地下管线在地面的投影位置。H_z 异常易受来自地面或附近管线电磁场干扰，故用极小值法定位时应与其他方法配合使用。当被探管线附近没有干扰时，用此法定位有较高的精度。

2）测深方法：用管线仪测深的方法较多，主要有特征点法（ΔH_x 百分比法、H_x 特征点法）、直读法及 45°法（图 2 - 30），探查过程中宜多方法综合应用，同时针对不同情况先进行方法试验，选择合适的测深方法。

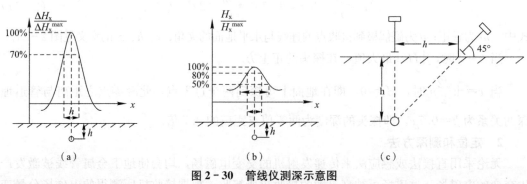

图 2 - 30　管线仪测深示意图
(a) ΔH_x 70%法；(b) H_x 80%、50%法；(c) 45°法

（1）特征点法。利用垂直管线走向的剖面，测得的管线异常曲线峰值两侧某一百分比值处两点之间的距离与管线埋深之间的关系，来确定地下管线埋深的方法称其为特征点

法。不同型号的仪器，不同的地区，可选用不同的特征点法。

①　ΔH_x70%法。ΔH_x百分比与管线埋深具有一定的对应关系，利用管线 ΔH_x 异常曲线上某一百分比处两点之间的距离与管线埋深之间的关系即可得出管线的埋深。有的仪器经过电路处理，使之实测异常曲线与理论异常曲线有一定差别，可采用固定 ΔH_x 百分比法，如图 2 - 30（a）的 70%法。

②　H_x 特征点法。

80%法：管线 H_x 异常曲线在峰值两侧 80%极大值处，两点之间的距离即为管线的埋深，如图 2 - 30（b）。

50%法（半极值法）：管线 H_x 异常曲线在峰值 50%极大值处两点之间的距离，为管线埋深的两倍，如图 2 - 30（b）。

（2）直读法。因为电磁场梯度与埋深有关，所以有些管线仪利用上下两个线圈测量电磁场的梯度，在接收机中设置按钮，用指针表头或数字式表头可直接读出地下管线的埋深。这种方法简便，但由于管线周围介质的电性不同，可能影响直读埋深的数据，因此应在不同地段、不同已知管线上方，通过方法试验，确定测深修正系数，进行深度校正，测深时应保持接收天线垂直，提高测深的精确度。

（3）45°法。先用极小值法精确定位，然后将接收机线圈与地面成 45°状态沿垂直管线方向移动，寻找"零值"点，该点与定位点之间的距离等于地下管线的中心埋深，如图 2 - 30（c）。使用此法测深时，接收机中必须具备能使接收线圈与地面成 45°角的扭动结构，若无此装置，不宜采用。线圈与地面成 45°角及距离量测精度会直接影响埋深探查精度。

除了上述测深方法外，还有许多方法。方法的选用可根据仪器类型及方法试验结果确定。为保证测深精度，测深点的平面位置，必须定的精确；在测深点前后各 3~4 倍管线中心埋深范围内，应是单一的直管线，中间不应有分支或弯曲，且相邻平行管线之间不要太近。

3　地下管线搜索与特征点探查方法

探查地下管线应依照地下管线探查基本程序，通过方法试验确定相关参数。在方法试验的基础上，针对不同的管线种类及地电条件，选择简便有效的探查方法，在地下管线探测中应遵循"从已知到未知、从简单到复杂、方法简便有效和复杂条件下采用综合方法"等原则。也就是说不论采用哪种探查方法，在施工前，在已知管线上，根据不同的地电条件进行方法试验，评价探测方法的有效性和精度，然后推广到未知区开展探查工作。如果有多种探查方法，应首选简便、有效、安全及成本低的方法。在管线十分复杂的地区，用单一的探查方法，往往不能识别地下管线或者探查精度不高。所以探查地下管线提倡采用多种探查方法，可提高对管线的分辨率。

1）地下管线搜索方法：地下管线的搜索是平面定位的方法之一。对地下管线搜索可采用平行搜索法、圆形搜索法、网格搜索法及追踪法。利用管线仪确定管线的平面位置时仍然使用极大值法与极小值法。

（1）平行搜索法。发射机发射线圈呈水平偶极子发射状态直立放置，发射机与接收机之间保持适当的距离（应根据方法试验确定最佳距离），两者对准成一直线，同时向同一方向前进（图 2 - 26）。接收线圈与路线方向垂直，使其避开直接来自发射机的信号。当前进路线地下存在金属管线时，发射机产生的一次场会使该金属管线感应出二次电磁场，接收机接收到二次场便发出信号或根据仪器电表中的指示确定地下管线的存在位置。

（2）圆形搜索法。原理同平行搜索法，其区别是发射机位置固定，接收机在距发射机适当距离的位置上，以发射机为中心，沿圆形路线扫测（图2-31）。扫测要注意发射线圈与接收线圈对准成一条直线。此法在完全不了解当地管线分布状况的盲区搜索时最有效、方便。

（3）网格搜索法。即被动源网格搜索法（图2-32），将接收机置于被动源档，调节接收机增益，对测区作网格搜索，判断地下管线的存在。

（4）追踪法。沿着管线延伸方向逐点定位，称为追踪。追踪时，定点间距视探测精度要求而定，一般5～20m，当采用磁偶极感应法追踪时，发射机垂直放置在地下管线上方，并与其平行，接收机至少需离发射机十步以上，见图2-33。若需要较近距离时，应降低灵敏度，避免发射机一次场的影响。

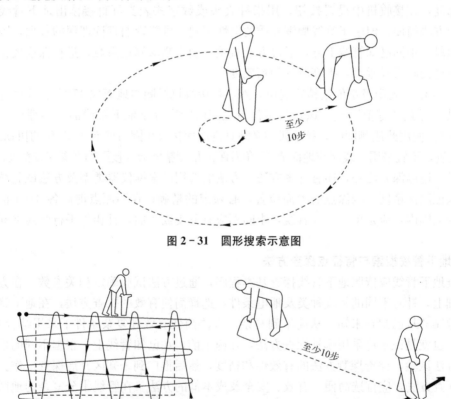

图2-31　圆形搜索示意图

图2-32　网格搜索示意图　　　　　图2-33　追踪示意图

用搜索或追踪方法确定最大信号的近似位置后，则可进行精确定位。以接收天线为支点，旋转接收机，直到仪器表头显示最大信号，此方向与发射机连接的方向为管线的走向，再在垂直走向的剖面内，用最大值法或最小值法进行精确定位。

2）特征点的探查方法：

（1）拐点的探查。拐点亦为管线的折转点，当用接收机沿管线追踪时，在拐点处接收机沿接收的信号急剧下降，这时重新回到信号的下降处，调整接收灵敏度以该点为圆心，作圆形搜索，便可发现管线走向，确定拐点的位置（如图2-34）。

（2）分支点的探查。沿管线追踪，由于支点处各分支具有分流作用，信号也会急剧下降，具有测量电流的仪器可测出其电流值的变化，然后以分支点为圆心，作圆形搜索，便可发现各分支的走向，确定分支点的位置（如图 2 - 35）。

图 2 - 34　拐点探查　　　　　　图 2 - 35　分支点探查　　　　　　图 2 - 36　三通点探查

（3）三通点的探查。在追踪管线时若遇三通、四通探测信号会有明显的衰减，此时可提高接收机增益，退回几米，作环行探测，就可找到三通、四通位置。图 2 - 36 是探查给水管道三通点位置的实例，首先采用直接法进行追踪探测，发现在三通点处信号衰减梯度较大，再通过测电流值的变化，证实三通点处具有分流现象。再在此点处进行圆形搜索，分别对信号进行追踪，推断管线结果经开挖验证较为准确。

（4）变深点的探查。多数情况，管线埋深变化不大，追踪管线时，信号变化平稳，当接收机信号有明显的增高或下降时，管线可能变浅或变深，离开该点适当距离（如 3m），在 A、B 两点测深，A、B 两点深度不一，说明管线在此变深，当 A、B 两点深度一致时，说明管线在此电连接性不好，导致信号下降较快（图 2 - 37）。

（5）截止点的探查。追踪管线时，信号完全消失，这时在信号消失处作圆形搜索，若沿管线前进方向上无信号反应，说明管线在此截止（图 2 - 38）。

（6）管径的探查。目前大部分管线仪还不具备管径探查功能，但是已经有一种投放市场的管路电缆探测仪实现了管径探查功能，具体方法是：先用极小值法对管线定位，然后在定位点处，将探头从左到右慢慢移动定位点，确定左拐点（指针下降速度突然减慢，梯度减小）。再将探头从右移向定位点，确定右拐点，量出左右拐点的距离即为管径。

图 2 - 37　变深点探查　　　　　　图 2 - 38　截止点探查

4　利用电流测量探查地下管线

在地下管线密集区，接收机可能会在旁边的干扰管线上方探查到比目标管线更强的电磁信号，因这干扰管线埋深比目标管线要浅（如图 2 - 39）。图中剖面曲线虽有三个异常峰值，而最大的异常所对应的并非目标管线，如按常规方法解释，很可能得错误结论。若配合电流强度测量就可避免这一错误判断，从图 2 - 39 上部的电流数值看，目标管线上的电流值最大。如果再能进行电流方向测定，可以更可靠地识别目标管线。因为目标管线的电流方向与邻近管道感应电流方向相反（如图 2 - 40）。因此，目前大部分管线仪增设了电流测量功能。

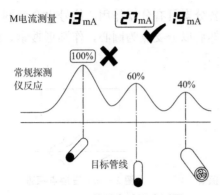

图 2-39　信号电流强度测量

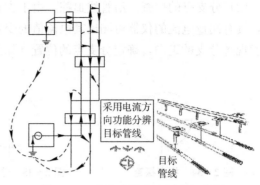

图 2-40　信号电流方向测定示意图

5　复杂条件下地下管线的探查技术

目前，地下管线探测的难点主要有：一是近间距平行管线探测；二是多电缆管道探测；三是大深度管线探测；四是非金属管线探测。应用电磁法探测时，正确认识和把握探测相应的探测技术可以取得较好的探测效果。

1）近间距平行管线探查。经过实践总结，探查近距离平行地下管线较为有效的方法包括激发法、压线法、直接法和夹钳法以及计算机正反演解释方法。

（1）激发法：是利用改变发射机线圈与干扰管线的相对位置，减小或消除干扰管线影响，从而达到探查定位目标管线的目的，即利用发射线圈面与干扰管线正交时不激发、与干扰管线斜交时弱激发而发射线圈远离干扰管线时无激发的特点，达到只选择目标管线激发的目的，如图 2-41 所示。其应用前提是要有分叉、拐弯、三通等可供选择激发之处，而远距离激发需要发射磁矩足够大且工作频率较低。

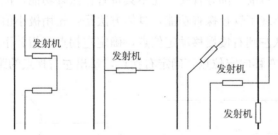

图 2-41　激发法示意图

（2）压线法：是通过改变发射机线圈与目标管线的相对位置，达到既能压制干扰信号又能增强目标信号的目的，压线法分为水平压线法、倾斜压线法和垂直压线法。

① 水平压线法（图 2-42a）。是将发射线圈水平放在干扰管线正上方，此时干扰管线不激发或激发最弱，该方法适合于探查间距稍大的平行管线。

② 倾斜压线法（图 2-42b）。就是选择靠近目标管线的上方附近，通过倾斜发射线圈并使其不激发干扰管线或激发较小，达到压制干扰增强目标管线信号的目的。该方法适用于近间距平行管线且水平压线法效果不明显时的管线探查，但是上下重叠管线不宜使用。

③ 垂直压线法（图 2-42c）是将发射线圈垂直放在在干扰管线的水平方向，使得干扰管线不激发或假发最弱，达到压制干扰信号的目的，该方法适用于上下重叠管线探测，但必须可供垂直压线的条件。

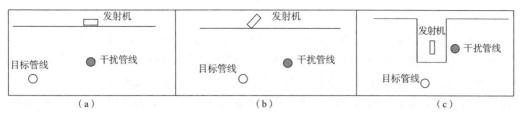

图 2-42　压线法示意图

（3）直接法：如前所述，该方法就是利用地下管线的出路部分直接向管线供某一频率的电流，并通过改变接地方式使电流沿目标管线流动，包括单端连接、双端连接和远端接地方式。注意：对于电力、电信以及燃气管线禁止使用该方法。

（4）夹钳法：是利用专用感应夹钳，使被夹管线产生感应磁场达到探测地下管线的目的，一般多用于电力、电信管线探查。

（5）计算机正反演解释方法：就是利用整条探查剖面的信息，通过计算拟合理论曲线和实测曲线达到复杂条件管线探查目的，需要处理人员具有一定的专业基础知识，且对地下管线的分布、敷设情况有一定的了解，这样可减少探查结果的多解性。在近距离平行管线探测时，要注意电流方向的影响，因为电流方向会影响定位精度。

2）多电缆管道探查。对于地下多电缆管道（多为电信）探查，夹钳法一般作为首选方法，值得注意的是：在电缆条数较少时效果还好，电缆条数较多时，探查结果误差有时会较大。20 世纪 90 年代末有人提出了等效中心修正法，效果较好。该方法就是利用电信窨井，将管道内电缆的大致几何中心作为等效中心，与感应方式的探查结果作比较，依此标定修正系数，再对邻近隐蔽点进行探查。

3）大深度地下管线探查。随着非开挖技术的推广应用，一批大深度地下管线敷设于地下，探查时有时会遇到深度十几米的情况，一些常规方法难以奏效。经过实践研究，使用频率域电磁法时采用远端接地直接法可以解决这一难题，但是要保证接地效果。这时可以考虑结合使用其他探查方法综合探查，提高探查可靠性。

2.3.5　频率域电磁法探查地下管线的应用

在城市地下管线赋存处，由于其场地物性、周围环境及其地电条件不同，在实施地下管线探查时，有的物探方法受到一定的限制。而频率域电磁法的应用有其独特的优越性。应用实践证明，在城市地下管线探查中，对给水金属管线探查，采用直接法、夹钳法，感应法，根据不同的条件合理选用，都是行之有效的方法。定位采用极值法，测深可采用直读法及 70% 法均可，根据方法试验，得出不同地电条件下的修正系数对探查深度进行修正，可以得到比较准确的管线埋深。对电力电缆可采用 50～60Hz 工频法（被动源法）及夹钳法，感应法进行探查；而对于电信电缆可采用夹钳法，感应法及直接法进行探查。

在金属管线探查中，单一管线、地电条件简单的情况下比较容易探查，在多余管线或地电条件较复杂的情况下，可根据不同的条件进行方法试验。通过开挖验证评定探查方法的有效性。做到最合理最正确的定位及定深。在地电条件简单、外界干扰较小的环境下，探查口径较大、管道壁有钢筋网的非金属管线（如排水管、给水管）时，采用高频感应电磁法探查也能取得较好的效果。电磁波法（探地雷达法）是目前用于探查非金属管线的最有效方法之一。

在一测区内对于金属地下管线，首先利用管线的露头进行直接法或夹钳法探查，具有较高的分辨率，是探查地下管线的首选方法。在无管线露头的情况下，对地下管线进行被动源法或感应法搜索。先了解地下管线的分布情况，然后对各管线进行追踪定位。不同类型管线其物性、分布、结构等不同，故其探查方法亦不相同。正确选择和合理使用探查工作方法和技术，可以取得较好的探查效果。

1　给水管线的探查

给水管线多为铸铁管，少量为混凝土管和塑料管。对金属焊接管，其电连接性较好，管线上方具有较好的异常。铸铁管由很多短管对接而成，在连接点处，电连接性较差，对电磁信号阻抗较大；在干燥地区，金属管线与大地间组成的回路中，也具有较高的阻抗，管线异常弱。但给水管窨井、露头较多，在探查中采用直接法、感应法、夹钳法或各方法综合应用，都能取得较好的探查效果。

2　电力电缆的探查

电力电缆有 $50\sim60Hz$ 的交流电，用工频法探查较直接，夹钳法、感应法也是探查电缆的重要技术手段。使用夹钳法探查高压电缆时，若电缆中载有较强的电流，夹钳内会生产较强的感应电流，在操作时不要碰触夹钳的接头处。

1）单条电缆探查。济南某建筑工地埋一高压电缆，为施工方便需探明电缆的准确位置及埋深，用 RD400PDL 接收机采用无源探查（工频法）进行搜索，得一峰值信号，沿信号追踪，初步断定为地下管线，用极值法对异常进行了进一步的准确定位。之后采用 70% 法定深为 $0.80m$ 左右，经开挖，证实为所需找的地下电缆，平面位置及埋深都较为准确。

2）多根电缆（电缆束）探查。广州某区有四条高压直埋输电电缆，长度为 $2km$。四条电缆埋在人行道一侧、宽度为 $0.5m$ 的沟内，有三条 $110kV$ 的输电电缆，一条 $15kV$ 的导引电缆。使用 RD400PDL 接收机用被动源法（工频法）进行搜索，得一信号异常曲线（图 2-43），然后追踪，确定为地下电缆，又用感应法（8kHz）进行探查，得异常曲线，如图 2-44，两种峰值曲线迥然不同。经分析由于电缆的异常叠加，形成双峰曲线，可理解为电缆的传输方向相反。曲线特征为一边衰减较慢，另一边衰减较快。在感应法中各条电缆异常的叠加，其异常峰值在四条电缆的中心位置。经分析，由于异常叠加，所探得的深度，都与管线的实际深度存在较大的误差。在这一测区内，电缆敷设较长，为了验证分析及在此情况下探测深度的修正系数。在多点处进行开挖，其结果与先前分析一致，同时取得了修正系数，对探查深度进行了修正后，取得较好的探查效果。

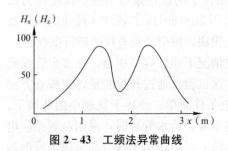

图 2-43　工频法异常曲线

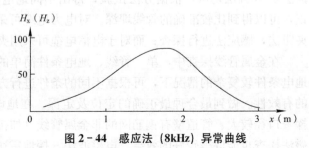

图 2-44　感应法（8kHz）异常曲线

3　电信电缆的探查

电信电缆以单根或电缆束状形式存在，由于其外层包有胶皮，一般不用直接法，多采用夹钳法、感应法、或被动源法进行探查。

4　燃气管道探查

燃气管道带有危险气体，禁止使用直接法探查，燃气管道为钢管，多为焊接或使用螺丝对接，电连接性较好，采用感应法、夹钳法或被动源法进行探查。而有些入户支管的对接处包有绝缘胶带，电连接性较差，一般采用多种方法综合探查。

在广州某大道有一直径为 529mm 的煤气管道需要探查，首先采用 RD433 型管线仪，对地下管线搜索追踪，在 A 点处信号迅速衰减确定管道在此折转，通过圆形搜索法，重新抓住信号的走向，即管道走向，继续追踪，在 B 点处，向前少许，信号又迅速衰减，再用图形搜索法，抓住信号继续追踪，初步判定管线的走向（如图 2－45）。然后对管线进行精确定位（极值法）、定深（70%法）。最后监理部门用探地雷达法检查验证，探查结果符合要求。

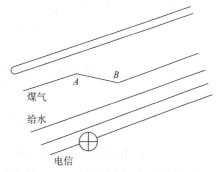

图 2－45　煤气管道分布推断示意图

5　工业管道的探查

工业管道按其载体，可分为多类，对载有易燃、易爆物质的管道，如氧气、油、乙炔等，严禁使用直接法探查。实际上多采用感应法、夹钳法或被动源法探查。对热力管道可配合采用红外辐射法。

6　排水管道的探查

排水管道多为混凝土管，窨井较多，一般以调查为主，可以在条件允许的情况下用示综法进行探查，探地雷达法也是探测非金属管道的有效手段之一。

7　城市地下管线普查

在某城市开发区地下管线普查工程中，采用以频率域电磁法为主的物探方法进行地下管线探查，图 2－46 是最后形成的综合地下管线探测成果，其中电力、通讯、给水、煤气管线均采用频率域电磁法定深和定位。经重复探查和钎探验证，精度符合现行行业标准《城市地下管线探测技术规程》CJJ61 的规定要求。

8　复杂条件下的地下管线探查

1）近距离平行管线探查。图 2－47 是两条平行金属管线的探查试验结果，管线埋深为 1m，水平间距为 2m。其中图 a、b 为将垂直发射线圈放在两管线中间的地面位置，距发射线圈 20m，以 30cm 点距垂直于管线走向探查，分别获得的极大值曲线和极小值曲线，从图 2－47a 可以看出，磁场水平分量与其梯度曲线都有双峰值异常反应，并且两个极大值位置与管线的实际位置基本吻合。磁场水平分量梯度曲线比磁场水平分量曲线的峰值更尖锐，且分离更清晰。用磁场垂直分量极小值法探查（图 2－47b）时，只出现一个零值点，且不在管线的正上方。将垂直发射线圈放在 1 号管线的正上方，用同样的方法进行探查，其结果如图 2－47c、图 2－47d 所示。从图中可以看出，水平分量的极大值和垂直分量的极小值均与 2 号管线实际位置相对应，1 号管线已没有信号反映，定深结果均较好。

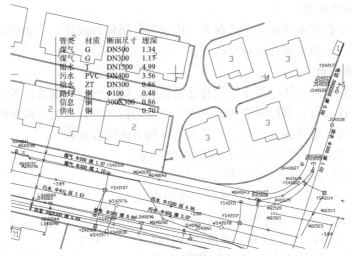

图 2-46 地下管线普查成果图

由此可见，利用梯度法比用极大值法定位更清晰准确。当两条管线平行时，垂直分量极小值异常曲线不规则，定位定深误差较大。

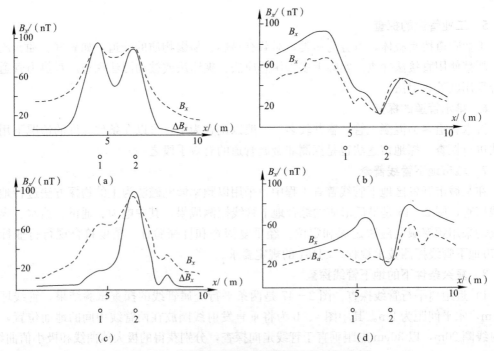

图 2-47 两平行近距离金属管线探查应用实例

另有需要探查的一条 DN200 的地下给水管道，埋深 71cm，在其附近有两条平行电信线，埋深分别为 110cm 和 74cm，相对位置如图 2-48a。图 2-48b 为利用计算机正反演解释方法获得的地下探查结果。正反演解释方法后的结果经实地开挖验证，定位定深精度符合要求。

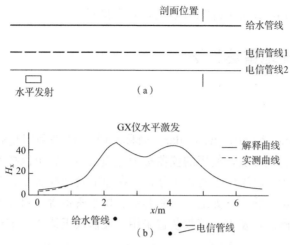

图 2-48　近距离平行管线探查应用实例

2）多电缆管道探查。图 2-49 为多电缆电信管道探测实例。实际上，电信管道 12 孔 400mm×300mm12 条电缆，顶深为 85cm，1 号夹钳电缆中心埋深 100cm，2 号夹钳电缆中心埋深 90cm，等效中心埋深 100cm。

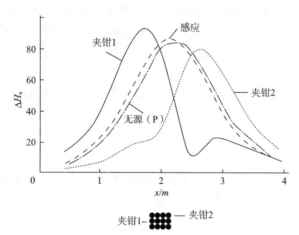

图 2-49　多电缆电信管道探查应用实例

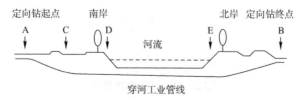

图 2-50　大深度管道探查应用实例

3）大深度管道探查。图 2-50 为利用远端接地直接法探测大深度地下管线的实例。实际上地下管线为一跨越宽约 280m 河流、管径 273mm 的钢质工业管道，穿越河流深度约 12m，在 A 点开关房内连接阀门，垂直管道走向 200m 处接地，在 C、D、E 点均测到管线信号，尽管信号不是很强，采用峰值法、零值法以及抬高接收机方式进行相互验证，探测得管道埋深 11.7m，并可追踪到 B 点处，效果良好。

2.4　电磁波（探地雷达）法

2.4.1　基本原理

探地雷达（Ground Penetrating Radar，简称 GPR）法是利用超高频电磁波探查地下介质分布的一种地球物理方法，使用的仪器称为地质雷达。它可以探查地下的金属和非金属目标，能分辨地下 10^{-1} 埋深尺度的介质分布。在地下管线探查中，常用于探查电磁法类管线仪难以奏效的非金属管道，如地下人防巷道、排水管道等。目前实际应用的地质雷达大多使用脉冲调幅电磁波，发射、接收装置采用半波偶极天线，本节论述的主要为这种类型的探地雷达。

雷达脉冲波的中心频率为数十兆赫至数百兆赫甚至千兆赫。宽频带高频短脉冲电磁波通过发射天线 T（图 2-51）向地下发射，由于地下不同的介质往往具有不同的物理特性（地质雷达主要利用介质间的介电性、导电性、导磁性差异），因而对电磁波具有不同的波阻抗，进入地下的电磁波在穿过地下各地层或某一目标时，由于界面两侧的波阻抗不同，电磁波在介质的界面上会发生反射和折射，发射回地面的电磁波脉冲，其传播路径、电磁场强度与波形将随所通过介质的电性质及几何形态而变化，因此，从接收到的雷达反射回波走时、幅度及波形资料，可以推断地下介质的结构。利用探地雷达法探查地下管线就是基于这样的原理。

实际工作中，置于地面的高灵敏度雷达接收天线 R 所接收到的电磁波反射脉冲波行程走时 t 为：

$$t=\frac{\sqrt{4z^2+x^2}}{v} \tag{2-18}$$

当已知地下介质的波速 v 时，可以根据测得的精确 t 值（一般为 ns 级）计算出发射体的深度 z。v 值可以用现场钻孔资料标定、宽角方式直接测定、理论公式估算等方式获得。

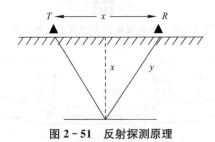

图 2-51　反射探测原理

雷达发射天线与接收天线的距离 x 通常很小，甚至合二为一。当地下反射界面的倾角不大（或近乎水平）时，雷达反射波的路径几乎与地面垂直。因此，雷达探测剖面各测点上反射波走时的变化就反映了地下目标体的形态。

1　介质中的电磁波

以时间和空间两种坐标的函数来表示的场都可以称为波。在源距 r、时间 t 以单一频

率 f 振动的电磁波场值可用下列数学形式表示：

$$P=|P|e^{-i(\omega t-kr)} \tag{2-19}$$

式中：$\omega=2\pi f$ 称为电磁波的角频率，$K=\dfrac{2\pi}{\lambda}$ 称为传播系数，频率 f、速度 v 与波长 λ 的关系为 $\lambda=\dfrac{v}{f}$。

在高频范围中，电磁波在岩石内的传播系数 $k=\omega\sqrt{\mu\left(\varepsilon+i\dfrac{\sigma}{\omega}\right)}$ 是一个复数，可写成：

$$k=a+ib \tag{2-20}$$

$$a=\omega\sqrt{\mu\varepsilon}\sqrt{\frac{1}{2}\left(\sqrt{1+\left(\frac{\sigma}{\omega\varepsilon}\right)^2}+1\right)} \tag{2-21}$$

$$b=\omega\sqrt{\mu\varepsilon}\sqrt{\frac{1}{2}\left(\sqrt{1+\left(\frac{\sigma}{\omega\varepsilon}\right)^2}-1\right)} \tag{2-22}$$

由此，（2-19）式可写为

$$P=|P|e^{-i(\omega t-ar)}\cdot e^{-br} \tag{2-23}$$

1）相位系数。（2-23）式中第一个指数幂 ar 表示电磁波传播时的相位项，故称 a 为相位系数，单位为"rad/m"。相位系数与电磁波速度 v 的关系为：

$$v=\frac{\omega}{a}=\frac{1}{\sqrt{\mu\varepsilon}\sqrt{\dfrac{1}{2}\left(\sqrt{1+\left(\dfrac{\sigma}{\omega\varepsilon}\right)^2}+1\right)}} \tag{2-24}$$

（2-24）式表明：当频率不变时，电磁波速度随着介质 $\mu\varepsilon$ 之乘积的增大而减少。

2）吸收系数。（2-23）式的第二个指数 e^{-br} 是一个与时间无关的项。它表示电磁波在空间各点的场值随着离场源的距离增大而减小。因此，b 称为吸收系数，单位为 Np/m（1Np/m=8.686dB/m），当介质的电导率 σ 很低或 $\omega\varepsilon$ 值很高（$\sigma/\omega\varepsilon\ll1$）时，$\sqrt{1+\left(\dfrac{\sigma}{\omega\varepsilon}\right)^2}\approx1+\dfrac{1}{2}\left(\dfrac{\sigma}{\omega\varepsilon}\right)^2$，则式（2-20）中的 b 可写为：

$$b\approx\frac{\sigma}{2}\sqrt{\frac{\mu}{\varepsilon}} \tag{2-25}$$

当介质电导率很高或 $\omega\varepsilon$ 值很低（$\sigma/\omega\varepsilon\gg1$）时：

$$b\approx\sqrt{\frac{\theta\mu\omega}{2}} \tag{2-26}$$

它表明：介质电导率很低时，吸收系数随 σ 的增大而增大，随 ε 的增大而减小，与电磁波频率无关；介质电导率很高时，吸收系数随 σ 和 ω 的增大而增大，而与 ε 无关。

3）反射系数。电磁波反射脉冲信号的强度与界面的反射系数和穿透介质对电磁波的吸收能力有关。设电磁波从媒质 1 垂直入射到媒质 2，此时媒质界面的电磁波反射系数 R_{12} 可由下列关系式表示：

$$R_{12}=\frac{E_r}{E_i}=\frac{\eta_2-\eta_1}{\eta_2+\eta_1} \tag{2-27}$$

式中：E_r 表示反射波电场强度，E_i 表示入射波电场强度，$\eta_i=\sqrt{\dfrac{\mu_i}{\varepsilon}}$，$\tilde{\varepsilon}_i=\varepsilon_i+i\dfrac{\sigma_i}{\omega_i}$，$\mu$、$\varepsilon$、

σ 分别表示媒质的磁导率、介电常数和电导率，$\tilde{\varepsilon}$ 称为媒质的复介电常数，$\omega=2\pi f$ 为电磁波的角频率，下标 $i=1$，2 表示媒质 1 和媒质 2。

显然，反射系数与界面两侧的电磁性质及角频率有关，且随着电磁参数差别的增大而增大，反射波能量也随之增大。斜入射时，反射系数将因波极化性质和入射角大小而变。

2　探地雷达波的辐射场特征

探地雷达使用的偶极子源，在均匀全空间中，偶极子源的辐射场是一种球面波。当水平电偶极子位于均匀大地地面时，地下半空间内的场强为：

$$E^{(1)}=\frac{\omega^2\mu_0 P}{4\pi}\frac{2\cos\theta_0}{\cos\theta_0+\sqrt{n^2-\sin^2\theta_0}}\frac{e^{ik_1 r}}{r} \tag{2-28}$$

式中：P 为偶极子的电偶极矩，$n_2=\dfrac{\varepsilon_0}{\tilde{\varepsilon}_1}$，$\theta_0$ 为电磁波射线的入射角，$k_1=\omega\sqrt{\mu_1\tilde{\varepsilon}_1}$ 为电磁波在介质 1 中的传播常数，角频率 $\omega=2\pi f$，f 为电磁波频率。

当 $\sin\theta_0=n=\sqrt{\dfrac{\varepsilon_0}{\tilde{\varepsilon}_1}}$ 时，辐射场 $E^{(1)}$ 有一极大值，在大多数勘察地有 $\sigma\ll\omega\varepsilon$，此时 $\sqrt{\dfrac{\varepsilon_0}{\tilde{\varepsilon}_1}}\approx\dfrac{1}{\sqrt{\varepsilon_r}}$，可以看出：

地下介质的介电常数大，偶极子源的辐射功率就愈往地下集中，这种辐射功率往介电常数大的介质集中的特性，有利于雷达探查工作开展。常见介质的电磁物理参数列于表 2-3。地下非金属管道的材质一般为混凝土、陶瓷等，管道内的介质一般为空气、水或其他液体，它们的介电常数与管道外土壤的介电常数差别较大，它们之间的这种介电常数差异是应用探地雷达法探查地下金属与非金属管道的前提条件。

常见介质的物理参数　　　　　　　　表 2-3

介质	电导率 σ(ms/m)	相对介电常数 ε_r	电磁波速 v(m/ns)	衰减系数 a(dB/m)
空气	0	1	0.3	0
洁净水	0.5	81	0.033	0.1
海水	3000	81	0.01	103
冰	0.01	3~4	0.17	0.01
花岗岩（干-湿）	0.01~1	5~7	0.15~0.1	0.01~1
灰岩（干-湿）	0.5~2	4~8	0.11~0.12	0.4~1
砂（干-湿）	0.01~1	3~30	0.05~0.06	0.01~3
黏土	2~1000	5~40	0.06	1~300
页岩	1~100	5~15	0.09	100
淤泥	1~100	5~30	0.07	1~100
土壤	0.1~50	3~40	0.13~0.17	20~30
混凝土		6.4	0.12	
沥青		3~5	0.12~0.18	

3　垂直分辨率

探地雷达法在垂直方向上所能分辨的最小异常体的尺寸称为垂向分辨率。垂向分辨率与所用电磁波在介质的波长有关。

设有一薄层厚度为 b，薄层的相对介电常数为 ε_2，上下地层的相对介电常数为 $\varepsilon_1=\varepsilon_3$，因此存在一正一反两个反射系数。当电磁波垂直入射时，则有来自薄层顶面、底面以及层间的多次反射波。考虑到多次的能量较弱，则所得雷达信号为顶面反射波与底面反射波的合成。当薄层厚度 b 等于电磁波长 λ_2 的一半（$b=\lambda_2/2$）时，来自顶底界面的反射出现相消性干扰。随着薄层厚度的继续减薄，来自顶底界面的反射出现长性干扰，这种干扰在薄层厚度 $b=\lambda_2/4$ 时达到最大，此时接收天线信号的振幅值最大，这个厚度称为调谐厚度（Tuning thickness）。随着薄层进一步减薄，相消性干扰逐步增强，甚至反射消失。当地层很薄时，薄层的反射特征逼近于入射波的时间导数，这种时间导数的关系可以维持到 $b=\lambda_2/8$（图 2-52）。由于从这点开始，就不再能区分开来自地层顶底面的各自反射而只剩下它们的复合波，也就是说，从这一点开始失去了分辨能力，因此理论上可把 $\lambda_2/8$ 作为分辨率的下限。但考虑到干扰噪声等因素，一般把 $b=\lambda_2/4$ 作为垂直分辨率的下限。

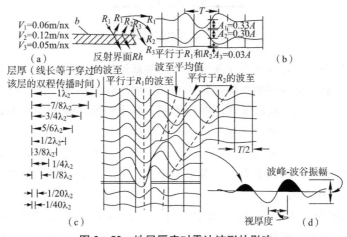

图 2-52　地层厚度对雷达波形的影响

（a）反射射线图解，b 为地层厚度；（b）单个反射波形。（c）复合反射波形，它是地层厚度的函数。T 为入射击子波主周期。$\lambda_2=TV_2$ 为地层内的波长。等时线间隔为 $T/2$。点线为零振幅时间线，是各复合子波的中心线。（d）振幅与视厚度的定义

从图 2-52 可以得出三个主要结论：

1）当地层厚度超过 $\lambda/4$ 主波长时，复合反射波的第一个波谷与最后一个波峰的时间差正比地层厚度。在这种情况下，地层厚度可以通过测量预界反射波的初至 R_1 和底界波的初至 R_2 之间的时间差确定出来。

2）当地层厚度等于 $\lambda/4$ 主波长时，反射波形的变化很小。在这种情况下，地层厚度正比于反射振幅。

3）当地层厚度等于 $\lambda/4$ 主波长时，来自顶底界面的反射波发生相长性干扰。其复合波形的振幅达到最大值。

4　水平分辨率

探地雷达在水平方向上所能分辨的最小异常体的尺寸称为地质雷达的水平分辨率。地质雷达的水平分辨率通常可用 Fresnel 带加以说明。按照物理学的观点，在入射波的激发

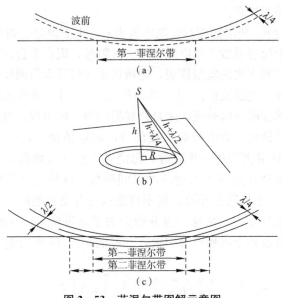

图 2-53　菲涅尔带图解示意图

下，异常体表面各个面积元都可看作新波源，这些新波源产生的二次波依各自的传播路径到达观测点，于是侧点接收到的总场强是所有二次波场强的叠加。由于从发射源到异常体表面上某点，再从该点到达接收天线的路程不同，各次波的场强因相位不同而产生相互干涉。结合图 2-53 对产生这种干涉的 Fresnel 带加以说明。设地下有一个水平反射界面，以发射天线为圆心，以其到界面上的垂距为半径，作一圆弧切发射界面。此圆弧代表雷达波到达此界面时的波前，再以多出 1/4 及 1/2 子波长度的半径画弧，在水平反射界面的平面上得出两个圆，其内圆称为第一 Fresnel（菲涅尔）带，二圆之间的环形带称作第二 Fresnel 带。根据波的干涉原理，法线反射波与第一 Fresnel 带外缘的反射波光程差λ/29双程光路，反射波之间发生相长性干涉，振幅增强。而第二 Fresnel 带内的反射则发生相消性干涉，使振幅减弱。同理还可以有第三带（相长性）、第四带（相消性）等。但第一带以外诸带间彼此消长，对反射的贡献不大，可以不考虑。当反射界面的埋深为 H，反射、接收天线间距离远小于 H 时，第一 Fresnel 带的直径可按下式计算

$$d_F = \sqrt{\frac{\lambda H}{2}} \qquad (2-29)$$

式中：$\lambda = \dfrac{v}{f}$ 为雷达子波的波长，v 为子波波速，f 为电磁波频率，H 为异常体埋藏的深度。

　　Fresnel 带的出现使中断的异常体的边界模糊不清，它和绕射现象是一致的。图 2-54 上部为一模型，图中标的数字 1/2、1/4 代表砂体相应于 Fresnel 带直径的倍数。由图 2-54 下部的反射模型看出，每段的反射都大于它的实际大小，这是因为尽管激发和接收点已越出了砂体边界，但由于其边界仍处于 Fresnel 带内，因此接收天线仍能接收到来自砂体的反射信号。从图中可以得出二点结论：

　　1）异常体水平尺寸为 Fresnel 带直径的 1/4 时，仍能接收到清晰的反射波。这就是说地质雷达的水平分辨率高于 Fresnel 带直径的 1/4。

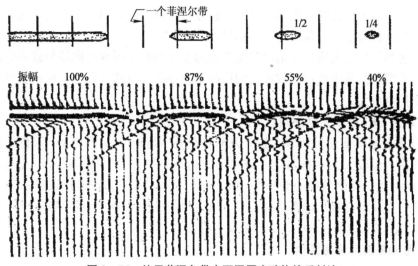

图 2-54   处于菲涅尔带内不同厚度砂体的反射波

2）由于 Fresnel 带存在，当两个有限异常体的间距小于 Fresnel 带时，则不易把两个目标体区分开。

2.4.2   仪器设备

探地雷达法使用的仪器称为地质雷达。目前已推出的商用地质雷达主要有：加拿大探头及软件公司（SSI）的 pulse EKKO 系列、美国地球物理测量系统公司（GSSI）的 SIR 系列、微波联合公司（M/A-Com，Inc）的 TerrascanMK 系列、瑞典 MALA 公司的 RAMAC 系列、日本应用地质株式（OYO）的 GEORADAR 系列、意大利 IDS 公司的 RIS 系列等。国内地质雷达仪器的研制始于 20 世纪 60 年代中期，地矿部物探所、上海地质仪器厂、煤炭部煤科院、成都电讯工程学院、交通部科研所、电子部 22 所、西南大学、中国航天工业总公司等单位先后作过探地雷达设备的研制和野外试验工作。目前国内投入地下管线探测使用的主要为时域脉冲地质雷达。以下对瑞典 RAMAC 地质雷达、加拿大 EKKO 系列、美国 SIR 系列和意大利 RIS 系列作简要介绍。

1   瑞典 RAMAC 地质雷达

RAMAC 地质雷达是引进我国较早的瑞典 MALA Geoscience 公司的产品，仪器设备轻便，光纤柔软不易折。使用的中心工作频率为 10、25、50、100、200、400、500、1000MHz 等八种地面天线及 100MHz 和 250MHz 钻孔内天线。

RAMAC 地质雷达主要由便携计算机、控制单元、发射器、发射天线、接收器及接收天线六个部分组成。各部分的用途如下：

便携计算机：设置工作参数、向控制单元发布运行指令、实时显示雷达图象、存储雷达数据资料。

控制单元：向发射器、接收器发出工作指令、将来自接收器的信息资料经光电转换后送到计算机。

发射器：按控制单元的指令向发射天线输出发射信号。

发射天线：向外辐射宽频带短脉冲电磁波。

接收器：接收来自接收天线的雷达回波信号，经模数转换后送往控制单元。

接收天线：接收来自外部的电磁波信号。

孔内发射器及发射天线：按地面控制单元的指令向外辐射或定向辐射脉冲电磁波。

孔内接收器及接受天线：接收或定向接收来自外部的电磁波信号，经模数转换后由光纤送往地面控制单元。

2　加拿大 EKKO 系列地质雷达

EKKO 系列地质雷达是加拿大探头及软件公司（Sensor & Software）的产品，是目前国内市场占有量较大的一种雷达。该系列雷达有三种型号：IV 型、100 型和 1000 型。IV 型为低频雷达，使用的中心频率为 200、100、50、25、12.5MHz 五种；100 型为 IV 型的改进型，在仪器外观、电源及增益等方面有所改进；1000 型为高频雷达，使用的中心频率为 110、225、450、900、1200MHz 五种。

3　美国 SIR 系列地质雷达

SIR 系列雷达是美国地球物理测量系统公司（Geophysical Survey System，Inc）的产品，它有 SIR-2、SIR-2P、SIR-10A、SIR-10B 和 SIR-10H（高速测量型）及 SIR-20 等型号，在国内普遍使用的是 SIR-2、SIR-10A、SIR-10H 和 SIR-20 型。SIR 系列雷达配有中心频率为 15、20、30、40、80、100、120、300、400、500、900、1000、1500 和 2500MHz 等多种天线。

4　意大利 RIS 系列地质雷达

RIS 系列雷达是意大利 IDS 公司的产品。除不同频率的单天线外，RIS 雷达还包括多频 MF 天线阵，不仅可一次完成较大范围扫描探测，同时可以采用不同频率天线兼顾不同深度探测目标，大大提高作业效率。现在国内使用较多的为 RIS K2，近期该公司又推出了 DETECTORDUO、DETECTOR 等轻便仪器。

2.4.3　工作方法技术

利用探地雷达法探查地下管线，必须根据现场场地的地质、地球物理特点及探测目的任务，对有关的各种资料做充分研究，对目标体特征与所处环境进行分析，必要时辅之适量的试验工作，以确定地质雷达完成项目任务的可能性并选定最佳的测量参数、采用合适的观测方式得到完整的有用的数据记录。

探地雷达法的适应性较强，可以用来探查各种金属及许多非金属目标管线，但它与其他物探探查方法一样，要求所探查的目标与周围介质有一定的物性差异，且目标体界面的电磁波反射波能被雷达所分辨。不分场合的盲目使用探地雷达法，往往达不到期望的效果。

1　观测方式

目前时域地质雷达的观测方式主要有：剖面法、宽角法（共深点法）和透射法，剖面法是地下介质探查工作中所采用的常用物探方法，也是地下管线探查工作所使用的主要工作方法；宽角法（共深点法）主要用于求取地下介质的电磁波波速；透射法主要用于地面墙体、楼板等有限体积物体的对穿探查。这里仅介绍地下管线探查经常使用的剖面法和宽角法（或共深点法）。

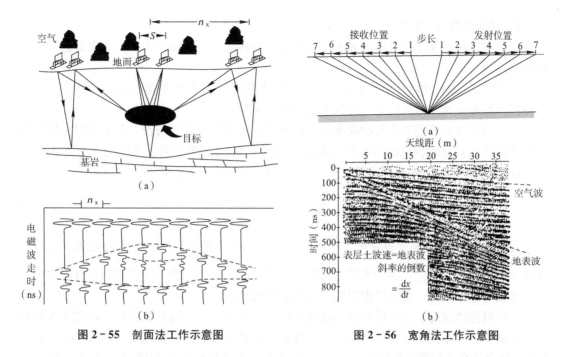

图 2 - 55　剖面法工作示意图　　　　图 2 - 56　宽角法工作示意图

（1）剖面法。剖面法是发射天线（T）和接收天线（R）以固定间隔沿观测剖面同步移动的一种测量方法（图 2-55），在某一测点测得一条波形记录后，天线便同步移至下一个测点，进行下一个测点的波形记录测量，由此便可得到由一条条记录组成的地质雷达时间剖面图像。图像的横坐标为两天线中点在剖面上的位置，纵坐标为雷达脉冲波从发射天线出发，经地下界面反射后回到接收天线的双程走时。这种记录能反映正对剖面下方地下各个反射面的起伏变化，图 2-55（a）为简单地质模型，图 2-55（b）为相对应的剖面法波形记录示意图。

（2）宽角法（或共深点法）。宽角法是采用一个天线不动，逐点以同一步长移动另一天线的测量方法，共深点法则是发射天线与接收天线同时由一中心点向两侧反方向移动的测量方式（图 2-56）。宽角法和共深点法的图像特征相似，主要用来求取地下介质的电磁波波速。这种方式只能用于发射、接收天线分离的双天线雷达。

地下深度为 z 的水平界面反射波双程走时为：

$$t^2 = \frac{x^2}{v^2} + \frac{4z^2}{v^2} \tag{2-30}$$

式中：x 发射天线与接收天线的间距；z 为反射界面的深度；v 为电磁波在介质中的传播速度。

（2-30）式表明，当地层电磁波速度不变时，t^2 与 x^2 成线性关系，即，若以 t^2 为纵坐标，x^2 为横坐标，则宽角法或共深点法所得到的反射波走时为直线，直线的斜率为 $1/v^2$。地表直达波可看成是 $z=0$ 时的反射波，此时：

$$t = \frac{x}{v} \tag{2-31}$$

上式表明地表直达波的双程走时在宽角法（或共深点法）记录中为直线，地表波斜率的倒数即为表层土的电磁波波速，其值为 $\mathrm{d}x/\mathrm{d}t$。

2　现场工作方法技术

探地雷达法现场工作大体可分为三个步骤：资料收集与现场踏勘、工作参数选择、现场剖面探查。

1）资料收集与现场踏勘：资料收集、现场踏勘的任务主要是初步确定地质雷达完成项目任务的可能性并为后期工作提供参考资料，主要包括以下 5 个方面：

（1）目标体与周围介质的物性差异。探地雷达法探查的成功与否，取决于目标体与周围介质的物性差异能否反射回足够的电磁波能量并为仪器所识别。在电磁波垂直入射时（剖面法工作中一般都能近似满足这个条件），目标体功率反射系数为：

$$P_r = \left| \frac{\sqrt{\tilde{\varepsilon}_h \mu_t} - \sqrt{\tilde{\varepsilon}_t \mu_h}}{\sqrt{\tilde{\varepsilon}_h \mu_t} + \sqrt{\tilde{\varepsilon}_t \mu_h}} \right|^2 \tag{2-32}$$

式中：$\tilde{\varepsilon}$、μ 表示复介电常数（$\tilde{\varepsilon} = \varepsilon_r \varepsilon_0 + j \frac{\sigma}{\omega}$）和导磁率，下标 t、h 分别表示探查目标体和周围介质。目标体的功率反射系数一般不应低于 0.01。在不易得到目标体及周围介质的准确物性参数时，也可根据以往工作经验大致估算。

（2）目标体深度。在相同的仪器设备条件下，探查深度与地下介质对电磁波的吸收程度关系极大。在不同地下介质的场地中，探地雷达法的有效探查深度往往极不相同。EK-KO 雷达允许介质的吸收损耗达 60dB，当雷达中心工作频率为 25MHz 时，Annan 给出的探测深度 d_{max} 简易估算式为：

$$d_{max} < 30/a \text{ 或 } d_{max} < 35/\sigma \tag{2-33}$$

式中：a 为介质的吸收系数，σ 为电导率。

如果目标体深度超出系统探测深度，就不应再采用探地雷达法。

（3）目标体的规模。这是关系到探地雷达法工作效果的一个重要因素，为了能接收到足够的反射波能量，要求目标体应具有相当规模的反射面。对于非金属目标体，通常要求目标体深度与目标体大小之比应不大于 10：1。

（4）目标体周围介质。目标体周围介质的不均一性尺度必须异于目标体的尺度，否则，目标体的响应将淹没于周围介质响应变化之中而无法识别。

（5）地表环境。探查点附近存在的大件金属物体或无线电射频源，将对探地雷达法探查工作形成严重干扰，甚至使雷达系统无法工作。

2）工作参数选择：雷达系统工作参数选择合适与否直接关系到探查原始资料的质量，工作参数主要包括中心工作频率、天线间距、探查点点距、采样间隔、采样时窗和天线布设方式等。

（1）雷达中心工作频率。系统中心工作频率的选择需考虑到目标体深度、目标体最小规模及介质的电性特征。一般地。在满足探测深度要求的条件下，应选择尽量高的工作，以获得较高的空间分辨率。若介质相对介电常数为 ε_r，系统的空间分辨率为 x（单位：m），系统中心工作频率为 f（单位：MHz）可由下式确定：

$$f = \frac{150}{x \sqrt{\varepsilon_r}} \tag{2-34}$$

（2）天线间距选择。常用的偶极分离天线具有方向增益，在临界角（$\sin\theta_c = \sqrt{\frac{\varepsilon_0}{\varepsilon_1}}$）方

向天线的发射、接收增益最强。为了获得最佳方向增益，应选择天线间距 S 使得最深目标体相对接收、发射天线的张角为临界角的 2 倍：

$$S = \frac{2d_{max}}{\sqrt{\varepsilon_r - 1}} \tag{2-35}$$

式中：d_{max} 为目标体最大深度，ε_r 为地下介质的相对介电常数。随着天线距的增大，雷达水平分辨率将会大大下降。同时，天线距加大，也会为现场探查工作增加不便。因此，实际工作中，要兼顾探查深度和水平分辨率及工作效率，一般取天线距为目标体最大深度的 10%～20%，且一般应大于或等于偶极天线的长度。

（3）探查点点距。选择的点距应遵循尼奎斯特（Nyquist）采样定律，同时兼顾工作效率。尼奎斯特采样间隔 n_x（单位为 m）为介质中波长的 1/4，即：

$$n_x = \frac{C}{4f\sqrt{\varepsilon_r}} = \frac{75}{f\sqrt{\varepsilon_r}} \tag{2-36}$$

式中：f 为系统中心工作频率，ε_r 为介质相对介电常数。

如果测点点距大于尼奎斯特采样间隔，地下介质的急倾斜变化特征就难以确定。当所探查的目标体规模较大或很平坦时，点距可适当放宽，以提高工作效率。有的雷达系统认为查清目标体应至少保证有 20 次扫描通过目标。当目标体比较平坦时，用 EKKO 系统在实践中常采用 5～10 次扫描通过目标的探查点点距，都得到了较满意的效果。

（4）采样间隔。采样间隔指的是一条波形记录中反射波采样点之间的时间间隔。采样间隔亦应满足尼奎斯特采样定律，即采样频率至少应达到记录中反射波最高频率的 2 倍。对于大多数地质雷达系统，带宽与中心频率之比大约为 1，即发射脉冲的频带范围为 0.5～1.5 倍中心频率，或者说反射波的最高频率大约为系统中心频率的 1.5 倍。按尼奎斯特采样定律，采样频率至少应达到系统中心频率的 3 倍。为使记录的波形更加完整，EKKO 系统建议采样频率为天线中心频率的 6 倍，这时采样间隔 Δt（单位 ns）可用下式计算：

$$\Delta t = \frac{1000}{6f} \tag{2-37}$$

式中：f 为系统中心频率。

（5）介质电磁波波速。雷达所记录的是来自目标体的反射回波双程走时 t，由（2-18）式可得：$z = \sqrt{\frac{t^2 v^2 + 4z^2}{t}}$，确定目标体的深度 z，还必须知道地层的电磁波速度。准确地确定地层的电磁波速度，是作好雷达图像时深转换的前提条件，目前常用的地层电磁波波速确定方法有 4 种：由已知深度的目标体标定；用线状目标体计算；用宽角法测定；用地层参数及以往经验估算。

① 由已知深度的目标体标定。这种方法常在剖面试验工作中完成，通过实测已知深度 z 的目标体反射回波双程走时 t，反算地层的电磁波速 v：

$$v = \frac{\sqrt{x^2 + 4z^2}}{t} \tag{2-38}$$

② 用线状目标体计算。该方法适用于有一定走向长度的细长目标体，设在目标体正上方时的双程走时为 t_0，在地表偏离正上方 x 处的反射波双程走时为 t_x，在目标体的直径远小于其埋深时，其埋深 z 为：

$$z = \frac{x}{\sqrt{\left(\frac{t_x}{t_0}\right)^2 - 1}} \tag{2-39}$$

电磁波波速 v：

$$v = \frac{2z}{t_0} \tag{2-40}$$

该方法对线状目标体的深度、波速测定具有较高的精度。

③ 用宽角法测定。在目标体界面平坦时，用两个以上天线距的共深点或宽角法观测结果，可以算出电磁波的传播速度 v。

$$v = \sqrt{\frac{x_2^2 - x_1^2}{t_2^2 - t_1^2}} \tag{2-41}$$

式中：x_1、x_2 为发射、接收天线之间的距离；t_1、t_2 为相应天线距雷达波的双程走时。

在实际工作中，常取多个天线距数据同时计算，求取速度平均值。

④ 用地层参数及以往经验估算。在介质的导电率很低时，可采用：$v = \frac{c}{\sqrt{\varepsilon_r}}$ 估算，式中 c 为光速（$=0.3\text{m/ns}$），ε_r 为地下介质的相对介电常数值。常见介质的 v 和 ε_r 值列于表 2-3。当介质的 ε_r 值不易确定时，也可根据相似条件场地的经验值估计。

（6）采样时窗选择。采样时窗选择主要取决于最大探测深度和地下介质的电磁波波速。时窗长度 w（单位 ns）可用下式估算：

$$w = 1.3 \frac{2d_{\max}}{v} \tag{2-42}$$

式中：$d_{\max}$ 为最大探测深度，v 为介质平均波速。

（7）天线布设方式选择。目前地质雷达大多使用偶极天线，而偶极天线辐射具有优选的极化方向，天线的布设应使辐射电场的极化方向平行目标体的长轴或走向方向。按天线与探查剖面（平行、垂直）及天线之间（垂射、顺射、交叉极化）的相互位置关系，天线共有多种布设方式。一般地，天线剖面均按垂直目标体走向的原则布设。

3）剖面探查：剖面探查工作包括试验剖面和正式剖面。在正式探查工作开始之前，一般都需要作试验剖面。试验剖面一般布置在已知区。试验剖面的主要目的是确定合适的工作参数、确认探地雷达法在本工区的有效性及搞清目标体在本区的雷达图像特征，现场剖面探查是获取雷达实测记录的重要环节，在仪器工作参数正确选定之后，高质量的雷达波形记录，是探查工作取得良好效果的重要保证。在现场剖面探查中，应注意以下 5 个方面：

（1）雷达剖面走向应基本垂直于目标管线走向布设，当管线走向不清时，可采用方格测网。

（2）在观测过程中，应保持天线与地面的良好接触，在场地平整度较低时，应对地面进行平整。

（3）剖面附近地面的大型金属物体，会使剖面图像出现严重的多次反射波干扰而掩盖地下介质变化的响应。实践表明，对于汽车之类的大型地面铁磁体，即使在数十米以外，也会在雷达图像中出现他它的干扰影响。因此，布设的雷达探查剖面应尽量远离地面上的金属物体，对于无法移走的金属物体，如水泥电杆、电线等，必须详细记录它们与剖面的相对位置，以便在资料分析解释时予以剔除。

（4）由于探地雷达法具有对非金属目标的探查能力，散射到空中的雷达波遇到地面上表面平整的大型非金属物体，如围墙、建筑物墙面等，也会出现反射回波。因此，在观测过程中，也必须对这类非金属物体加以详细描述记录。

（5）现场必须设有足够的定位标志点，以便观测剖面布设和将来的成果使用。

3　资料整理及图像分析

地质雷达辐射出的电磁波脉冲在地下传播过程中，能量会产生球面衰减，会由于介质对波能量的吸收而减弱，大地对电磁波的低通滤波特征使回波信号的高频成分受到大量衰减。当地下介质不均匀时还会发生散射、反射和透射。地面及空气的电磁波强反射体也会将辐射到空气中的少量雷达波反射回雷达接收天线。在探地雷达法探查中，一般采用宽频带接收以保持尽可能多的电磁脉冲反射波特征，因此，雷达记录中除了包含来自探查目标体的各种有效信号外，也夹杂了许多不需要的干扰波。雷达资料处理主要是围绕压制干扰波、突出有用信号进行的。

1）资料整理

雷达资料整理的最终目的是将原始观测记录转换成对探查目标体具有尽可能高分辨率和清晰度的雷达剖面图像。它包括原始资料预处理和数字处理两个方面。原始资料预处理的主要任务是将现场各原始观测记录整理成完整的剖面记录，主要有：零点调整、测点编号修正、坏道剔除、干扰段切除、记录拼接等。数字处理的主要任务是压制数据资料中随机的和规则的干扰，以最大可能的分辨率和清晰度在雷达剖面图像上显示目标体反射波。目前的数字处理主要是对所记录的波形作处理，例如取多次重复测量作迭加平均，取相临记录道、相临采样点作滑动平均以压制随机干扰噪声，采用时变增益、振幅变换以补偿介质吸收和抑制干扰噪声，用频率滤波、时变滤波、反滤波、偏移绕射处理等。经过数字处理后的资料，便形成可供进行地质解释的时间剖面。还可再振幅-彩色变换或振幅-灰度变换，进一步合成彩色或灰度剖面图像。

各种数字处理方法的应用要根据雷达现场记录的具体特点和地质、地球物理特征，有目的、有选择的进行。

2）图像分析

雷达图像反映的是地下介质的电性分布，图像分析的任务就是把地下介质的电性分布转化为地质解释。图像分析的第一步是识别目标反射波，然后进行地质解释。异常的识别和地质解释都要按照从已知到未知的原则进行，从已知区的试验剖面上寻找、归纳、总结本区目标体的雷达图像特征，结合地质资料，建立雷达图像到地质目标的转换模型，将雷达图像的物理解转换为地质解。

（1）雷达反射波组特征：雷达反射波是雷达发射天线辐射出的电磁波被外部介质界面（包括地下、地表及空中）反射到雷达接收天线的电磁波信号，这种信号具有同相性、相似性及特定的波形特征。

① 反射波组的同相性：只要在地下介质中存在足够大电性差异，就可以在雷达剖面图像中找到相应的反射波与之对应。把不同道上同一个反射波的相同相位连接起来的连线称为同相轴。在无构造的测区，同一波组的相位特征，即波峰、波谷的位置沿剖面基本上不变或有缓慢的变化。因此同一个波组往往有一组光滑平行的同相轴与之对应。这一特性

称为反射波组的同相性。

② 反射波组的相似性：探地雷达法探查地下管线所使用的点距很小（一般均小于 2m），而地下介质的地质变化在一般情况下都比较平缓，因此相邻记录道上同一反射波组形态的主要特征会保持不变，这一特征称为反射波形的相似性。

③ 反射波组的形态特征：由于同一地层的电性特征比较接近，而不同地层或不同介质的电性特征差异一般相对较大，因此不同地层反射波组的波形、波幅、周期及其包络线形态等往往会有其不同的特征。

确定具有一定形态特征的反射波组是识别反射体的基础，而反射波组的同相性和相似性为反射层的追踪提供依据，根据反射波组的特征就可以在雷达剖面图像中确定反射界面。一般是从垂直走向的剖面开始，逐条剖面进行。确定的反射界面必须能在全部剖面中都能连接起来并在全部剖面交点上相互一致。

(2) 模型实验：通过模型实验可以建立地质体与雷达图像之间的相互关系。这里所列的模型实验是中国地质大学在灌满淡水的深水游泳池内进行的，本书选择其中的类似管线的探查实验结果。游泳池大小为 30m×50m，池底为光滑平坦的混凝土层。实验中所用仪器为 pulse EKKO IV 地质雷达。

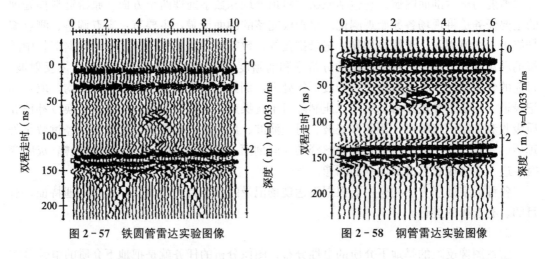

图 2-57　铁圆管雷达实验图像　　　　图 2-58　钢管雷达实验图像

图 2-57 为淡水中马口铁圆管的雷达实验剖面图像，图中铁管的反射波组呈双曲线形态，零点下方的两道波形为表面波，2m 深处以下的强反射波为水池底反射波。据纵坐标零点处的波形特征划分管顶深度为 1m。在图像中大约 2m 及 3m 的位置，可隐见到铁管与水面间的二次及三次反射波。图 2-58 为小口径钢管的实验剖面图像。图像特征与图 2-57 基本相似，钢管的反射波仍呈双曲线形态，并可见到明显的多次反射波。图 2-57 为硬塑料圆管的探测结果。由于模型架地座压有一个直径 10.5cm 的铸铁管，且轴线与测线垂直，因此图上有上下两条双曲线。下面一条为铸铁管的曲线，上面一条为塑料管的曲线，其形态类同于金属管，但振幅较小，明显程度稍差，多次反射不明显。

图 2-59 为充气和充水陶瓷管的实验结果。由图可见充气和充水的陶瓷管都能产生明显的异常，由于空气与水的电性差异比陶瓷与水的电性差异大得多，因此充气陶瓷管异常比充水陶瓷管要明显、清晰得多。

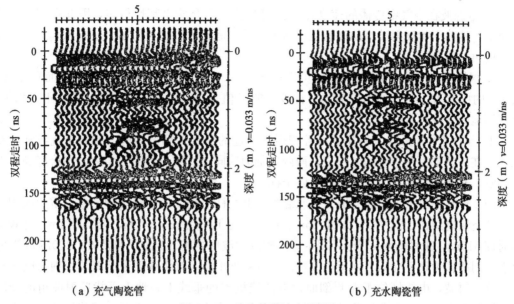

（a）充气陶瓷管　　　　　　　　　　（b）充水陶瓷管

图 2 - 59　陶瓷管雷达实验图像

由模型实验结果可知：在 2m 埋深范围内，各类模型均有明显的双曲线形态的同相轴异常显示，双曲线顶峰极点即为管体中心位置；金属模型体的异常最为明显，反射波振幅大，常常出现多次反射波；各类非金属管均有不同程度的异常显示，但异常的明显程度比金属管小；非金属管比非金属球异常明显；充气的非金属管异常比充水的非金属管异常明显。金属板比非金属板异常明显，且存在板端绕射现象，非金属板仅显示板面异常（绕射现象很不明显）。模型实验环境与城市地下管线探测的实际环境有较大的相似性，模型实验结果可以直接用于指导地下管线探查资料解释。

（3）识别目标体反射波：地质雷达接收到的反射波即有来自地下介质的目标反射波，也有来自地表或空间金属物体的干扰反射波。雷达资料地质解释的基础是识别地下目标反射波。由于地面干扰体的干扰反射波特征比较明显，因此识别地下目标体反射波的第一步是鉴别出地面干扰体反射波，然后再从余下的反射波组中识别出地下目标体反射波。

① 地表干扰反射波组的识别。通常，先从探查剖面的地表环境观察记录中初步了解地面干扰物的分布，进而估计干扰反射波组在雷达剖面图像位置；然后再根据反射波组的具体特征，鉴别出地面干扰反射波组。

城市地下管线的埋设深度都不大，一般为 1～4m，极个别管线埋设稍深一些。能出现在地下管线雷达图像中的地上干扰体一般都在距探查剖面 15m 左右的范围内。探查深部地质体时，数十米远的地上大型金属体也可能对雷达探查工作形成干扰。由于地上干扰波组的传播介质为电磁衰减系数极小的空气，因此地上干扰波组有其特有的特征。

a. 散射到空气中的少量雷达波遇到地面上的金属物（如铁塔、钢筋水泥电杆、电线、汽车等）时，其反射波也会被接收天线所接收。虽然散射到空气中的雷达波能量只占总能量的一小部分，但由于在空气中传播的电磁波能量几乎不衰减，因此在雷达图像中往往出现相当强的干扰波组。呈两叶很长的双曲线反射波同相轴，这是识别地面干扰异常的一个标志。

b. 电磁波在空气中传播的速度比在任何其他地下介质中都快得多，因此在相同工作频率下，地面干扰反射波组的波长也比地下介质界面反射波组大得多。这是识别地面干扰异常的第二标志。

c. 根据反射波组的双程走时 t，可用式 $S=0.3t/2$ 估算地面干扰体与探测剖面的距离，式中 t 的单位为 ns，S 的单位为 m，计算出的 S 值是否与剖面到地面干扰体的距离相等，是识别地面干扰异常的第三个标志。

d. 当测区有两条以上相互平行且相距不太远的雷达探测剖面时，地面干扰异常波组往往会在两条剖面图像中同时出现，而两条剖面这同一反射波组的 S 值之差则恰好等于剖面间隔，这是识别地面干扰异常的第四个标志。

图 2-60 是山东某场地的地表钢筋混凝土电线杆干扰反射波组实测图象。雷达探测剖面与架空输电线的走向平行，相距 35m。雷达中心工作频率 50MHz，天线距 2m，有效采样时窗 510ns，采样间隔 1.6ns，图中零点附近的波形同相轴为地上直达波，100ns 附近的反射波同相轴为地下介质界面反射波组。220ns 处开始的双曲线形强反射波组则为电线杆的干扰反射波，电线杆位于探测剖面过双曲线极点的垂线上。地上干扰反射波组的衰减慢，因此振幅较大、双曲线两叶也较长，干扰波的多次反射较为明显，干扰波的波长大于地下介质反射波波长，与直达波波长相等。

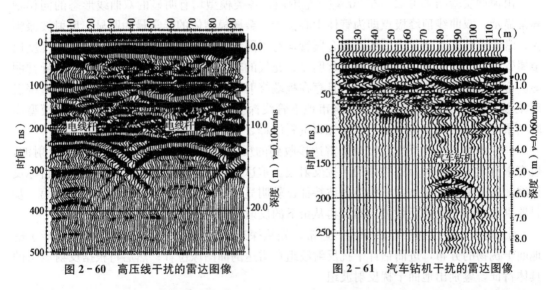

图 2-60　高压线干扰的雷达图像　　　　图 2-61　汽车钻机干扰的雷达图像

图 2-61 为天津某地块地面上汽车钻机干扰反射波组雷达剖面图像，汽车钻机距剖面 25m。雷达工作频率为 50MHz，天线距 2m，测点距 2m，有效采样时窗 200ns，采样间隔 1.6ns。汽车钻机长轴方向与剖面走向夹角约 40°，干扰反射面相当于倾斜金属板状体，钻机干扰反射波组呈现不太规则的双曲线形，双曲线的一叶较长，另一叶较短，干扰反射波波长比地下介质反射波稍长。

② 地下目标体反射波组的拾取。识别出地下干扰反射波后，除了直达波外的其他反射波组一般就都是地下介质反射波。有限目标体（例如地下管线）界面的反射波组一般为孤立的双曲线形（或弧形），正常地层界面反射波组可追踪一般较好，大多呈比较平缓曲线形。地层界面反射波的拾取通常从通过钻孔的雷达剖面开始，根据地质柱状图与雷达图

像的对比，建立各种地层及欲探查的目标体的反射波组特征。识别反射波组的标志主要有同相性、相似性及反射波形特征等。地下管线探查时亦是如此。

4　图像解释

目前探地雷达法资料解释方法仍主要参照反射波地震勘探的理论基础，由于地面偶极电磁波场的方向性特征、介质中超高频电磁波的传播特征等都与弹性波有着不同程度的区别，因此模型正演实验和现场已知目标体正演实验是识别目标体异常特征的有效途径。从正演图像中可以认识各种目标体的雷达图像特征，为现场探查中可能遇到的各类图像进行推断解释提供理论依据。

在地下介质比较均匀时，雷达图像的地质解释相对简单，较为平缓、连续的反射波组一般都与某一地下电性界面相对应，双曲线形（或弧形）反射波组的顶点一般为孤立目标体的位置。在地下介质比较复杂，或目标体之间距离较近、互相交叉时，各目标体反射波相互叠加，使反射波组的形态特征发生畸变，图像解释的难度大为增加，在这种情况下，图像解释的准确程度就有赖于解释者实践经验以及对场地地质、地球物理特征的掌握程度和分析、判断能力。

2.4.4　探地雷达法探查地下管线的应用

1　金属管道探测

埋设于地下的金属管道与周围土壤的导电性、介电性都有极大差别，铁磁性管道与周围介质还有导磁率的差异。因此，地下金属管道与土壤的界面对雷达波的反射能力很强，雷达剖面图像上将出现振幅很强的反射波组。

图 2-62 为广州某大学对面停车场测得的雷达探查剖面图像。雷达探查剖面与地下金属上水管道走向大致垂直分布。雷达中心工作频率为 200MHz，有效采样时窗 130ns，测点点距 0.2m，天线距 0.6m。场地土质比较均匀，雷达图像中基本无地下不均匀体干扰反射波，除了近于水平的地层反射波组外，只有一个很明显的孤立双曲线形反射波组，反射波振幅强，双曲线两叶长，具有较典型的金属体反射波组特征。双曲线形反射波组的顶点位于 2.8m 深度，反映了地下金属管道顶部埋深。左下方 t 大于 100ns 的倾斜反射波组，其波长较大，是剖面小号测点方向地上金属体的干扰波。这种干扰波结合剖面现场观察不难辨别。金属管道的雷达反射波明显、反射波组振幅强、双曲线两叶较长，目标体埋深较浅时，还会出现多次反射波。图 2-63 为上海某工程场地的金属上水管道及地下电缆的雷达探查剖面实测图像。场地土为杂填土，质地不均匀。雷达中心工作频率为 200MHz，剖面探查点距 0.2m，天线距 0.6m，有效采样时窗 80ns。剖面图像上的杂乱干扰波为杂填土中不均匀体的干扰反射波。电缆的雷达反射波组呈双曲线形（弧形），电缆 1 的二次反射波振幅较大，波组明显，电缆中心位于 5.2m 点位，顶部埋深 1.2m。电缆 2 的反射波组形状受左侧干扰反射的影响，稍有畸变，二次反射波强度微弱，电缆中心位于 10.3m 点位，顶部埋深 1.2m。金属上水管的出现两个反射波组，分别对应于管道的顶、底位置。图 2-64 为水中两根金属管上的雷达实测剖面，波形图像上两个弧状波形明显地反映出了两管线的存在。

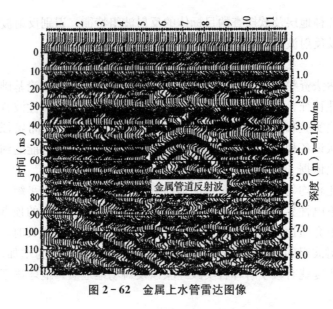

图 2-62　金属上水管雷达图像

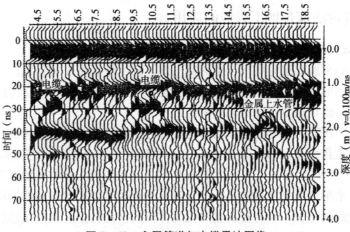

图 2-63　金属管道与电缆雷达图像

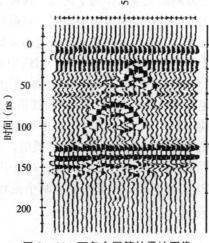

图 2-64　两条金属管的雷达图像

2 非金属管道探查

地下非金属管道的反射波组形态特征与金属管道有些相似，但由于非金属管道与周围介质的电性差异比起金属管道来要小得多，电磁反射系数也小得多，因此，与金属管道的反射波组相比，充水非金属管道的反射波振幅较小，双曲线形反射波的两叶较短，很少出现多次反射波。而当非金属管道内不充水时（充满空气），反射波振幅则明显变大，波组两叶有所增长，当埋深很浅时，还可能出现多次反射波。

1) 充气非金属管道探测：图 2 - 65 为上海市某地一与地下不充水非金属污水管走向垂直布设的雷达探查剖面图像。雷达中心工作频率为 100MHz，有效采样时窗 220ns，探查点点距 0.2m，发射器输出电压 1000V。该场地地层从上到下依次为：杂填土：上部混凝土，下部为煤渣、碎石、垃圾等，厚度 0.8~1.4m。素填土：均匀，厚 0.2~2.0m，稍密。黏土、粉质黏土：可塑，土质尚均匀，含铁锰质，厚 1.3~2.3m。黏质粉土、砂质粉土：稍密、湿度大，土质不均匀，夹较多薄层黏性土，厚 3.5~5.5m。在雷达剖面图像中，2m 深度以内的反射波同相轴基本连续，但平直程度稍差，局部有急转弯现象，这是上部非均匀杂填土、素填土的反映。从 2m 深度向下，雷达反射波组的特征明显与上部不同，同相轴连续性较好，且较为平直。这是地下黏性土层的反映。在剖面 2.3~3.6m 位置、3.4m 深度有一个明显的双曲线型反射波同相轴，反射波振幅较弱，无多次反射波，这是混凝土污水管道顶部的反射波，双曲线型反射波同相轴顶部极点为管道顶部中心位置。在 4.2m 深度有较强反射波出现，可以判断这是污水管道底部的反射波。雷达探查工作期间为梅雨季节，含水量基本饱和的土壤对电磁波的吸收能力较强，因此，反射波信号强度较弱。实际污水管中心位于剖面 2.9m 点位，管顶埋深 3.4m，管径 0.8m，管内充满空气，基本无水。探查结果与实际情况完全相符。

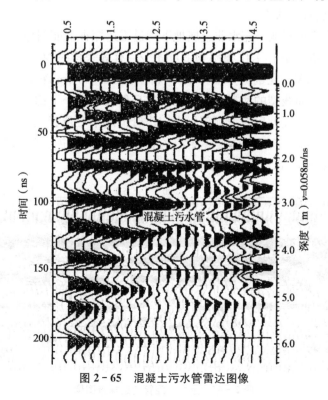

图 2 - 65 混凝土污水管雷达图像

图 2 - 66 为山东济南某地半充水陶瓷污水管道雷达探测图像。地表为混凝土地面,地下介质较为均匀。探测剖面与管道走向垂直,采用雷达中心工作频率 200MHz,有效采样时窗 80ns,测点点距 0.1m,天线距 0.6m,发射器输出电压 1000V。在剖面图像 4.3～5.7m 点位、0.8m 深度开始有一个明显的弧形反射波同相轴,反射波振幅较大,弧形的两翼较长,有多次反射波出现。污水管顶部实际埋深为 0.8m,与弧形反射波组顶点位置相吻合。半充水非金属管道的反射界面主要为空气-土壤、空气-水的界面,因此雷达图像的特征与充气非金属管道相似。

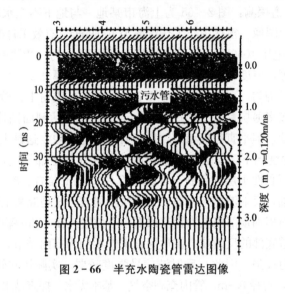

图 2 - 66　半充水陶瓷管雷达图像

2）充水非金属管道探查

图 2 - 67 为广州市某地一充水非金属地下管道雷达探查剖面图像。探查剖面基本垂直于管道走向布设。雷达中心工作频率为 200MHz,有效采样时窗 90ns,测点点距 0.1m,发射器输出电压 1000V。在剖面 5.0～6.4m 点位、2.2～2.6m 深度有一个明显的双曲线型反射波同相轴,双曲线型的两翼较短,无多次反射波出现,下部 2.8m 深度有较弱的正向起跳反射波。有双曲线型反射波顶部极点定出管道的中心位置在 5.7m 点位,顶部埋深 2.2m,底部埋深 2.8m。该目标体实际中心位置在 5.75m 点位,顶部埋深 2.2m,为混凝土质上水管道,管径 0.6m。探查结果与实际情况基本相符。

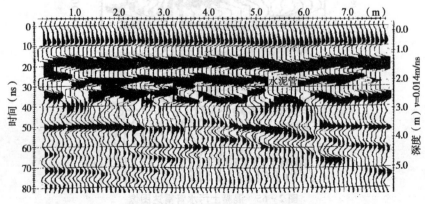

图 2 - 67　上水水泥管雷达探查图像

3　地下人防设施与涵洞探查

图 2-68 为地下防空洞雷达探查剖面图像，剖面走向基本与防空洞走向垂直。剖面 7~17.5m 点位于防空洞的地表投影位置，从图像可以看出，防空洞为并排的四个拱形洞。洞内未充填水，顶底板的深度分别为 1.4m 和 3.8m。

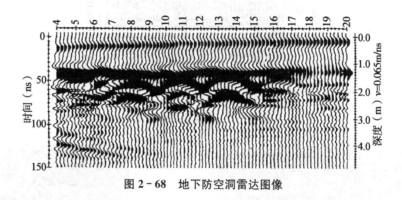

图 2-68　地下防空洞雷达图像

图 2-69a 为郑州黄河大堤某工区引水拱形涵洞上的雷达探查结果。该涵洞上顶直径为 1m，由砖砌成，洞内淤积泥土和充水，造成雷达波形较大的衰减。图 2-69b 为电力管沟探查图像。

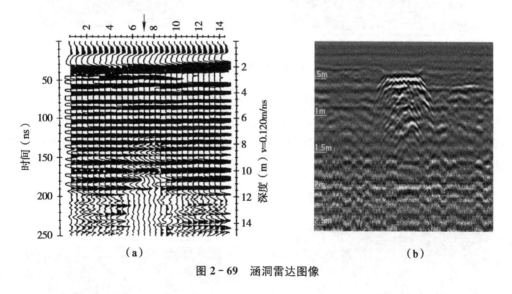

（a）　　　　　　　　　　　　　　　　（b）

图 2-69　涵洞雷达图像

4　较复杂条件下的地下管线探查

1）地下电缆束探查：图 2-70 为某铁路工程电缆的雷达探测结果。剖面图像的箭头所指处弧状特征，分别为电缆集束和加有水泥护层的电缆束的反映，埋深均为 0.75m。

2）近距离平行管线探查：图 2-71a 为利用探地雷达法探查相距不足 1m 的错位平行管线的实例。图中水平距 1.2m 和 2m 处的两个异常，分别为埋深 1.9m、0.84m 的水泥排水管和铸铁给水管反映。图 2-71b 为采用探地雷达法探查区分并行的四条管线图像。由此可见，探地雷达法对于近距离平行管线探查与区分是有效的。

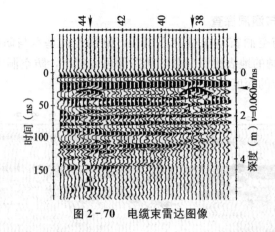

图 2-70　电缆束雷达图像

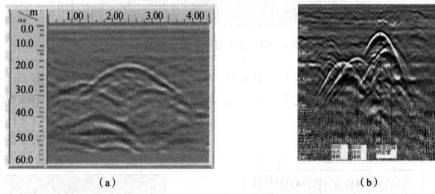

（a）　　　　　　　　　　　　　　　（b）

图 2-71　近距离错位平行管线雷达图像

　　图 2-72 为利用探地雷达法探查管径为 300mm 的 PE 煤气地下管道试验剖面图像，图 2-73 为利用探地雷达法探查管顶平面间距为 1m 的两条平行排水地下管道（左管径为 600mm，右管径为 400mm）的实测剖面图像。从两图中可以看出探地雷达法所取得的良好探查效果。

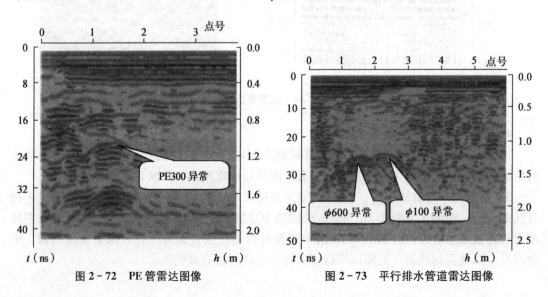

图 2-72　PE 管雷达图像　　　　　　　图 2-73　平行排水管道雷达图像

2.5　其他探查方法

2.5.1　磁法

1　基本理论

地下铺设的钢管或铸铁管等金属管线，一般具有较强的磁性。地下管线在走向方向上，埋深变化不大，因此，地下铁磁性金属管线形成的磁场近似于无限长水平圆柱体的磁场。半径为 r，截面积为 S，磁化强度为 j 的管线，在垂直管线走向的地表剖面上，其磁场的垂直分量 Z，水平分量 H 可表示为：

$$Z = \frac{2M}{(h^2 + x^2)} \left[(h^2 - x^2)\sin i - 2hx\cos i \right] \tag{2-43}$$

$$Z = \frac{-2M}{(h^2 + x^2)} \left[(h^2 - x^2)\cos i + 2hx\sin i \right] \tag{2-44}$$

式中：$M = j \cdot S$ 是有效磁矩，i 是有效磁化倾角，有效磁化强度 j 是磁化强度 J 在观测剖面内的投影。

设管线走向与磁化强度在地面的投影之间的夹角 A，磁化倾角为 I，则有效磁化强度 j 和有效磁化倾角 i 的表达式为：

$$j = J\sqrt{\cos^2 I \sin^2 A + \sin^2 I} \tag{2-45}$$

$$\mathrm{tg}i = \mathrm{tg}I\csc A \geqslant \mathrm{tg}I$$

总磁场异常：

$$\Delta T = -\frac{2M}{(h^2 + x^2)^2} \frac{\sin I}{\sin i} \left[(h^2 - x^2)\cos 2i + 2hx\sin 2i \right] \tag{2-46}$$

当有效磁化强度倾角 $i = 90°$，即当管线为南北走向时，各磁场分量的表达方式可简化为：

$$Z = 2M \frac{h^2 - x^2}{(h^2 + x^2)^2} \tag{2-47}$$

$$Z = -2M \frac{2hx}{(h^2 + x^2)^2} \tag{2-48}$$

$$\Delta T = 2M\sin I \frac{h^2 - x^2}{(h^2 + x^2)^2} \tag{2-49}$$

这时，ΔT 与 Z 的曲线形态相同，只有场值有 $\sin I$ 的系数差。当管线垂直磁化（$i = 90°$）时，$\Delta T = Z$。

在实际情况中，地下管线不是无限长的，往往还有分支和转折。理论计算表明，当一段管线的长度 L 远远大于埋深 h 时，管线中心剖面上磁场特征点坐标、极值与无限水平圆柱体的特征点坐标、极值很接近，其磁场极值的比值见表 2-4、特征点位置差见表 2-5。

有限长管线与无限长水平圆柱体中心剖面特征点位磁场比值表　　　　表 2-4

L/h	1.0	1.5	2.0	3.0	4.0	6.0	8.0	10.0
Z^L / Z^∞	0.402	0.984	1.061	1.088	1.073	1.044	1.027	1.018

有限长管线与无限长水平圆柱体中心剖面特征点位置差　　　　表 2－5

L/h	1.0	1.5	2.0	4.0	6.0	8.0	12.0	20.0
$\Delta\%$	38.64	35.44	31.11	17.14	9.37	2.68	2.66	1.98

由表 2－5 可知，当 $L>6h$ 时，特征点的位置差 $\Delta\%<10\%$，当 $L>20h$ 时，$\Delta\%<2\%$，因此，在实际工作中，把有限长的地下管线用无限长水平圆柱体来近似是可行的。

磁场梯度是磁场在空间的变化率。地下管线的垂直磁场垂直梯度 Z_h 和水平梯度 Z_x 分别为：

$$Z_h=\frac{4M}{(h^2+x^2)^3}\left[x(x^2-3h^2)\cos i+h(h^2-3x^2)\sin i\right] \tag{2-50}$$

$$Z_x=\frac{-4M}{(h^2+x^2)^3}\left[x(3h^2-x^2)\sin i+h(h^2-3x^2)\cos i\right] \tag{2-51}$$

很容易导出 $\dfrac{\partial H}{\partial h}=\dfrac{\partial Z}{\partial x}$，$\dfrac{\partial H}{\partial x}=-\dfrac{\partial Z}{\partial h}$，即水平磁场的垂向梯度等于垂直磁场的水平梯度，水平磁场的水平梯度等于垂直磁场的负垂向梯度。

磁场总量 ΔT 的垂向梯度 T_h 和水平梯度 T_x 的表达式分别为：

$$T_h=\frac{4M}{(h^2+x^2)^3}\frac{\sin I}{\sin i}\left[h(3x^2-h^2)\cos 2i-x(3h^2-x^2)\sin 2i\right] \tag{2-52}$$

$$T_x=\frac{-4M}{(h^2+x^2)^3}\frac{\sin I}{\sin i}\left[x(x^2-3h^2)\cos 2i+h(h^2-3x^2)\sin 2i\right] \tag{2-53}$$

当有效磁化强度倾角 $i=90°$ 时，各磁场梯度的表达式可简化：

$$Z_h=\frac{4M}{(h^2+x^2)^3}h(h^2-3x^2) \tag{2-54}$$

$$Z_h=\frac{-4M}{(h^2+x^2)^3}x(3h^2-x^2) \tag{2-55}$$

$$T_h=\frac{4M\sin I}{(h^2+x^2)^3}h(h^2-3x^2) \tag{2-56}$$

$$T_x=\frac{4M\sin I}{(h^2+x^2)^3}x(x^2-3h^2) \tag{2-57}$$

图 2－74 绘出了无限长水平圆柱体在垂直磁化下，用极大值归一化的梯度曲线及对应的磁场强度曲线。通过对比可以发现，磁场梯度曲线比磁场强度曲线窄，因而有较高的分辨率。图 2－75 为模型正演曲线，可以看出磁场梯度对于埋深 R 较大（超过 10m）时的目标反映不很明显。

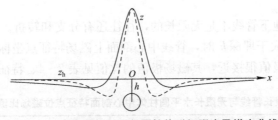

图 2－74　垂直磁化无限长圆柱体磁场强度及梯度曲线

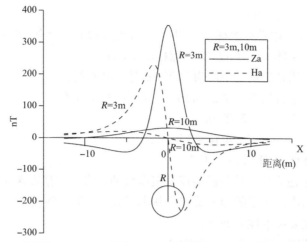

图 2-75　埋深为 3m、10m 的水平金属管道在地面上的 Za、Ha 值理论曲线

2　仪器设备

在磁法中使用的仪器一般统称为磁力仪。最早生产和广泛使用的是刃口式机械磁力仪，随后又生产出悬丝式机械磁力仪。随着科技进步，磁测仪器由机械式向电子式转变，主要有磁通门磁力仪、质子磁力仪、光泵磁力仪和超导磁力仪等。下面仅对我国使用较广泛的几种国产磁力仪的性能作简单介绍。

1) CSC-3 型悬丝式垂直磁力仪：CSC-3 型悬丝式垂直磁力仪是我国生产的一种高精度机械式磁力仪，该仪器采用新的结构原理，采取零点读数的方式，提高了观测精度，并使野外操作简化。它的主要特点是：

(1) 精度高、测程大、操作简便，工作效率高。

(2) 读数数字化，可直接读数（纳特），取消了室内的格值运算。

(3) 稳定性：≤0.5nT。

(4) 最大方位误差：≤5nT。

(5) 温度系数：≤±0.5nT/度。

(6) 最小读数：0.5nT。

(7) 读数最大机械误差：≤2nT。

(8) 仪器重复测量精度：≤±2.5nT，测区工作精度：≤±5.0nT

(9) 测程：±20000nT

(10) 重量：1.65kg。

(11) 体积：$152 \times 100 \times 236mm^3$

2) CTM-1A 型磁通门磁力仪：磁通门磁力仪又称为磁饱和磁力仪，它是利用具有很高导磁率的软磁铁芯在外磁场的作用下的电磁感应现象来测定外磁场的仪器，我国生产的 CTM-1A 型磁通门磁力仪的主要技术性能如下：

(1) 测程和准确度：地磁道：0-±60000nT，±5%，

梯度道：0-±10000nT，±2.5%

(2) 灵敏度：地磁道：2000nT/格，

梯度道：1-20nT/格。

(3) 噪声水平：≤1nT/m。

(4) 稳定性：8h 平均零点漂移＜10nT/m（经温度改正，预热 30min）。

(5) 温度系数：主体≤±10nT/℃，探杆≤±1nT/℃。

(6) 探杆误差：当地磁场总强度为 5000nT 时，可调到：

　　　　平行误差：≤±5nT；一致性：≤±5nT/m。

(7) 仪器观测精度：≤2.5nT/m

(8) 电源：电压 10～15V（电流≤150mA）。

(9) 使用环境条件：－10℃～＋45℃

3）MP-4 型质子磁力仪：质子磁力仪是根据煤油、水、酒精等含氢原子溶液中氢原子核（质子）在外磁场中以一定的频率旋进作用制成的。MP-4 型质子磁力仪是我国引进国外技术生产的。其主要技术性能如下：

(1) 总场工作范围：20000nT～100000nT。

(2) 梯度容限：±5000nT/m。

(3) 总场绝对精度：5000nT 时±10nT，全测程及温度范围内±2nT。

(4) 分辨率：0.1nT。

(5) 调谐：键盘选择手动或全自动调谐。

(6) 读数时间：2s。

(7) 连续循环时间：以 1s 递增，2s～999s 键盘选择。

(8) 工作温度范围：－20℃～＋50℃。

(9) 数字显示：32 字符，两行液晶显示器。

(10) 时钟：具有年、月、日、时、分、秒的时钟，12h 内稳定度为±1s。

(11) 标准存储器：内部固态 16K RAM 记录简单读数方式 1175 个总场值和梯度值或 1350 个总场的值及时间、坐标、文件头。在连续循环方式中，可记录 8000 个磁场值及标题信息。

(12) 数字化输出：RS-232C 串行接口。

(13) 电源要求：可由外部直流＋12V 和几种电池选购件供电。

3　工作方法

1）剖面布设原则：在地下管线探查中，为了提高效率、保证探查效果，一般采用剖面测量方式，沿剖面布置测线，测线可长可短，间距、方向都灵活安排。

(1) 测线方向要与管线延长方向垂直。在有多条互不平行的地下管线存在的情况下，测线应尽量垂直主要探查对象的延长方向。必要时，针对不同的管线，布设各自对应的测线。

(2) 线距大小要根据地下管线埋深和方向的变化等因素综合考虑。线距一般在几米到几十米之间，对管线比较平直的地段，如输油干线，线距可放宽到 100m 以上。

(3) 点距的大小要根据管径大小、预计埋深和探查精度综合考虑。埋深浅，点距要适当减小，埋深大，点距可适当放大。一般在几十厘米到一米之间选择。一条剖面上的点距也可以不等，在管线上方附近，点距可加密，两侧的点距可放宽，既保持了曲线的完整性，也可保证精度，提高效率。

2）磁测精度表达与要求：磁测精度是野外观测质量的评价指标，也是影响管线点定位精度的主要因素。磁测精度可用均方差或相对误差来衡量。

（1）均方误差。在一般情况下，磁测精度用均方误差 m 表示。

$$m = \pm\sqrt{\frac{\sum \delta_i^2}{2n}} \tag{2-58}$$

式中：δ_i 是同一测点上，原始观测和检查观测的差值；n 是检查观测点数。在地下管线探查中，一般要求高精度磁测，其均方误差 $m<\pm10\text{nT}$。

（2）相对误差。在磁测异常值很大，磁测曲线梯度很大时，可以用百分相对误差 μ 来衡量磁测精度。

$$\mu = \frac{1}{n}\sum\left|\frac{z_2 - z_1}{z_2 + z_1}\right| \times 100\% \tag{2-59}$$

式中：z_1 是原始观测值；z_2 是检查观测值；n 是检查观测点数。在地下管线探查中，要求 $\mu<5\%$。

3）外业观测：

（1）选择基点。除小规模零星剖面性工作外，地面磁测工作一般应选择建立磁测基点，作为磁测异常的起算点及仪器性能检查点。

基点应选择在地势平坦、开阔、地磁场平稳、远离建筑物和工业设施干扰小的地方。要建立固定标志，供日常使用。

（2）磁场观测。每天上午或下午开工前，要先到基点上进行观测，并记录时间和测量值，然后到测线逐点进行观测记录。每次收工后，要回到基点，做观测并记录，以便室内进行基点改正。操作员在磁测全过程中，不能随身携带有磁性的物品，作业服上不能有铁磁性物品，以免影响观测值。

（3）质量检查。检查观测点要在测区中大致均匀分布。既要在正常场处检查，也要在异常场区检查。检查观测一般符合"一同三不同"的原则，即同一点位由不同的操作员、用不同的仪器、在不同的时间进行。在面积性工作时，检查量要不少于观测总量的 5%。在零星的小规模工作中，检查量应扩大到 10%左右为宜。

4　图件编绘与异常推断解释

1）图件编绘：磁测结果一般编绘三种图件：磁异常剖面图，磁异常剖面平面图和磁异常平面等值线图。

（1）磁异常剖面图。剖面图用来描绘磁场沿某一条测线（剖面）的变化特征。横坐标表示测点位置，纵坐标表示磁场的场值或梯度值。剖面图纵坐标上每毫米所代表的场值或梯度值一般不宜小于其相对应的观测精度，但又要尽可能反映出异常细节，每毫米代表的场值或梯度值也不能过大，应综合考虑。剖面图常用于对观测结果的定量解释。

（2）磁异常剖面平面图。剖面平面图是一种反映磁场平面分布特征的图件。平面上按工作比例尺绘出各条剖面线，并绘出各剖面对应的异常曲线。剖面曲线的纵比例尺的选择原则和单条的剖面图相同，但还要注意不要使异常曲线互相穿插过大而使异常混乱，规律性减弱。

（3）磁异常平面等值线图。平面等值线图是一种用磁场等值线来表示磁场平面分布特征的图件。平面等值线图的做法是：按工作比例尺，把测点展绘到白纸或地形底图上，在每个测点旁注记出观测值，先勾绘出零值等值线，再按一定的间隔，勾绘出正负异常等值线，即构成平面等值线图。等值线的间隔一般用等差间隔，对高值异常，也常用等比间隔或其他近等比的间隔。

2）磁异常的推断解释：在现场获得了磁测资料以后，就要对磁异常进行分析，确定场源的分布形式，这就是磁测结果的推断解释。推断解释的目的，就是根据测区内磁异常的特征，结合已知的地质资料、物性资料，消除干扰，确定地下管线的赋存位置，包括在地表的投影位置，埋深，延长方向，有条件时还可估算管径大小。

磁异常的推断解释一般分为定性解释、半定量解释和定量计算三个层次。定性解释的任务是要错综复杂的实测资料中，排除干扰，发现规律，从干扰背景磁场中，正确识别出由地下管线引起的磁异常，并大致确定地下管线的走向和埋深。定量解释的任务是通过正确选择计算方法，定量计算出地下管线在地表投影的确切位置和埋深。

磁法中用于定量解释的方法很多，这里仅介绍一种在管线探查中常用的方法。

利用不同高度上的 Z 值计算埋深和磁化倾角的方法：由斜磁化水平圆柱体的磁场表达式可知，斜磁化水平圆柱体磁场的极大值可以用下式表示：

$$Z_{\max} = \frac{C}{h^2} \tag{2-60}$$

式中的 C 是与地下管线的磁性、管径有关的常数。设在高度差为 Δh 的低平面上和高平面上观测到的极值分别为 $Z_{1\max}$ 和 $Z_{2\max}$，根据（2.5.1-18）式有：$Z_{1\max} = \frac{C}{h^2}$ 或 $Z_{2\max} = \frac{C}{(h+\Delta h^2)}$，两式相比，并整理得：

$$h = \frac{\sqrt{Z_{2\max}}}{\sqrt{Z_{1\max}} - \sqrt{Z_{2\max}}} \cdot \Delta h \tag{2-61}$$

设 $Z_{1\max}$ 和 $Z_{2\max}$ 所对应的 x 坐标之间的水平距离为 d，则有效磁化倾角 i：

$$i = \mathrm{ctg}^{-1} \frac{3d}{\Delta h} \tag{2-62}$$

5 磁法在地下管线探查中的应用

1）寻找地下煤气管道和地下电缆

在城市中实施地面磁测，来寻找地下埋设的煤气管道及地下电缆，无疑将受到其周围建筑物及铁磁性物体所产生的不均匀磁场的干扰。在某市的一个路口处，沿地下通讯电缆和煤气管道走向不到 40m 的范围内，干扰背景相对变化竟高达 $1300\sim4700\mathrm{nT}$，强烈的干扰场往往会淹没约 $180\text{-}400\mathrm{nT}$ 的地下通讯电缆和煤气管道的异常。该区内埋设的煤气管道情况如下：已知煤气管道长 48m，管道外径 $\phi400\mathrm{mm}$，壁厚 7mm；护管长 30m，外径 $\phi500\mathrm{mm}$，壁厚 10mm，材质为普通碳钢。护管套在煤气管中间，近南北向水平埋置，深约 3m。采用 CSC-3 型磁力仪观测磁场的垂直分量异常 ΔZ，为了摸索适应于城市的磁测方法，进行探测，由于观测中最易被发现的部位是异常相对变化大色剖面异常，故采用短点线垂直管道或电缆走向布线追踪。为了突出目标体物的弱异常，在绘制平剖图时，突破了相对基点取数规定，依据异常的完整形态和干扰背景之大小，截取保有异常的不同首数，作为各测线平剖图的纵坐标的起算点，因在夜间实施，可不做日变改正。由图 2-76 明显看出：在该区有两条具走向规律的磁场梯度线性异常，其中 M-1 为煤气管道引起的异常，

M-2 为地下通讯电缆引起的异常。煤气管道的定位，依据异常特征的归属性，管道的北端点以异常的负极值点最大和其梯度值点来定位，管道的走向以平剖图各测线极值点的连线来定位，管道的南端则由管道的实长求出。经开挖验证与推断结论相吻合。通信电缆的磁异常类似于通电直导线的磁场，在通信电缆周围产生一个以缆心为圆心的同轴磁场，其剖面图上曲线为反对称关系，正负波形拐点处恰对应通讯电缆位置。依据各异常曲线拐点定位地下通信电缆的走向，与市电信局提供的资料相吻合。

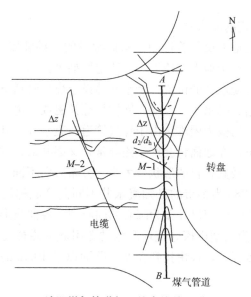

图 2-76　地下煤气管道与通信电缆的磁梯度平剖面图

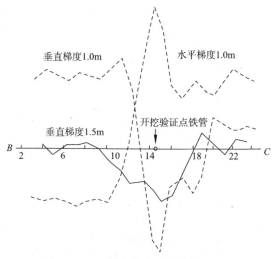

图 2-77　通信电缆的磁梯度剖面曲线

2）寻找地下上水管道

　　天津某区的上给水管为普通铁管，另外还有下排水管、通信、电力电缆等，埋深一般在 0.5～2.5m 不等，地下管线位置规律性不强，埋藏管线的土质复杂，一般以回填土、淤泥质黏土、废钢渣、灰渣为主，一部分管线由水泥板或沥青覆盖，一部分则直接铺设在港内未开发的水塘、荒地中，这些因素都给管线探查造成困难。由于各种管线的物性参数不同，工作中采用的方法仪器不同，对于铁磁性的上水管，主要用国产 CTB-1 型磁梯度仪进行探测，观测的参量有：垂直梯度 1.5m，1.0m；水平梯度 1.0m。用梯度仪测定出地下上管线的梯度值，做出剖面图。图 2-77 所示为 BC 剖面磁梯度测量综合剖面曲线图。依据曲线的特征点，定出管线的存在位置。图上 13 号点至 16 号点异常位置有铁管存在，经开挖验证无误。

3）寻找地下煤气管道的凝水井

煤气凝水井是为汇集地下煤气管道中凝水而敷设的一种装置，由于城市改建或扩建，大量的煤气凝水井盖板被埋于地下或遗失，无法定期抽水，影响了人们的正常生活，要解决这个问题必须找出掩埋凝水井的位置。凝水井铺设于煤气管道下方，且与煤气管道相连通，在其周围还可能有给、排水管、电缆、铁栏杆等铁磁或导电金属存在，为用其他物探方法探查煤气凝水井带来的极大困难。由于煤气管道、凝水井、井埂、井盖均由铁磁性材料组成，在地磁场作用下，在地面将会产生磁异常，又因井盖、井杆和煤气管道所在的位置离地面距离各不相同，及其各自的形状、大小、分布方向不同，因此可用磁梯度法探查寻找煤气凝水井。图 2-78a 为某市的已知凝水井不同高度磁梯度平面等值线图，可以看出不同高度的磁梯度等值线近似以井盖为圆心的同心圆，各曲线形态相似但不同高度探测的数值不同。图 2-78b 为某城市探寻掩埋凝水井盖引起的磁梯度异常，其形态与已知的相同，经对异常中心位置开挖，很快找到在沥青路面以下 10cm 的煤气凝水井，取得了很好的效果。

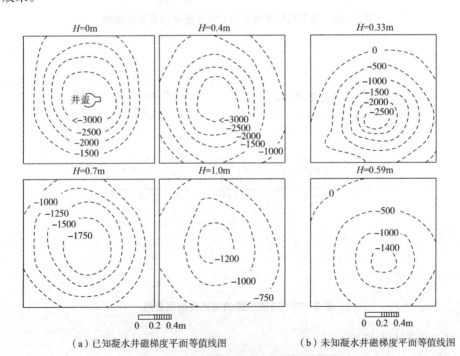

（a）已知凝水井磁梯度平面等值线图　　　　（b）未知凝水井磁梯度平面等值线图

图 2-78　磁梯度法寻找煤气凝水井实例

4）探查地下铸铁管道、暗渠及钢筋水泥管道

在地下管线维护中，需要确定铸铁管道各段之间的接头位置。为了减少开挖量，曾用多种方法做了试验，效果均不理想。后来用质子磁力仪做了地磁场垂直分量的垂向梯度测量的试验。

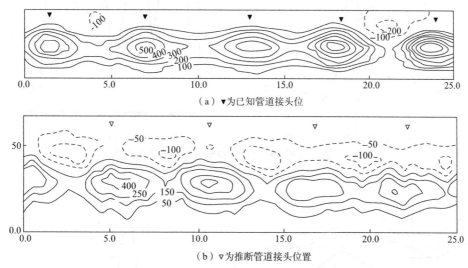

（a）▼为已知管道接头位

（b）▽为推断管道接头位置

图 2 - 79　地下供水管道接头的磁梯度平面等值线图

试验地段有一条管线埋深为 0.5m，管径 500mm，另一处管线埋深 2m，管径 450mm。探头高差 0.5m。采用方形测网，网格距 0.5m～1m。用平面等值线图展示观测结果。观测结果表明，沿着管线走向获得了正负相伴的二度体异常，同时，在正异常中，有规律地间断出现明显的磁力高，恰好比较准确地对应了铸铁管线的接头位置（图 2 - 79a）。有一条早期铺设的铸铁管线，各段接头处用螺栓连接固定。管径 310mm，埋深约 1.5m。梯度测量的结果如图 2 - 79b 所示。在平面等值线图上，沿着管线产生的条带状异常，间隔出现磁力异常，磁力高之间的平均间隔为 5.5m。根据已知规律，推断磁力高中心就是管线接头处，误差在 1m 以内。

图 2 - 80 为利用磁梯度法探查地下铸铁水管的实例。水管走向北东，管径 250mm，埋深 0.7m，其中图 2 - 80a 为垂直管线走向剖面的磁场垂直梯度曲线，可见异常明显，其形态接近轴对称，极大值大致对应管线中心位置。图 2 - 80b 为沿管线走向剖面的磁场垂直梯度曲线，在水管接头处对应的曲线特征基本是正负突变点。

图 2 - 81 为利用磁梯度法探查地下暗渠的实例。由于暗渠顶板为钢筋水泥板，其内有钢筋网，暗渠板宽 2.3m，钢筋网宽 1.8m，经过多条垂直暗渠走向的剖面观测，沿暗渠走向的各条磁场垂直梯度曲线上各出现一正一负异常带，与钢筋网宽度基本一致，由此确定了暗渠走向与宽度。

图 2 - 82 为利用磁梯度法探查地下钢筋水泥管道的实例。可以看出磁场垂直梯度的极值点与管道边界对应较好。

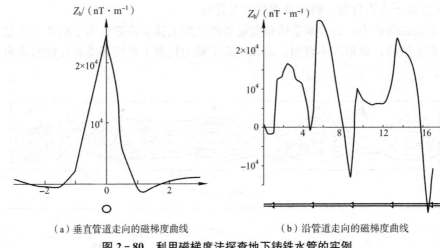

（a）垂直管道走向的磁梯度曲线　　　　　（b）沿管道走向的磁梯度曲线

图 2-80　利用磁梯度法探查地下铸铁水管的实例

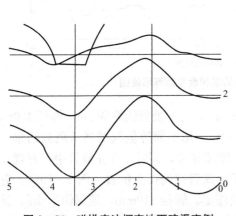

图 2-81　磁梯度法探查地下暗渠实例

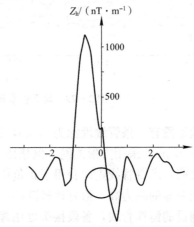

图 2-82　磁梯度法探查地下钢筋水泥管实例

2.5.2　地震波法

1　弹性介质中地震波的传播理论

物体在外力的作用下，其内部质点会发生相互位置的变化，使物体的形状和大小产生变化称为形变。当外力引起的这种形变未超过一定限度时，随着外力的移去，变形将消失，这种特征称为弹性，这种形变称为弹性形变。相反，当外力引起的这种形变超过某一限度后，即使移去外力，变形也不完全消失，这种特性叫塑性，相应形变称为塑性形变。当外力很小且作用时间很短时，自然界中大部分物体（包括地下管线以及周围土壤介质）都可视为弹性体。

浅层地震勘探使用的震源是人工震源（机械敲击、可控震源、电火花、空气枪等），这些脉冲震源的作用时间短，接收点离震源都有一定距离，接收点附近地下管线与周围土壤介质受到的作用力很小，可视为弹性介质。在地面某点进行激震时，激震点附近岩土产生胀缩交替变化的所谓"弹性振动"，弹性振动这种形式在地下岩土层中的传播，形成弹性波（通常称为地震波），在地下传播的地震波遇到不同弹性介质的分界面时（如地下金属或非金属管线与周围土壤的分界面），将产生反射、折射和透射。根据波的传播方式，地震波又分为纵波（P 波）、横波（S 波）、瑞雷面波（R 波）等，而这些不同类型的波具有不同特征。

浅层地震方法的效果如何，很大程度上取决于界面两侧弹性波的速度（v）差或波阻抗（密度 ρ 与速度 v 之积）差，表 2-6 列出一些常见介质的纵波速度及波阻抗值。从表 2-6 可看出，密度大的弹性介质，其波速大、波阻抗也大。尽管良好的弹性界面能决定地震勘探的效果，但是对于深部地震勘探，近地表疏松层低速带，往往使深部反射波产生"偏移"和时间上的"滞后"，浅层地震勘探中，介质非均匀将影响地震波的能量和到达时间，这些干扰给数据处理，资料的解释带来了很多困难。然而地下金属或非金属管线埋深浅，几乎近地表，并且材质构成的密度相对周围土壤介质要几十倍，弹性界面沿走向，弹性性质稳定，界面平滑，这一良好的弹性界面和周围介质存在的弹性差，无疑给浅层地震波法提供了良好的地球物理条件。

常见介质的纵波速度及波阻抗　　　　　　　　　　　　表 2-6

介质名称	v_p（m/s）	σ_v（g/scm²）×10
空气	300~320	1~0.004
风化层	100~500	1.2~9
砾砂	200~800	2.8~16
砂质黏土	300~900	3.0~18
湿砂	600~800	3.8~16
黏土	1200~2500	1.8~55
水	1430~1590	1.1~16
钢筋混凝土	>3000	>7.2
铸铁	>4900	>35

地震波法是以地下各种介质的弹性差异为基础，研究由人工震源（如锤击）产生的地震波的传播规律，用来探查地下介质分布形式的一类物探方法。根据利用的地震波的不同，地震波法又具体分为直达波法、折射波法、反射波法和瑞雷波（面波）法等多种。在地下管线探查中比较常用的是反射波法和瑞雷波法。

2　反射波法

1）基本理论

地震波从震源向周围和地下介质中传播时，一部分能量沿地面直接到达接收点，这种波叫直达波。向地下传播的地震波遇到波阻抗不同的界面时，波的一部分能量进入下一介质内，一部分能量在界面上反射回来，形成反射波（图 2-83）。产生反射波的条件是分界面上下介质的波阻抗不同。界面两侧的波阻抗差越大，产生的反射波能量相对越强。通常用在垂直入射情况下，反射波振幅和入射波振幅的比来衡量界面发射能力的强弱。即：

$$K=\frac{A_f}{A_r}=\frac{\sigma_2 \nu_2 - \sigma_1 \nu_1}{\sigma_2 \nu_2 + \sigma_1 \nu_1} \tag{2-63}$$

式中：$\sigma_1 \nu_1$ 和 $\sigma_2 \nu_2$ 是上下介质的波阻抗，K 是反射系数。

在多层或多层介质中，只要相邻层之间有波阻抗差，就会形成发射波。在一个界面的两侧，若 $v_2 > v_1$ 则在入射角足够大时，入射波会沿着界面向前滑行，从而形成折射波。

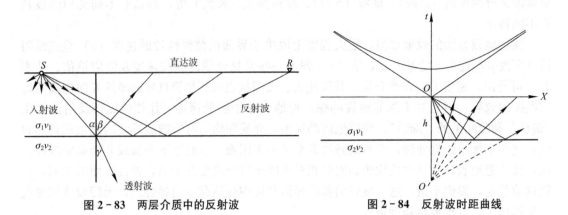

图 2-83　两层介质中的反射波　　　图 2-84　反射波时距曲线

如图 2-83，设水平界面的上层厚度为 h_1，上、下介质的波阻分别为 $\sigma_1 v_1$ 和 $\sigma_2 v_2$ 且 $\sigma_1 v_1 \neq \sigma_2 v_2$。从震源点 0 激发的地震波向下传播经界面反射回地表。且每条反射线的反向延长线都交于一点，O 点的镜向点 O' 上。故波从震源出发到返回地面所经过的旅行时 t 为：

$$t = \frac{\sqrt{x^2 + 4h^2}}{v_1} \tag{2-64}$$

上式是一条对称于时间 t 轴的双曲线，叫做水平界面的时距方程，这条双曲线叫反射波时距曲线（图 2-84），对于三层水平断面，波阻抗分别为：$\sigma_1 v_1$、$\sigma_2 v_2$ 和 $\sigma_3 v_3$，且 $\sigma_1 v_1 \neq \sigma_2 v_2$ 和 $\sigma_2 v_2 \neq \sigma_3 v_3$，第二反射界面的时距方程为：

$$t = \frac{\sqrt{x^2 + 4h^2}}{v} \tag{2-65}$$

式中：$h = h_1 + h_2$，时距曲线仍然是双曲线，层界面依此类推。对于直达波，从震源到接收点所需的旅行时

$$t = \frac{x}{v_1} \tag{2-66}$$

这是两条从原点出发，斜率为 $\pm 1/v$ 的直线。因为 $\sqrt{x^2 + 4h^2} > x$，所以反射波总是在直达波的后面到达接收点。从时距曲线看，反射波的时距曲线总是在直达波时距曲线的上方，并以直达波时距曲线为渐近线。

以上讨论的是水平界面情况下，反射波的运动规律。而对于倾斜界面和弯曲界面，反射波的时距曲线都要发生相应的变形。对于弯曲的界面，以水平界面和其对应的时距曲线作为参照，在一定的限度内，界面向上弯曲时，时距曲线曲率变小；而界面向下弯曲时，时距曲线的曲率变大。

当地震波通过弹性不连续的间断点、尖灭点、局部体边界点等，只要这些地质体的大小和地震波的波长大致相当，则这种不连续的间断点都可以看作是一个新的震源，新震源产生一种新的扰动弹性空间周围传播。这种现象叫地震波的绕射，这种新产生的波叫绕射波。设震源点到绕射点的距离为 L，绕射点的埋深为 h，则绕射波的时常距方程为：

$$t = \frac{1}{v}\left(\sqrt{L^2 + h^2} + \sqrt{(x-L)^2 + h^2}\right) \qquad (2-67)$$

式中第一项是个常数，第二项是一个双曲线方程，所以绕射波的时距曲线也是一条双曲线。曲线的极小点对应绕射点在地面投影的位置。

2）反射波法的外业工作方法

（1）剖面方向：一般情况下应尽量与探查对象的走向垂直。

（2）震源：主要采用锤击法，敲击时要果断，以获得较大的能量和较高的频率成分。

（3）观测系统：观测系统的排列方式很多，一般常用的有两种：

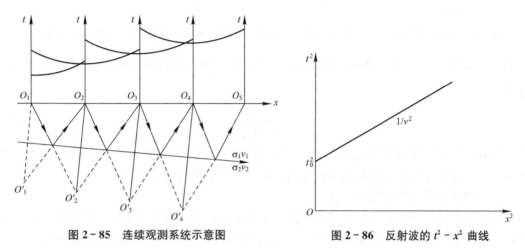

图 2-85　连续观测系统示意图　　　　图 2-86　反射波的 $t^2 - x^2$ 曲线

① 连续观测系统：如图 2-85 所示，O_1，O_2，……为震源点，O_1O_2，O_2O_3……是接收段。在每一接收段的两端分别激发接收，互相连接，从而探测到整个地下界面。如果根据最佳时窗原理，选择合适的偏移距，每次只记录一道，震源点和接收点逐点同步向前移动，观测整个剖面时，则又被称之为单道共偏移距观测系统。

② 间隔连续观测系统：这种观测体系与上述连续观测系统类似，不同之处是震源与接收段之间相隔一个排列的距离。

（4）道间距的选择：道间距的大小是影响地震记录的水平分辨率的主要因素之一。在地下管线、空洞的探查中，因探查对象尺度较小，要采用较小的道间距，一般在 0.2～1.0m 之间甚至更小。

（5）采样率的选择：为了保证不畸变地记录有效信号，在信号波的最短周期内，至少要有 4 个采样值。在地下管线和空穴探查中，采样率可在 $10\mu s \sim 500ms$ 之间选择。

（6）多次叠加：多次叠加可以有效地压制干绕波。常用的叠加方式有两种：

① 简单叠加：即整个装置排列不动，在同一震源上多次激发，重复接收，达到增强规则波能量的目的，这种叠加又叫垂直叠加或信息增强。

② 共反射点叠加：在不同的激发点，不同接收点上接收来自同一反射点的反射波，得到多个记录，然后对同一反射点的记录道进行叠加。

3）反射波法资料解释

（1）利用直达波求表层土波速：

由直达波的时距曲线方程 $t = x/v$，在记录道中拾取直达波的初至时间，代入上式，即可求出表层土的波速。

（2）用反射法求第一层介质的平均速度：

① $x^2 - t^2$ 法。当地下界面呈水平状时，反射波的时距曲线方程可改写为：

$$t^2 = t_0^2 + \frac{x^2}{v^2} \qquad (2-68)$$

以 x^2 为横坐标，为 t^2 纵坐标作图，便可得一条直线，该直线的斜率为 $1/v^2$，截距为 t_0^2（图 2-86）。根据该直线的斜率，可得均方根速度 v。根据截距时间，可得反射界面的埋深。

② $t - \Delta t$ 法

某一观测点的反射波旅行时 t_x 和同一界面的双程垂直旅行时间 t_0 的差，定义为正常时差 Δt。从反射波的时距曲线方程出发，当偏移距与深度的比很小时，有 $\Delta t \approx \dfrac{x^2}{2t_0 v^2}$，进而有：

$$v = \frac{x}{\sqrt{2t_0 \Delta t}} \qquad (2-69)$$

这样，就可以从地震波记录拾取 t_0 值和炮检距为 x 时的正常时差 Δt，代入上式，求出波速，在实际工作中，可利用多道分别计算，在求平均值以减小误差。

（3）地下管线探查的资料解释：

在地下管线探查中，探查对象的几何尺寸较小，除了一般意义上的反射波外，主要表现出绕射的特征。因此，在地震记录中注意识别绕射波，绕射波的最高点就是管线的中心部位。据此结合前面对波速的讨论，就可以推断地下管线的地面投影位置和埋深。

4）反射法的应用

某机场 9 号场地，其地下管线的埋设情况为：两根排污管道，材质为混凝土管，大管直径 $\phi 1.0 \mathrm{m}$，小管直径 $\phi 0.6 \mathrm{m}$，埋深在 $1.0 \mathrm{m} \sim 1.3 \mathrm{m}$ 之间。反射波法探查时，采用锤击震源，单道采集，频率为 $10 \sim 100 \mathrm{Hz}$。采集的地震记录经叠加及数字滤波处理后，得到管线探查映像如图 2-87a 所示。由图上可以明显看出，在左右两根管线顶部出现的绕射波，振幅较强，双曲线特征明显，两处异常的顶端水平距离为 2.2m 左右，经开挖验证，与实际情况相吻合。图 2-87b 为在东北某城市利用等偏移距反射波法，0.2m 点距，探查埋深约 4m、直径为 2m 的防空洞，取得明显效果，该图为其中一实测剖面图，图上抛物线形特征是防空洞的反映。

3　瑞雷波法

1）基本理论

在层状介质的情况下，震源除产生前述的体波外，在自由表面的弹性介质一侧，还存在一种面波——瑞雷波。瑞雷波在传播时，震动质点在平行传播方向的垂直平面内，沿着向震源逆进的椭圆震动。设震源 S，两个接收点 A、B 在一条直线上，A、B 两点间的距离为 Δ，在震源 S 上施加一竖向激震力，在 A、B 两点接收的瑞雷波的相位差为 φ，则瑞雷波的相速度

$$v_R(\omega) = 2\pi \cdot f \cdot \Delta / \varphi \qquad (2-70)$$

即：
$$v_R = \lambda_R f \qquad (2-71)$$

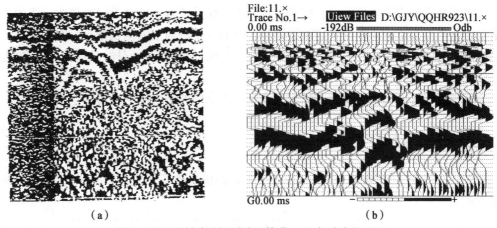

（a）　　　　　　　　　　　　　（b）

图 2 - 87　反射波法探测地下管道（a）与防空洞（b）

式中 λ_R 是瑞雷波的波长。对同一测点，用一系列的频率 f 求取对应的 v_R，就可以得到一条曲线 v_R—f，叫做频散曲线。若已知各频率为 f 的瑞雷波速度 v_R 时，即可得 $\lambda_R = v_R/f$。

理论计算表明，瑞雷波的能量主要集中在介质的自由表面附近，其深度约为一个波长的范围，而所测瑞雷波的平均速度 v_R，近似相当于 1/2 波长深度处介质的平均速度，即探查深度 h 为：

$$h = \frac{\lambda_R}{2} = \frac{v_R}{2f} \tag{2-72}$$

上式表明，瑞雷波的频率越高，波长越短，探查深度越小，反之亦然。因此，通过频率的变化，就可以探查出从地表到地下一定深度内瑞雷波速度的变化，实现由浅到深的探查。

2）工作方法

瑞雷波法一般可分为稳态和瞬态两种方法。稳态瑞雷波法需要稳定的激震设备，设备笨重且价格昂贵，使应用受到一定限制。目前应用较广的是瞬态瑞雷波法。瞬态瑞雷法的接收仪器可以用两道以上的地震仪或信号分析仪。

瞬态瑞雷法外业测试方法如图 2 - 88 所示，在测试点两侧 $\Delta/2$ 处各放置一个低频垂直检波器，在两检波器的一侧相距 Δ 处为垂直震源。震源一般用手锤即可。用手锤竖直敲击地面产生一个瞬态垂直脉冲信号，用仪器对两个检波器接收到的信号进行显示，当认为接收的信号有效后，便可记录下来。在室内对记录进行处理和计算，得到实测的瑞雷波频散曲线。

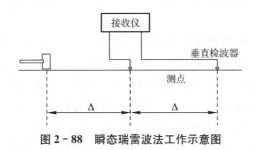

图 2 - 88　瞬态瑞雷波法工作示意图

在使用多道地震仪器接收时，可像布置剖面一样设置多个检波器同时接收，再根据具体情况，分别对多道记录中的特定两道计算，得到一条剖面上的测试结果。在实际中，使用的检波器对的频响特性要尽量一致，并应有较宽的频带范围。同样，接收用的仪器也要有相应宽的频响特性。

为了得到足够的横向分辨率和纵向分辨率，两个检波器之间的距离 Δ 应满足下式：

$$\Delta \leqslant \frac{\lambda_R}{2} = \frac{v_R}{2f} \qquad (2-73)$$

即在探查深度较小时，相应的 Δ 也要小。

同样，在保证 Δ 的同时，也要考虑时间采样间隔。由采样定理，采样间隔时间 dt 应满足下式：

$$dt \leqslant \frac{1}{2f} \qquad (2-74)$$

即在探查深度较小时，要用较小的时间采样间隔。

3）瑞雷波法探查地下管线的应用

（1）用瞬态瑞雷波法探查地下水泥管道。现场采用锤击震源，两检波器排列间距为 1m，偏移距 1m，得出图 2-89 所示的非金属管道上频散曲线。由频散曲线可以明显看出，在 1.13m 及 1.43m 有两处明显速度变化异常，反映为管道的上顶和下底。推断结果与实际情况基本一致。

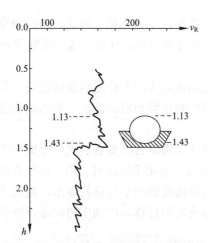

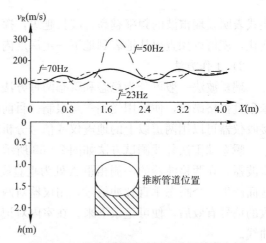

图 2-89　瞬态瑞雷波法探查地下管道实例　　　图 2-90　稳态瑞雷波法探查地下管道实例

（2）用稳态瑞雷波法探查地下水泥管道。已知某处地下管道埋深 0.9m，直径约 1m，底座厚度不详，采用稳态瑞雷波法探查。图 2-90 是横跨管道实测的三个频点的瑞雷波速度在横向方向的变化曲线，当频率降至 70Hz 时，管道上方的速度有稍微的增高，频率为 50Hz 时，管道上方速度高达 350m/s，而管道两侧速度只有 100m/s 左右。当频率降至 23Hz 以下时，速度趋于一致，故推测该处正常地层的平均速度约为 100m/s。综合利用各频率的速度曲线确定管道的上下边界和管道的水平位置，解释的管道顶部埋深为 0.8m，与实际情况只差 0.1m，取得了很好的效果。

4　直流电法

1）基本理论

由欧姆定律可知，导体中通过的电流（I）与导体电阻（R）成反比。电阻只能时构成导体的物质以及导电性能的优劣程度。因为某一段导体电阻的大小（R），不仅与导体的材质有关，而且与沿电流方向导体的长度（L）、垂直电流方向的横截面积（S）有关。其表达式为：

$$R = \rho \frac{L}{S} \tag{2-75}$$

式中：L 是沿电流方向导体的长度（m），S 是垂直电流方向导体的横截面积（m²），ρ 是导体的电阻率（$\Omega \cdot$ m）。

电阻率（ρ）可表明某种导体导电性能的优劣，有时用电阻率的倒数 $1/\rho$ 来表示导体的导电性，称电导率 $\sigma = 1/\rho$，σ 和 ρ 的物理意义相反，导体的电阻率越小，导电能力愈强，电导率也就愈大。

常见介质的电阻率值（单位 $\Omega \cdot$ m）　　　　　　　表 2-7

介　质	电阻率（ρ）	介　质	电阻率（ρ）
覆土层	$10 \sim 10^3$	黏　土	$10^{-1} \sim 10$
泥　岩	$10 \sim 10^2$	粉砂岩	$10 \sim 10^2$
泥质灰岩	$10^2 \sim 10^3$	砾砂岩	$10 \sim 10^4$
海　水	$10^{-1} \sim 10$	咸　水	$10^{-1} \sim 1$
河　水	$10 \sim 10^2$	潜　水	< 100
金　属	< 10		

金属管线是依靠金属中的自由电子导电，其电阻率的大小取决于金属颗粒的成分、含量及结构。而周围土壤则是依靠颗粒孔隙中水溶液的离子导电，其电阻率的大小，取决于土壤的孔隙度，湿度以及含水的矿化度，此外，工业区回镇土所含的金属碎屑物也影响着导电性。一般情况下，金属管线的电阻率值（ρ）较低（$10^{-3} \sim 10\Omega \cdot$ m），周围介质的电阻率较高（$0.1 \sim 10^3 \Omega \cdot$ m），见表 2-7。实际上地下金属管线与非金属管线相对周围土壤介质均存在着导电性的差异，这种差异为利用直流电法探查地下管线提供了物性前提条件。

2）电剖面法（高密度电阻率法）

（1）地下管线的 ρ_s 曲线。在电剖面法工作中，由于大地介质的不均匀性影响，测得的往往不是介质真正的电阻率 ρ，而是地下电性不均匀和地形的一种综合反映，用 ρ_s 表示，称为视电阻率。利用 ρ_s 的变化规律可以去发现和了解地下的不均匀性，以达到探查地下管线的目的。

地下管线相当于一个水平圆柱体，在两个点电源供电的情况下，对于主剖面，可以用水平均匀场中的水平圆柱体的电场来对实际情况加以近似。在水平均匀场中，水平圆柱体的电位 U 和电流密度 j 分别为：

$$U = -\frac{\rho_2 - \rho_1}{\rho_2 + \rho_1} \cdot \frac{x}{x^2 + h^2} \cdot r^2 E_0 \tag{2-76}$$

$$j = \frac{\rho_2 - \rho_1}{\rho_2 + \rho_1} \cdot \frac{h^2 - x^2}{(x^2 + h^2)^2} \cdot r^2 j_0 \tag{2-77}$$

在地表观测到的视电阻率 ρ_s 为：

$$\rho_s = 1 + \frac{\rho_2 - \rho_1}{\rho_2 + \rho_1} r^2 \frac{h^2 - x^2}{(x^2 + h^2)^2} \cdot \rho_1 \tag{2-78}$$

上列式中各参数的意义和 ρ_s 曲线见图 2-91。

（2）用 ρ_s 曲线特征点求柱体的中心位置和埋深。由水平圆柱体 ρ_s 理论曲线知，ρ_s 曲线的极大值（或极小值）点对应的就是水平圆柱体的中心在地面的投影位置（图 2-92）。

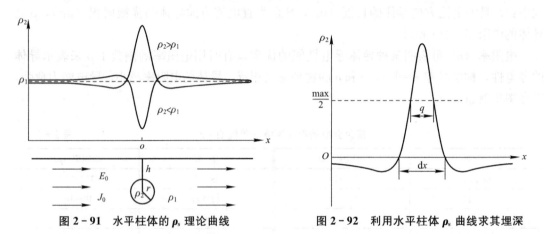

图 2-91　水平柱体的 ρ_s 理论曲线　　　　图 2-92　利用水平柱体 ρ_s 曲线求其埋深

从图 2-92 可以利用以下各式求柱体的中心埋深：

① 利用零值点间距 $\mathrm{d}x$ 求埋深：

$$h = \mathrm{d}x / 2 \tag{2-79}$$

② 利用半极值点 q 求埋深：

$$h = 1.03q \tag{2-80}$$

（3）工作方法。直流电法使用的仪器实际上就是高输入阻抗的毫伏表。在利用电剖面法探查地下管线时，一般采用中间梯度装置，在垂直管线走向的剖面上观测并计算视电阻率。中间梯度装置如图 2-93 所示。供电电极 AB 不动，测量电极 MN 在 AB 中间的 $1/3 \sim 1/2$ 范围内沿剖面逐点移动，观测 MN 两点之间的电位差 ΔV_{MN}，并利用下式计算视电阻率值：

$$\rho_s = K \frac{\Delta V_{MN}}{I} \tag{2-81}$$

式中 I 是供电电流强度；K 是与 A、B、M、N 四个电极相互位置有关的装置系数。

$$K = \frac{2\pi}{\dfrac{1}{AM} - \dfrac{1}{AN} - \dfrac{1}{BM} + \dfrac{1}{BN}} \tag{2-82}$$

目前，多采用高密度电阻率法实现电剖面法观测。高密度电阻率法（Resistivity Imaging）的出现使得电法勘探的数据采集工作得到了质的提高和飞跃。同时使得资料的可利用信息大为丰富，使电法勘探智能化程度向前迈进了一大步。但高密度电阻率法其核心只是实现了数据的快速、自动和智能化采集，其工作实质依然是常规电法勘探原理。工作时可以灵活地运用仪器设备进行不同装置形式的电剖面和电测深测量，实现电阻率影像测量。

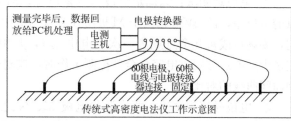

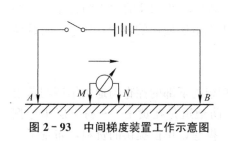

图 2-93　中间梯度装置工作示意图

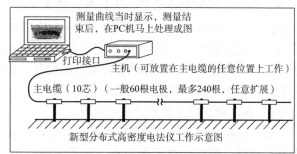

图 2-94　高密度电阻率法工作示意图

3）充电法

（1）充电电位与电位梯度曲线。充电法只对地下金属管线可以考虑在具备充电条件时使用，确定其走向、推断其埋深。地下金属管线的充电电场可以用下式来近似：

$$U=k\left(\ln\frac{1}{\sqrt{x^2+h^2}}+4\right) \tag{2-83}$$

式中的系数 k 是和充电电压、介质导电性有关的常数。而电位梯度

$$\frac{\mathrm{d}U}{\mathrm{d}x}=-k\frac{x}{x^2+h^2} \tag{2-84}$$

地下管线可看成柱体，其充电电位和电位梯度的曲线形态如图 2-95 所示。由图 2-95 可知，电位曲线的极大值点和电位梯度曲线的零值点恰好对应柱体中心在地表的投影，设电位梯度曲线两极值间的距离为 P，则柱体中心埋深 $h=0.5P$。

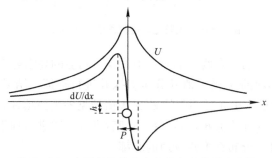

图 2-95　水平柱体的充电电位与电位梯度曲线

（2）工作方法。为了给地下管线充电，应将直流电源的正极（A 极）与管线的出露位

置良好连接，连接点叫充电点。充电电源的负极（B 极）要远离地下管线，且 A、B 之间的联线与被测管线走向垂直，AB 的长度应为观测剖面距充电点距离的 5 倍以上。

① 电位观测法：以固定电极 N 为零电位，M 极在剖面上移动，逐点观测 M 点相对 N 点的电位差，即 ΔV_{MN} 相当于 M 极所在测点的电位值。为使电位值不受充电电流变化的影响，要逐点或每几个点观测一次供电电流 I，并用 $\Delta V_{MN}/I$ 表示观测结果。当管线较长，用多个充电点分别供电完全全部探测工作时，应对全区的电位值进行统一，以便于全区各剖面间曲线的对比。

② 电位梯度观测法：两个测量电极 M、N 之间的距离保持不变，同时沿测线移动，逐点观测 M、N 间的电位差。为避免电流大小的影响和 M、N 间隔大小的影响，观测结果要用 $\Delta V_{MN}/MN$，I 表示并作图。充电法的结果可以绘制剖面图、剖面平面图、平面等值线图。电位观测时，以 M 极为记录点。电位梯度观测时，以 MN 的中心为记录点。特别需要指出的是，图中要标绘出充电点的位置。实际中充电法使用的较少。注意：对载体易燃易爆的地下管线得使用充电法。

4）直流电法探查地下管线的应用

（1）用电剖面法探查地下人防地道：位于某河冲积扇的下部的探查场地由第四纪黄土及粉土构成，厚度在数十米左右，其下为砾石层。人防地道是在黄土——粉土层中挖掘的，顶部埋深 6～7m，底部深 8～9m，宽 1.5m 左右。据建设单位提供的资料，布置了Ⅰ号、Ⅱ号两条电法探查剖面。该区黄土稍湿，电阻率约在数百欧姆米。人防地道未塌陷，电阻率为无穷大，且有一定规模。根据这些特点，采用中间梯度装置进行电剖面观测，AB＝54m，MN＝点距＝2m，观测结果见图 2－96。

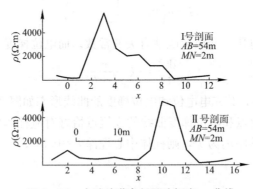

图 2－96　人防地道电剖面法探查 ρ_s 曲线

从图 2－96 中可以看出，在两条剖面上均发现了明显的高阻异常，极大值 6000Ω·m。据此，在Ⅰ号、Ⅱ号剖面的 ρ_s 极大值处分别置探井进行查证，结果于Ⅰ号剖面 ρ_s 极大值处 6.5m 深度见人防地道，于Ⅱ号剖面的 ρ_s 极大值处见砂土回填柱，可能是地道口的回填物。为进一步查明地道的准确分布，在开挖清理后进入地道进行地下实测，详细查明了该地道大致呈东西向展开，分布在拟建场地的北部。

（2）用高密度电阻率法探查排水地下管道：图 2－97 是采用高密度电阻率法探查地下暗渠的一个实例。暗渠规格为 3000mm×3000mm，水流仅约占过水面积的 1/3，在获得的电阻率剖面上出现方形高阻异常，代表了高密度电阻率法探测暗渠的有效性。图 2－98 为采用高密度电阻率法探测地下排水管道的实例，管道直径为 800mm，材质为混凝土，埋深大于 3m，图中的高阻特征异常很好地反映了管道的存在。

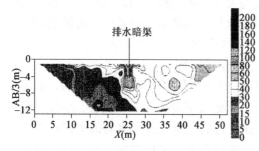

图 2-97　地下暗渠高密度电阻率法探查实例　　图 2-98　地下排水管道高密度电阻率法探查实例

5　红外辐射测温法

1）基本理论

温度是描述物体冷热程度的一个物理量。当物体内部或物体之间的温度不一致时，就会出现热的交换。在单位时间内流过单位面积的热量，称为热流密度 q，即

$$q = \frac{Q}{s \cdot t} \tag{2-85}$$

式中：Q 是传导的热量，s 是截面积，t 是传导时间。热交换的方式有三种：

（1）热传导。固体内部有温度差时，就有热传导发生，热传导的热流密度 q 的表达式是：

$$q = -k \frac{\mathrm{d}T}{\mathrm{d}z} \tag{2-86}$$

式中：k 是物质的热传导率 $\mathrm{d}T/\mathrm{d}z$ 是温度梯度，式中的负号表示热量流向温度低的方向。

（2）热对流。流体内有温度差时，通过流体的运动将热量从一处传到另一处，称为热对流，这也是固体表面与外侧流体间的一种热交换方式。热对流的热流密度为：

$$q = h(T_s - T_f) \tag{2-87}$$

式中：h 为传热系数，T_s 是固体表面温度，T_f 是流体界面温度。

（3）热辐射。温度高于绝对零度的物体，会从表面向外放出电磁辐射。物体的温度越高，辐射出的能量越多。辐射热的光谱主要位于红外波段，少量位于可见光波段，因此这种以电磁波辐射形式进行的热传导，又称为红外辐射。其热流密度 q 可表示为：

$$q = \sigma T^4 \tag{2-88}$$

式中：σ 是热辐射系数，T 是物体的热力学温度。

在一般情况下，地下管线，尤其是供水管线中水温相对周围泥土偏低，由于热交换作用，管线周围的泥土，以及地面的温度会略低于管线两侧的地面。这就是用热的红外辐射差异探查地下管线的基本依据。

2）测量仪器及工作方法

常用的温度测量仪器有两类。一类是红外辐射温度计，它是一种定量测量辐射温度的仪器，可逐点进行剖面性测量。另一类是红外扫描仪，这种仪器可以对地面温度进行扫描成像，并能以模拟方式或定量方式给出地面辐射温度图象。目前仪器的温度分辨率在 0.1~0.5℃，甚至更高，因此，能探查出地面微小的温度差异。

在地下管线探查中，由于温度差异比较小，所以探查时的天气、日照等气象环境都会对测量结果产生较大影响。寒冷季节，阴雨天气都不宜进行红外测量。一般情况下有日照时，地表与大地呈反向热交换；无日照时，地表与大气呈正向热交换。因此，要根据具体情况，试验选择不同的观测时间，突出差异，以便取得预期效果。探查中，可沿剖面逐点测量。点距的大小约等于被探查管线管径的 1/2～1/3 为宜。

3）用红外辐射测温法探查地下管线及其漏点的应用实例

探查地点为一宽 4m、长 30m 的厂区窄长通道，东西二侧为车间，水泥路面，但多铝屑油垢，日照射时间为中午 12 时到下午 2 时 30 分，地表下部为自来水铁管、电缆、煤气管。水管直径多为 10cm，埋深 60cm 至 80cm。探查目的：查明自来水管的平面位置，进一步寻找水管渗漏部位。按点距 20cm，线距 10m 进行点测，采用地面最高温度、最低温度的时间二次测量，在温差小的情况下采取人工浇水降温加大温差并在升温阶段进行观测的方法，最终以辐射温度剖面图和辐射温度平面图表示成果。A、B 二剖面相距 2m，分别位于水表二侧，已知地下二管道直径分别为 5cm 和 10cm，埋深分别为 40cm 和 60cm，测量时间从午后至次日清晨连续测定。由午后高温时间段管道部位与背景场温差较小，约为 0.2～0.4℃，对管道的显示分辨较差。经浇水冷却后管道与背景场的温差增大至 0.6～0.7℃。由于二管道埋藏深度的不同而引起在传导时向上的差异表现在辐温度剖面图上有明显反映：在浇水后二小时内峰值位于浅部小水管上方，二小时后峰值主要反映埋藏较深、口径较大的水管，同时峰值幅度也比小口径水管峰值强。图 2-99a 为辐射温度剖面曲线图，上曲线为下午 15：40 时的曲线，温差小，对管道反映查；而下曲线为凌晨 5：00 时的曲线，对管道反应相对较好。在该厂另一地段工作条件较为复杂，因受工作地区周围环境的限制，采用高温时间和低温时间二次观测，共布置六条剖面，采用三次读数取其平均值以部分消除场区热对流干扰。探查结果地下水管与其周围介质的温度差为 0.1～0.4℃。在凌晨异常呈相对低温，在午后高温时间观测则呈现为相对高温。异常峰值在个别剖面个别点上存在一个点距（20cm）的位移，但剖面曲线总趋势和幅度变化的可比性仍较好。管道在等温平面图上显示为高、低温的梯度带，呈现一定的连续性和方向性。其二侧为相对稳定的范围较大的低温区和高温区，其中水管渗漏部位表现为午后高温时间段的辐射温度较低闭合圈（图 2-99b）。

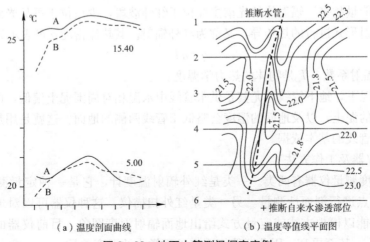

（a）温度剖面曲线　　　　　　（b）温度等值线平面图

图 2-99　地下水管测温探查实例

2.6　地下管线探查的质量控制

地下管线探查是整个地下管线探测工作的基础，加上地下管线的隐蔽、不可见特点，地下管线探查的质量控制工作显得尤为重要。在实施过程中，应采取有效的质量保证措施和质量检验方法，确保探查成果的精度和可靠性。

2.6.1　地下管线探查的过程质量保证措施

1　重视物理探查的方法试验

采用物探方法探查目标体是根据地球物理学的基本理论，利用探查对象与周围介质之间存在的物性差异，采用适当的仪器和方法技术，来探查目标对象的空间位置、产状、规模和物理性质的一门应用科学。可用于地下管线探查的物探方法很多，包括电磁法、电磁波法、直流电法、磁法、地震波法、红外辐射测温法等等。但具体到某个城市、某个测区，并不是什么物探方法都是有效和可用的，而要通过认真的试验来确定适合的方法技术和使用的先后次序。物探方法试验要解决的问题主要有：

1）方法的选择和有效性分析。运用物探方法的前提是地下管线与周围介质之间存在较明显的物性差异，如导电性、介电性、磁性、密度、温度等等。一般情况下，地下管线与周围介质之间的物性差异是明显存在的，但物探方法是否有效，还和管线的规格、埋设深度、地形地貌及周围的电磁干扰、弹性波、温度干扰情况有关。所以，要在测区踏勘的基础上，选择二到几处典型地段进行实际探查试验，验证各种方法的有效性和某种情况下优先使用的探查方法，包括仪器设备的选择（如管线探测仪、地质雷达等等），还包括具体方法技术的选择（如感应法、夹钳法、回线法等等）。归纳总结各种方法的异常特征和适用条件。方法试验的地段的选择要有代表性，要考虑到管线的种类、管线的材质、不同埋深，还要考虑到不同的地球物理条件和场地环境，使试验结论在全测区内具有指导意义。

2）确定各种方法的最佳工作参数。对于不同的地下管线，不同的材质、规格和埋深，不同的地质、地球物理条件和不同的外界干扰情况，通过对比和统计确定各种方法的最佳工作参数，最大程度地提高观测信号的信噪比，以便把管线异常从背景场中有效地提取出来。要确定的工作参数主要有：电磁感应法的激发方式、最小激发功率、工作频率、最小收发距和最大追踪距离，探地雷达法的工作频率、时窗宽度、采样率、滤波系数，浅层地震法的道间距等等。

3）分析探查误差的分布规律和确定修正方法。以电磁法为例，均匀介质中长直载流导线的电磁场、偶极子场和电磁感应等是使用管线仪探查地下管线的理论基础。对于埋设在野外的单条长直金属管道，使用管线仪可以很准确地确定它在地面的投影位置和埋深。但对城市地下管线探查，情况却要复杂得多。首先，地下管线不是简单的长直状分布，而是有转折、有分支，同时还受到外界多种因素的干扰。干扰的类型主要有：其他非目标管线的物理场、天然电磁场、工业电磁场、来往车辆的脉冲电磁场和机械振动等等。地下介质的不均匀也是引起定位、定深偏差的重要原因。因此，要通过在已知管线上的探查试验结果，统计分析定位偏差的规律性，统计确定较准确的埋深测定方法和修正系数，以便在探查中对探查结果进行修正。

4）仪器的精度检验。在仪器探查时，必须对其进行精度检验，这样才能保证探查结果质量和各台仪器的探查精度。检验的方法是对已知管线地段的若干个管线点分别进行探查，然后对结果进行统计，并按照现行行业标准《城市地下管线探测技术规程》CJJ61 的有关规定进行衡量。精度检验不符合规定的仪器不能投入使用。

2　注意物探方法的综合运用

在城市地下管线普查的探查工作中，目前最常用的物探方法有 4 种，即：电磁法、电磁波法、地震波法和直流电法（高密度电阻率法）。

1）电磁法：常用的仪器为管线探测仪，具有仪器轻便，效率高的特点。对一般地下电缆和连通性较好的金属管道有很好的探查效果，是地下管线普查中使用的主要方法。但对非金属管道和电连通性不好的金属管道，一般的管线探测仪往往无能为力。

2）电磁波（探地雷达）法：利用地下管线与周围介质之间普遍存在的介电性、导电性和导磁性差异，是探测非金属管道和金属管道的主要方法。但探地雷达法采用横剖面法作业，采集的剖面数据往往需要在室内做必要的数据处理和解释，效率较低。

3）地震波法：常用的仪器为地震仪或工程检测仪，利用地下管线与周围介质之间普遍存在的密度差异，可用于探测混凝土管、塑料管、复合塑料管等。该方法效率较低，易受运动车辆等周围环境的干扰。

4）高密度电阻率法：用于地下管线探查的方法多为高密度电阻率法，它主要利用了地下管线与其周围介质间的导电性差异，可用于探查较大管径金属管线、非金属管线，但探查效果易受接地条件影响。

在地下管线探查过程中，应根据不同的管线类型和周围介质的物性差异，选用不同的探查方法。对一种方法效果不明显的地段，可采用综合方法进行探查，方法之间相互补充，综合多种信息，提高探查结果的可靠性。如电磁感应法和电磁波法结合探查埋深较大或电连通性不好的金属管线，高密度电阻率法、弹性波法和电磁波法结合探查非金属管道。在具体探查中，还应根据实际情况，采用不同的方法技术和探查装置。如对某些埋深较大的金属管道，如果感应法效果不好，可尝试采用直接法、回线法等等。受管线材质、规格、埋深、接口方式和外界干扰等诸多因素的影响，在某些地段下埋设的地下管线，用单一的物探方法可能难以获得较好的效果，但合理地使用多种方法综合物探，对探查结果做综合解释，往往能取得很好的效果，这是物探方法本身特点所决定的。所以，尤其是对疑难或较复杂条件下的地下管线要坚持合理使用综合探查方法，以提高探查结果的可靠性。

3　重视过程检查工作

尽管现在用于地下管线探查的技术方法已经相对成熟，特别是物探方法已经比较完善，使用的仪器设备也达到了数字化、智能化的程度，但物探毕竟是一种间接方法，探查中还要时时受到外界各种电磁场和机械震动的干扰，探查结果有误差甚至个别错误都是正常的。探查目标是如何尽可能地消除错误、减小误差，保证地下管线探查的总体质量。除了要实现了解技术要求和在作业过程中技术人员要认真探查、一丝不苟外，还要切实做好检查特别是自检工作。

1）自检既包括仪器重复探查，也要布置一定数量的开挖检验点。

2）检查点的布点原则要考虑到各类管线，空间分布做到大致均匀，总体控制。但切忌平均分配，重点要放在探查中的疑难地段，如管线密集地段、管线交叉处等。

3）在自检中，除了管线点的定位和埋深需要检查外，当然还要对管线材料、管线规格、连接关系等调查结果重新加以确认。

4）要把开挖点主要放在观测信号不好或干扰严重的疑难管线上，使开挖验证成为解决疑难问题的重要手段。

5）对检查出的定位错误的管线点，除了对本身进行改正外，还要对周围一定范围内与该点有连接关系的点重新进行重复探查。

6）要充分利用直接法获得的宝贵数据，与不同地段、不同管线类型的物探结果做对比统计分析，检验物探结果是否存在系统偏差。必要时可酌情对相邻局部管线点的点位和埋深做适当的修正。

这样，自检就不是简单地对探查精度作出统计评定，而是把自检过程变成全面提高探查成果质量的重要技术手段。

2.6.2　质量检验

质量检验是在过程控制的前提下验证成果质量的重要环节，包括属性检验和精度检验。对于地下管线隐蔽管线点的探查精度，现行的行业标准《城市地下管线探测技术规程》CJJ61 作了明确规定：平面位置限差 δ_{ts}：$0.10h$；埋深限差 δ_{th}：$0.15h$，式中 h 为地下管线的中心埋深，单位为厘米，当 $h<100cm$ 时，则以 $100cm$ 代入计算，并且考虑特殊情况下对探查精度有特定要求时，探查应满足特定要求。对于明显管线点的探查精度，要求埋深量测误差不得超过 $\pm5cm$。为了保证探查结果的精度和质量，探查时应该做好相应的保证措施的同时，要采取相应的检验方法对探查结果做出质量评价。

1　管线属性检验

地下管线探查最终检验时，要在明显管线点处检查核实管线点的属性调查结果。检验时要区别不同种类管线，针对规定的调查项逐一实地核对，重点检验管线连接关系，发现遗漏、错误时，及时进行补充和更正，确保管线点属性资料的完整性和正确性。

2　仪器重复探查与精度评价

重复探查是对探查质量检验的重要方法之一，主要检验探查的数学精度。重复探查就是用同类仪器、同一方法对同一管线点在不同时间进行重复探查。重复探查量不少于全工作区域探查总点数的 5%，然后统计计算明显管线点的埋深量测中误差 m_{td}、隐蔽管线点探查点位中误差 m_{ts} 及埋深探查中误差 m_{th}。统计公式分别为：

$$m_{td}=\pm\sqrt{\sum_{i=1}^{n}\Delta h_{ti}^2/2n} \qquad (2-89)$$

$$m_{ts}=\pm\sqrt{\frac{\sum\Delta S_{ti}^2}{2n}} \qquad (2-90)$$

$$m_{th}=\pm\sqrt{\frac{\sum\Delta h_{ti}^2}{2n}} \qquad (2-91)$$

式中 ΔS_{ti}、Δh_{ti} 分别为管线点的点位较差和埋深较差，n 为管线点的重复探查点数。m_{td} 的绝对值不得超过 2.5cm，m_{ts} 和 m_{th} 的绝对值不大于对应限差 δ_{ts} 和 δ_{th} 的 0.5 倍。

3　开挖验证与评价

对于地下管线探查结果的质量或准确程度检验，开挖验证是最直接和最有效的方法。对隐蔽管线点探查结果进行实地开挖检验，也是现行《城市地下管线探测技术规程》CJJ61 所强制规定和要求的，因此在实际工作中，应该按照下列规定对探查结果进行开挖验证并评价探查质量：

1）每一个测区应在隐蔽管线点中均匀分布、随机抽取应不少于隐蔽管线点总数的 1%且不少于 3 个点进行开挖验证。

2）当开挖管线与探查管线点之间的平面位置偏差和埋深偏差对应限差 δ_{ts} 和 δ_{th} 的点数，小于或等于开挖总点数的 10%时，该测区的探查工作质量合格。

3）当超差点数大于开挖总点数的 10%，但少于或等于 20%时，应再抽取不少于隐蔽管线点总数的 1%开挖验证。两次抽取开挖验证点中超差点数小于或等于总点数的 10%时，探查工作质量合格，否则不合格。

4）当超差点数大于总点数的 20%，且开挖点数大于 10 个时，该测区探查工作质量不合格。

5）当超差点数大于总点数的 20%，但开挖点数小于 10 个时，应增加开挖验证点数到10 个以上，按上述原则再进行质量验证。

2.7　地下管线探查成果

现行行业标准《城市地下管线探测技术规程》CJJ61 规定，地下管线探查应在现场查明各种地下管线的敷设状况即管线在地面上的投影位置和埋深同时应查明管线类别、材质、规格、载体特征、电缆根数、孔数及附属设施等，绘制探查草图并在地面上设置管线点标志。由此可见，地下管线探查成果主要包括：探查记录表、探查草图和管线点地面标志。

2.7.1　探查记录

从地下管线探查的任务可以看出，通过探查不仅获得地下管线的相对位置和埋深信息，还要查明其有关属性信息，这些信息目前主要采用现场纸介质方式记录下来，但是随着技术的发展，采用 PDA 电子手簿方式记录探查信息已经开始进入实用阶段，并且取得较好效果。

1　纸质记录

表 2-8 为现行行业标准《城市地下管线探测技术规程》CJJ61 推荐的通用探查记录表样，在实际中一些地方城市也根据本地特点规定了相应的探查记录表，如表 2-9 和表 2-10 就是某城市规定使用的明显点调查记录表和隐蔽管线点探查记录表。不论何种记录表都要按照技术要求，现场使用墨水钢笔或铅笔按管线探查记录所列项目填写清楚，记录项目应填写齐全、正确、清晰，不得随意擦改、涂改、转抄，确需修改更正时可在原记录数据内容上划一"——"线后，将正确的数据内容填写在其旁边，并注记原因以便查对。

但是，采用纸质记录的缺点是：需要室内人工将记录的数据信息录入计算机进行数据编辑、处理和建库等工作，容易造成因转录数据信息带来的错误，也增加了作业人员的劳

地下管线探查记录表

表 2 - 8

工程名称：　　　　　工程编号：　　　　　管线类型：　　　　　发射机机型号，编号：
权属单位：　　　　　测区：　　　　　　　图幅编号：　　　　　接收机机型号，编号：

管线点号	连接点号	管线点类别		材质	管径或断面尺寸(mm)	载体特征			隐蔽点探查方法		埋深 (cm)					埋设		备注
		特征	附属物			压力(电压)	流向(根数)	激发	定位	定深	外顶(内底)	中心		偏距(cm)		方式	年代	
												探测	修正后					
1	2	3	4	5	6	7	8	9	10	11	12	13	14	15		16	17	18

探查单位：　　　　　探查者：　　　　　校核者：
探查日期：　　　　　　　　　　　　　　　　第　页　共　页

注：激发方式：1. 直接连接；2. 夹钳；3. 感应（直立线圈）；4. 感应（压线）；5. 其他。
　　定位方式：1. 电磁法；2. 电磁波法；3. 钎探；4. 开挖；5. 据调绘资料。
　　定深方法：1. 直读；2. 百分比；3. 特征点；4. 钎探；5. 开挖；6. 实地量测；7. 雷达；8. 据调绘资料；9. 内插。

明显管线点调查表

表 2－9

测区：　　　　作业单位：　　　　图幅编号：　　　　日期：

管线点号	上连点号	管线类型	材质	保护材料	埋深		管径或断面尺寸(mm)	载体特征		电缆条数	总孔数	已用孔数	附属物	埋设方式	权属单位	埋设年代	所属道路	备注
					管顶	管底		压力(电压)	流向									
1	2	3	4	5	6	7	8	9	10	11	12	13	14	15	16	17	18	19

探测者：　　　　记录者：　　　　校核者：

××市城市地下管线普查领导小组办公室

隐蔽管线管点仪器探查记录表

表 2 - 10

测区：　　发射机型号：　　接收机型号：　　图幅编号：　　作业单位：　　日期：

管线点号	上连点号	特征	定位方法	定深 方法	定深 管底	管径或断面尺寸(mm)	材质	保护材料	埋设方式	压力(电压)	总孔数/已用孔数	电缆条数	埋设年代	所属道路	备注
1	2	3	4	5	6	7	8	9	10	11	12	13	14	15	16

探测者：　　记录者：　　校核者：　　××市城市地下管线普查领导小组办公室

动强度。为此，一些探测单位开始探索采用电子记录方式，以减少因人工转录出错的几率，降低劳动强度。

2　电子记录

目前，地下管线探查的记录方式以纸质记录为主，记录格式符合现行行业标准《城市地下管线探测技术规程》CJJ61 规定或者符合地方技术规定。采用纸质记录方式记录探查采集的各种地下管线的属性信息和相对位置、埋设深度等，并需要现场绘制探查草图以供地下管线测量使用，待测量工作结束后经过数据处理完成数据编辑、数据库建立和编制成果表、绘制管线成果图。这种记录方式暴露出的弊端是：需要将纸质记录信息数据人工录入计算机后，再经过专门数据处理软件完成相应后续工作，不仅人工劳动强度大，而且增大了因人为录入计算机导致信息数据出错的几率。

为此，国内多家探测单位自主开发了嵌入式地下管线探测数据采集系统软件，并形成了管线数据采集 PDA，即探测电子手簿，不仅实现了探查信息数据现场记录电子化和智能化，而且实现了探查草图绘制自动化，可方便探查数据导入数据处理软件系统。经实践检验证明，地下管线数据采集 PDA 进一步完善了地下管线探测内外一体化流程，标志着地下管线探测现场记录智能化、数字化和电子化的开始。图 2-100 是采用 PDA 现场记录的操作界面。

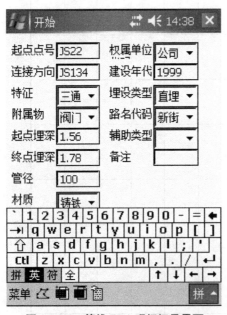

图 2-100　管线 PDA 现场记录界面

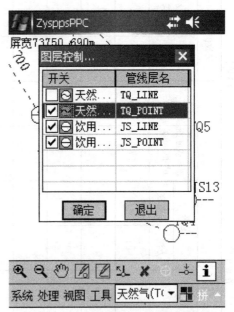

图 2-101　管线 PDA 草图绘制界面

目前，已经投入使用的地下管线数据采集系统主要包括如下功能：数据录入功能、数据查错功能、地图显示功能、管线成图功能、管线查询修改功能、图形录入数据采集功能、数据通讯功能、查找和统计功能、操作过程记录功能。

2.7.2　探查草图

探查草图是探查工作的成果之一，要求现场详细地将各种管线的走向、连接关系、管线点编号等标注在相应大比例尺地形图上，形成探查草图交付地下管线测量工序使用。在采用纸介质记录方式时，作业人员需要现场编绘草图，但电子记录的推广使用改进了草图绘制方式，作业人员可以通过 PDA 直接记录地下管线的走向、管线点连接关系以及管线点编号等，通过软件生成草图，减少了作业人员的现场工作强度。图 2-100 为管线 PDA 草图绘制界面。

2.7.3　管线点

地下管线探查应按照现行行业标准《城市地下管线探测技术规程》CJJ61 的规定，在地面上设置管线点标志。管线点一般设置在管线的特征点在地面的投影位置上。管线特征点包括交叉点、分支点、转折点、变材点、变坡点、变径点、起讫点、上杆、下杆以及管线上的附属设施中心点等，对于城市地下管线普查来讲，在没有特征点的管线段上，一般按相应比例尺设置管线点，管线点在地形图上的间距应小于或等于 15cm。当管线弯曲时管线点的设置应以能反映管线弯曲特征为原则。管线点的编号一般由管线代号和管线点序号组成，管线代号可用汉语拼音字母标记，管线点序号用阿拉伯数字标记，管线点编号在同一测区内应是惟一的，不得重号。对于专业管线探测、施工场地地下管线探测来讲，管线点设置应满足应用需要。

第3章 地下管线测量技术和方法

3.1 地下管线测量工作内容与要求

地下管线测量是指对工作区已查明的地下管线进行测量和图件编绘。随着现代测量技术的发展，地下管线测量又可分为传统技术方法和现代技术方法两种方法。地下管线测量的现代技术方法一般又称为地下管线数字测绘，地下管线测量主要包括以下内容：控制测量、已有地下管线测量、地下管线定线测量与竣工测量、地下管线数字测绘、测量成果的检查验收等。

3.1.1 控制测量

控制测量包括平面控制测量和高程控制测量。

1 平面控制测量

平面控制测量是指测区内平面等级控制和图根控制测量，它们是实测地下管线点和地物点平面位置的依据。

按照现行《城市地下管线探测技术规程》CJJ61 的有关规定要求，地下管线测量基本控制网的建立和地形图的施测、已有控制和地形图的检测和修测，均应按现行《城市测量规范》CJJ8 的有关规定执行。当城市平面等级控制点数量足够即符合现行《城市测量规范》CJJ8 的要求时，可以在此基础上进行图根控制测量；当城市平面等级控制点密度不足时，应按现行《城市测量规范》CJJ8 的要求加密等级控制点后在施测图根控制测量。点位精度亦应符合现行《城市测量规范》CJJ8 相应等级的技术精度指标。

2 高程控制测量

高程控制测量是以城市等级水准点为依据，沿管线点、图根点布设水准线路或采用电磁波测距三角高程测量，当采用电磁波三角高程测量方法时与导线测量同时进行。高程控制测量的技术要求也要按照《城市测量规范》CJJ8 的有关规定执行，但线路长不得超过 4km。

3.1.2 已有地下管线测量

已有地下管线测量包括对管线点（包括明显管线点、隐蔽探测点及附属物）的地面标志进行平面位置和高程连测；计算管线点的坐标和高程；测定地下管线有关的地面附属设施和地下管线的带状地形测量；编制成果表等。已有地下管线测量实际是对已有地下管线的整理测量，即管线普查测量。其特点是管线早已敷设掩埋并在运行中，需要用探查手段探查出管线在地面上的投影位置后再实施的测量工作。

1　管线点的平面位置测量

管线点的平面位置测量可采用 GNSS、导线串连法或极坐标法。采用 GNSS 技术实测管线点的平面位置可采用静态、快速静态和动态（RTK 或网络 RTK）等方法可按现行《卫星定位城市测量技术规范》CJJ/T73 实施；导线串连法通常用于图根点稀少或没有图根点而需要重新加密图根点，这时可直接将管线特征点全部或部分纳入图根导线中一并实测完成，其余未纳入的管线点可按极坐标法或解析交会法予以实测；在地形图精度较好、现实性较强，且不要求直接提供管线点坐标数据的情况下，亦可采用图解法。

2　管线点的高程测量

管线点的高程测量宜采用直接水准连测，也可采用电磁波测距三角高程连测。单独路线每个管线测点宜作为转点对待，管线测点密集时可按中视法实测。管线点的高程精度不得低于图根水准精度；高程起始点的精度不得低于四等水准精度。

随着测绘仪器设备的不断更新换代，目前各测绘单位更多采用全站仪或测距经纬仪来同时测定管线点的坐标和高程。

3　管线点坐标和高程的计算

管线点的坐标和高程的计算应采用经过鉴定认可的平差软件进行计算，均应计算至毫米（mm），取至厘米（cm）。

4　管线带状地形测量

管线带状地形测量包括地面附属设施及地形地貌等，测量范围要根据有关主管部门的要求来确定。为保证地下管线与邻近地物有准确的参照关系，一般要求进行管线两侧与邻近第一排建筑物轮廓线之间，包括道路的带状地形测量。其测图比例尺一般为 1∶500 或 1∶1000。大中城市测图比例尺一般选为 1∶500，其市郊一般选为 1∶1000；城镇测图比例尺一般选为 1∶1000。

5　断面测量

为满足地下管线改扩建施工图设计的要求，在向权属方提供资料时还要提供某个路段或几个路段的断面图，需要施测地下管线断面图。断面测量一般只需测定横断面。横断面的位置要选择在主要道路、街道有代表性的断面上，一般每幅图不少于两个断面。横断面测量应垂直于现有道路、街道进行布置，除测定管线点的位置和高程外，还应测定道路的特征点、地面高度的变化点和地面附属设施及建（构）物的边沿。各高程点可按中视法实测。

3.1.3　地下管线定线测量与竣工测量

地下管线定线测量与竣工测量是保证道路管线敷设规划具体实施和进行设计、施工、管理的必要依据。因此实施地下管线工程必须在开工前进行定线测量，在覆土前进行竣工测量。

1　地下管线定线测量

地下管线定线测量的施测应依据经批准的线路设计施工图和定线条件进行。以测区内各等级控制为基础布设管线定线到线控制测量，规划路内的管线定线采用规划路定线导线精度即三级导线精度；非规划路管线定线采用图根导线定线。其精度应与城市街坊道路网的放样精度要求基本保持一致，具体按照《城市测量规范》CJJ8 的有关规定执行。定线测量宜采用解析法，一般有解析实钉法和解析拨定法两种作业方法。

2　地下管线竣工测量

地下管线竣工测量应在覆土前进行。当施工现场条件不具备，不能在覆土前施测时，也应在覆土前把管线特征点引到地面上，并做好所引管线点的点之记、量好管线与地面高程待测点间的高差以及管线特征点必要的保护工作。

3.1.4　地下管线数字测绘

地下管线数字测绘是近 10 年来发展起来的一种新型的地下管线测量技术方法，地下管线数字测绘是随着数字化测绘（digital surveying mapping，简称 DSM）技术的发展而加速发展的。地下管线数字测绘区别于传统地下管线测量就在于它以计算机为核心，在软硬件设备的支撑下，对地下管线空间数据进行采集、传输、数据处理、编辑入库、成果输出等实行一体化处理，形成地下管线测量的现代工艺技术流程系统。

1　地下管线数字测绘的特点

地下管线数字测绘的深远意义在于，地下管线测量的现代工艺技术流程系统的采用，大大减轻作业人员的劳动强度、保证管线测绘质量、提高工作效率。同时由于对地下管线空间数据进行自动采集，由计算机进行数据处理，直接生成各种电子管线图，这样，一方面可以为建立地下管线管理信息系统提供可靠的信息数据，也可直接提供给工程设计人员进行城市地下管线的计算机辅助设计（CAD）使用，这是传统地下管线测量的划时代变革。目前，地下管线数字测绘技术已被广泛采用，其现代工艺技术流程系统也日臻完善。地下管线数字测绘技术已逐渐取代传统地下管线测量技术手段。

2　地下管线数字测绘的基本内容

地下管线数字测绘的基本内容包括：地下管线空间数据采集、数据处理与成图、成图成果输出等。

1）地下管线空间数据采集的内容包括：控制测量、管线点的测量、管线调查等信息。

数据采集所生成的数据文件应便于检索、修改、增删、通讯与输出。数据文件的格式可自行规定，但应具有通用性，便于转换。管线数字测绘软件应具有数据通讯、数据分类、数据计算、数据预处理、编辑与储存、管线图绘制、成图成果输出、数据转换等功能。

所采集的数据应认真进行检查，删除错误数据，及时补测错、漏数据，超限的数据应重测，经检查正确完整的数据应立即生成管线测量数据文件，并及时存盘和做好备份。

2）数据处理应包括地下管线属性数据的输入和编辑、元数据和管线图形文件的自动生成等；数据处理后的成果应具有准确性、一致性和通用性；地下管线元数据生成应能从图形文件和数据库中部分自动获取以及编辑、查询、统计的功能。

3）管线成图软件应具有生成管线数据文件、管线图形文件、管线成果表文件、管线统计表文件的功能，并具有绘制输出地下管线图、管线成果标语统计表等功能。

3.2　地下管线测量基本工作流程

地下管线测量的基本工作流程可分为传统工作流程和地下管线数字测绘工作流程两种

模式。20 世纪 90 年代中期以前全国各城市所进行的地下管线测量工作基本是按照传统工作流程来完成的。20 世纪 90 年代中期以后随着信息技术、计算机技术、"3S"技术等高新技术的广泛应用和日臻成熟,地下管线测绘技术伴随着数字化测绘技术 DSM 的发展应运而生,由此产生了地下管线数字测绘现代工作流程。

3.2.1　地下管线测量的传统工作流程

传统工作流程大体分为管线调查、管线探测、测绘成图、资料整理与编绘等四部作业程序。由管线权属单位或专业管线探测单位来完成地下管线调查工作,并对管线属性资料与管线空间资料实地核对;由专业管线探测单位来完成地下管线探查工作,明显管线点开井调查,隐蔽管线点采用钢钎直接触探或采用管线探测仪探测;采用全站仪和电子手簿记录进行解析法测绘和机助成图,并与原有地形图叠加编制综合管线图和各种专业管线图;前三步工作内容完成以后,按照《城市测量规范》CJJ8 的有关规定要求集中进行资料整理与图件编绘。

3.2.2　地下管线数字测绘现代工作流程

如前所述地下管线数字测绘现代工作流程遵循"以计算机为核心、内外业一体化作业、配合信息管理系统同步建库"设计思想。其现代工艺技术流程系统配置见图 3-1。

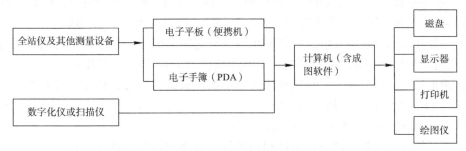

图 3-1　地下管线数字测绘现代工艺技术流程系统

3.3　地下管线测量技术设计

3.3.1　收集资料、现场踏勘

1　收集资料

制定方案前应全面收集和整理测区范围内已有的测绘资料,并进行初步分析,这些资料包括:

1)已有的控制测量成果资料(平面坐标及高程);包括控制网图、水准路线图、点之记、成果表和技术总结等;

2)各种比例尺地形图及有关技术说明资料;

3)测区内自然、地理、社会情况、气象、交通等资料;

4)以往地下管线普查成果资料。

2　现场踏勘

现场实地踏勘是在对收集到的资料初步分析的基础上进行的，是技术设计前非常重要的一环，必须引起足够重视。通过踏勘（现场踏勘要有详细记录或踏勘报告）可以：

1）实地了解测区地物、地貌、地形类别，地球物理条件；

2）核查测区及周边已有控制点的实地位置、完好程度、分布情况，地形图的现势性、测绘成果资料的可靠性；

3）了解、核查测区内地下管线的分布情况、地下管线的种类和结构，管线的埋设深度、埋设方式、埋设年代及材质等，进一步了解城市地下管线的历史与现状。

4）了解城市交通状况、气候特点对施工的影响程度，了解风俗习惯和语言状况，测区生产、生活用品的供应情况，治安卫生状况及其他情况等。

3.3.2　对已有资料进行评价、分析、利用

在现场实地踏勘的基础上，对收集的资料进一步分析，主要从精度、密度和可靠性、准确性、现势性、统一性、一致性、规范性等方面加以分析，以确定哪些资料可以直接加以利用；哪些资料经过修补完善后可以利用；哪些资料仅供参考使用；哪些资料无利用价值等。对已有控制测量、地形图和管线的成果资料在进行评价、分析应顾及以下技术关键。

1）平面控制的分析、评价：对被利用的平面控制点等级应满足开展地下管线探测的需要，一般不得低于城市三级导线，点位精度应符合现行《城市测量规范》CJJ8 相应等级的技术精度；坐标系统应与当地城市规划建设部门所使用的坐标系统一致。

2）高程控制的分析、评价：对被利用的高程起始点成果，其精度不得低于现行《城市测量规范》CJJ8 四等水准精度指标。高程系统应为 1985 国家高程基准。

3）地形图的分析、评价：对被利用的地形图应对其比例尺、精度、现势性是否与要求施测的地下管线图比例尺精度相一致，现势性是否满足管线图要求。对比例尺和精度符合要求，但现势性较差的地形图应提出修测方案。

4）管线资料的分析、评价：对被利用的管线成果和各类图件（包括管线设计图、施工图、竣工图、探查工作草图等），要分析其管线信息的准确性、可靠性。

在已有资料进行正确的评价、分析、利用，作为优化的施工方案，以利于加快工程进度、节约资金、避免浪费。

3.3.3　确定技术路线、技术方案

在收集资料、现场踏勘、资料分析的基础上拟定技术路线、技术方案。对特殊的技术要求或采用新技术、新方法、新工艺的作业方法要详细说明。地下管线测量技术方案的内容：

1）测区概况：测区位置、作业环境、工作内容与工作量、完成期限；

2）已有资料情况：控制点、地形图、管线图等；

3）作业依据：规程规范与合同书、设计书等；

4）技术方法：作业方法、要求、措施；

5）资源配置：人员组织与仪器设备；

6）质量保证措施与安全保障措施；

7）拟提交成果资料。

3.4　平面控制测量

3.4.1　平面控制测量的基本精度指标

地下管线控制测量应在城市等级控制网的基础上进行布设或加密，以确保地下管线测量成果平面坐标和高程系统与原城市系统的一致性，便于成果的共享和使用，同时避免重复测量造成浪费。

平面控制网中最弱点的点位中误差（相对于起算点）不得大于±5cm。

地下管线平面控制测量作业方法主要有导线测量、卫星定位测量、三角测量等方法。实际作业中应根据实际情况选用最适宜、最经济的方法，可以采用越级布设形式加密地下管线测量控制点。当前三角测量方法采用较少，略述。

1　导线测量

导线测量有光电测距导线和图根钢尺量距导线两种，考虑到后一种已经很少采用，这里不再讨论。光电测距导线具体作业方法参照现行《城市测量规范》CJJ8实施，主要技术要求见表3-1、表3-2、表3-3。

光电测距导线测量的主要技术要求　　　　　　　　　　表3-1

级别	导线长度（km）	平均边长（m）	测角中误差（"）	测距中误差（m）	测回数		方位角闭合差（"）	相对闭合差	备注
					DJ2	DJ6			
一	3.6	300	±5	±15	2	4	±10$\sqrt{L}$	1/14000	
二	2.4	200	±8	±15	1	3	±16$\sqrt{L}$	1/10000	L为测站数
三	1.5	120	±12	±15		2	±24$\sqrt{L}$	1/6000	
图根	0.9	80	±20	±15		1	±40$\sqrt{L}$	1/4000	

注：1. 一、二、三级导线的布设可根据高级控制点的密度、道路曲折、地物的疏密等具体条件，选用两个级别；
　　2. 导线网中结点与高级点间或结点间的导线长度不应大于符合导线规定长度的0.7倍；
　　3. 当附合导线长度短于规定长度的1/3时，导线全长的绝对闭合差不应大于13cm；
　　4. 光电测距导线的总长和平均边长可放长至1.5倍，但其绝对闭合差不应大于26cm，当附合导线的边数超过12条时，其测角精度应提高一个等级。

水平角方向观测法的技术要求　　　　　　　　　　表3-2

经纬仪型号	半测回归零差（"）	一次回内2c互差（"）	同一方向值各测回较差
DJ2	8	13	9
DJ6	18	—	24

光电测距的主要技术要求　　　　　　　　　　表3-3

测距仪精度等级	导线等级	总测回数	一测回读数较差（mm）	单程测回较差（mm）	往返较差
Ⅱ级	一级	2	5	7	2(a＋b·D)
	二、三级	1	≤10	≤15	
	图根	1	≤10	≤15	

2　卫星定位测量

卫星定位测量即全球导航卫星系统（GNSS）定位测量，随着空间技术的发展，以卫星为基础的无线电导航定位系统，即 GNSS 技术成为最新的空间定位技术，该系统具有全球性、全天候、高效率、多功能、高精度的特点，用于大地点位时，测站间无需互相通视无需造标，不受天气条件影响，同时可获得三维坐标，该技术的应用导致传统的控制测量的布网方法，作业手段和内外作业程序发生了根本性的变革，为测量工作提供了一种崭新的技术手段和方法。

GNSS 技术发展迅速，早在 20 世纪 80 年代只有美国 GPS 卫星定位系统，20 世纪 90 年代又有俄罗斯 GLONASS 卫星定位系统，本世纪初又出现欧盟 GALILEO 卫星定位系统以及我国北斗（BD）卫星定位系统。现在已有 GPS/GLONASS 兼容接收机、GPS/GLO-NASS/GALILEO 三系统兼容机。GNSS 定位根据不同用途有多种作业方法，如 CORS、静态、RTK、网络 RTK 等方法。CORS 是 GNSS 连续运行观测，用于建立控制测量基准站，静态定位用于建立高等级控制网，网络 RTK 和 RTK 定位用于建立低级控制以及地理信息采集。有关技术标准参照现行《卫星定位城市测量技术规范》CJJ/T73-2010 实施。

1）GNSS 静态定位测量主要技术要求和接收机的选用分别见表 3-4 和表 3-5。

GNSS 网的主要技术要求　　　　　　　　　　　　　　表 3-4

等级	平均边长（km）	a（mm）	b（1×10^{-6}）	最弱边相对中误差
二等	9	≤5	≤2	1/120,000
三等	5	≤5	≤2	1/80,000
四等	2	≤10	≤5	1/45,000
一级	1	≤10	≤5	1/20,000
二级	<1	≤10	≤5	1/10,000

注：表中 a-固定误差；b-比例误差系数。

GNSS 接收机的选用　　　　　　　　　　　　　　表 3-5

项目　　等级	二等	三等	四等	一级	二级
接收机类型	双频	双频或单频	双频或单频	双频或单频	双频或单频
标称精度	≤(5mm+$2\times10^{-6}d$)	≤(5mm+$2\times10^{-6}d$)	≤(10mm+$5\times10^{-6}d$)	≤(10mm+$5\times10^{-6}d$)	≤(10mm+$5\times10^{-6}d$)
同步观测接收机数	≥4	≥3	≥3	≥3	≥3

注：d 为相邻点间距离（km）。

2）RTK 定位测量的技术要求见表 3-6。

GNSS RTK 平面测量技术要求　　　　　　　　　　　　　　表 3-6

等级	相邻点间距离（m）	点位中误差（cm）	边长相对中误差	起算点等级	流动站到单基准站间距离（km）	测回数
一级	≥500	5	≤1/20,000	—	—	≥4
二级	≥300	5	≤1/10,000	四等及以上	≤6	≥3

续表

等级	相邻点间距离 （m）	点位中误差 （cm）	边长相对中误差	起算点等级	流动站到单基准 站间距离（km）	测回数
三级	≥200	5	≤1/6,000	四等及以上	≤6	≥3
				二级及以上	≤3	
图根	≥100	5	≤1/4,000	四等及以上	≤6	≥2
				三级及以上	≤3	
碎部	—	图上 0.5mm	—	四等及以上	≤15	≥1
				三级及以上	≤10	

注：1. 一级 GNSS 控制点布设应采用网络 RTK 测量技术；
　　2. 网络 RTK 测量可不受起算点等级、流动站到单基准站间距离的限制；
　　3. 困难地区相邻点间距离缩短至表中的 2/3，边长较差不应大于 2cm。

3.4.2　平面控制测量作业方法

1　导线测量

1）选点

选点是一件十分重要的工作，导线点选择路线、位置是否合适，直接影响今后施测条件的好坏、点位是否能够长期保存和便于管线测量使用，从而决定导线点的实际价值，因此必须重视选点工作。城市一、二、三级导线和图根导线主要是沿着道路敷设，选点时重点考虑导线施测的方便和有利于达到精度要求。各级导线点应符合下列要求：

（1）相邻点之间应通视良好，点位之间视线超越（或旁离）障碍物的高度（或距离）应大于 0.5m；

（2）点位应选设在土质坚实、利于加密和扩展的十字路口、丁字路口、工矿企业入口、人行道上或其他开阔地段；

（3）不致严重影响交通或因交通而影响测量工作；

（4）便于地形测量和管线点测量使用；

（5）尽量避开地下管线，防止埋设标石时可能破坏地下管线或埋设标石后因管线施工被破坏；

（6）尽量利用原有符合要求的标志（点位）。

2）埋石及编号

导线点选定后要埋设标石并按要求编号．一、二、三级导线点的标石一般用混凝土预制而成，顶面中心浇埋标志（标芯），也可现场浇注或用罐式（铸铁盖）标志、钢桩或其他达到要求的标志。标石形式可以不同，但要求结构牢固、造型稳定、利于长期保存、便于使用。图根点标志可根据实际自行设计选用。

各级导线点的标石规格和埋设深度参见《城市测量规范》CJJ8。

各级导线点要根据实际需要绘制点之记。

3）外业观测

仪器检验：导线观测前，对拟投入使用的全站仪（经纬仪）进行以下严格检验：

（1）照准部旋转正确性的检验；

（2）水平轴不垂直于垂直轴之差的测定；

（3）垂直微动螺旋使用正确性的检验；

（4）照准部旋转时，仪器底座位移而产生的系统误差的检验；

（5）光学对中器的检验和校正。

导线观测使用相应等级的全站仪，在通视良好、成像清晰时进行。为了提高测量精度，宜采用三联脚架法方向观测法测定水平角和边长。水平角方向观测法的技术要求见表3-2，光电测距的主要技术要求见表3-3。

导线测量的原始观测数据和记事项目，宜采用电子手簿记录，采用电子手簿记录时，当天要按规定格式打印并装订成册。当用手工记录时，应现场用铅笔记录在规定格式的外业手簿中，字迹要清楚、整齐、美观、齐全，数据尾数不得涂改，原始观测数据不得转抄，手簿各记事项目，每一站或每一观测时间段的首末页都必须记载清楚，填写齐全。

4）平差计算

外业观测记录手簿须经二级检查核对无误后方能进行内业计算。测距边长应根据导线等级选择进行倾斜改正、气象改正、加常数改正、乘常数改正、高程归化、长度改化等数据处理。

平面控制网的平差计算宜采用经鉴定合格的平差软件用计算机进行严密平差，如《清华山维NASEW测量控制网平差系统》。

2　GNSS定位测量

1）GNSS静态定位测量

（1）GNSS静态定位测量作业基本技术要求见表3-7。

GNSS测量各等级作业的基本技术要求　　　　　　　　表3-7

项　目	等级 观测方法	二等	三等	四等	一级	二级
卫星高度角（°）	静态	≥15	≥15	≥15	≥15	≥15
有效观测同类卫星数	静态	≥4	≥4	≥4	≥4	≥4
平均重复设站数	静态	≥2.0	≥2.0	≥1.6	≥1.6	≥1.6
时段长度（min）	静态	≥90	≥60	≥45	≥45	≥45
数据采样间隔（s）	静态	10～30	10～30	10～30	10～30	10～30
PDOP值	静态	<6	<6	<6	<6	<6

（2）GNSS测量的数据检验应符合下列规定：

① 同一时段观测值的数据剔除率不宜大于20%；

② 复测基线的长度较差应满足下式的要求：

$$ds \leqslant 2\sqrt{2}\sigma \tag{3-1}$$

式中　ds——复测基线的长度较差。

③ 采用同一种数学模型解算的基线，网中任何一个三边构成的同步环闭合差应满足下列公式的要求：

$$W_x \leqslant \frac{\sqrt{3}}{5}\sigma \tag{3-2}$$

$$W_Y \leqslant \frac{\sqrt{3}}{5} \sigma \qquad\qquad (3-3)$$

$$W_Z \leqslant \frac{\sqrt{3}}{5} \sigma \qquad\qquad (3-4)$$

$$W_S \leqslant \frac{3}{5} \sigma \qquad\qquad (3-5)$$

$$W_S = \sqrt{W_X^2 + W_Y^2 + W_Z^2} \qquad\qquad (3-6)$$

式中　W_X、W_Y、W_Z——环坐标分量闭合差；

　　　　W_S——环闭合差。

④ GNSS 网外业基线预处理结果，异步环或附合线路坐标闭合差应满足下列公式的要求：

$$W_X \leqslant 2\sqrt{n}\sigma \qquad\qquad (3-7)$$

$$W_Y \leqslant 2\sqrt{n}\sigma \qquad\qquad (3-8)$$

$$W_Z \leqslant 2\sqrt{n}\sigma \qquad\qquad (3-9)$$

$$W_S \leqslant 2\sqrt{3n}\sigma \qquad\qquad (3-10)$$

$$W_S = \sqrt{W_X^2 + W_Y^2 + W_Z^2} \qquad\qquad (3-11)$$

式中　W_S——环闭合差；

　　　　n——闭合环边数。

（3）无约束平差应符合下列规定：

① 基线向量检核符合要求后，应以三维基线向量及其相应方差——协方差阵作为观测信息，并按基线解算时确定的一个点的地心系三维坐标作为起算依据，进行 GNSS 网的无约束平差；

② 无约束平差应提供各点在地心系下的三维坐标、各基线向量、改正数和精度信息；

③ 无约束平差中，基线分量的改正数绝对值应满足下列公式的要求：

$$V_{\Delta X} \leqslant 3\sigma \qquad\qquad (3-12)$$

$$V_{\Delta Y} \leqslant 3\sigma \qquad\qquad (3-13)$$

$$V_{\Delta Z} \leqslant 3\sigma \qquad\qquad (3-14)$$

式中　$V_{\Delta X}$、$V_{\Delta Y}$、$V_{\Delta Z}$——基线分量的改正数绝对值。

（4）约束平差应符合下列规定：

① 可选择国家坐标系或城市坐标系，对通过无约束平差后的观测值进行三维约束平差或二维约束平差。平差中，可对已知点坐标、已知距离和已知方位进行强制约束或加权约束；

② 约束平差中，基线分量的改正数与经过剔除粗差后的无约束平差结果的同一基线相应改正数较差应满足下列公式的要求：

$$dV_{\Delta X} \leqslant 2\sigma \qquad\qquad (3-15)$$

$$dV_{\Delta Y} \leqslant 2\sigma \qquad\qquad (3-16)$$

$$dV_{\Delta Z} \leqslant 2\sigma \qquad\qquad (3-17)$$

式中　$dV_{\Delta X}$、$dV_{\Delta Y}$、$dV_{\Delta Z}$——同一基线约束平差基线分量的改正数与无约束平差基线分量的改正数的较差。

③ 当平差软件不能输出基线向量改正数时，应进行不少于 2 个已知点的部分约束平差。

④ 方位角应取位至 0.1″，坐标和边长应取位至毫米（mm）。

2）GNSS RTK 测量作业

（1）基本要求：在应用 GNSS RTK 测量时，开始作业或重新设置基准站后，应至少在一个已知点上进行检核，并应符合下列要求：

① 在控制点上检核，平面位置较差不应大于 5cm；

② 在碎部点上检核，平面位置较差不应大于图上 0.5mm。

③ 利用 GNSS RTK 测设的平面控制点应进行常规图形校核。

④ 利用 GNSS RTK 测设的高程控制点应与附近的水准点进行水准联测。

⑤ GNSS RTK 测量时，GNSS 卫星的状况应符合表 3-8 规定。

<table>
<tr><td colspan="3">GNSS 卫星状况的基本要求 　　　　　　　　　　　　　　表 3-8</td></tr>
<tr><td>观测窗口状态</td><td>15°以上的卫星个数</td><td>PDOP 值</td></tr>
<tr><td>良好</td><td>≥6</td><td><4</td></tr>
<tr><td>可用</td><td>5</td><td><6</td></tr>
<tr><td>不可用</td><td><5</td><td>≥6</td></tr>
</table>

（2）GNSS RTK 点的布设：

① GNSS RTK 控制点的布设原则是满足发展下一个等级测量对控制点的需要。

② GNSS RTK 控制点应布设 3 个以上或 2 对以上相互通视的点，如图 3-2、图 3-3。

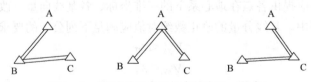

图 3-2　RTK 控制点通视点的布设（单点）

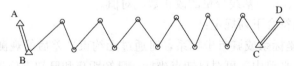

图 3-3　RTK 控制点通视点的布设（导线）

3）单基站 RTK 测量

A　基准站设置应符合下列要求：

a 基准站应架设在符合要求的点上。

b 仪器对中整平后量取天线高度，接收机中的天线类型、天线高量取方式以及天线高量取位置等项目设置应和天线高量测时的情况一致。

c 基准站的卫星截止高度角设置不应低于 10°；

d 选择无线电台通信方法时，数据传输工作频率应按约定的频率进行设置；

e 仪器类型、测量类型、电台类型、电台频率、天线类型、数据端口、蓝牙端口等设备参数应在随机软件中正确选择；

f 基准站坐标、数据单位、尺度因子、投影参数和坐标转换参数等计算参数应正确输入。

B RTK 观测准备应符合下列要求：

a GNSS 天线、通信接口、主机接口等设备连接应牢固可靠；连接电缆接口应无氧化脱落或松动；

b 数据采集器、电台、基准站和流动站接收机等设备的工作电源应充足；

c 数据采集器内存或贮存卡应有充足的存储空间；

d 接收机的内置参数应正确；

e 水准气泡、投点器和基座应符合作业要求；

f 天线高度设置与天线高的量取方式应一致。

4）坐标系统转换应符合下列要求：

a 所用已知点的地心坐标框架应与计算转换参数时所用地心坐标框架一致；

b 已有转换参数时，可直接输入；

c 已有三个以上同时具有地心和参心坐标系的控制点成果时，可直接将坐标输入数据采集器，计算转换参数；

d 已有三个以上参心坐标系的控制点成果时，可采用直接输入参心坐标，在控制点上采集地心坐标，计算转换参数；

e 计算转换参数的控制点应均匀分布在测区及周边；

f 平面坐标转换的残差绝对值不应超过 2cm。

5）在未知点上设置基准站进行 RTK 测量时应符合下列要求：

a 测区应至少有三个分布均匀的已知点；

b 基准站点的等级应低于已知点等级；

c RTK 测量成果最高等级定为图根级。

6）RTK 观测前设置的平面收敛阈值不应超过 2cm、垂直收敛阈值不应超过 3cm。

7）RTK 一测回观测应符合下列要求：

a 对仪器进行初始化；

b 观测值应在得到 RTK 固定解，且收敛稳定后开始记录；

c 每测回的自动观测个数不应少于 10 个观测值，取平均值作为定位结果；

d 经、纬度记录到 0.00001"，平面坐标和高程记录到 0.001m；

e 测回间应重新进行初始化，测回间的时间间隔应超过 60s；

f 测回间的平面坐标分量较差不应超过 2cm，垂直坐标分量较差不应超过 3cm；取各测回结果的平均值作为最终观测成果；

g 当初始化时间超过 5min 仍不能获得固定解时，宜断开通信链路，重新启动 GNSS 接收机，再次进行初始化；当重新启动 3 次仍不能获得固定解时，应选择其他位置进行测量；

h 进行后处理动态测量时，流动站应先在静止状态下观测 10～15min，获得固定解，在不丢失固定解的前提下进行动态测量。

8）RTK 控制测量应符合下列要求：

a 控制点测量应采用三角支架方式架设天线进行作业；测量过程中仪器的圆气泡应严格稳定居中；

b 控制点应采用常规方法进行边长、角度或导线联测检核，导线联测按下一个等级的常规导线测量的技术要求执行。RTK 平面控制点检核测量技术要求应符合表 3-9 的规定。

RTK 平面控制点检核测量技术要求　　　　　　　　　表 3-9

等级	边长检核		角度检核		导线联测检核	
	测距中误差（mm）	边长较差的相对中误差	测角中误差（″）	角度较差限差（″）	角度闭合差（″）	边长相对闭合差
一级	15	1/14,000	5	14	$16\sqrt{n}$	1/10,000
二级	15	1/7,000	8	20	$24\sqrt{n}$	1/6,000
三级	15	1/4,000	12	30	$40\sqrt{n}$	1/4,000
图根	20	1/2,500	20	60	$60\sqrt{n}$	1/2,000

注：表中 n 为测站数。

9）RTK 碎部测量应符合下列要求：

a 作业时应采用带圆气泡的对中杆架设天线进行测量；

b 应符合 GNSS RTK 平面测量技术要求；

c 作业前、后应进行已知点校核。

（1）网络 RTK 测量

① 网络 RTK 测量的用户应在城市 CORS 系统服务中心进行登记、注册，以获得系统服务的授权。

② 网络 RTK 测量应在 CORS 系统的有效服务区域内进行。

③ 网络 RTK 测量与单基准站测量时的技术要求基本一样。

④ 网络 RTK 测量同样用于碎部、定桩测量。

（2）RTK 数据处理与检验

① 应及时将外业采集的数据从数据采集器中导入计算机，并进行数据备份、数据处理。同时对数据采集器内存进行整理。

② 数据输出内容应包含点号、三维坐标、天线高、三维坐标精度、解的类型、数据采集时的卫星数、PDOP 值及观测时间等。

③ 外业观测数据不得进行任何剔除、修改，应保存外业原始观测记录。

④ 地心三维坐标成果可通过验证后的软件转换为参心坐标成果。

⑤ RTK 测量成果应进行 100% 的内业检查和 10% 的外业抽检。

⑥ 内业数据检查应符合下列要求：

a 外业观测数据记录和输出成果内容应齐全、完整；

b 观测成果的精度指标、测回间观测值及校核点的较差应符合规定；

c 几何检核应符合本规定。

⑦ 外业检核点应均匀分布于作业区的中部和边缘。可采用已知点比较法、重测比较法、常规测量方法等进行。应按下式计算检核点的平面点位中误差。

$$M_P = \sqrt{\frac{[dPdP]}{2N}} \tag{3-18}$$

式中　M_P——检核点的平面点位中误差（cm）；

　　　　dP——检核点两次测量平面点位的差值（cm）；

　　　　N——检测点个数。

3.5　高程控制测量

为地下管线测量而进行的高程控制一般为四等或四等以下等级。地下管线高程控制测量作业方法主要有水准测量方法和光电测距三角高程方法，光电测距三角高程测量可以替代四等水准测量。高程网的布设形式主要是附和路线、结点网和闭合环，只有在特殊情况下才允许布设水准支线。

高程控制测量应起算于等级高程点（四等或四等以上）。

3.5.1　高程控制测量基本精度指标

高程控制测量的基本精度指标见表 3-10、表 3-11、表 3-12。

水准测量技术要求　　　　　　　　　　　　　　表 3-10

等级	每公里高差中数中误差（mm）		附合路线或环线闭合差（mm）	检测已测测段高差之差	备注
	全中误差 M_w	偶然中误差 $M_\triangle$			
四等	±10	±5	±20$\sqrt{L}$	≤30$\sqrt{L}$	L 为附合或环线的长度或已测测段的长度，均以 km 计
图根	±20	±10	±40$\sqrt{L}$	≤60$\sqrt{L}$	

测距三角高程测量的主要技术要求　　　　　　　　　　表 3-11

项目	线路长度（km）	测距长度（m）	高程闭合差（mm）	备注
限差	4	100	±10$\sqrt{n}$	n 为测站数

垂直角观测的技术要求　　　　　　　　　　　　　表 3-12

等　级		测回数	指标差	垂直角互差
一次附合	DJ2	1	15″	
	DJ6	2	25″	25″
二次附合	DJ6	1	25″	

3.5.2　高程控制测量作业方法

1　四等水准测量的观测方法

一、二、三级导线点的高程宜采用四等水准测量方法获得，亦可采用光电测距三角高程测量。四等水准测量和光电测距三角高程的观测方法参见城市测量规范有关章节，这里不再赘述。

2　图根水准测量

图根水准观测应使用不低于 DS10 级水准仪和普通水准尺，按中丝读数法单程观测（支线应往返测），估读至毫米（mm）。仪器至标尺的距离不宜超过 100m，前后视距离宜相等。路线闭合差不得超过 $\pm 40\sqrt{L}$（mm）（L 为路线长度，km）。图根导线点的高程亦可采用光电测距三角高程的方法获得，与导线测量同步进行，仪器高和镜高采用经检验的钢尺量取至毫米。

图根水准计算可采用简易平差法，高程计算至毫米。

3　GNSS 高程测量

高程系统中最常用的有正高系统（以大地水准面作为参考基准面）和正常高系统（以似大地水准面为参考基准面），我国使用的高程系统是正常高系统。采用 GNSS 测量技术测定地面点高程是以地心坐标的地球椭球面为基准的大地高 H，大地水准面和似大地面相对于地球椭球面有一个高度差，分别称为大地水准面差距 N 和高程异常 ζ。

大地高 H、正高 Hg 和正常高 Hr 之间按下列公式计算：

$$H = Hg + N \tag{3-19}$$
$$H = Hr + \zeta \tag{3-20}$$

如果能够比较精确的确定地面点的高程异常，则用 GNSS 测量方法可以精确测定地面点的正常高，

$$Hr = H - \zeta \tag{3-21}$$

确定地面点高程异常的方法主要有：大地水准面模型法，重力测量法，区域几何内插法，转换参数法，区域似大地水准面精化法等。不管采用何种方法，均是利用已知点的数据，建立高程异常的改正模型，从而计算待求点的高程异常。以下主要介绍两种方法：

1) 具有区域似大地水准面精化测区的 GNSS 高程测量。

（1）当似大地水准面精化精度平原地区高于 1.5cm，山区高于 2cm 时可作为四等及以下的 GNSS 高程测量；

（2）当似大地水准精化度平原地区为 3cm 时，山区为 4.5cm 时可作为地下管线点和地面点的 GNSS 的高程测量，

2) 采用数学拟合法建立高程异常模型的 GNSS 的高程测量。

（1）测量面积小，地势较为平坦，重力梯度分布平缓时，高程异常模型可采用曲面似合方法，求取正常高改正值。

（2）GNSS 高程控制网布设成线状或带状时，可采用曲线拟合方法，求取正常高改正值。

（3）测量面积超过 $100km^2$ 以上，为了控制高程拟合的误差传递，应根据地形地质情况，高程异常变化梯度合理地划分区域，进行分区拟合计算。

上述拟合精度经检核符合要求后使用，有关技术要求请按现行的行业标准《卫星定位城市测量技术规范》CJJ/T73 的有关规定执行。

3.6　数字地形测量

为保证地下管线与邻近地物有准确的参照关系，当测区没有相应比例尺地形图或现有

地形图不能满足管线图的要求时，应采用数字测图技术，根据需要重新测绘或对原有地形图进行修测、补测。

有时仅要求对管线两侧的带状地形进行测量，对有管线的街道两侧第一排建筑物、构筑物的轮廓线进行整测或修测。带状地形测量其测图比例尺一般为 1：500 或 1：1000。大中城市测图比例尺一般选为 1：500，其市郊一般选为 1：1000；城镇测图比例尺一般选为1：1000。测绘范围要根据有关主管部门的要求来确定。带状地形图测绘的宽度：规划道路以测出两侧第一排建筑物或红线外 20m 为宜；非规划路根据需要确定。

地下管线 1：500～1：2000 比例尺测绘内容按需要进行取舍，测绘精度与相应比例尺的基本地形图相同。

3.6.1　数字地形测量作业工序

数字地形测量的主要工序包括：数据采集、数据处理、图形编辑与成果输出。野外数据采集使用全站仪自动记录，实现数字化、自动化。

3.6.2　测图前的准备工作

地形测图开始前，应做好下列准备工作：

1　控制点平面及高程成果的准备；

2　检查及校正仪器；

3　踏勘了解测区的地形情况，平面和高程控制点的位置及完好情况；

4　数字化成图的硬件配置：计算机、绘图仪、打印机等，其性能及各项指标应能满足设计要求；

5　数字化成图的软件配置：操作系统；满足设计要求的成图应用软件系统；图形编辑系统等；

6　拟定作业计划。

3.6.3　数据采集方法

1　细部点坐标测量采用极坐标法、量距法与交会法等，碎部点高程采用测距三角高程测量。采用全站仪极坐标法时，可同时完成细部点平面和高程的数据采集。

2　设站时，全站仪的对中误差不应大于 5mm。照准一图根点作为起始方向，观测另一图根点作为检核，算得检核点的平面位置误差不应大于图上 0.2mm。定向检查另一测站高程，其较差不应大于 1/10 基本等高距；仪器高、觇牌高应量记至毫米（mm）。定向结束应对上一测站进行检查，测站与测站之间的检查应不少于 3 点，及时发现定向或者使用已知点成果错误，并及时纠正。

3　采用数字化成图时，数据采集应用电子手簿或全站仪内存进行自动记录。并在采集数据的现场，按采集数据的顺序，实时绘制测站草图。每天将记录数据及时通讯到计算机，避免数据丢失。数据采集应用电子手簿或全站仪内存进行记录。数据采集时，测站上仪器自动记录三维坐标和顺序号，镜站记录员同时绘制草图，标注测点编号，并经常以无线对讲机核对编号，以防串号、错号与漏号。对个别通视不好的点采用间接测量方法计算点位坐标。

4. 采集数据时，地物点、地形点测距最大长度、高程注记点间距按要求进行。

5. 测绘内容及取舍标准按有关要求进行。

3.6.4 数据与图形处理

1 数据采集后，经电子手簿或者成图软件编辑成的图形文件所生成的数据文件要用数据处理软件进行处理，生成绘图信息数据文件。

2 采用的数据处理软件系统应该具备数据通讯、数据转换、数据编辑功能，如"正元数字测图系统 zydms"和"RDMS 系统"、"SCS 系统"等。

3 数据处理应包括下列成果文件：原始数据文件；图根点成果文件；细部点成果文件；绘图信息数据文件。

4 经过数据处理后，应用绘图软件系统，将数据处理的成果转换成图形文件。

5 图形处理的成果应符合下列要求：图形文件与相关的数据文件彼此对应，并能互相转换；图形文件的格式宜与国家标准统一或便于相互转换；图形文件便于显示、编辑、输出。

3.6.5 成果输出与检查

1 经过以上数据及图形处理，生成地形图图形文件后，通过绘图仪输出地形图草图，供野外巡视、内业审查及检查用。

2 项目经理及技术负责人对各种资料成果与数据、图形进行全面检查。外业设站检查碎部点，有检查就应有记录，最后统计计算检查结果，根据检查结果，提出处理和整改意见，并编写检查报告。

3 项目部经过整改后的数据、图形文件，经绘图仪输出打印正式成果成图。

3.7 横断面测量

为满足地下管线改扩建施工图设计的要求，有时在向权属方提供资料还要提供某个路段或几个路段的断面图，即进行横断面测量。

横断面的位置要选择在主要道路、街道有代表性的位置上，一般每幅图不少于两个断面。横断面测量应垂直于现有道路、街道进行布置，规划道路必须测至两侧沿路建筑物或红线外，非规划道路可根据需要确定。除测定管线点的位置和高程外，还应测定道路的特征点、地面高度的变化点和地面附属设施及建（构）物的边沿。各高程点可按中视法实测，高程检测较差不应大于±3cm。

3.8 地下管线点测量

3.8.1 地下管线点测量的工作内容

管线点（Surveying Point of Underground Pipeline）就是在调查或探查工作中设立的测点，一般要在地面设置明显标志并编写物探点号。为了正确地表示地下管线探查的结果，便于地下管线测量工作进行，在探查或调查工作中设立的测点，统称为管线点。

管线点包括线路特征点和附属设施（附属物）中心点，可分为明显管线点和隐蔽管线点二类，明显管线点一般是地面上的管线附属设施的几何中心，如窨井（包括检查井、检修井、闸门井、阀门井、仪表井、人孔和手孔等）井盖中心、管线出入地点（上杆、下杆）、电信接线箱、消防栓栓顶等，隐蔽管线点一般是地下管线或地下附属设施在地面上的投影位置，如变径点、变坡点、变深点、变材点、三通点、管线直线段或曲线段的加点等。

管线点测量就是对管线点的地面标志进行平面位置和高程测量。管线点测量就是获取每一个管线点的三维坐标（X，Y，H）。

管线点测量在控制测量、数字地形测量和管线点探查作业完成后进行，可独立进行，也可与地形（带状地形）测量同步进行。测量人员根据探查人员提供的探查草图（图上标注有管线点的概略位置、物探点号、管线走向及连接关系等，作为开展管线测量的依据和引导图），实地采集管线点的坐标。

3.8.2　地下管线点测量的精度要求

现行《城市地下管线探测技术规程》CJJ61 规定：地下管线点的测量精度其平面位置中误差（m_s）不得大于 ±5cm（相对于邻近控制点），高程测量中误差（m_h）不得大于 ±3cm（相对于邻近控制点）。

3.8.3　地下管线点测量的方法

目前，管线点测量的方法主要有全站仪极坐标法和 GPS（RTK）法、导线串连法等。全站仪极坐标法是目前生产单位普遍采用的方法。

使用全站仪极坐标法进行地下管线点测量坐标和高程时，采用 DJ6 级全站仪，水平角及垂直角均观测半个测回。测站定向边宜采用长边，并经测站检查和第三点（控制点或邻站已测管线点）检测无误后开始管线点测量。仪器高和觇标高量至毫米，测距长度不得大于 150m。管线点的坐标及编号自动记录到全站仪内存。有时根据实际需要，外业观测时利用全站仪内存记录管线点的基本观测量（点号、边长、水平角、垂直角、觇标高），内业采用计算机程序计算管线点坐标。

在测量过程中，特别注意仔细检查、核对图上编号与实地点号对应一致，防止错测、漏测和错记、漏记，严格做到测站与镜站一一对应，不重不漏。测量时，司镜员将带气泡的棱镜杆立于管线点地面标志上（隐蔽点以现场标记"＋"字为中心，明显点测定其井盖几何中心），并使气泡严格居中，观测员快速准确瞄准目标测定坐标。

为了确保每个管线点的精度，每一测站均对已测点进行临站检查，每站重合点检查点不少于 2 点，记录其两次测量结果，计算两次测量差值，重合点坐标差不应大于 5cm，高程差不应大于 3cm，发现超差，查明原因，重新定向，及时处理。

测量作业组将当天的外业成果及时通讯至计算机，并以日期为文件名保存原始数据。原始数据经编辑、处理、查错、纠错后，保存到管线测量数据库中备用。

3.9　地下管线测量的质量检查

3.9.1　基本要求

1　地下管线测量成果必须进行成果质量检验。

2　测量成果质量检验时应遵循均匀分布、随机抽样的原则。

3　采用同精度重复测量管线点坐标和高程的检查方式，统计管线点的点位中误差和高程中误差。

4　检查比例：对地下管线图进行100％的图面检查和外业实地对图检查。对管线点按测区管线点总数的5％进行复测。

5　地下管线点的测量精度：平面位置中误差（m_s）不得大于±5cm（相对于邻近控制点），高程测量中误差（m_h）不得大于±3cm（相对于邻近控制点）。

地下管线图测绘精度：地下管线与邻近的建筑物，相邻管线以及规划道路中心线的间距中误差（m_c）不得大于图上±0.5mm。

6　质量检查工作均应填写记录，并在作业单位最高一级检查结束后编写测区质量自检报告，上报给管线办和监理单位，监理单位接到自检报告后方可对该测区进行质量监理。

3.9.2　测量质量评定标准

每一个测区随机抽查管线点总数的5％进行测量成果质量的检查，复测管线点的平面位置和高程。根据复测结果按式（3-22）和式（3-23）分别计算测量点位中误差 m_{cs} 和高程中误差 m_{ch}。当重复测量结果超过限差规定时，应增加管线点总数的5％进行重复测量，再计算 m_{cs} 和 m_{ch}。若仍达不到规定要求时，整个测区的测量工作应返工重测。

$$m_{cs} = \pm \sqrt{\frac{\sum \Delta S_{ci}^2}{2n_c}} \qquad (3-22)$$

$$m_{ch} = \pm \sqrt{\frac{\sum \Delta h_{ci}^2}{2n_c}} \qquad (3-23)$$

式中　ΔS_{ci}、Δh_{ci}——分别为重复测量的点位平面位置较差和高程较差；

n_c——重复测量的点数。

3.9.3　检查报告

质量自检报告内容：

1. 工程概况：包括任务来源、测区基本情况、工作内容、作业时间及完成的工作量等。

2. 检查工作概述：检查工作组织、检查工作实施情况、检查工作量统计及存在的问题。

3. 精度统计：根据检查数据统计出来的误差：包括最大误差、平均误差、超差点比例、各项中误差及限差等，这是质检报告的重要内容，必须准确无误。

4. 检查发现的问题及处理建议：检查中发现的质量问题及整改对策、处理结果；对限于当前仪器和技术条件未能解决的问题，提出处理意见或建议。

5. 质量评价：根据精度统计结果对该工程质量情况进行结论性总体评价（优、良、合格、不合格），是否提交监理检查或下一级检查等。

3.10　地下管线定线测量与竣工测量

3.10.1　地下管线定线测量

1　地下管线定线测量

地下管线定线测量应符合下列要求：

（1）地下管线定线测量应依据经批准的线路设计施工图和定线条件进行定线测量。

（2）定线导线测量应符合表 3-13 规定。当在规划线路内定线以及在山区一般工程及非规划线路等定线时，定线导线应符合表 3-13 的规定。在控制点比较稀少的地区，定线导线可同级附合一次。

光电测距导线的主要技术要求　　　　　　　　　表 3-13

等级	闭合环或附合导线长度（km）	平均边长（m）	测距中误差（mm）	方位角闭合差（″）	导线全长相对闭合差
三级	1.5	120	≤±15	≤±24$\sqrt{n}$	≤1/6000

注：1. 当附合导线长度短于规定长度的 1/3 时，导线全长的绝对闭合差不应大于 13cm；

　　2. 光电测距导线的总长和平均边长可放长至 1.5 倍，但其绝对闭合差不应大于 26cm。

（3）定线导线距离测量应采用Ⅱ级光电测距仪单程观测一测回；距离应加尺长、温度和倾斜改正。

2　定线测量方法

1）解析实钉法：根据定线条件或施工设计图中所列待定管线与现状地物的相对关系，实地用经纬仪定出管线中线位置，然后联测中线的端点、转角点、交叉点及长直线加点的坐标，再计算确定各线段的方位角和各点坐标。

2）解析拨定法：根据定线条件和施工设计图，布设导线、测定条件或施工图中所列出的指定的地物点坐标，以推算中线各主要点坐标及各段方位角。如果定线条件或施工设计图中拟定的是管线各主要点的解析坐标或图解坐标，应算出中线各段方位角。然后用导线点将中线各主要点及直线上每隔 50～150m 一点测设与实地，对于直线段各中线点应进行验正，记录偏差数，宜采用作图方法近似地求得最或值直线，量取改正数现场改正点位。

3　地物点坐标测定

地物点坐标应在两个测站上用不同的起始方向按极坐标法或两组前方交会法测量，交会角应控制在 30°～150°之间。当两组观测值之差小于限差 5cm 时，取两组观测值平均值作为最终观测值。

4　管线定线计算要求

方位可根据需要计算至 1″或 0.1″，距离、坐标算至米。

5　管线指示桩

管线桩位遇障碍物不能实钉时，可在管线中线上钉指示桩。各桩应写明桩号，指示桩与应钉桩位的距离应在有关资料中注明。

6　校核测量

在测量过程中，应进行校核测量，包括控制点的校核、图形校核和坐标校核。

1）校核限差应符合表 3-14 规定。

2）用导线点测设的桩位，应采用图形校核，和在不同测站（可是该导线的内分点或外分点）上后视不同的起始方向进行坐标校核测量。

校核测量技术要求表 3-14

技术要求 适用范围	异站检测点位坐标差 （cm）	直线方向点横向偏差 （cm）	条件角检测误差 （"）	条件边检测 相对误差
规划线路	≤±5	≤±2.5	60	1/3000
山区一般工程及非规划线路	≤±10	≤±3.5	90	1/2000

3.10.2　地下管线竣工测量

1　基本要求

1）新建地下管线竣工测量应尽量在覆土前进行。当不能在覆土前施测时，应设置管线待测点并将设置的位置准确地引到地面上，做好点之记。

2）新建管线点坐标与高程的施测的技术要求，平面位置中误差（m_s）不得大于 ±5cm（相对于邻近控制点），高程测量中误差（m_h）不得大于 ±3cm（相对于邻近控制点）。

2　作业方法和步骤

管线竣工测量主要工作内容是管线调查和管线测量、资料整理。

管线竣工测量应采用解析法进行。竣工测量以符合要求的图根控制点进行，也可利用原定线的控制点进行。

在覆土前应现场查明各种地下管线的敷设状况及在地面上的投影位置和埋深，同时应查明管线种类、材质、规格、载体特征、电缆根数、孔数及附属设施等，绘制草图并在地面上设置管线点标志。对照实地逐项填写《地下管线探查记录表》。

管线点宜设置在管线的特征点或其地面投影位置上。管线特征点包括交叉点、分支点、转折点、变深点、变材点、变坡点、变径点、起讫点、上杆、下杆以及管线上的附属设施中心点等。在没有特征点的管线段上，宜按相应比例尺设置管线点，管线点在地形图上的间距≤15cm；当管线弯曲时，管线点的设置应以能反映管线弯曲特征为原则。

第4章 数据处理与图形编绘

4.1 工作内容与要求

4.1.1 概述

数据处理包括地下管线属性数据的输入和编辑、元数据和管线图形文件的自动生成等；数据处理后的成果应具有准确性、一致性和通用性；地下管线元数据生成应能从图形文件和数据库中部分自动获取以及编辑、查询、统计的功能。

地下管线图的编绘应在地下管线数据处理工作完成并经检查合格的基础上，采用机助成图或手工编绘成图。机助成图编绘工作应包括下列内容：比例尺的选定、数字化基础地理图和管线图的获取、注记编辑、成果输出等。手工编绘成图工作应包括下列内容：比例尺的选定、基础地理图复制、管线展绘、文字数字的注记、成果表编绘、图廓整饰和原图上墨等。

地下管线图分为综合地下管线图、专业地下管线图和管线纵、横断面图。

4.1.2 数据处理与图形编绘软件

目前，国内外应用于数据处理与图形编绘所采用的软件琳琅满目，比较有代表性的有山东正元地理信息工程有限责任公司开发的"正元管线数据处理系统 zypps"，清华山维新技术公司开发的"EPSW 电子平板测图系统"中的管线测量模块；南方测绘仪器公司推出的"CASS 数字测图系统"中的管线模块等。这些软件的功能特点各有千秋，都具备以下基本功能：

1 数据输入或导入：管线属性数据的输入和空间数据（测量数据）的导入；

2 数据入库检查与排错：对进入数据库中的数据应能进行常规错误检查；

3 数据处理：软件能根据已有的数据库自动生成管线图形、并根据需要自动进行管线注记，实现图库联动和库图联动；

4 图形编辑：对管线图形、注记可进行编辑，可对管线图形按任意区域进行裁减或拼接；

5 成果输出：软件具有绘制任意多边形窗口内的图形与输出各种成果表的功能；

6 数据转换：软件应具有开放式的数据交换格式，应能将数据转换到以不同平台开发的管线信息管理系统中；

7 扩展性能良好。

4.1.3 工作流程

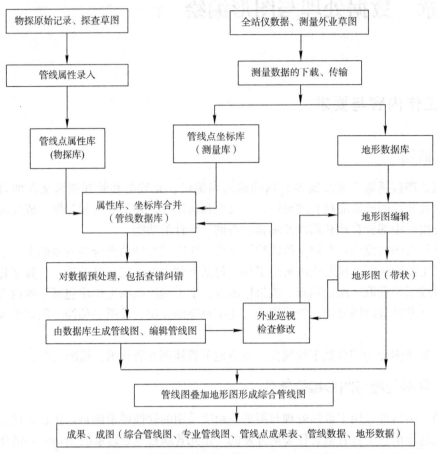

图 4-1　管线数据处理与图形编绘工作流程图

4.2　管线数据库的建立

建立管线数据库就是将外业获取的管线属性数据和空间数据，利用计算机采用人工录入或计算机导入等形式建立数据文件的过程。数据库的结构和文件格式应满足地下管线信息管理系统的要求，便于查询、检索和应用。

管线数据库是后续工作的基础，是内业工作的核心。各种管线图和成果表都是由数据库生成，因此建立数据库是非常重要的工作，同时又是一项非常繁重的工作，也是普查工作成败的关键，必须认真对待。

地下管线探测获取的数据包括属性数据和空间数据（图形数据）两部分。属性数据一般由物探工序获取，空间属性一般由测量工序获取。

建立管线数据库一般分两步进行：管线点测量工作完成前，先由数据处理人员将《地下管线探查记录表》中的信息录入到计算机，完成数据库中的属性数据部分录入，管线点测量工作完成后，将管线点坐标追加（合并）到数据库中，形成完整的管线数据库。

数据库一般采用流行的 access 的 ＊.mdb 格式或 ＊.dbf。下图（图 4-2）是山东正元地理信息工程有限责任公司开发的"正元管线数据处理系统 zypps"数据库录入界面。

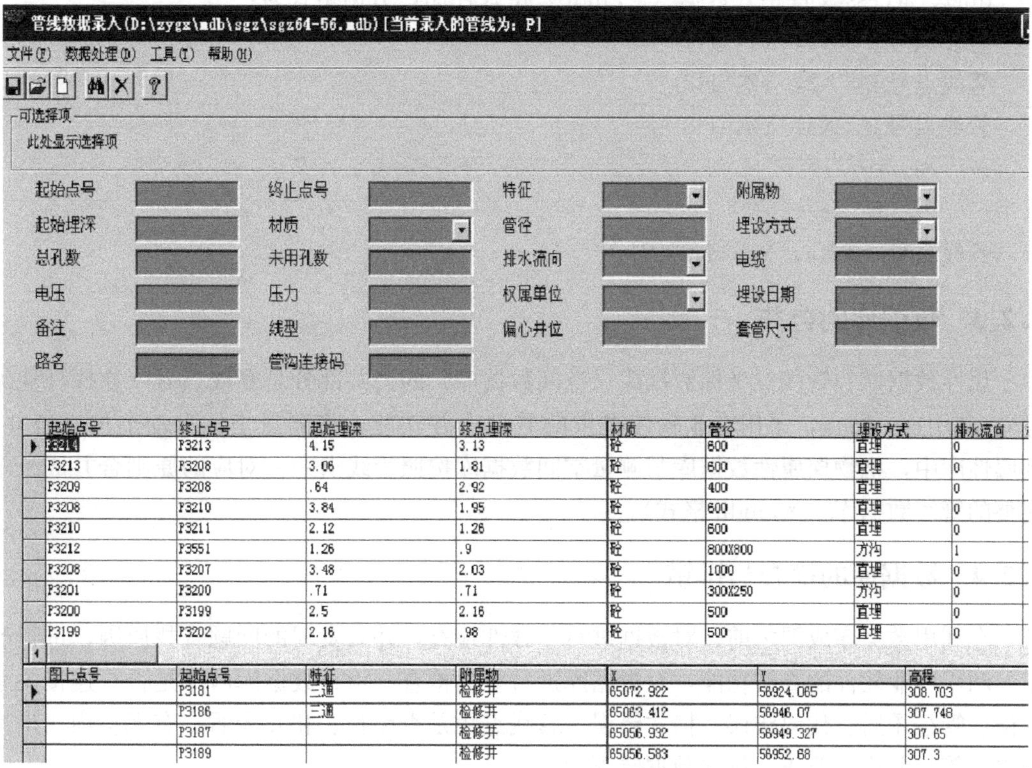

图 4-2　某管线数据处理系统的数据录入界面

4.2.1　属性数据库的建立

属性数据主要指管线的权属单位、管线点编号、管线类别（性质）、材质、规格（直径或断面尺寸）、埋深、载体特征、电缆条数、孔数（总数和已占用）、附属设施、管线的连向（连接关系）、排水流向、建设年代（埋设时间）等等，根据用途和要求不同，不同城市对属性数据的要求也不同。

建立属性数据库就是利用专业的建库软件，把物探外业调查的各种属性数据录入计算机，形成探查数据文件。

建立管线数据库文件要利用外业物探工作图（手图或草图）和《地下管线探查记录表（探测手簿）》，采用专门的数据建库软件，依据界面提示内容逐项填写。因建库工作工作量巨大，操作人员要仔细认真检查核对，防止数据录入错误，数据要及时存盘备份。

4.2.2　空间数据库的建立

空间数据指管线点的平面位置和高程，即管线点的三维坐标。空间数据库就是管线点坐标数据文件。

实际作业时，操作人员应把每天的测量数据，利用通讯软件将存储在全站仪上的管线点坐标通讯到计算机，编辑形成测点文件。测点文件一般采用以下三种不同格式类型的数据到测区数据库表"测量库"中，分别为 Txt 文件格式数据（＊.txt）、Dbf 文件格式数据（＊.dbf）、access 文件格式数据（＊.mdb）格式存储，数据格式为：

管线点号 1，X1，Y1，H1

管线点号 2，X2，Y2，H2

管线点号 3，X3，Y3，H3

…　…　…　…

…　…　…　…

管线点号 n，Xn，Yn，Hn

4.2.3　数据库的合并

属性数据库和管线点坐标数据库（空间数据库）的公共部分是管线点号（物探外业编号）。利用这一特点，采用专业软件提供的数据合并功能，将测量坐标自动追加（合并）到属性库中，把物探属性数据库与测量空间数据库按照管线点一一对应的原则合并成一个完整的管线数据库（＊.mdb 格式）。

4.2.4　数据库的检查与排错

在利用数据库成图之前，对数据进行一致性检查，并对发现的问题查找原因，进行改正。利用专业软件的查错功能，对数据库进行全面检查，检查数据库内部是否有连接关系错误、管径矛盾、代码错误、格式错误、管线点距是否超长、相互矛盾、有无空项、坐标缺失等等，并进行改正，排除数据错误。

查错程序可自动生成错误信息表，作业员根据信息表及时地对数据进行核查，修正错误，为生成管线图做准备。

4.3　管线图的编绘

地下管线数据处理与编绘成图是一项繁琐而复杂的工作，涉及物探、测量和计算机等方面的知识。地下管线数据库具有数据量大、属性内容多等特点。

在地下管线探测工作中，经过物探和测量外业工序对地下管线进行前端数据采集，转入内业工序对地下管线的空间数据和属性数据分别进行建库，然后通过计算机程序自动检查合格后，将空间数据库和属性数据库进行合并，生成地下管线数据总库，并对数据进行处理。

数据处理包括对地下管线数据的输入、编辑和修改，元数据和管线图形文件的自动生成等；地下管线元数据生成应能从图形文件和数据库中部分自动获取以及编辑、查询、统计的功能。数据处理后的成果应具有准确性、一致性和通用性。

在地下管线数据处理工作完成并经检查合格的基础上，利用专门的成图软件，由数据库直接形成管线图形，并进行地下管线图的编绘工作。

4.3.1　管线成图

1　地下管线图的编绘分为手工编绘成图和计算机编绘成图

地下管线的手工编绘成图与传统地下管线测量方法是分不开的，受当时的技术水平和仪器性能的限制，大多数工作需要手工处理，其缺点是劳动强度大，数据准确性差，生产效率低等。

地下管线的计算机编绘成图是伴随着地下管线数字测绘的形成而产生的。地下管线数字测绘区别于传统地下管线测量就在于它以计算机为核心，在硬件设备和软件平台的支撑下，对地下管线空间数据进行采集、传输、入库、编辑、处理、成果输出等内外业一体化作业，真正实现了数据库与电子图的计算机联动，形成地下管线测量的现代工艺技术流程。

在内业处理地下管线海量数据的过程中，为了确保数据和图形的准确性，提高工作效率，目前通常采用成熟的地下管线数据处理软件对数据库进行自动检查并编绘成图。

管线成图软件应具有生成管线数据文件、管线图形文件、管线成果表文件、管线统计表文件的功能，并具有绘制输出地下管线图、管线成果统计表等功能。

手工编绘成图仅适用于少量数据或局部管线成图，并逐步被计算机编绘成图所代替。

2　编绘工作的内容

1）计算机编绘工作应包括：比例尺的选定、数字化地形图的导入、注记编辑、成果输出等。

2）手工编绘工作应包括：比例尺的选定、复制地形底图、管线展绘、文字数字的注记、成果表编绘、图廓整饰和原图上墨等。

比例尺的选定应与作为背景图的城市地形图的比例尺一致，否则应进行地形图的缩放与编绘。

文字数字的注记与编辑，应视管线图上的管线密集程度而定，可适当进行取舍。

手工编绘时，管线点要逐点进行手工展绘；计算机编绘时，则由计算机自动生成。

成果输出时，手工编绘的基本上是手工编制成果表、图廓整饰和原图上墨等；计算机编绘则全部由计算机自动生成。

3　地下管线图分类

1）地下管线图分为综合地下管线图、专业地下管线图和地下管线断面图。

在综合地下管线图中，对于地下管线特别密集的路口或重要地段，应单独制作地下管线放大图，放大图中管线点号、路名、单位名称等均应按规程的要求重新注记。

在专业地下管线图中，除进行重新注记外，还应标注专业管线的相关属性。

2）综合地下管线图和专业地下管线图的比例尺、图幅规格及分幅应与城市基本地形图一致。

通常视具体情况而定，一般在主要城区采用 1∶500 比例尺；在城市建筑物和管线稀少的近郊采用 1∶500 或 1∶1000 比例尺；在城市外围地区采用 1∶1000 或 1∶2000 比例尺。

对于地形图比例尺不能满足地下管线成图需要时，则需对现有地形图进行缩放和编绘。如果地形图是全野外数字采集而获得的，在放大一倍时，地物点精度不丢失，但文字注记、高程注记、个别独立地物等需要重新编辑；比例尺缩小时亦是如此。如果地形图是采用现有的数字化图或原图数字化的，其放大后的精度可能较低，不能满足地下管线成图的要求，应慎用。

4　地形图的利用

当前，做为背景图的基础地形图的采用还很不规范，受各地客观条件的限制，测绘基础较好的城市，地形图的数字化程度较高，地形图的精度也很高，能满足地下管线成图的各种要求。基础稍差的城市，采用的地形图通常是将纸质图进行数字化，精度较低，使用时应先检查合格后方能使用。

1）编绘用的地形底图应符合下列要求：

（1）比例尺应与所绘地形底图的比例尺一致；

（2）坐标、高程系统应与管线测量所用系统一致；

（3）图上地物、地貌基本反映测区现状；

（4）质量应符合现行的行业标准《城市测量规范》CJJ8 的技术标准；

（5）数字化管线图的数据格式应与数字化地形图的数据格式一致。

2）数字化基础地形图的数据来源可采用现有的数字化图、原图数字化或数字化测图等方法。基础地形图在使用前应进行质量检查，当不符合《城市地下管线探测技术规程》CJJ61 规定要求时，应按现行行业标准《城市测量规范》CJJ8 进行实测或修测。

3）数字化基础地形图的要素分类与代码宜按现行国家标准《1∶500 1∶1000 1∶2000 地形图要素分类与代码》GB14804 的要求实施。

4）展绘管线使用的数据或数字化管线图的数据来源，宜采用地下管线探测采集的数据或竣工测量的数据。

5）在编辑地下管线图的过程中，应删去基础地形图中与实测地下管线重合或矛盾的管线建、构筑物。

5　地下管线图编绘软件

地下管线图编绘所采用的软件，可按实际情况和需要选择。目前，成图软件通常是由地下管线探测单位自行编写，是在通用的软件开发平台上进行二次开发的，如：Auto-CAD 等。

成图软件通常应具有以下功能：

1）便捷的物探数据录入功能：软件应具有对不同格式的数据输入或导入到计算机的功能，当前较常用的数据格式为：mdb 格式。

（1）物探库过渡录入方式：此录入方式录入界面和外业记录表格格式一致，方便直观，便于前期大批外业数据的录入、查错和修改。

（2）直接分离点线录入方式：此录入方式将物探数据直接分离为点记录和线记录，便于管线内业数据的后期处理和修改。

2）全面的数据查错功能：对进入数据库中的数据应能进行常规错误检查，可自定义的数据查错的种类和方式。并具有全新错误记录定位功能，只需双击错误提示行（错误输出窗口中），既可自动跳转定位到对应错误记录，以便于改正。

3）快速的管线数据处理功能：利用改进的管线成图算法缩短管线成图时间，适合对大批量数据进行处理。软件应能根据已有的数据库自动生成管线图形、注记和管线点、线属性数据库。目前，很多相应的管线成图软件真正实现了图库联动。

（1）图库联动：图形直接对数据库进行查询修改。

（2）库图联动：用户对数据库的修改可直接反馈给管线图形中，自动更新图形中的有关的符号、注记等相关属性。

（3）管线成图自定义：可自定义管线成图的"图层设置"、"字体设置"，"线型设置"，"注记设置"，"图廓设置"，"扯旗设置"等设置。

4）强大的图形编辑功能：

（1）图上点号注记：可以自动注记，也可手工注记。一般应遵循一定顺序或规定的原则。并应具有点号寻找功能，即通过图上点号或外业点号在图面上定位。

（2）可对管线图图形按任意区域进行裁减或拼接，也可按照标准分幅原则进行管线分幅。标准分幅时，可以分出单个图幅，也可以分出多个图幅，其中的图幅号调用是数据库的"图幅信息"表中的内容。

任意裁减或拼接管线图或标准分幅管线图均应具有自动切边功能。并自动进行整饰图幅。

（3）管线加点：在线上加管线点，本模块自动把所加的点追加到数据库点表中，并修改线表中相关线段的连向。适用于管线点间距超长的情况。

所绘制的管线点只有坐标和物探点号属性，其他属性可利用"属性复制"配合"属性查询与修改"模块来完成属性录入，所绘制的管线点高程可能是错误的，一定要在查图中确认修改。

（4）属性查询与修改

程序通过起始点号和终止点号读取数据库相应线表的属性，可以修改各项内容，同时修改数据库。在屏幕上选取管线点，就可以查询到点的属性，如果修改了特征和附属物，图形的管线点符号也会随之改变。

（5）属性复制：把同类实体之间的属性复制。

（6）管线的标注：

① 专业管线标注：分自动标注和手工标注。

② 管线扯旗：对综合图应自动进行扯旗标注。

③ 插入排水流向：根据数据库内数据，自动插入排水流向符。

（7）长度统计：统计管线的三维长度，并进行报表输出。

（8）图廓整饰：通过点取图幅内的点，自动插入图框，并注记四角坐标和图幅号。

（9）生成图幅信息：可以通过从屏幕点取测区范围，也可以手工输入测区范围。自动生成图幅信息，同时在图幅内画出结合表。

（10）旋转雨水篦：通常自动生成的排水管线中，雨水篦的方向东西向的，与道路走向不一致，因此要对其进行旋转。

5）成果输出：软件应具有绘制任意多边形窗口内的图形与输出各种成果表的功能；

6）数据转换：软件应具有开放式的数据交换格式，应能将数据转换到管线信息系统中。

当采用手工展绘地下管线图时，所用的底图材料宜用厚为 $0.07\sim0.10\mathrm{mm}$、变形率小于 $0.2‰$ 的经热处理的毛面聚酯薄膜。展绘误差不应超过表（表 4-1）中的规定。

展绘限差 表4-1

项　　目	图上限差（mm）
方格网图上长度与名义长度差	0.2
控制点间图上长度与边长差	0.3
控制点和管线点的展点误差	0.3

6　地下管线图颜色的规定

综合地下管线图、专业地下管线图应以彩色绘制，断面图以单色绘制。地下管线按管线点的投影中心及相应图例连线表示，附属设施按实际中心位置绘相应符号表示，颜色应与管线颜色一致。

7　关于地下管线图注记的要求

1）地下管线图各种文字、数字注记不得压盖管线及其附属设施的符号。各种文字、数字注记宜按下表（表4-2）执行。管线线上文字、数字注记应平行于管线走向，字头应朝向图的上方，跨图幅的文字、数字注记应分别注记在两幅图内。

地下管线图注记标准 表4-2

类　型	方　式	字　体	字大（mm）	说　明
管线点号	字符、数字化混合	正等线	2	
线注记	字符、数字化混合	正等线	2	
扯旗说明	汉字、数字化混合	细等线	3	
主要道路名	汉字	细等线	4	路面铺装材料注记2.5mm
街巷、单位名	汉字	细等线	3	
层数、结构	字符、数字化混合	正等线	2.5	分间线长10mm
门牌号	数字化	正等线	1.5	
进房、变径等说明	汉字	正等线	2	
高程点	数字化	正等线	2	
断面号	罗马数字化	正等线	3	由断面起、讫点号构成断面号：I—I'

2）图例符号应符合下列规定：

（1）地物、地貌符号应符合现行国家标准《1：500、1：1000、1：2000地形图图式》GB/T7929规定。

（2）管线及其附属设施的符号宜按现行《城市地下管线探测技术规程》CJJ61规定的图例执行。

8　其他规定

1）专业管线图、综合管线图、纵横断面图间相同要素应协调一致。

2）地下管线图图廓整饰样式宜按《城市地下管线探测技术规程》CJJ61的规定执行。

4.3.2　综合地下管线图编绘

1　综合地下管线图的编绘应遵循分层管理的方式，主要分地形层和管线层两大类。

但具体到每一项工程中，则要视当地的具体要求而确定对应的地形、管线图层。

1）在地形层中，又分为：控制点、居民地、道路、水系、植被、独立地物、文字注记等图层；

2）在管线层中，按专业可分为：给水、排水、燃气、电力、电信、热力、工业等图层。也可按权属单位进行分层，在各权属单位管线层又按各注记分层，各种专业管线的线放在 ∗ L 层，管线点、窨井等点符号放在 ∗ P 层，图上标注放在 ∗ T 层，扯旗放在 CQ 层，双线沟（箱涵）的边线放在 ∗ B 层（具体按《城市地下管线探测技术规程》CJJ61 的要求）。

2　综合地下管线图的编绘宜包括以下内容：

1）各专业管线：各专业管线在综合图上应按照规程规定的代号和色别及图例，用不同符号和着色符号表示。

2）管线上的建、构筑物：如给水管线中的泵房、储水池等；电力管线中的变压器、路灯等；电信管线中的电信箱、路边电话亭等。

3）地面建、构筑物：作为地下管线图的背景图，地形层中应对能够反映地形现状的地面建、构筑物进行表示，以作为管线相对位置的参照。

4）铁路、道路、河流、桥梁；

5）其他主要地形特征。

3　编绘前应取得下列资料：

测区基础地形图或数字化基础地形图；综合管线图路面要注记铺装材料，草地植被符号配置采用整列式表示，对草地中散树采用相应式表示。

数据处理完成并经检查合格的地下管线探测或竣工测量管线图形和注记文件。

4　综合地下管线图中各管线的颜色规定：

各专业管线在综合管线图上宜按《城市地下管线探测技术规程》CJJ61 规定的代号和色别及图例，用不同符号和着色符号表示。

5　当管线上下重叠或相距较近且不能按比例绘制时，应在图内以扯旗的方式说明。扯旗线应垂直管线走向，扯旗内容应放在图内空白处或图面负载较小处。扯旗说明的方式、字体及大小宜符合《城市地下管线探测技术规程》规定要求。

6　综合管线图上注记应符合下列要求：

1）图上应注记管线点的编号。管线图上的各种注记、说明不能重叠或压盖管线。地下管线点图上编号在本图幅内应进行排序，不允许有重复点号，不足 2 位的，数字前加 0 补足 2 位。

2）各种管道应注明管线的类别代号、管线的材质、规格、管径等。

3）电力电缆应注明管线的代号、电压。沟埋或管理时，应加注管线规格。

4）电信电缆应注明管线的代号、管块规格和孔数。直埋电缆注明管线代号和根数。目前电信管线又细分为移动、联通、铁通、网通、交警信号等子类。因此，在标注时，应将其分别标注。

5）注记字体大小为 2mm×2mm。

7　在综合地下管线图中，对于地下管线特别密集的路口或重要地段，因图上点号太密，点号移动之后，可能无法找到对应的点位，因此应单独制作地下管线局部放大图，放大图中管线点号、路名、单位名称等均应按规程的要求重新注记。

8. 剖面方位与注记，应严格遵照地形图图式字序规范绘制。

4.3.3 专业地下管线图编绘

1 专业地下管线图的编绘宜一种专业管线或相近专业管线组合一张图，也可按照权属单位来分。

2 专业地下管线图与地形图的叠加

1）采用计算机编绘成图时，专业地下管线图应根据专业管线图形数据文件与城市基础地形图形文件，采用软件进行叠加、编辑成图。

2）采用手工编绘时，应根据实测数据展绘。手工展绘宜采用以下程序：

（1）复制地形图；

（2）展绘管线及其附属设施，并注记管线点编号和管线线上注记；

（3）绘制管线断面图、放大示意图；

（4）图幅接边；

（5）绘制成果表、接图表、图例，编写说明书。

3 专业地下管线图上应绘出与管线有关的建、构筑物、地物、地形和附属设施。专业地下管线图编绘应增加有关属性注记内容，注记形式沿管线走向注记（注记压盖建筑物、管线及其附属设施符号的，可适当旋转角度），对地形变化点必须加注高程。

1）给水：窨井中的阀门，以阀门表示，窨井中阀门与水表在一起用水表表示，给水管径小于 100mm 的给水管线不测，但窨井必须按地物表示。

2）燃气管线：阀门井用阀门符号表示，管线经过的井盖用管线点符号表示，余下井盖用地物窨井符号表示。

3）电力管线：预留管沟（无线）测出中心位置，以虚线连接（供电颜色）扯旗注"空沟"，专业图上注"空沟"。供电杆边有供电线上杆时，供电杆用地物表示，杆位表示上杆位置，用管线点符号加箭头表示上杆。

4）通讯管线：管块不标孔数，权属单位不同、紧挨着的管块施测时用一条管线处理，成果表示附属物一栏中。预埋管块（无线）测出窨井，并以虚线表示（用通讯颜色）。通讯杆边有通讯上杆时，通讯杆用地物表示，杆表示上杆位置，用管线点符号加箭头表示上杆。

5）管线终止用规定图例预留口表示。排水起始、终止井用排水窨井加半圆表示，开口方向为流向。管线进入非普查区的去向用虚线（实部 2mm，虚部 1mm）表示，长度为 8mm。属于探测范围的画变径符号，不列入探测范围用终止符号。

6）管沟：按比例以虚线绘出边线，井盖不在中心的用地物表示，沟内注记"综合管沟"（用黑颜色），线条按黑色，管线点标在沟中心线上，但图面上不连接。

4 专业地下管线图上注记应符合下列要求：

1）图上应注记管线点的编号。

2）各种管道应注明管线的类别代号、管线规格、材质和管径等。

3）电力电缆应注明管线的代号、电压和电缆根数。沟埋或管埋时，应加注管线规格。

4）通讯电缆应注明管线的代号、管块规格和孔数。直埋电缆注明管线代号和根数。

5）管线图上的各种注记、说明不能重叠或压盖管线。

4.3.4　地下管线断面图编绘

地下管线断面图通常分为地下管线纵断面图和地下管线横断面图两种，一般只要求做出地下管线横断面图即可。

1　管线断面图应根据断面测量的成果资料编绘。

2　管线断面图比例尺的选定应按图上不作取舍和位移能清楚表示内容为原则，图上应标注纵横比例尺。

管线断面图的比例尺宜按表 4-3 的规定选用，纵断面的水平比例尺应与相应的管线图一致；横断面的水平比例尺宜与高程比例尺一致；同一工程各纵、横断面图的比例尺应一致。

断面图的比例尺　　　　　　　　　　　　　　　　　　　　　　　　　表 4-3

	纵断面图		横断面图	
水平比例尺	1：500	1：1000	1：50	1：100
垂直比例尺	1：50	1：100	1：50	1：100

3　管线断面图应表示的内容：断面号、地形变化、各种管线的位置及相对关系、管线高程、管线规格、管线点水平间距等。

纵断面图应绘出：地面线、管线、窨井与断面相交的管线及地上地下建（构）筑物。

标出各测点的里程桩号、地面高、管顶或管底高、管线点间距、转折点的交角等。

横断面图应表示的内容：地面线、地面高、管线与断面相交的地上地下建（构）筑物。

标出测点间水平距离、地面和管顶或管底高程、管线规格等。

4　管线断面图的编号应采用城市基本地形图图幅号加罗马文顺序号表示。横断面图的编号宜用 A—A′、I—I′、1—1′等表示；测绘纵断面图的工程，横断面编号应用里程桩号表示。

5. 管线断面图的各种管线应以 2.5mm 为直径的空心圆表示，直埋电力、电信电缆以1mm 的实心圆表示，小于 1m×1m 的管沟、方沟以 3mm×3mm 的正方形表示；大于 1m×1m的管沟、方沟以按实际比例表示。

4.4　地下管线成果表编制

地下管线成果表的编制，通常是由计算机自动生成并编制完成。根据具体要求又可分为地下管线成果表、地下管线点成果表；也可以形成一个总的成果表。地下管线成果表的编制应遵循以下原则：

1　地下管线成果表应依据绘图数据文件及地下管线的探测成果编制，其管线点号应与图上点号一致。

2　地下管线成果表的编制内容及格式应按规程的要求编制。

3　编制成果表时，对各种窨井坐标只标注井中心点坐标，但对井内各个方向的管线情况应按现行《城市地下管线探测技术规程》CJJ61 的有关要求填写清楚，并应在备注栏以邻近管线点号说明方向。

4　成果表应以城市基本地形图图幅为单位，分专业进行整理编制，并装订成册。每一图幅各专业管线成果的装订顺序应按下列顺序执行：给水、排水、燃气、电力、热力、通讯（电信、网通、移动、联通、铁通、军用、有线电视、电通、通信传输局）、综合管沟。成果表装订成册后应在封面标注图幅号并编写制表说明。

5　地下管线成果表文件分为：管线点成果表文件（.xls）、管线数据库文件（.mdb）和管线图形文件（＊.dwg）。

第5章　城市地下管线信息管理系统建设

5.1　系统建设意义与目标

5.1.1　系统建设意义

面对包罗万象的信息和有限的空间资源，如何产生最大的效益，是城市地下管线的管理、规划和企业竞争所面临的共同课题，利用 GIS 技术，使管理者彻底摆脱繁重的手工操作，利用信息系统辅助管理和决策/分析，提高工作的科学化、规范化水平。充分利用各种社会信息，保证资料的正确性，提高查询速度，促进信息共享。GIS 的应用已渗透社会活动的每一环节，建立高效，覆盖全社会的公用空间数据网络系统，提供全面、准确的空间数据服务，供生产管理使用，使 GIS 成为社会发展的新的增长点和支配力量、成为社会发展的迫切需要。

我国非常重视数字城市的建设，科技部、建设部、信息产业部等多部委在九五、十五期间的许多科技项目都是有关对数字城市的研究和开发，项目内容涵盖了数字城市建设的理论方法、政策法规、标准、基础设施、软件开发等各个方面。各地政府部门也在大力加强城市信息化和数字城市的建设。

从总体来看，各大城市在近些年基础设施建设发展非常迅速，特别是城市地下管线不断向城郊延伸，同时产生许多管网的新建和改造工程。在改造和新建的同时，由于资料不能共享，常常会发生错挖和爆管事故，造成巨大的经济损失。

同时，城市地下管线的管理，面临着数据现势性、管理动态性、应用广泛性、内容详细性的等方面的困难，这些困难的根源在于各种管线数据管理维护的分散性、独立性，即地下管线的规划、设计、施工以及管理分别由建设局、规划局和各专业管理单位各自完成，专业管网权属单位对数据的变更无法及时向上体现到城市建设、规划部门，从而无法保证数据的现势性。

还有，在现有的技术手段下，空间信息封闭，无法将空间信息面向社会，面向大众，实现信息服务。

从局部来看，权属单位现状有相似之处。各类管线资料以及相关的维修记录、施工记录等资料多数以纸介质的形式存放，采用人工管理方式，这样提高不了工作效率。

1）供水、燃气管网管理：特别是对紧急事故的处理，靠人工靠记忆，经常发生错关、漏关阀门的现象，给居民生活、工业生产带来不便；

2）排水管网管理：局限于人工管理和排污数据采集，缺乏有效的排水管道管理机制，没有在线实时排污监控；

3）路灯管理：路灯与市民的生活息息相关，还是采用了传统的管理方式对路灯进行管理，路灯事故投诉一直存在。

综上所述，目前各单位处于"各自为政"的状态，数据相对封闭，不能有效发挥综合优势，需要进行整合，以充分发掘数据的价值，最大限度地提高工作效率，保障生产安全。

所以，有必要在各大城市建设综合信息集成系统，实现信息的全面整合和共享，使得城市管理信息化工作跃升到一个新的水平。

5.1.2　系统建设目标

城市地下管线系统将充分利用 GIS 技术、通讯技术、数据库技术、互联网技术等的最新成果，紧密结合各行业管理业务流程，建立以供水、排水、路灯、燃气等地下管线数据为核心的信息系统，达成各类管线数据的共享和功能的统一，实现信息管理的自动化、科学化和规范化。实现以下具体目标：

1）在管网数据管理模式上实行集中与分散的辩证统一，贯彻"不同管线的数据分散管理，所有权与维护权集中在各专业权属单位"的原则，从而解决好数据管理和数据更新的问题；

2）兼顾地下管线综合管理部门和专业管线权属单位的需要，建立地下管线数据的长效更新机制，实现城市地下管线一体化管理，实现各类数据的共享；

3）实现城市地下管线空间以及相关属性资料的动态管理，查询、统计以及输出；

4）实现地下管线的专业分析功能；

5）实现城市景观的三维可视化和地下工程地质勘查数据的建库和三维工程地质状况的三维可视化；

6）实现基于 WEB 技术的空间信息的发布。

5.2　系统建设的工作原则与内容

5.2.1　建设原则

以现实需要为基本出发点，确保适应未来发展的需要是建设应用信息系统的基本原则。本系统的设计将遵循如下具体的原则：

1　实用性

充分考虑政府及社会的现实需要以及城市地下管线管理的现行管理体制、管理模式、业务流程及人员结构的现状。

系统设计面向最终用户，必须保证易操作、易理解、易控制。人机界面简单、统一、友好；指令简单、准确、无异议，符合东方人的思维方式；系统所出现的问题能够及时预报并迅速解决。

2　规范性

系统采用的信息分类编码、网络通信协议和数据接口标准必须严格执行国家有关标准和行业标准。

3　稳定性

系统应保证长期安全运行。系统中的硬、软件及信息资源要满足稳定性设计要求。充分考虑利用现有设备，合理化的使用现有各种网络资源，同时为不同现存网络提供互联和升级手段。

系统应具有较高的容错能力，要有较高的抗干扰性。对各类用户的误操作要有提示和自动消除能力。

系统应具有切实可行的安全保护和保密措施。对计算机犯罪和病毒具有强有力的防范能力。保证数据传输可靠，防止数据丢失和确保数据永久安全。

4　现势性

系统的软硬件应具有扩充升级的余地，保护以往的投资，能够适应网络及计算机技术的迅猛发展和需求的不断变化，使系统中的信息资源具有长期维护使用能力。现势性同时保证二次开发，并且可以保证系统管理员或技术员能及时改善系统的功能。

根据建设资金情况，应保证在实用可靠的前提下，注重应用成熟技术，尽可能在最佳性/价比下选择国内外先进的计算机软硬件技术、信息技术和网络通信技术，使系统具有较高的性能指标。

5　开放性

系统要涉及多种数据库，需要提供开放的接口。要具有多机种、多平台的兼容性，系统在处理能力、数据存储容量、网络技术和数据接口等方面具有良好的互操作性和可扩展性，以保证今后的扩展和已有设备的升级。随着技术的发展和信息的增多，系统能够平滑升级。

6　阶段性

系统的开发必须遵守总体规划、分段实施的原则。通过遵循这一原则，保证各个阶段的工作目标能满足用户的现实需要，达到边建设边见效的目的。

5.2.2　建设内容

1　数据建设

地下管线信息管理系统应用范围将包括给水、排水、燃气、路灯等数个行业和部门，涉及数据类型复杂多样，数据量巨大，建立统一的数据标准和技术规范是系统建设成功的基础；建立完善的数据更新管理机制，对建设审批及竣工数据及时更新维护，是系统可持续性发展的重要因素；建立数据库的权限管理及安全存储备份机制，是系统安全运行的保证。

系统数据建设应充分考虑整体性、延续性和开放性，根据国家标准及规范，结合建设单位地区标准，建立系统数据建设标准及规范；系统应根据数据建设标准及规范完成各类数据的建库及管理，建立地下管线信息管理系统的"数据资源中心"。

2　系统建设

系统建设应遵循以下步骤进行：

1）立项可行性论证

立项可行性论证应由使用单位按照机构状况和工作的实际需要确定项目的建设目标与内容，落实项目的资金、选择数据采集和系统软件开发单位并选择软件平台。

2）需求分析

需求分析应由使用者和实施方共同完成。需求分析确定的内容应包括：

（1）系统的功能需求；

（2）系统的性能需求；

（3）系统的设计约束；

（4）系统的属性，包括安全性、可用性、可维护性、可移植性和警告等内容；

（5）系统的外部的接口。

3）系统总体设计

系统的总体设计（概念设计）应建立在需求分析的基础上，并包括下列内容：

（1）系统的目标，系统总体结构；

（2）子系统的划分和模块功能设计；

（3）系统结构设计、系统空间数据库的概念设计；

（4）系统标准化设计；

（5）系统的软、硬件配置和网络设计；

（6）系统开发计划。

4）系统详细设计

系统的详细设计应建立在总体设计（概念设计）的基础上，它应包括下列内容：

（1）界面设计；

（2）子系统的划分和设计；

（3）模块的划分和设计；

（4）各类数据集的设计；

（5）数据库存储和管理结构设计。

5）编码实现

地下管线信息管理系统的编码实现应在详细设计的基础上进行，应包括以下内容：

（1）各个子系统和模块的编码实现；

（2）进行模块测试和质量控制；

（3）完善用户操作手册。

6）样区实验

系统建立全面展开之前应选择样区进行实验。样区实验的主要目的是：

（1）检验系统功能设计，数据结构设计的合理性；

（2）检查数据采集与输入的准确性；

（3）软、硬件的性能与系统的运行效率；

（4）输出结果的正确性。

7）系统集成与试运行

系统的集成和试运行应符合下列规定：

（1）数据的入库和检验。管线数据在进入系统时应由系统数据检查工具对入库后的数据进行检查，确保数据完整、正确；

（2）系统试运行。系统建成后应进行不少于三个月的试运行来对系统作全方位的考核与磨合。在试运行过程中应逐步建立与完善系统的管理制度、系统的维护与信息更新制度。

8）成果提交与验收

系统在试运行合格后，应进行集成和包装，提交正式验收。验收应以需求分析报告和总体设计为依据，对软件的各种要求进行测试，确定系统是否满足需求分析和总体设计的要求。实施方应提交软件和全部数据的备份光盘、用户手册、项目报告等资料。

9）系统维护

系统在合格验收后，即开始正式上线运行，运行过程中需要对系统进行系统维护。

（1）数据维护。根据实际情况，定期对数据进行更新，以维护数据的现势性；

（2）软硬件维护。和开发单位一起对系统使用过程中可能产生的各种软硬件问题进行处理，以保证系统的正常运行。

3　制度建设

为了保障地下管线信息管理系统的正常运作，建立一套规范的管理制度配合系统的运行是十分必要的。制度建设和数据建设、系统建设一样，都是地下管线信息管理系统建设的重要组成部分。重视地下管线系统的科学管理，就必然要重视系统建设过程中规章制度的同步建设，对地下管线系统科学管理水平要求越高，对规章制度建设的要求也越高。

制度建设主要包括三方面内容的建设：

1）人员管理制度：

制定人员管理制度的目的在于确定人员组织关系，明确人员分工职责。

2）硬件管理制度

制定硬件管理制度的目的在于规范管理硬件使用，避免由于硬件或者操作系统故障造成系统运行事故。

3）系统操作制度

系统操作制度制定的目的在于制定系统操作规范，避免由于人员误操作引起的系统故障。

5.3　系统的数据来源及编码要求

5.3.1　数据来源

地下管线是城市赖以生存和发展的物质基础，被称为城市的"生命线"。掌握和摸清城市地下管线的现状，能为城市规划、建设和管理提供不可或缺的基础信息资料，是抗震、防灾和避免管线事故的需要，是保证城市人民的正常生产、生活和城市发展的需要。

充分挖掘城市的积累管线数据的活力：以科学方法整理筛选数据，结合细微的检查，补充必要的探测，执行严格的管线数据录入的流程，制定开发一整套数据输入的工具软件。这是一条节约投资行之有效的基础数据获取途径。由此看来地下管线信息管理系统数据的采集主要来源于以下几种途径：地下管线数据普查；原有电子数据的直接导入；纸质竣工图数据的录入。

1　地下管线普查

地下管线管理的现状已不能满足城市建设和管理飞速发展的需要，查明地下管线现状，用信息化手段管理管线竣工资料，建立地下管线信息资料收集、更新、分发、服务统一管理的机制势在必行。

众所周知，地下管线数据是城市地下管线信息管理系统的基础和核心，其采集形式主要有：地下管线普查、地下管线详查、竣工测量等，而地下管线普查是管线数据采集中既比较经济，又比较系统、完整的方式。地下管线普查工作主要分为外业探查和内业数据处理，下面简要谈谈地下管线普查的工作程序。

1）外业工作

首先是通过收集并分析测区资料，然后根据要求和搜集的资料进行技术设计和仪器方法试验，再进行明显点调查、隐蔽点探查、控制测量，最后进行管线测量等，并把采集的数据提交内业处理，其具体的流程如下。

（1）资料的收集

已有地下管线的收集与整理时地下管线普查的重要环节和基础，对普查具有指导和防止漏测的重要性，资料整理收集后，进行统一管理，作为地下管线探测的参来和录入地下管线属性数据的依据。只有做好充分的准备工作，才能保证普查工作有条不紊的进行。

（2）仪器检验及方法试验

在探测前必须对所投入的仪器进行全面检查，并在测区内选择一定数量的区域进行探测方法的试验，试验点一般选择在明显点附近并均匀分布在整个测区。通过方法试验可确定最佳的探测方法和平面定位及埋深探测的修正系数。

（3）探测

由于地下管线的不可见性，在所有外业工作中，难度最大的是管线探查。管线探查的质量除受地下介质复杂性的影响外，还与探查者的经验与采用的探查仪器及方法等有关。地下管线探测的前提条件是管线与周围介质存在地球物理性质差异。通过分析由于地下管线敷设的管材介质多样，如铸铁、钢、少量混凝土材料等，金属管线与周围介质具有明显的物性差异，金属管线很容易对外来电磁波形成通道，并向外辐射电磁波能量，利用高精度的仪器对这种管线周围辐射的电磁波接收处理，可以确定被探测管线的位置和埋深。非金属管道与周围介质也存在物性差异，采用相应的物探方法探测，具有较好的地球物理条件。

（4）质量控制

监理单位：为保证地下管线普查顺利实施和相关技术标准的贯彻执行，保证普查成果质量，应对地下管线普查工程实施工程监理。

施工单位：建立施工质量控制体系，施工单位应按照国际质量认证体系要求，建立质量保证体系，实施质量管理，并按"三级检查"制度，对探测成果进行自检和自验收。对各项工作进行跟踪控制，如：项目设计、文件和资料管理、生产过程监控，每一过程按照计划、实施、检查、处理的步骤进行。

管线权属单位：结合各个权属单位自己掌握的已有资料，进行资料审阅，对于存在的问题的地段及时进行沟通，并现场给予配合。

2）内业工作

首先是根据管线数据的录入、测量数据的处理来进行管线空间和属性数据库的建立，然后利用建立的管线数据库生成管线图，并与地形图叠加和编辑来形成综合管线图和专业管线图，再输出其他形式的成果等，并为以后地下管线信息管理系统的建立提供数据保障。

2　电子图形数据导入

在整个地下管线建设过程中，长期以来没有一套科学、可行的数据管理制度，随着计算机技术的发展，城市地下管线数字化进程也在逐步推进，因此对与地下管线的资料管理也在逐步向数字化发展，新建的地下管线工程除了一套纸质竣工资料备档外，还会再以电子文档的形式进行保存。

GIS平台提供了较齐备的数据转换模块，能够转入和转出 e00（ArcInfo 数据交换格式）、DXF（AutoCAD 格式）、DGN（Microstation 格式）、MIF（MapInfo 格式）、EXF、SHAPE、TIGER、DLG 等多种通行格式，可以满足数据转换的要求，有些时候可能需要针对新旧系统坐标系的不同，利用 GIS 的功能进行投影转换，同时提供算法，将点线要素进行耦合，建立管网拓扑。

3　纸质竣工图数据录入

在城市数字化建设过程中，充分利用原始的纸质竣工资料，可以有效降低系统建设成本。

竣工图的录入可以采用三种模式，第一种是将图纸扫描矢量化或使用数字化仪输入，直接引入系统；第二种是将扫描后形成的图像经过校准后作为衬底，以"描红"的形式手工录入管网；第三种模式用于使用地物进行相对定位的竣工图纸，如果地形图上有对应的地物数据，则可以采用各种解析方法输入管网设备。

5.3.2　数据编码

1　地下管线统一编码规则

地下管线信息管理系统内的各类信息，应具有统一性、精确性和时效性，而且应进行分类编码和标识编码，编码应标准化、规范化。

地下管线的分类编码结构应由管线类别、标识编码组成，见图 5-1。

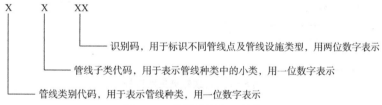

　　　X　　X　　XX

识别码，用于标识不同管线点及管线设施类型，用两位数字表示

管线子类代码，用于表示管线种类中的小类，用一位数字表示

管线类别代码，用于表示管线种类，用一位数字表示

图 5-1　管线分类编码结构

管线信息要素的标识码应由定位分区代码、要素分类和实体顺序代码两个码段构成，定位分区代码采用 3～4 位字符数字组成，要素实体代码根据管线各类要素的数量，采用若干字符和序数混合编码而成。编码在每一个定位分区中必须保持唯一标识。分类一般由数字、字符或者数字与字符混合构成，推荐采用数字形式，可提高检索速度。

2　地下管线统一编码机制

地下管线数据建库是信息系统的核心，建库包括数据库设计和数据录入，数据库设计要求对系统内的各类数据模型和结构、数据标准化、分类编码。在进行数据建库前首先要对地下管线制订一套统一的编码，数据编码就好比数据的名字，通过这一套名字能够让数据更加易于共享，因此建立统一的编码机制尤为重要。

1）地下管线统一编码建设机制

在建设地下管线信息管理系统的时期，采集到的数据通过建立系统提供的数据编码引擎，将无序的数据垃圾转换成有序的数据仓库，如图5-2。

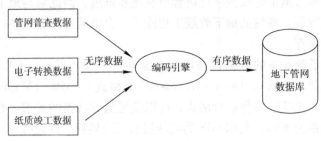

图 5-2　管线数据转换过程

2）地下管线统一编码更新机制

地下管网信息管理系统能够长期有效的运行，建立行之有效的数据更新机制是系统是否具有生命力的关键，城市地下管线信息管理系统采用分布式异源环境数据同步更新的机制，即综合管网数据库直接抽取各管线权属单位更新管网的成果数据，以达到数据的更新的及时，实现数据的真正共享。针对这种数据更新机制，系统还提供相对应的地下管线的编码机制，以保证管线数据的连续性。管线数据更新过程如图5-3。

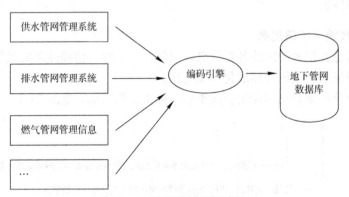

图 5-3　管线数据更新过程

对于管网空间数据已经建库完成后，对管网中所有管件实体属性字段进行统一编码，然后将管网的相应的属性内容整理成数据库，利用管网中已经编码的实体属性字段，采取关键字挂接数据库的方式挂接到相应的管件上。实现管网属性数据入库。

因此对地下管线实行统一编码，严格遵循地下管线建设管理程序，建立一套管理办法作为工作依据，做到数据规格化、标准化，是实现地下管线综合管理必要条件。

5.4　系统的总体框架与主要功能

5.4.1　总体框架

地下管线信息管理系统按照统一的数据标准和技术规范体系，以 GIS 技术和信息管理技术等为核心，以城市建设局局域网和城市城域网为基础，以 GIS 平台和基于 WebService 的分布式空间数据管理，信息融合技术为手段，结合系统安全和人工智能等当前先进技术，构筑"数字市政"，实现综合管网信息的整合、共享、更新、管理、分析和辅助决策等功能。系统体系结构如图 5-4。

　　系统应成为各政府部门有关市政管理具体业务应用的主要途径和载体。信息基础层为整个地下管线信息管理系统提供数据支撑，其中分布式异源环境数据同步更新体系为数据提供动态更新机制，保证了管网数据的现势性。专业应用层在信息基础层之上，通过 GIS 基础平台对数据进行信息化管理，为综合服务层提供功能支持。综合服务层处于整个系统的最顶端，它在信息基础层对数据管理基础上，基于 GIS 基础平台搭建专业模块，对数据进行更深层次的挖掘分析，为整个城市发展建设服务，并为领导决策提供有效的辅助依据。

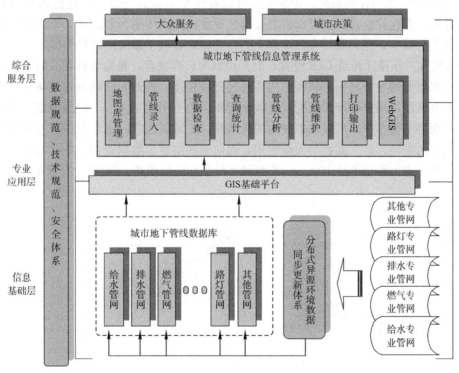

图 5-4　系统体系结构框架示意图

1　信息基础层

1）提供 1：500（1：10000、1：2000）大比例尺的覆盖城市全要素地理信息数据；

2）城市小比例尺（1：20000、1：50000）行政区划图数据；

3）各类专业市政设施及管网空间及属性数据；

4）其他部门还没有建成的地理信息系统，每项工程、设施的空间数据基本保存在纸质图纸和独立的电子文档；

5）分布式异源环境数据同步更新体系为数据的现势性提供技术保障。

2　专业应用层

利用 GIS 基础地理信息平台，对信息基础层提供的各管网数据进行分层管理、统筹分析，在数据处理的基础上，对地形图、管网的空间数据和属性数据提供诸如编辑修改等专业 GIS 功能。通过专业应用层的支持，为综合服务层提供丰富的数据、功能。

3　综合服务层

经过专业引用层对数据进行的初步处理，综合服务层针对城市地下管线管理单位的专业特性，通过对数据进行更深层次的挖掘分析，利用先进的计算机技术、人工智能技术、网络技术，构建更专业的交互式管网分析功能。综合服务层的搭建，将为城市地下管线的综合信息查询提供高质量的服务，为城市发展建设提供专家级的领导决策辅助依据。

5.4.2　C/S 与 B/S 结合

根据城市地下管线管理单位的实际需求，系统应采用 B/S（Brower/Server）和 C/S（Client/Server）相结合的系统。B/S 模式可以看作 C/S 模式的特例，是传统 C/S 模式的演化与发展。在这种模式下，可以由服务器生成页面分别传输到客户端，不仅可以使网络数据流量大为减少，也无需对客户端逐个进行升级，有利于系统调试和升级。

B/S 模式并不排斥传统 C/S 模式，而是可以与后者共存，普通客户端一般与组件服务器和数据库服务器处于同一局域网之内或通过专线相连，普通客户端由管理单位的专业技术维护人员使用，用来进行系统配置、数据建库、竣工图批量录入、权限分配、数据备份等工作；而浏览器客户端可以在单位内部局域网、广域网之中，也可以通过互联网从任何地点接入，由领导、员工或社会大众使用，面向地图浏览、数据查询、统计分析、数据编修等一般性需求。系统支持 B/S、C/S 两种网络数据访问模式，如图 5-5 所示。

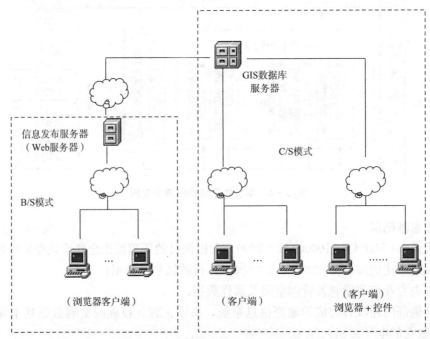

图 5-5　数据访问的 B/S 与 C/S 模式

通常情况下，被授权的用户通过网络访问后台 GIS 数据库中的数据，这种方式为 C/S 模式，这种模式是 GIS 系统中被普遍采用的模式，在客户端要安装客户端软件，用户可以直接查询浏览、修改更新 GIS 数据库中的数据。C/S 模式的另外一种方式是在客户端不安装客户端软件，而只安装浏览器，再加上一部分控件，采用这种方式的客户端以浏览器网页方式直接访问、操作 GIS 数据库中的数据。

根据地下管线管理单位的业务管理组织结构，重要的管网数据查询、分析、更新部门，如：对管线需要进行输入编辑、管网分析操作的职能部门，宜采用 C/S 结构，实现对管网数据的更新、分析。其他的一般数据浏览部门，对于已经公开发布信息的访问，通常采用 B/S 模式。系统中将增设 Web 服务器保存所有发布信息，用户只用安装浏览器，通过网页方式就可访问 Web 服务器中的数据。

5.4.3　分布式异源环境数据同步更新体系

分布式异源环境数据同步更新体系，可以实现数据的及时共享。通过该体系能够及时将专业管网数据的更新内容，通过专业管网数据服务器和综合管网数据服务器之间的网络连接，反映到综合数据服务器中，完成了给水、燃气、排水、路灯等市政专业设施数据的同步更新服务。

1　体系结构

分布式异源环境数据同步更新体系如图 5-6 所示。

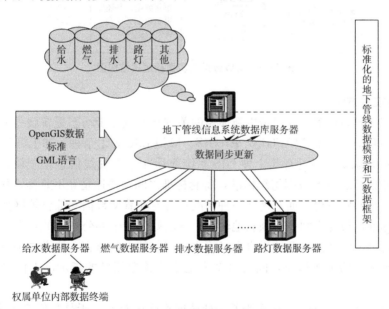

图 5-6　分布式异源环境数据同步更新体系结构

基于分布式异源环境的多级服务器物理结构，由两级服务器组成。一级服务器（地下管线信息系统数据库服务器）设置在地下管线管理部门，例如公用事业管理局或者建设局，二级服务器（专业单位数据库服务器）设置在各个专业公司，例如城市自来水公司、城市燃气公司、城市路灯照明管理处、城市排水管理处等专业单位，两级服务器通过城市的城域网或者光纤专线相连接。

二级服务器负责满足专业单位的日常操作和存储各个专业单位的数据，一级服务器负责通过数据更新体系，从各个二级服务器中筛选、过滤、综合政府管理部门需要的、关系城市发展需要的专业单位数据，从宏观上把握城市的发展现状，服务于城市的规划、设计、建设和管理工作。并将城市综合信息，通过地下管线信息管理 WEB 服务器，经过权限认证，发布给各个专业单位和社会公众，服务于各个专业单位的业务工作。

2 逻辑结构

从逻辑结构上看（图 5-7），数据更新子系统由两级数据库构成，数据更新体系将监控二级服务器中的数据变更情况，并将这些变更的操作，定时的或者即时的，根据筛选条件，更新到一级服务器中的综合数据库中，维护一级数据库和二级数据库中的一致性。

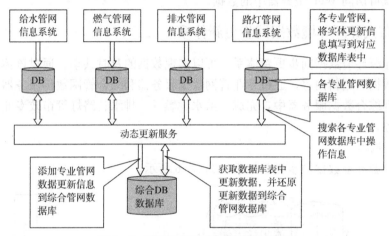

图 5-7 管线数据同步更新逻辑结构图

3 实现技术方法

整个分布式异源环境数据同步更新体系的关键技术点在于动态更新服务上。当今市场上主流品牌的 GIS 平台有 MAPGIS、ArcGIS、MAPInfo 等十余种，加上各种软件公司自行开发的准 GIS 系统，将近有几十种 GIS 系统充斥在地下管线信息化领域。每一个 GIS 系统都有一套自己的 GIS 数据组织标准，每套标准之间又往往是互不兼容，并且是对外保密的。那么，我们就不得不面对这样一种情况：各专业管网数据和综合管网数据分别采用不同的数据标准，彼此之间无法顺利地转换！这就好像一个办公室中的每个人都使用一种语言，同时每个人都坚持自己的语言而又不去学习其他人的语言。这样办公室中的领导无法正确了解到手下的工作情况，同时每个人也不能领会领导的指示，工作自然无法开展起来。

幸好我们的技术人员已经注意到了这种情况产生的弊端，于是我们有了全能的翻译：OpenGIS 标准和 GML 语言。它们提供一种机制，使各个 GIS 系统的能在一个统一的平台下进行数据交互。

OpenGIS 就是对不同种类地理数据和地理处理方法的透明访问。OpenGIS 的目的是，制定一个规范，使得应用系统开发者可以在单一的环境和单一的工作流中，使用分布于网上的任何地理数据和地理处理。它致力于消除地理信息应用之间以及地理应用与其他信息技术应用之间的藩篱，建立一个无"边界"的、分布的、基于构件的地理数据互操作环境，与传统的地理信息处理技术相比，基于该规范的 GIS 软件将具有很好的可扩展性、可升级性、可移植性、开放性、互操作性和易用性。

GML（Geography Markup Language，即地理标记语言）是一种用于地理信息，包括地理要素的空间与非空间特性信息的建模、传输和存储的 XML 规范。GML 是一种开放性的元语言，并且能够表示地理空间对象的空间数据和非空间属性数据，目前它已经得到了许多诸如 Oracle、Galdos、MapInfo、CubeWerx 等公司的大力支持。

动态更新服务就是通过 OpenGIS 和 GML 将各个 GIS 系统的数据统一到一个标准下进行转换，并在各专业系统的管网数据库和综合管网数据库之间进行互相转换。

5.4.4　系统主要功能

系统功能应包括地形图库管理、管线数据录入与编辑、管线数据检查、管线信息查询与统计、管线信息分析、管线信息维护与更新、管线信息输出等主要功能。

1　地形图库管理功能

1）地形图建库

系统地形图库管理应具有海量管理能力，数据容量可达数 TB 级。在标准关系数据库环境中实现了空间数据库引擎，允许多用户同时并发访问。并提供各种格式数据的导入导出工具，自动大批量导入导出 AutoCAD 及其他 GIS 平台格式的数据。

系统需要能实现城市地形地貌数据的无缝地形图库管理，包括建筑物、绿地、等高线、水系、道路、标注等数据的综合管理；可以管理基础地形图和各种专题地图。各种图形要素可分类、分层管理，并可以实现地形图的分层变焦无缝显示。

系统应提供对输入的地图数据进行正确性检查，根据用户的要求，实现图幅配准、图幅校正和图幅接边，方便地制作成无缝地图库。

2）地形图维护

（1）地形图编辑

① 图形输入：提供丰富的图形数据点、线、面（地形，地貌，道路线，建筑物，绿地，设施等）几何图形采集成图工具，同时提供准确、多样、灵活、方便的编辑、管理工具。

② 图形编辑：更新图形内容、实现图形综合、改善绘图精度、丰富图形表现力，同时负责各种图形文件（点、线、区、网等）或整个工程项目的储存、更新和备份。

③ 图库管理：图库管理为多图幅管理，多图层管理的方式对基础地形图进行管理。在结构上由各层类以及影像库层组成。在图库中，以图幅为单位构成平面，一个图幅中又由若干层（文件）重叠而成，可方便地对同类图层进行管理操作。用户可自行管理图层组，包括新建、删除、更名、添加和图层，也可对图层的显示比例，显示开关进行控制。

（2）地形图更新

该模块的主要功能是对地形图数据进行输入、分类和入库，对已入库的数据系统提供方便、快捷、可靠、完备的数据维护手段。系统提供以下功能：

① 外业测量数据导入工具：系统提供数据导入工具，将全站仪测量数据及 GPS 系统测量的数据自动导入系统，装入数据库，生成数字地图。

② 数据转换：系统提供多种数据格式的转换功能，并提供依据对照表成批自动按客户制图要求，转换原有数据的功能。

③ 矢量化：对于纸质的地形图资料，系统也提供了交互式矢量化的功能和丰富的点

线面绘图功能，满足地形图的矢量化需要。并提供了图例板功能，辅助操作人员方便地进行图形的绘制。

2　管线数据录入与编辑功能

1）地下管线数据建网方式

（1）外业探测资料建网

系统应可根据用户提供的外业探测得到的点表和线表建网入库，并能够将点表和线表中记录的管件设备的属性根据用户的需要自动导入到管网中，以达到管网图形和属性的统一管理。

（2）其他格式数据建网建库

系统提供数据转换工具，针对用户提供的不同格式的数据，系统均能实现 AutoCAD 及其他 GIS 平台格式的数据的转换，再通过提供的建网工具将转换得到的点、线文件进行点线耦合建网。

（3）管网竣工图数据录入更新

应提供扫描矢量化模块，可直接将竣工图纸进行矢量化处理，并通过直接输入或合并的方式进入系统服务器，对合并后的管网提供自动接边功能，系统还提供多种解析录入管件的工具，实现供水管网及其设备的数据更新。自动构造网络拓扑关系，并能建立与管网元素相关的属性数据库。

2）管网相关资料建库

（1）管点详图、多媒体图片建库

除了管网数据，如节点详图，系统也应可以通过文件转换的方式将用户提供的各种格式的数据转换建库。系统还可以将收集到的节点详图、管道竣工图以及管件设备的多媒体等网附带的数据进行归档管理，以保证数据管理的规范性和合理性。

（2）管网设备相关卡片建库

系统提供打印模板设置模块，用户可根据自己的需求制定管网设备打印模板，如阀门卡片、水表卡片、阀门启闭通知单、用户通知单以及常用的报表模板，并能够对指定好的模板进行统一归档管理。

3　管线数据检查功能

1）管道连通检查

管道连通性检查，可以帮助用户检查管网中任意管件与管网的连通关系。并可以配合管网设备沿线追踪功能，查询任意两个管点间设施详细资料情况。

2）拓扑完整性检查

利用拓扑关系检查管网的完整性，可以方便地帮助用户查询到不易发现的管网结构错误。例如帮助客户发现孤立的未连接到管网的管件设备；帮助客户发现重复录入的管线等等。

4　管线信息查询与统计功能

1）查询功能

系统可实现图数联动的查询，提供由图形检索属性和由属性检索图形的双向查询功能。能够方便地对阀门及其他管网设备的定位图、操作图等所有信息进行搜索查询，提供从空间位置和文字（地名、阀门编号等）为信息的交互式查询。

能够按照自定义区域范围浏览查询设备属性，区域范围定义有鼠标指定范围、键盘坐标范围、图幅范围、定位线范围等多种方式来确定查询范围。

能按任意条件进行管网各设备的属性查询，并可设定复合条件检索，查询条件由人机交互方式设定。

所有查询出来的数据都可通过 ODBC 接口输出其他通用数据格式。

2）统计功能

（1）区域统计：系统应具备空间统计功能，可对指定范围内的管网设备进行统计，如对整个管网的材质、管径等进行分类统计，统计结果能够输出，统计图形能以直方图，饼图等方式保存输出；

（2）条件统计：可按任意条件进行查询，查询后的数据都能进行统计，统计数据能以直方图、饼图等方式保存输出；

（3）专项统计：对用户业务上需要的，并且数据库中已有的数据，可按用户指定的条件进行统计分析，并可将结果以直观的表格或统计图打印出来；

（4）管网资料统计：对整个供水管网的管件设备进行统计，如管网总长、各管网设备的数量等。

3）定位功能

（1）鹰眼定位

鹰眼定位能够实现系统的全局定位。地形图和管网数据在鹰眼窗口中以缩略图的形式显示，用户在窗口中点击要定位大致位置，GIS 主视图中会进行相应的跳转。

（2）地名定位

系统可以将用户输入的地名信息加入到地名库中，或自动将地形数据中的地名信息加载到地名库中；然后根据用户输入的需要查找的位置地名，系统会以模糊查找的方式搜索到与该地名相关的地名信息供用户选择，鼠标点击系统自动定位到该地名位置。

（3）道路中心线定位

系统针对道路中心线可挂接道路断面图，通过道路断面图，可直观地掌握地下各管道的间隔距离以及其埋深情况；还可根据道路中心线绘制缓冲区域，根据所得到的缓冲区域打印道路带状图。

① 道路交叉口定位：系统提供道路交叉口信息的查询和检索。通过已有的道路中心线系统能自动生成道路交叉口，点击某道路交叉口，GIS 主视图可以定位到相应的位置。

② 定位线定位：系统提供常用区域的定位功能，鼠标点击定位线，GIS 主视图定位到相应的位置。同时系统提供多级定位和分类管理功能。

4）三维观察

（1）横断面观察

系统根据管网记录的地理信息以及地形图数据，自动生成管网的横断面图。用户可根据自己的需要选择观察任意位置和任意方向的管网断面图。

（2）纵剖面观察

系统根据管网记录的地理信息以及地形图数据，自动生成管网的纵剖面图。从而用户可根据自己的需要从管线正面方向观察整条管线或几条管线走向。

（3）立体图观察

系统根据管网记录的三维地理信息以及管网相互的连接关系自动生成管网的立体三维

管网图。用户可以在任意范围内选择管网来生成管网的三维立体图，同时在管网三维立体图中可以从不同的角度浏览查询管网的连接关系和管网的图形参数和属性信息。

（4）管线立面观察

系统提供有对管件从不同倾角观察、编辑的功能。某些管件从垂直投影平面图上看是重叠的，但实际上它们并不处于同一水平面上，此功能方便用户直观的观察、编辑竖管。

5）量算标注

系统提供对地物或管网不同方式的量算功能，并可把量算结果写入到标注中，量算方式分为自由量算、定位量算、坐标标注三种方式。

（1）自由量算

提供圆域、矩形、多边形、折线、角度等多种方式的自由量算。

（2）定位量算

提供从一个对象到另一个对象之间的准确量算，如量算从底图中的点到管网中的管点的距离等。

（3）坐标标注

实现对设备横、纵坐标的标注功能。

（4）动态标注

系统根据用户指定的管件属性内容，自动添加动态标注，并提供对标注内容进行编辑修改。当这些标注内容添加完成后，系统能自动根据管件属性内容的变化，对标注内容自动进行维护处理。同时可对管件进行批量添加动态标注。

6）任意点高程查看

系统提供鼠标任意指定查看高程的功能。

5　管线信息分析功能

1）消防栓搜索功能

能够帮助用户在火灾事故点附近迅速查询选取范围内的消防栓设施。

2）爆管分析功能

能够依据管网的拓扑关系，自动在爆管点搜索需要关闭的阀门，显示阀门信息，打印阀门卡片和爆管点处的现场示意图。

3）影响范围检测

影响范围检测功能，能帮助用户在开挖路面施工前，了解可能影响的其他地下管线。例如需要更换某一根给水管线，在开挖施工前，通过影响范围检测功能，分析出哪些管线将在施工范围内，从而避免在维修给水管线时，挖断燃气、电力、通讯等其他管线。

4）区域碰撞检测

区域碰撞检测功能，为用户提供了任意区域范围内地下管线碰撞监测的功能。

用户可以根据国家标准、地方标准等相关规范，自定义规则库。系统将根据此规则库判断任意区域范围内的水平方向和垂直方向的管线碰撞情况。

5）区域埋深检测

区域埋深检测功能，为用户提供了任意区域范围内地下管线埋设深度是否符合相关规范的监测功能。

用户可以根据国家标准、地方标准等相关规范，自定义地下管线埋深规则库；系统将根据用户自定义的规则库，判断出任意区域范围内的管线埋设不符合规则的管线。

　　6）老化检测及其预警

　　管线老化检测功能，可以根据管线的使用年限和维修次数，来检查出老化的地下管线，并将老化的管线列出到数据列表窗口中。

　　同时系统还提供了，警戒哨的预警功能。在系统启动时，将根据警戒条件，例如超年限使用的管道或者维修次数过多的管道等条件，进行预警，并将其超警戒的管道罗列输出出来。

6　管线信息维护更新功能

　　1）图形数据编辑

　　对于系统中的管网设备，系统提供对管网图形数据的编辑功能。

　　（1）系统提供开放的图形参数库，参数库中提供国家标准的管点子图可供用户选择，用户也可以根据自己的需要添加个性化、公司内部通用的子图，用户可以根据需要设置编辑、修改各类管点设备的子图样式、颜色、大小等参数，还可以根据一定条件进行批量修改操作。

　　（2）根据用户的需求，系统提供多种针对管网空间数据编辑工具，主要有：输入、删除、移动、复制、剪断、联接、线上加点等操作，操作灵活，定位迅速。

　　（3）系统提供全面、多样化的解析录入工具，用户可直接在系统中根据施工单位提供的工程图纸上的栓点信息精确录入管点，系统还可自动维护整个管网的拓扑关系。如两点栓点录入法。

　　2）属性数据编辑

　　管网设备的属性是系统所管理的重要资料，因此系统根据用户的需求从不同角度提供灵活便捷的管网属性编辑功能。

　　（1）系统提供了灵活多样的管网设备属性修改编辑功能，包括列表编辑，按条件检索编辑，根据实体参数统赋属性等；用户可针对某类特定的管件属性进行编辑，也可对任意管件的属性进行编辑，用户还可以单个编辑某一个管点或管段的属性，也可以根据自定义条件批量修改属性。

　　（2）系统提供管网设备的属性结构编辑功能，增添或删除属性项，并根据各类属性字段的特点设置不同的字段形态，如编辑框、组合框、复选框以及按钮形态。

　　（3）系统还提供多中数据库接口，可直接连接属性数据库，根据关键字进行外部数据库的连接，MAPGIS 及本系统能够联接的数据库文件有 DBASE、FoxBASE、FoxPro 以及其他通用的数据管理软件的数据。

7　管线信息输出功能

　　1）打印出图

　　系统提供方便的管网图形数据打印输出功能。用户可以根据自己的需要，选择任意范围或任意形状的管网图形进行打印输出。用户还可以选择不同的比例尺，同时可对相应的图幅信息进行编辑修改后，对图形进行打印输出。并且系统在输出管网图形数据的同时，可连同地形数据一并输出。

　　2）打印报表

　　系统可将查询出来的设备属性信息以及图形信息通过模板打印出来，还可将查询出来的结果以报表的形式进行输出。

3）打印阀门卡片

系统提供打印阀门卡片的功能，卡片上同时显示阀门精确的图形位置和阀门本身的属性数据，从而可对所有的阀门编号存档，便于阀门的管理。

5.5　系统的应用与维护

5.5.1　信息系统应用

1　在地下管线规划阶段的应用

城市地下管线的规划设计是城市基础设施建设的重要内容，是影响城市建设和发展重要环节。由于地下管线具有种类繁多、权属单位不同、隐蔽性强和更新快等特点，长期以来城市地下管线的规划和设计都是摸石头过河，没有准确的基础资料作为支撑，地下管线的规划难以达到很好的效果。建立地下管线信息系统以后，就可以在管线基础数据和辅助工具方面为管线规划提供帮助，使得地下管线的规划设计有章可循、有据可依。

1）信息系统为管线规划提供准确的数据基础

地下管线是一个多要素的综合体，各种地下管线具有空间分布的特征，管线之间相互作用、相互制约，是地下管线规划设计需要考虑的重要因素。为此，管线规划必须综合考虑各管线间的关系，引入系统分析的理论和科学的方法，在各管线的空间数据和属性数据支持下，充分了解和分析各种管线的现状、优势、组合特征、利用条件和建设特点，就可以充分利用现状管线资料，清除了解管线的高程、走向等详细情况，同时可以参考老版本的规划图，来进行管线规划，因此信息系统的建立为管线规划提供准确的数据支撑。

2）管线辅助规划

管线规划通常是由专业的设计部门，根据城市的总体规划，在结合地下管线的现状基础，对城市未来管线的发展提出前瞻性的预测。由于管线规划需要考虑的因素很多，涉及的相关的数据也比较复杂，如何为管线规划提供辅助决策也是地下管线信息系统需要充分考虑的方面，建立信息系统以后，就可以利用系统提供的功能为管线的规划提供辅助决策。

碰撞检测：由于地下管线的分布具有隐蔽性空间分布的特点，不同的管线在规划和设计过程中，往往需要考虑不同管线之间的设计规范，如不同的类型管线的垂直距离、水平净距以及管线埋深等，通过区域碰撞检测功能，可以为用户提供了任意区域范围内地下管线碰撞监测的功能，能够自动根据用户定义或者国家标准、地方标准等相关规范，对管线的规划提供辅助检查工具。

2　在管线建设阶段的应用

1）减少管线工程施工事故

建立地下管线信息系统实际上是城市地下管线统一规划和建设管理的有效途径。由于许多城市地下管线管理工作中一直缺乏对管线相关部门的统一协调和管理平台，没有制定出切实可行的法规、办法，来保障地下管线档案的及时移交，造成了地下管线资料的散失，严重的残缺不全，没有统一坐标、高程、埋深、管径、材质、走向等内容的城市地下管线综合图，导致了地下管线分布不清，因而在工程施工过程中，损坏管道和挖断电缆现象时有发生，造成停水、停电，其经济损失是严重的。

地下管线信息系统建立以后，能够通过这个平台建立以一套完整的体制和政策来协调各管线部门的关系，将地下管线档案资料的移交工作纳入竣工备案环节，同时通过制约手段来促进人们使用新的管理方式去查询相关信息，这样城市建设中各管线产生的新数据，能够及时规范，准确地更新到已有的管线库中，保证地下管线数据的能够详细反映现状，因此，能够建立准确完整地下管线档案，实现地下管线科学化综合管理，为地下管线的施工，提供可靠的依据，大大减少施工过程中损坏地下管线的情况。

2）为管线建设工程提供拆迁估算

地下管线建设工程经常需要进行拆迁估算，需要根据地下管线工程的施工情况，对道路的开挖情况进行估算，通过信息系统中地下管线的现状情况和相关现状地形，了解实际工程建设过程中拆迁成本。

由于投资决策阶段的市政工程造价控制具有先决性和指导作用，投资估算一经批准，即成为建设项目的最高投资限额，也是造价控制的总目标。因此，投资估算的准确与否不仅影响到建设项目的投资决策，而且也直接关系到设计概算、施工图预算的正确编制及至项目实施期造价的有效管理与控制。根据市政工程工期紧、现场分散，又往往涉及城市居民的动迁及管线迁移等特点，在编制投资估算时，要充分考虑建设工期的要求及地质条件的影响，要掌握地下管网的分布等第一手资料，对征地拆迁、管线迁移的数量、类型要摸查全面、准确，力求投资估算确定在一个较为合理的水平上。

拆迁分析就是针对以上实际管理需要，能够结合各类空间数据，实现市政工程投资投资估算。该功能能够依据地形图库（或现状地形图文件）、道路规划红线、现状管线，根据拆迁前期估算工作需要，提供估算拆迁建筑物面积、管线长度和计算拆迁费用的辅助功能。此功能中，能够根据地形图中的建筑物信息，获取建筑物楼层数、计算建筑物面积、计算建筑物与道路中心线的距离；能够根据用户设置的规则条件，大致推测建筑物的类别，如根据面积和房屋层数等信息推测某建筑物为厂房或者居民房屋等；能够对规划红线提供修改、编辑的功能；能够根据红线与建筑物的空间位置关系，求解得到红线范围内的建筑物，与红线范围部分相交的建筑物；提供用户判定特殊建筑的拆迁与否的判定，并提供对"拆半留半"等特殊建筑的处理功能。最后通过拆迁面积、估算拆迁单价等信息，得出拆迁前期估算的结果，并统计出总的拆迁面积、红线范围面积、拆迁估算价格等信息。

3）为管线工程施工提供地下管线空间分布情况

地下管线错综复杂，具有复杂的空间分布关系，紧紧通过平面图形难以描述其实际空间关系，只有通过一定的三维数据模型，才能够满足实际的应用需求，三维浏览功能，就能实现地上地物要素和地下管网的模拟三维显示，使得使用者能够更加形象地了解某一区域的地上地下地物的空间分布状况。

该三维景观功能能够根据地形图库上任意范围内的绿地、河流、地表、建筑物边界、建筑物层数、路灯设施等信息，自动生成虚拟的地上三维建筑物景观。并能根据建筑物、地表、天空、河流的纹理贴图，展现该范围内的三维模拟景观。同时根据各类地下管线的埋设深度、管线长度、管线规格等信息自动生成地下管线的地下三维模型。

除此以外，还能够在自动生成的景观模型中，控制各类景观的显示。能够在三维景观模型中添加灯光效果。能够在虚拟的三维景观模型中，任意漫游，从不同角度观察地下管网、地上建筑等地物元素的分布情况和相对位置关系。还能根据观察的路线，将在虚拟三维景观中的漫游情况录制成录像。

同时可以根据管网记录的地理信息以及地形图数据，自动生成管网的横断面图。用户可根据自己的需要选择观察任意位置和任意方向的管网断面图。也可以根据管网记录的地理信息以及地形图数据，自动生成管网的纵剖面图。从而用户可根据自己的需要从管线正面方向观察整条管线或几条管线走向。

5.5.2　信息系统的维护

1　地下管线数据备份

地下管线信息系统建立以后，系统中的数据量越来越大，其重要性也越来越高，必须定期进行数据备份，保证地下管线数据的安全性。一般来说，地下管线的数据备份，就是将全部的地下管线数据以某种方式加以保留，以便在系统遭受破坏或其他特定情况下，重新加以利用的一个过程。

数据备份的方法有很多种，用户可以通过专业供应商提供的数据备份方案，采用硬件设备进行数据备份和数据恢复，这里主要讲基于数据文件的备份。

根据信息系统的运行环境不同，可以分为单机版和网络版，单机版可以直接相关的文件拷贝到不同的文件夹，进行备份。网络版一般通过数据库管理软件提供的备份工具，采用定期备份方式，可以是一周或者是一个月为基础，进行数据备份，同时需要把数据备份的结果文件分开保存。

2　长效管理制度的建立

地下管线的综合管理是一项非常复杂的工作，离不开信息系统的科学管理手段，更离不开相应法规制度的保障。由于地下管线涉及面广，分属各权属部门的地下管线，具有不同的分布规律、组合特征、功能作用和应用环境，形成各自的管理方式和专业标准，这种松散的管理模式必须通过统一的国家标准和颁布相应的法律法规加以规范，建立地下管线长效管理制度，并且要明确地下管线档案管理必须和城市规划、建设管理衔接，使地下管线长效管理制度纳入城市管理工作之中。因此对地下管线实行统一管理制度，严格地下管线建设管理程序，建立一套管理办法作为工作依据，做到数据规格化、标准化，是实现地下管线综合管理必要条件。监督各个权属单位及时更新自己的数据，定期抽查数据的质量，保障合肥市地下管杆线综合地理信息系统正常、高效运行。

1) 组建由市政府领导牵头，相关部门共同参与的城市地下管线普查领导小组和办公室，尽快就城市的各类地下管线情况开展普查，摸清家底，对历史上遗留下来的问题逐一提出对策，建立地下管线电子信息系统，实行动态性管理。

2) 要明确管理机构，实行地下管线档案的集中管理，并出台相关文件，以保证将地下管线档案的移交工作纳入地下管线工程规划许可、施工许可或竣工备案等工程建设管理程序，为管理机构接受地下管线档案提供重要保障。对于政府地下管线部门应颁发地下管线工程档案管理办法及相关的法规制度，建立有效的监督约束机制，形成完善的法规体系和管理机制。

3) 要严格控制建设施工单位有档不查、缺乏利用档案的意识和行为。只有建立起各部门、各行业加强协调、分工合作、资源共享的地下管线档案信息管理体制和运行机制，保证各类新建地下管线的档案信息及时移交地下管线管理部门，城市地下管线信息动态管理工作才能真正开展起来。于各管线权属部门在明确自己权利的同时，也要清楚自己的义务和责任，有义务按国家的统一标准和地方有关规范的具体要求，及时向地下管线管理部门报送地下管线竣工档案。

4）对于地下管线管理部门应建立跟踪管理制度，参加竣工验收，严把地下管线档案验收关。对于新建、改建、扩建的地下管线工程，实行跟踪监督检查和指导，对于竣工档案的各项质量指标都要严格把关，搞好覆土前的竣工测量和验收，严格规范地下管线档案的形成质量，确保最终形成符合标准的准确，完整清晰的高质量的管线工程竣工档案。

5）在保持地下管线信息资料的统一、完整和一定权威的基础上，将城市的地下管线信息系统，作为一个中心服务平台，为社会用户、企业、管理机构、政府部门提供咨询服务。

5.6　部分实用地下管线信息系统简介

到目前为止，有多种版本的地下管线信息管理系统在我国部分城市投入应用，这些系统各具特色，已经成为地下管线信息档案资料现代化管理的有力工具。在这里列举部分地下管线系统，这些系统基本代表和反映了目前系统的实际状况。

5.6.1　MapGIS综合管网信息系统

1　系统概述及特点

MAPGIS综合管网信息系统由武汉中地数码公司开发，是对城市地下管线进行计算机管理和辅助决策的大型软件系统。该系统具有如下特点：

- 全面的管网数据更新方式
  - ➢ 同一平台的专业系统提供动态同步数据更新机制。
  - ➢ 跨平台的专业系统提供异步数据更新接口。
  - ➢ CAD数据转换、外业探测自动建网、管网解析录入。
- 严格的权限控制
- 完整的管网数据管理
- 分层变焦技术
- 设计任务及图件管理
- 运用虚拟现实技术的管线三维查询
- 拓扑关系的自动维护
- 管网信息网络发布
- 日志管理

系统采用国内GIS平台——MAPGIS，MAPGIS平台在如下几方面具有较为明显特点：

✓ 海量数据的存储：可处理TB级海量空间数据。

✓ 可伸缩性：按客户需要及其管网规模，系统可对配置进行合理的伸缩，为客户量身定做。

✓ 开放性：支持多种通用数据库；提供对主流 GIS 数据格式进行互相转换的功能；二次开发。

✓ 集成性：平台采用工业标准的 COM 体系结构，实现系统间的"无缝集成"。

✓ 安全性：平台按照 B2 级安全目标建立安全机制和安全策略，产品能保证较高的安全性。

✓ 稳定性：严格按照有关标准规定如 CMMI3 和 ISO9001 标准，控制软件开发过程，通过严格的测试，保证软件的稳定性。

2 系统主要功能

◆ 外业探测数据检查成图工具

对外业探测数据的空值、负值、重复值、孤立管点、管坡、连接度、弯头两段数据是否一致等错误进行检查，可以根据需要对这些检查项自由组合，进行一键式多功能检查，并对探测数据进行可视化显示。对检查后的数据可以直接建网入库。

◆ 地形图管理

系统提供对电子地形图的入库、维护和管理功能，并且对不同比例尺的电子地形图进行按幅分层的统一管理。

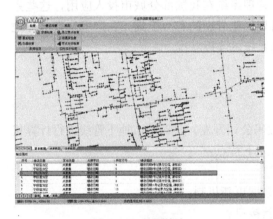
图 5-8　数据检查

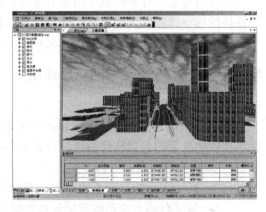
图 5-9　三维景观

◆ 管网编辑

对已入库的各专业市政管网数据，系统提供了简便高效的编辑功能，可以实现管网属性数据的输入编辑功能，可以修改各个管件元素的显示参数。

◆ 日常管理

系统提供可供各部门日常使用的各种工具来对数据进行查询和管理。包括查询工具、统计工具、量算工具、定位工具、裁减工具、三维观察、动静态标注工具等。

◆ 三维景观

系统能够根据地形图库上任意范围内的绿地、河流、地表、建筑物边界、建筑物层数等信息以及管线的属性数据，自动生成虚拟的地上三维建筑物景观以及管线的三维模型。

◆ 管线规划

系统根据用户自定义的规则库，可以判断出任意区域范围内的管线埋设不符合规则的管线，以及地下不同管线的碰撞检测。

◆ 拆迁分析

系统提供拆迁分析功能，可以根据现状地形图以及规划红线图，通过设定一定条件，得出选定区域内建筑的拆迁前期估算结果。

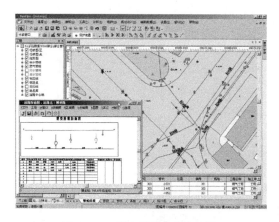

图 5 - 10　综合管线图与断面图

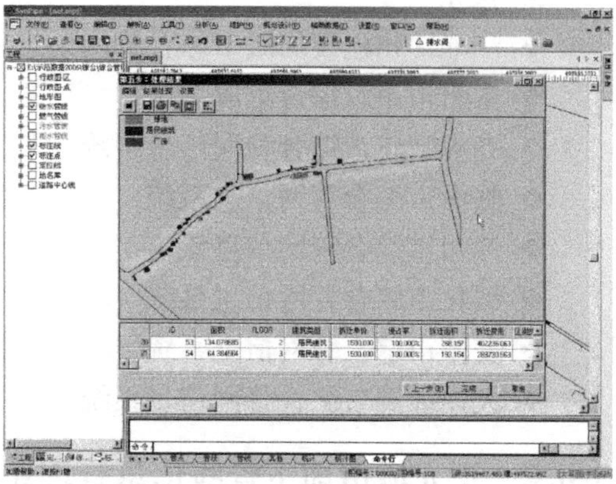

图 5 - 11　专业管线图

图 5 - 12　管线图打印输出

◆ 综合分析

针对不同部门的不同业务需求，提供了多种管网分析工具，如消防栓搜索、爆管分析、影响范围检测等功能，分析结果可以对使用人员在日常工作中起到辅助决策作用。

◆ Web 发布

系统可以实现 Web 发布功能，通过 Internet 把管网数据发布在网上，客户端访问者可以便捷地访问到市政各专业管网信息，并能够在 Web 上实现高效、快速的管网信息查询。

◆ 打印输出

提供任意范围、图幅等多种方式选择输出范围，并将该范围内的所有图形信息按一定比例输出，输出结果可以转换为 CAD 等格式文件。用户选择打印的数据，对于地形图数据支持地物类型的选择可以根据用户的设置，根据每幅图的信息自动生成图框信息，最后自动进行多图幅打印。

◆ 系统维护

系统提供了多种的系统维护功能，可以实现对访问用户的权限控制，对入库数据的拓扑完整性检查，还可以自定义修改各专业管网的设备类型。

3　应用

❖ 江苏常州建设局城市综合管网信息系统

❖ 常州市市政综合集成系统

❖ 齐齐哈尔市综合管网信息系统

❖ 临汾市综合管网信息系统

❖ 苏州市综合管网信息系统

❖ 绥化市综合管网信息系统

❖ 安阳市综合管网信息系统

❖ 大连港港口综合管网信息系统

5.6.2　正元城市地下管线信息管理系统

1　概述

正元城市地下管线信息管理系统是以 Windows 作为基本操作系统，以流行的 GIS（如 MapInfo、ArcGIS 等）作为软件平台，以 Oracle 作为数据库平台，充分考虑了不同用户需求的综合地下管线信息管理系统。系统的总体框架结构图如图 5 - 13：

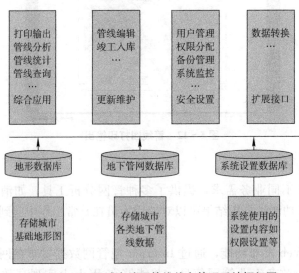

图 5 - 13　正元城市地下管线信息管理系统框架图

2　系统主要特点

1) 以数据为设计核心：系统以城市基础地形数据和管线现状数据为设计基础，扩展管理功能。结合办公流程，形成业务专业系统。

2) 先进的数据管理模式：系统采用 Oracle 与 Spatial 相结合的数据管理模式。针对地形图、管线图数据等分别建库，结合城市其他社会经济数据，形成有机的基础地理信息系统数据库，统一管理各种基础地理数据，为结合具体的应用主题建立深层次应用提供辅助决策支持提供坚实的基础。

3）灵活的应用体系：系统以 GIS 为应用平台，基于可扩充数据库的概念组织和管理数据，大大扩展了传统地理信息系统的功能体系；另一方面，系统通过数据加密、用户权限管理等手段，建立灵活的应用体系，满足城市规划各专业部门不同层次的应用需求。

4）主流的软硬件平台：系统选用的服务器、网络设备等硬件，以及网络操作平台、数据库管理平台以及地理信息系统平台软件等软件皆为业内主流的平台，满足建立大系统和日后系统数据、系统功能不断扩充的要求。

3　系统主要功能

1）数据检验、入库功能

系统实现了数据标准化和空间分析等检验，并可进行数据转换入库，完成建立或添加地下管线数据库。

2）数据管理功能

系统提供了强大的数据管理实用功能，包括管线编辑、历史数据库、数据备份与恢复、数据更新等功能。

3）地图管理功能

系统的地图管理功能包括多样化调图功能、标准化的管线及地形分层管理功能、快捷的视图操作功能、符号库管理功能、鹰眼导航功能、栅格影像图加载功能和动态标注功能。图 5-14 为栅格影像与管线叠加结果。

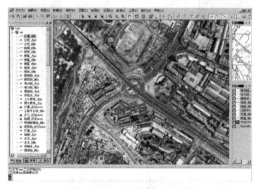

图 5-14　地图管理功能

图 5-15　信息查询方式

4）信息查询功能

系统可通过图形定位查询、对象点击查询或条件查询等方式，进行图形与属性的交互式查询，并可将各种查询、统计结果报表打印与图形输出，图 5-15、图 5-16 为查询界面。

5）数据统计功能

系统能够按照设定条件进行管线长度统计、管点类型统计和综合统计，并能够以表格、直方图、饼图、折线图等加以表示并输出。

6）空间分析功能

系统能够进行地下管线的横断面、纵断面分析；垂直净距分析、水平净距分析、覆土深度分析；给水、煤气发生爆管事故的影响区域分析；交叉路口的交叉点分析、道路改扩建及拆迁范围分析。

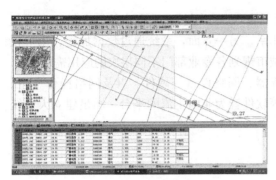

图 5 - 16　信息查询方式二

图 5 - 17　空间分析

7）空间三维分析

利用管线普查的空间和属性数据，三维模拟显示选中范围内的所有管线、建筑物、绿地、道路等，并能对三维管线进行信息查询及进行垂直净距分析。如图 5 - 18。

图 5 - 18　管线三维分析

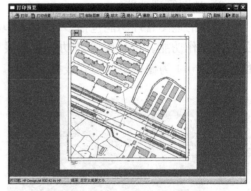

图 5 - 19　输出的管线图

8）辅助设计功能

根据国家规范和其他标准、现状管线之间的关系，限定规划管线的布设界限。系统能自动生成一个管线埋设方案，同时提供方便、专业化的管线图形建立、编辑工具。

9）数据输出功能

系统提供了管线图（包括综合管线图和专题图）的生成，图面修饰（包括图形裁剪、图框建立、指北针添加，以及图形旋转及其他图形编辑功能）。如图 5 - 19。

10）数据转换功能

系统提供向其他多种地理信息平台转换相应格式的数据的能力。建立统一的数据转换接口，可以通过此接口导入、导出 Mapinfo、AutoCad 等诸多格式的数据。

11）工程工具功能

系统提供了工程应用方面的工具：扯旗标注、管线（点）标注、节点捕捉、距离量算、面积量算、图形裁剪等。

12）网络信息发布系统

Web 信息发布子系统是一个基于 Internet 的 GIS，用户根据相应权限的不同可以进行不同的操作。如地图浏览、信息查询、数据统计、标尺丈量、打印输出等。访问权限高的用户还可以下载需要的管网信息。Web 发布子系统的信息与系统数据库始终保持一致。图 5－20 为发布界面。

图 5－20　网络发布界面

4　应用

目前，正元城市地下管线信息管理系统已在国内的成都、乌鲁木齐、昆明、合肥、沈阳、焦作、菏泽、淄博、威海、莱芜等数十个城市得到应用推广，取得了显著的经济效益和社会效益。

5.6.3　精图城市地下管线管理信息系统平台

1　概述

精图城市地下管线综合管理信息系统平台以地下管线信息数据库为基础，实现综合管线信息的集中管理、统一调配、资源共享，建立城市地下管线数据处理与维护的统一平台、城市地下管线应用服务的平台、城市地下管网建设规划审批的服务平台。

系统平台采用三层结构，客户端采用桌面和浏览器的方式（Client/Server、Browser/Server）结构，GIS 软件平台采用 ESRI 系列（ArcGIS Engine、ArcGIS Server＋ArcS-DE），采用 Oracle 或 SqlServer 等大型的数据库来管理后台数据。采用基于分布式 GIS 的结构设计方案，C/S 和 B/S 相结合的结构体系。一方面可以保证各个部门内部业务的处理和数据安全性的问题，又可以实现数据共享和综合应用。采用局域网模式、Internet 模式等模式，合理地、科学地构筑网络结构，通过 Internet/Intranet 实现信息资源的共享与发布。同时设立对外进行信息发布和咨询的 WEB 服务器，通过设立网络管理员、相应的保密措施和安全保障设施，确保网络正常运转以及运行速度快捷。平台界面如图 5－21。

2　系统平台基本功能

- 数据监理查错功能

系统平台提供对管线图形和属性数据进行全面检查功能，通过程序直接对数据中数据的完整性、规范性和逻辑性进行检查，对于管线图形数据，设计多种条件计算逻辑查错功能，使得能够快捷、明确地指出探测数据的信息遗漏、对应关系查错等问题，并输出错误信息。

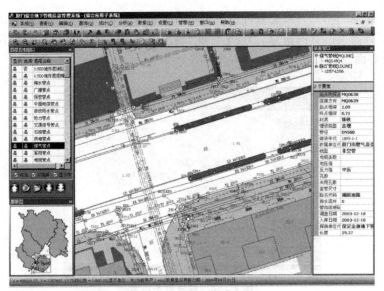

图 5-21 系统平台主界面

- 管线数据查询定位功能

根据道路名称、交叉路口、单位名称、门牌号、图幅号、坐标、材质、属性等管线信息对管线数据进行查询定位，将结果高亮显示，并在属性框内显示相关属性信息。

- 管线数据分类统计功能

提供管线长度统计、管点数量统计、管线分类统计、管点分类统计、图幅统计，按管线材质统计、按管线管径统计、按建设年代统计、按权属单位统计、按所在道路统计、专题统计等功能，统计结果可以按专题图、报表形式输出。图 5-22 为直方图统计方式图。

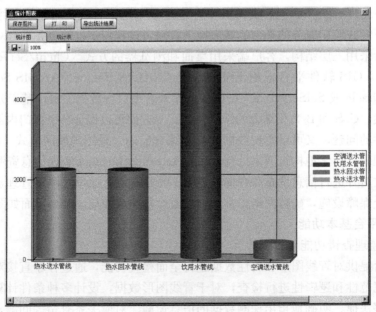

图 5-22 统计直方图

- 数据编辑功能

系统平台提供多种数据编辑功能，删除、截断、增加、修改、合并等管线专业化高级编辑功能，系统平台将对管点的物探点号和指定图幅的图上点号，根据一定规则进行唯一性检查和处理，并对相关管线进行拓扑关系的检查和处理。

- 数据转换功能

系统平台提供多种数据转换功能，可以根据划定区域数据、指定图幅，或选择集等进行导出操作。数据导出的格式主要有 ArcInfo、MapInfo 支持的矢量数据格式或 MDB 等格式数据。

- 打印输出功能

系统平台提供多种打印输出功能，包括矩形区域打印、多边形区域打印、缓冲区打印、任意标准图打印、自定义打印、地图打印设置等功能。图 5-23 为打印预览界面。

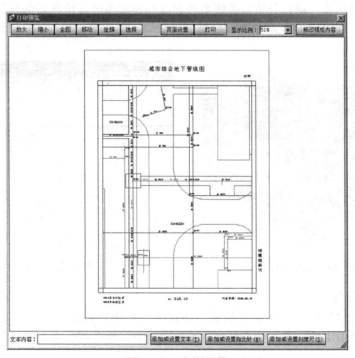

图 5-23　打印预览

- 数据库管理功能

数据库管线功能，包括数据库版本管理功能及数据备份功能与数据恢复功能。版本管理能将存储在管线历史库中的管线数据进行浏览再现、查询过滤等，并能将历史管线库与运行管线库进行叠加显示，对废弃的管线能将其数据单一或批量转移到历史管线数据库中。数据备份功能与数据恢复功能能根据用户设置的时间提醒用户及时进行数据备份，以保证数据的安全。当数据遭到破坏时，启用安全恢复功能能把备份的数据恢复到数据库，使损失降到最低。

- 空间分析功能

提供管线横、纵断面分析、水平净距离分析、垂直净距离分析、覆土深度分析等功能。通过划定与管线相交区域，可生成相交点管线的横、纵断面分析图，并可以打印输出断面图和相交点的属性信息。

- 三维显示分析功能

利用三维图生成工具，在综合管线图上划定范围，选定需要分析的图层，即显示三维管线图。用户可以改变或设置三维管线图的视角和视点，使用户可以在任意视角及位置查看三维管线图，并可以实现放大、缩小、平移等三维浏览操作。当用户选择三维场景中的管线、建筑物、绿地、道路时，系统平台将在属性框中显示其详细的属性信息（图5-24）。同时系统平台可以将需要查看的三维效果图制作成＊.avi格式的动画文件随时进行三维浏览查看。

- 事故分析

一旦发生事故，通过管线属性查询、交叉路口查询等方法快速定位事故发生地点，并用标注设置障碍标志，通过分析，系统平台会高亮显示事故影响区域的管线和管线点，并给出关阀方案，并生成方案表（图5-25）。

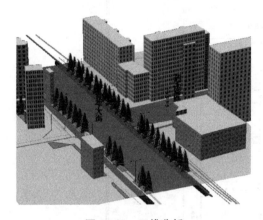

图 5-24   三维分析

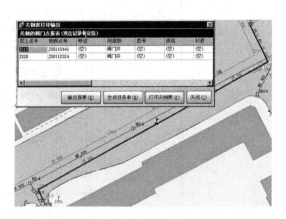

图 5-25   关阀分析

- 辅助决策分析

通过分析管网现状，为管线的规划、建设和分析提供技术参数，并生成辅助决策预案，辅助领导做出决策。系统平台提供管线设计的合理性分析、专业的最佳抢险分析、专业预警分析、预案生成、管线规划分析等辅助决策功能。

- 用户管理与权限配置功能模块

系统平台提供用户管理与权限配置功能，主要包括用户管理功能、用户组管理功能、权限管理功能、当前用户口令修改和审计功能。系统平台管理员通过对管线使用单位及个人的权限设定，对用户操作管线数据进行限制，确保管线数据的安全。

3 应用

截至目前，精图城市地下管线综合管理信息系统已先后应用到福建、辽宁、山西、江西、贵州、河南、内蒙古、甘肃、黑龙江等省或自治区，取得了良好的经济效益和社会效益。

5.6.4　广州城信所地下管线信息系统

1　概述

地下管线系统建设旨在提高城市整体管理水平，发挥地下管线数据资料在城市规划、建设、管理和防灾减灾中的作用，实现对地下管线信息的数据库集中管理与应用，推进城市信息化和"数字城市"建设。

广州城信所地下管线信息系统是"以应用为导向、以数据为核心、以更新为重点、以整合为手段"，以"三分技术、七分管理、十二分数据，系统建设、标准先行"为建设原则，以"一套标准、一个中心、一个平台、一个更新和共享机制"为技术目标，采用"多技术集成、提供不同配置功能"的技术路线，和"根据用户的业务特点、个性化定制系统功能，总体设计、分布设施"的实施思路而开发的。

2　特点

1）业务领域覆盖全面；

2）技术体系具有先进性和扩展性；

3）系统适应性强实用程度高；

4）标准体系完善具有很好的共享和集成特性。

3　主要功能

1）管线监理入库子系统：操作界面如图 5-26，主要功能有数据监理、管线成图、错误定位、错误修改、数据输出、数据查询等。主要监理内容有拓扑监理、属性监理、接边检查、数据完整性检查、图面整饰检查。用户可以根据各类管点、管线的特征自定义不同的监理规则。

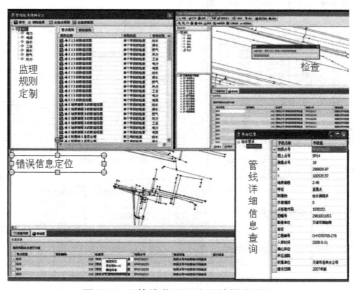

图 5-26　管线监理入库系统操作界面

2）地下管线综合管理应用子系统：主要功能包括管线数据查询统计、管线编辑、管线分析等。查询统计功能操作界面如图 5-27。

管线分析：主要功能有横断面分析、纵断面分析、碰撞分析、网络分析、寿命分析等，功能操作界面如图5-28。

注：网络分析提供给水、热力、燃气三类管线的最短路径分析和爆管分析；横断面分析反映了管线与管线之间、管线与道路之间的空间关系；碰撞分析通过分析一条管线与其可能碰撞的管线之间的水平、垂直净距分析，并和国家标准做比较，得到碰撞的结论；管线寿命分析按照时间条件，分析出该时段中处于寿命预警的管线。

图5-27　查询功能操作界面

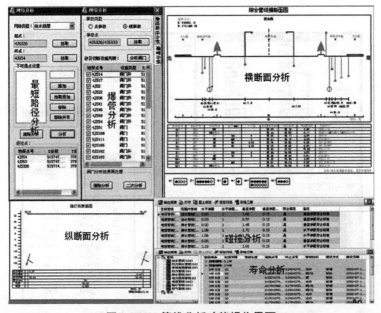

图5-28　管线分析功能操作界面

3）管线审批系统：系统主要提供管线工程"一书三证"业务审批功能以及各分局办理业务的综合查询统计。功能界面如图5-29。

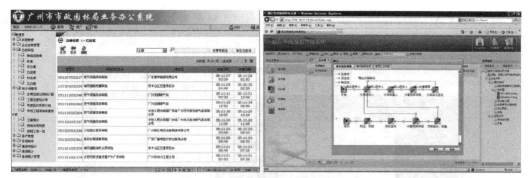

图 5 - 29 管线审批功能界面

4) 三维展示子系统：主要功能包括三维地下综合管线场景浏览、自动批量管线模型生成、三维管线分析、二维矢量数据联动应用、三维数据出图、三维开挖施工模拟、路径回放等。图 5 - 30 为管线三维展示效果。

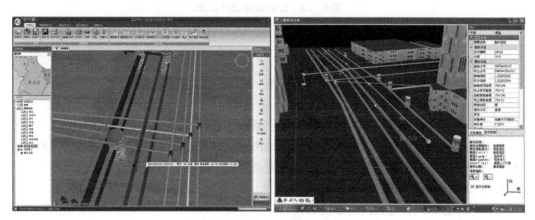

图 5 - 30 管线三维展示示例

5) 管线发布应用子系统：主要功能有地图漫游、管线数据浏览、管线数据信息查询定位等。图 5 - 31 为管线发布应用操作界面。

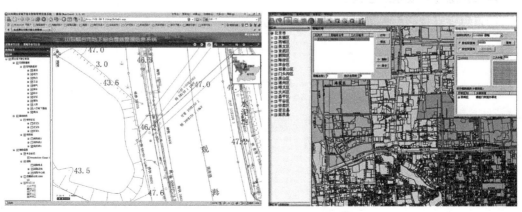

图 5 - 31 管线发布应用操作界面

6) 管线 CAD 辅助设计子系统：通过 CAD 访问 SDE 管线数据库的子系统，主要功能有数据调图浏览、管线信息查询、管线信息编辑等。图 5-32 是管线辅助设计界面。

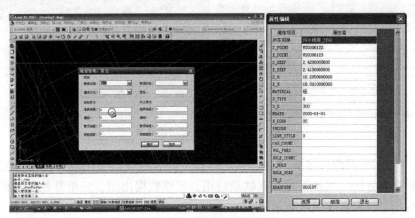

图 5-32　管线辅助设计界面

4　典型案例

天津市综合管线系统建设

南昌市地下空间与管线设施综合管理系统

石家庄市综合地下管线系统

乌鲁木齐市综合管线系统　管线档案管理系统

无锡市地下综合管线管理信息系统，无锡市燃气、排水、路灯专业管线管理系统

合肥排水管线专业管理系统、合肥市政专业管线管理系统

常州市综合管线普查监理与系统建设

南通市综合管线普查监理与系统建设

江阴市综合管线普查监理与系统建设

湛江市综合管线普查监理与系统建设

韶关市综合管线系统建设

珠海市综合管线系统建设

烟台市综合管线系统建设

下篇　城市地下管线探测工程项目管理

第6章 概述

6.1 工程项目与项目管理概念

项目的定义和概念可以从许多不同的角度给出，这既可以从项目的投资者、所有者、使用者、实施者和项目的政府监管部门等不同的角度，也可以从不同的专业领域，像建筑、软件开发、新产品试制、服务提供、管理咨询等角度，以及其他各种各样的角度给出。对于现代项目管理理论而言，项目的定义是从一般项目和广义的角度给出的。

6.1.1 项目的定义

现代项目管理认为：项目是一个组织为实现既定的目标，在一定的时间、人员和其他资源的约束条件下，所开展的一种有一定独特性的、一次性的工作。项目是人类社会特有的一类经济、社会活动形式，是为创造特定的产品或服务而开展的一次性活动。因此，凡是人类创造特定产品或服务的活动都属于项目的范畴。项目可以是建造一栋大楼，开发一个油田，或者建设一座水坝，像国家大剧院的建设、大庆油田的建设、三峡工程建设都是项目；项目也可以是一项新产品的开发，一项科研课题的研究，或者一项科学试验，像调频空调的研制、艾滋病新药的研究、转基因作物的实验研究都是项目；项目还可以是一项特定的服务，一项特别的活动，或一项特殊的工作，像组织一场婚礼、安排一项救灾义演、开展一项缉毒活动等也都是项目。对于项目的定义，人们从不同的角度给出了许多不同的定义，其中有代表性的有如下几种：

1) 美国项目管理协会（PMI）的定义[①]

项目是为创造特定产品或服务的一项有时限的任务。其中："时限"是指每一个项目都有明确的起点和终点；"特定"是指一个项目所形成的产品或服务在关键特性上不同于其他的产品和服务。

2) 麦克·吉多的定义[②]

项目就是以一套独特而又相互关联的任务为前提，有效利用资源，为实现一个特定的目标所作的努力。

从上述定义可以看出，项目可以是一个组织的任务或努力，它们小到可以只涉及几个人，也可以大到涉及几千人；项目也可以是多个组织的共同努力，它们甚至可以大到涉及成千上万人。项目的时间也长短不同，有的在很短时间内就可以完成，有的需要很长时

---

① Project Management Institute Standard Committee, *A Guide to The Project Management Body of Knowledge*, PMI, 1996.

② Gido, Jack, James P. *Clements*, *Successful Project Management*, South-Western College Publishing, 1999.

间，甚至很多年才能够完成。实际上，现代项目管理所定义的项目包括各种组织所开展的各样一次性、独特性的任务与活动。现代项目管理所定义项目的典型类别包括：

① 新产品或新服务的开发项目。例如，新型家用电冰箱、空调器的研制开发项目和新型旅游服务开发项目等。

② 技术改造与技术革新项目。例如，现有设备或生产线、生产场地的更新改造项目和生产工艺技术的革新项目等。

③ 组织结构、人员配备或组织管理模式的变革项目。例如，一个企业的组织再造项目，或一个政府机构的职能转变与人员精简项目等。

④ 科学技术研究与开发项目。例如，纳米技术与材料的研究与开发项目、生命科学的技术与理论研究和开发项目等。

⑤ 信息系统的集成或应用软件开发项目。例如，国家金税工程、金卡工程等经济信息系统等信息系统的集成与开发项目，企业的管理信息系统、决策支持系统的集成与开发项目和会计软件、游戏软件、办公软件、操作软件、教育软件等各种各样的软件的开发项目等。

⑥ 建筑物、设施或民宅的建设项目。例如，政府的办公大楼，学校的教学和行政管理大楼，商业写字楼，大型旅馆饭店，民用住宅、工业厂房、商业货栈、水利枢纽、物流中心等的建设项目。

⑦ 政府、政治或社会团体组织和推行的新行动。例如，希望工程项目、光彩工程项目、农村经济体制改革项目、对外开放项目、申办奥运会项目、国庆阅兵项目等。

⑧ 大型体育比赛项目或文娱演出项目。例如，奥运会比赛项目、世界杯比赛项目、国庆晚会演出项目、春节晚会演出项目、救灾义演项目、巡回演出项目，系列大奖赛项目等。

⑨ 开展一项新经营活动的项目。例如，有奖销售活动、降价促销活动、大型广告宣传活动、新型售后服务推广活动等等，也都属于项目的范畴。

⑩ 各种服务作业项目。例如，替客户组织一场独特的婚礼、为客户提供一项独特的旅游、为客户安排一份特殊的保险等都属于项目的范畴。

3）项目的特性

各种不同专业领域中的项目在内容上可以说是千差万别，不同项目都有自己的特性。但是从本质上说，项目是具有共同特性的，不管是科研项目、服务项目还是房地产开发项目，它们的根本特性是相同的。项目的这些共同特性可以概括如下：

① 目的性

项目的目的性是指任何一个项目都是为实现特定的组织目标服务的。因此，任何一个项目都必须根据组织目标确定出项目的目标。这些项目目标主要分两个方面，其一是有关项目工作本身的目标，其二是有关项目产出物的目标。前者是对项目工作而言的，后者是对项目的结果而言的。例如，对一栋建筑物的建设项目而言，项目工作的目标包括项目工期、造价、质量和安全等方面的目标，项目产出物的目标包括建筑物的功能、特性、使用寿命和使用安全性等方面的目标。同样，对于一个软件开发项目而言，项目工作的目标包括软件开发周期、开发成本、质量、软件开发的文档化程度等方面的目标，项目产出物（软件产品）的目标包括软件的功能、可靠性、可扩展性、可移植性等方面的目标。在许多情况下项目的目的性这一特性是项目最为重要和最需要项目管理者关注的特性。

② 独特性

项目的独特性是指项目所生成的产品或服务与其他产品或服务都有一定的独特之处。通常一个项目的产出物，即项目所生成的产品或服务，在一些关键方面与其他的产品和服务是不同的。每个项目都有某些方面是以前所没有做过的，是独特的。例如，每个人的婚礼都是一个项目，不同人的婚礼总会有许多独特的（不同的）地方，虽然按照一定的习俗，婚礼会有一些相同的成分，但是这并不影响个人婚礼的独特性。再比如，人们建造了成千上万座办公大楼，这些大楼在某个或一些方面都有一定的独特性，这些独特性包括：不同的业主、不同的设计、不同的位置和方位、不同的承包商、不同的施工方法和施工时间等等。许多社会生产或服务业务项目都会有一定的共性，即相同的东西，但是这并不影响项目的独特性这一重要特性。

③ 一次性

项目的一次性（也被称为"时限性"）是指每一个项目都有自己明确的时间起点和终点，都是有始有终（不是不断重复、周而复始的）。项目的起点是项目开始的时间，项目的终点是项目的目标已经实现，或者项目的目标已经无法实现，从而中止项目的时间。项目的一次性与项目持续时间的长短无关，不管项目持续多长时间，一个项目都是有始有终的。例如，树立一座纪念碑所用的时间是短暂的，各种计算机操作系统的开发时间相对比较长，但是它们都有自己的起点和终点。这就是项目的一次性特性，项目在其目标确立后开始，项目在达到目标时终结，没有任何项目是不断地、周而复始地持续下去的。项目的一次性是项目活动不同于一般日常运营活动的关键特性。

④ 制约性

项目的制约性是指每个项目都在一定程度上受客观条件和资源的制约。客观条件和资源对于项目的制约涉及项目的各个方面，其中最主要的制约是资源的制约。项目的资源制约包括：人力资源、财力资源、物力资源、时间资源、技术资源、信息资源等各方面的资源制约。因为任何一个项目都是有时间限制的，任何一个项目都有预算限制；而且一个项目的人员、技术、信息、设备条件、工艺水平等也都是有限制的。这些限制条件和项目所处环境的一些制约因素构成了项目的制约性。项目的制约性也是决定一个项目成败的关键特性之一。通常，一个项目在人力、物力、财力、时间等方面的资源宽裕，制约很小，那么其成功的可能性就会非常高；情况相反时项目成功的可能性就会大大降低。

⑤ 其他特性

项目除了上述特性以外还有其他一些特性，这包括：项目的创新性和风险性、项目过程的渐进性、项目成果的不可挽回性、项目组织的临时性和开放性等等。这些项目特性是相互关联和相互影响的。例如，项目的创新性和风险性就是相互关联的，而项目的风险性又是由于项目的独特性、制约性和一次性造成的。因为一个项目的独特之处多数需要进行不同程度的创新，而创新就包括着各种的不确定性，从而造成项目风险。另外，项目组织的临时性和项目成果的不可挽回性也主要是由于项目的一次性造成的，因为一次性的项目活动结束以后，项目组织就需要解散，所以项目组织就是临时性的；而项目活动是一次性的不是重复性的，所以项目成果一旦形成多数是无法改变的。例如，一次大型的体育比赛活动就是一个项目，这种项目的管理组织多数是临时的，比赛结束以后项目组织就解散了，而比赛过程中所形成的有问题的比赛结果多数都是无法变更的，像参赛者因迟到而弃权的结果就是无法改变的。

6.1.2　工程项目

1　工程项目类型

1）工程项目的主要形式

① 住宅建设（用来居住的房屋建筑物）。住宅建筑市场受宏观经济政策、税收和政策的财政金融政策的影响较大。具有高度的竞争性，同时也拥有潜在的高风险和高回报。

② 公用性建筑（学校、医院、体育场馆、商场、仓库、写字楼、宾馆等）。业主负责项目的融资工作。需要更高的成本，并且项目具有较大的复杂性，工期也较长。

③ 工业建筑（炼油厂、钢铁厂、化学处理厂、火力发电厂、核电厂等）。通常规模大、技术复杂。业主通常会高度参与工程项目的开发，而且业主喜欢用设计——建造的发包方式来缩短整个工期。

④ 基础设施和重工业建筑（高速公路、隧道、桥梁、管道、排水系统等）。大多属于公共工程项目。资金渠道来源于政府的税收、各类基金等。特点是以高度的机械化来代替劳动力密集的手工操作。

2）从不同角度进行的其他分类形式

按投资者登记注册类别分：国有、集体、股份合作、联营、有限责任公司、股份有限公司、港澳台商、外商、个人等投资的工程项目；

按我国现行计划管理体制分：基本建设、更新改造、房地产开发投资、其他固定资产投资等项目；

按资金的来源分：国家预算类资金、国内贷款、利用外资、自筹资金等投资的工程项目；

按工程项目隶属关系分：中央项目、地方项目；

按工程项目性质分：新建项目、扩建项目、改造项目；

按工程项目的规模分：大、中、小型项目。

3）工程项目的界定

如表6-1列出了针对不同参与方的工程项目的界定。

工程项目：作为一项宏伟资产投资活动涉及从项目构思、策划、实施使用直到终止的全过程，突出了建设阶段的使用阶段。

工程项目：针对投资业主而言，作为一项固定资产投资活动涉及从项目构思、策划、实施到项目建成交付使用为止，仅突出建设阶段。

工程承包项目：根据承包商和业主的合同规定，会涉及不同的工程承包范围，主要在建设阶段。

工程设计项目：其重点在设计阶段，由设计单位从事的工程项目活动，具体范围也随业主要求而变化。

工程监理项目：监理作为工程项目中的特殊参与方，受业主的委托在工程建设的不同阶段从事的管事工作。

工程项目的界定 表 6 - 1

名称	项目主体	工程项目阶段					
		项目构思	项目可行性研究、策划	施工前准备(设计、招投标)	施工	试用及交付使用	使用(到终止使用)
工程项目	业主	+	+	+	+	+	+
工程项目	业主	+	+	+	+	+	
工程承包项目	承包商			+	+	+	
工程设计项目	设计单位		(+)	+	(+)		
工程监理项目	监理单位	(+)	(+)	+	+	+	

注:表中括号表示可能参与的内容。

2 工程项目的生命周期

(1)概念:工程项目的时间限制决定了项目的生命周期是一定的,在这个期限中项目经历由产生到消亡的全过程。

(2)不同类型和规模和工程项目生命周期是不一样的,但都可以分为如下四个阶段:

项目的前期策划和确立阶段:这个阶段工作重点是对项目的目标进行研究、论证、决策。其工作内容包括项目的构思、目标设计、可行性研究和立项。

项目的设计与计划阶段:这个阶段的工作包括设计、计划、招标投标和各种施工前的准备工作。

项目的实施阶段:这个阶段从现场开工直到工程建成交付使用为止。

项目的使用(运行)阶段。

例如:一个工程项目的阶段划分如图 6 - 1 所示。

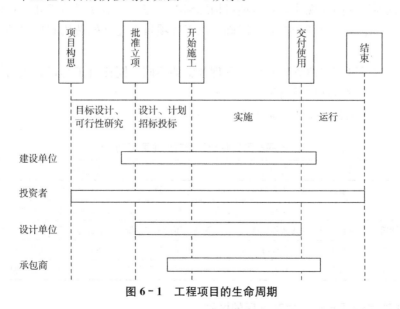

图 6 - 1 工程项目的生命周期

3 工程项目的建设程序

我国的工程项目建设程序分为六个阶段,即项目建议书阶段、可行性研究阶段、设计工作阶段、建设准备阶段、建设实施阶段和竣工验收阶段。这六个阶段的关系如图 6-2 所示。

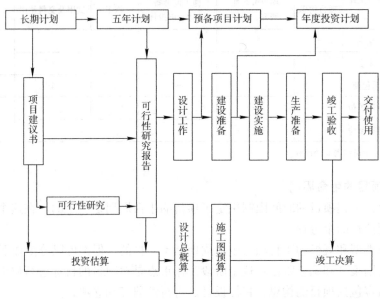

图 6-2　建设项目的六个阶段

6.1.3　工程项目管理

1　工程项目管理的概念

工程项目管理是以工程项目为对象，在既定的约束条件下，为最优地实现工程项目目标，根据工程项目的内在规律，对从项目构思到项目完成（指项目竣工并交付使用）的全过程进行的计划组织、协调和控制，以确保该工程项目在允许的费用和要求的质量标准下按期完成。

根据工程项目管理主体管理对象、管理范围的不同，同样有工程设计项目管理、工程承包项目管理和工程监理项目管理。

不同类型工程项目的主要区别如表 6-2 所示。

不同类型工程项目管理的主要区别　　　　　　　　　　表 6-2

名称	管理主体	管理对象	管理范围
工程项目管理	业主	工程项目	从项目构思、策划、实施、使用直至终止的全过程
工程项目	业主	工程项目	涉及从项目构思、策划、实施，到项目建成交付使用为止
工程承包项目管理	承包单位	工程承包项目	承包商所从事的工作范围（重点在施工阶段）
工程设计项目管理	设计单位	工程设计项目	主要是设计阶段，但其范围也随业主要求而变化（重点在设计阶段）
工程监理项目管理	监理单位	工程监理项目	业主要求的监理工作范围（可涉及到全过程或其中的某个或几个阶段）

2　工程项目管理与一般生产管理的区别

1）工程项目管理与一般生产管理的区别

一个工程建设项目可能需要花较长的时间才能完成，需要在项目开始之前进行大量的计划工作，以确保该项目实施阶段能正常进行，而对于那些建设周期比较长的项目，其他一些问题又会产生。例如可能产生的项目的变更尤其是设计方面的，甚至可能由于经济或政治方面的影响而使项目在建成前受阻。例如在某国家曾有一个大型供水项目，计划建成后主要用于本地区钢铁工业供水。然而，在该项目完成前，该地区的钢铁工业企业全部关闭，这个例子说明由于工程建设项目的建设周期长，容易给项目带来一些意想不到的困难。对工程建设项目的管理和对制造业（如工厂产品）生产管理是有区别的。正是因为两者存在区别而导致项目管理学科的产生。表 6-3 总结了两者的区别。

工程项目管理与一般生产管理的区别　　　　　　　　　　表 6-3

工程项目管理	一般生产管理
产品的一次性	产品的大批量重复生产
事先计划性强	计划无终点
产品固定，生产流动	产品流动，生产固定
生产状态变化大	生产状态不变
生产变化频繁	生产变化小
资源不定	资源固定
流动的生产班组	静态的生产班组
注重往前看（关心将要做什么）	注重往后看（关心已经做了什么）
未来的不确定性高	未来的变化小
体现客观的成果	体现成果的水平

2）工程项目管理的任务

一个工程项目往往由许多参与单位承担不同的建设任务，而各参与单位的工作性质、工作任务和利益不同，因此就形成了不同类型的项目管理。按工程项目不同参与方的工作性质和组织特征划分，工程项目管理有如下类型：业主方的项目管理、设计方的项目管理、施工方的项目管理、供货方的项目管理和建设项目总承包方的项目管理。

（1）业主方项目管理的目标和任务

业主方项目管理服务于业主的利益，其项目管理的目标包括项目的投资目标、进度目标和质量目标。

项目的投资目标、进度目标和质量目标之间既有矛盾的一面，也有统一的一面，它们之间的关系是对立的统一的关系。

业主方的项目管理工作涉及项目实施阶段的全过程，即在设计前的准备阶段、设计阶段、施工阶段、动用前准备阶段和保修期分别进行安全管理、投资控制、进度控制、质量控制、合同管理、信息管理和组织和协调，如表 6-4 所示。

表 6-4 有 7 行和 5 列，构成了业主方 35 个分块项目管理的任务。其中安全管理是项目管理中的最重要的任务，因为安全管理关系到人身的健康与安全，而投资控制、进度控制、质量控制和合同管理等则主要涉及物质的利益。

业主方项目管理的任务　　　　　　　　　　　　　表 6 - 4

	设计前的准备阶段	设计阶段	施工阶段	动用前准备阶段	保修期
安全管理					
投资控制					
进度控制					
质量控制					
合同管理					
信息管理					
组织和协调					

（2）设计方项目管理的目标和任务

其项目管理的目标包括设计的成本目标、设计的进度目标和设计的质量目标，以及项目的投资目标。设计方项目管理的任务包括：与设计工作有关的安全管理、设计成本控制和与设计工作有关的工程造价控制、设计进度控制、设计质量控制、设计合同管理、设计信息管理和与设计工作有关的组织和协调。

（3）施工方项目管理的目标和任务

其项目管理的目标包括施工的成本目标、施工的进度目标和施工的质量目标。施工方项目管理的任务包括：施工安全管理、施工成本控制、施工进度控制、施工质量控制、施工合同管理、施工信息管理和与施工有关的组织与协调。

（4）供货方项目管理的目标和任务

其项目管理的目标包括供货方的成本目标、供货的进度目标和供货的质量目标。供货方项目管理的任务包括：供货的安全管理、供货方的成本控制、供货的进度控制、供货的质量控制、供货合同管理、供货信息管理和与供货有关的组织与协调。

（5）建设项目总承包方项目管理的目标和任务

其项目管理的目标包括项目的总投资目标和总承包方的成本目标、项目的进度目标和项目的质量目标。建设项目总承包方项目管理的任务包括：安全管理、投资控制和总承包方的成本控制、进度控制、质量控制、合同管理、信息管理和与建设项目总承包方有关的组织和协调。

3　工程项目管理目标体系及目标间的关系

1）工程项目管理目标体系

工程项目管理目标体系的内容主要包括进度管理、成本管理、质量管理和安全管理。工程项目质量管理，是为项目的顾客和其他项目干系人提供高质量的工程与服务，实现项目目标，使客户满意。它包括质量计划、质量控制和质量保证等内容。工程项目成本管理，是在工程建设的各个阶段，对工程项目费用进行预测、计划、执行、检查、协调和控制等的总称。它具体包括投资控制、成本和费用控制管理等内容。工程项目进度管理，是采用科学的方法确定进度目标，编制进度计划和资源供应计划，进行进度控制，在与质量、费用和安全目标协调的基础上，实现工期目标。它具体包括进度计划的编制、进度计划的实施和进度计划的控制等方面内容。工程项目安全管理，是在项目的实施过程中，组织安全生产的全部管理活动。它具体包括安全管理目标、安全计划、安全控制、安全管理措施等内容。

2) 工程项目管理目标体系的特点

(1) 多目标性。不论其规模大小、无论何种类型，工程项目的目标往往不是单一的，它至少是由项目的质量、成本、进度和安全等几个基本目标构成的多目标系统，而且不同目标之间彼此相互冲突，要确定工程项目目标就要对多个目标进行权衡。实现工程项目的总目标过程就是多个目标协调的过程，这种协调包括项目在同一层次的多个目标的协调，项目总体目标与其他工程项目目标的协调，不同层次目标的协调等。

(2) 相关性。工程项目的各个基本目标之间并非彼此独立，而是相互联系、相互制约的对立、统一的有机整体。例如：工程项目工期的缩短往往要以成本的提高为代价，在这方面两者是对立的，但项目工期的缩短可以使工程项目提前投入使用、缩短项目的投资回收期，提高投资效益，在此两者又是统一的。又如要提高工程项目的质量标准会使成本增加，两者有矛盾的一面，但如能较好地控制工程质量，可以减少返工损失费、降低工程项目的维修费和长期使用费，从而使项目全寿命周期内的总成本减少，两者又有统一的一面。同时，项目的工期和质量之间、项目的安全与工期方面亦存在对立统一的关系。简单的具体描述如图 6-3。

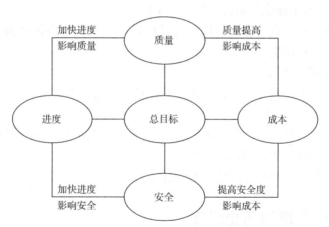

图 6-3 工程项目基本目标关系图

(3) 均衡性。工程项目的目标系统应是一个稳定的、均衡的目标体系。片面地、过分地强调某一个子目标常常以牺牲或损害另一些目标为代价，会造成项目的缺陷，故在进行项目目标设计时要特别注意四个基本目标之间的平衡。工程项目管理必须保证四者结构关系之间的均衡性、合理性。项目管理的过程即是从系统的角度对项目基本目标之间的冲突进行调解的过程。

(4) 层次性。工程项目是分层次构成的，不同的层次对应着不同的目标，各个层次目标的集合就构成了项目的总目标。通常我们把一组意义明确的目标按意义和内容表示为一个递阶层次结构，因此工程项目目标体系是一个有层次性的体系。最高层次的是项目的总目标，亦称为战略性目标，它指明了实施该项目的目的、意义，是以描述性来表达的。下面依次是项目的策略性目标和项目实施计划，用以表达项目的具体目标、实施计划或措施。上层目标一般表现为抽象的、不可控的，而下层目标则表现为明确的、可测的、具体而可控的。

（5）优先性。工程项目是一个多目标的体系，不同层次的目标，其重要性必不相同，往往被赋予不同的权重。有些工程项目对时间优先，有些工程项目对质量、安全优先，又有些项目对成本优先，这种优先权重对项目经理的工作是具有指导性的，项目经理始终在这些权重的指导下，安排资源、计划和控制。此外，不同的目标在项目生命周期的不同阶段，其权重也往往有所不同。

4　工程项目管理的主要工作内容

站在不同的角度，对工程项目管理的工作具有不同的描述：

（1）按照一般管理的工作过程可分为：预测、决策、计划、实施反馈等工作；

（2）按照系统工作方法可分为：确定目标、制订方案跟踪检查等工作；

（3）按照工程项目实施过程可分为：

① 决策阶段的主要工作：

项目建议书、可行性研究和各项审批。

② 策划阶段主要工作：

编制咨询委托纲要、工程项目程序策划、选择项目班子成员和确定组织结构。

③ 设计阶段（施工前准备阶段）的主要工作：

提出设计要求，组织设计方案评选、选择设计单位及其他咨询机构、协调设计过程、编制概（预）算和安排保险。

④ 招投标阶段的主要工作：

选择发包方式、准备招标文件，组织招标、选择承包商和建立项目实施控制系统。

⑤ 施工阶段的主要工作：

实施过程的监督与控制、组织协调、会议安排、审核付款、费用控制。

⑥ 竣工验收/交付使用阶段的主要工作：

编制结算、组织试用和竣工验收、交付使用。

6.2　工程项目管理的历史沿革

6.2.1　工程项目的主要内容

在人类社会发展的历史上，工程项目最主要的是建筑工程项目，主要包括：房屋（如皇宫、庙宇、住宅等）建设、水利（如运河、沟渠等）工程、道路桥梁工程、陵墓工程和军事工程如城墙、兵站等的建设。

这些工程项目又都是当时社会的政治、军事、经济、宗教、文化活动的一部分，体现着当时社会生产力的发展水平。现存的许多古代建筑，如埃及的金字塔，中国的长城、都江堰水利工程、大运河、故宫等，规模宏大、工艺精湛，至今还发挥着经济和社会效益。

有工程项目必然有工程项目管理。上述规模巨大、内容复杂的工程建设必然有相当高的工程项目管理水平相配套，否则其建成将难以想象。虽然现在人们从历史文献上很难看到当时工程项目管理的情景，但可以肯定在这些工程项目的实施过程中，必然有统筹的安排，必然有一套严密的甚至是军事化的组织管理；必然有时间（工期）上的安排（计划）

和控制；必然有费用的计划和核算；必然有预定的质量要求，质量检查和控制。工程项目实施过程中必然有"运筹帷幄"，必然有"庙算"。但是由于当时科学技术发展水平和人们认识能力的限制，人类历史上许多工程项目（包括许多诸如上述工程建设在内的著名工程项目）的管理是经验型的，不可能出现现代意义上以科学系统的管理思想、理论、方法、技术为基础和依据的现代工程项目管理。

6.2.2 现代工程项目管理的起因

1）由于社会生产力的高速发展，大型的及特大型的工程项目越来越多，类型和所涉及的范围也越来越广，如航天工程、核武器研究、导弹研制、大型水利工程、交通工程等。这些工程项目规模大，技术复杂，参加单位多，又受到时间和资金的严格限制，迫切需要新的管理理论、技术和方法。例如，1957 年北极星导弹计划的实施项目被分解为 6 万多项工作，有近 4000 个承包商参加。

2）随着现代科学技术的发展，产生了系统论、信息论、控制论、计算机技术、运筹学、预测技术、决策技术，并日臻完善，为工程项目管理理论、技术和方法的发展提供了可能性和基础。

6.2.3 现代工程项目管理的发展

现代工程项目管理的发展大致经历的几个阶段：

第二次世界大战结束之后，世界范围内许多参战国家在战后重建过程中，迫切需要进行大量工程建设活动，对科学的、系统的工程项目管理理论、技术、方法也产生了迫切需要。

20 世纪 50 年代，网络计划技术（CPM 和 PERT 网络）被成功地应用于工程项目（主要是美国的军事工程项目）管理中，如项目工期计划和控制。最重要的是美国 1957 年的北极星导弹研制计划和后来的阿波罗登月计划。

20 世纪 60 年代，利用大型计算机进行网络计划分析计算的技术已经成熟，人们可以运用计算机进行工程项目工期的计划编制与实施控制。

20 世纪 70 年代初，随着计算机技术和信息技术的进一步发展，基于计算机的工程项目信息管理系统开设出现，扩大了工程项目管理的研究与实践领域和计算机技术和信息技术在工程项目管理的应用深度和广度。人们已经能够在计算机工期计划制订与实施控制的基础上，实现了基于计算机的工程项目资源和成本计划、优化和控制。

20 世纪 70 年代，项目管理的职能在不断扩展，人们对项目管理过程和各种管理职能进行全面、系统的研究。同时项目管理在企业组织中推广，人们研究了在企业职能组织中的项目组织的应用。

到了 20 世纪 70 年代末 80 年代初，工程项目管理理论、技术与方法的研究和应用领域更加广阔，涉及社会、经济活动的几乎所有领域。

20 世纪 80 年代，人们进一步扩大了工程项目管理的研究与应用领域，包括工程项目合同管理、工程项目风险管理、工程项目投资与融资、工程项目组织行为和人力资源管理，工程项目组织沟通、工程项目信息管理等。对基于计算机的工程项目决策支持系统、专家系统和工程项目网络技术平台的研究与应用也进一步发展起来。

自 20 世纪 80 年后期以来，工程项目管理日益成为学术界和产业界普遍认同的一个专门学科，并已经逐步发展成为一个由政府正式认定的职业领域。

基于计算机技术和网络技术平台，强调全过程、科学化、系统化、集成化和智能化，将是未来工程项目管理理论研究和应用实践的发展的趋势。

6.2.4　工程项目管理在我国的发展

我国进行工程项目管理实践的历史有两千多年。我国许多伟大的工程，如都江堰水利工程、长城、故宫等，充分反映了在我国工程项目管理思想和实践方面取得的成果。新中国成立后，我国工程建设事业得到了迅猛发展，许多大规模的工程项目建设和管理活动都取得了成功，如南京长江大桥、长江葛洲坝水利枢纽工程等。但是，长期以来，我国丰富的工程项目建设和管理的实践经验并没有得到系统的总结，未能形成具有自身特色的工程项目管理理论。

20 世纪 80 年代初，我国开始引进国际现代工程项目管理理论、技术、方法和国际惯例。近年来，我国工程项目管理领域在进行大量实践的同时（如长江三峡水利枢纽工程、大亚湾核电站工程等），也在不断开展理论研究，现代工程项目管理理论、技术、方法在我国大量的工程项目管理实践中得到更为广泛的应用，同时，也将进一步促进我国工程项目管理理论研究的发展。

6.3　工程项目管理的目的与意义

一般而言，工程项目管理是一种具有特定目标、资源及时间限制和复杂的专业工程技术背景的一次性管理事业，是对工程项目全过程进行的高水平的、科学的、系统的管理活动。

具体地，工程项目管理是以工程项目为对象，在既定的约束条件下，为最令人满意地工程项目目标，根据工程项目的内在规律，对从项目构思到项目完成（指工程项目竣工并交付使用）的全过程进行的计划、组织、协调、控制等一系列活动，以确保工程项目按照规定的费用目标、时间目标和质量目标完成。

随着我国国民经济和社会的迅速发展，工程项目的数量和规模日益增加。2001 年，我国各类工程项目（包括各类房屋及土木工程、能源工程、机械工程、化工工程、电子工程、通信工程、钢铁冶金工程等等）投资总额达 4 万多亿元人民币，对我国国民经济的增长产生了巨大的拉动作用（2001 年，在我国 GDP 增长额中，工程项目投资的贡献率达到 9.02%，工程项目投资总额占 GDP 的比重达到 19.02%，位居世界第一位）。就其实质而言，工程项目作为形成固定资产的投资活动，投资主体追求的是投资的经济效益、社会效益和环境效益。虽然我国每年工程项目投资数额巨大，但投资质量（包括投资决策管理、实施过程和运行过程管理的质量）并不高。同时，更由于在工程建设市场中存在着大量不规范的市场行为，致使我国每年工程项目投资活动中的损失和浪费也是极其惊人的。解决这些问题的关键之一，是要对工程项目的全过程（从投资决策到投入运行）进行高水平的、科学的管理，即工程项目管理。工程建设投资活动的成败取决于工程项目的技术和管理水平，而关键在于管理水平，当前我国工程项目投资的主体主要是国家，提高我国的工程项目管理水平，对于提高我国国家投资项目的经济、社会和环境，充分发挥其促进我国国民经济增长和社会发展的作用就显得尤为重要。

6.4　城市地下管线探测工程项目管理的现状

6.4.1　城市地下管线探测工程项目及工程项目管理

1）城市地下管线工程概念

城市地下管线是城市基础设施的重要组成部分，是城市规划、建设、管理的重要基础信息。城市地下管线如给水、排水、燃气、电力、电信、热力、工业等管线，就像人体内的"血管"和"神经"，日夜担负着输送物质、能量和传输信息的功能，是城市赖以生存和发展的物质基础，被称为城市的"生命线"。

城市地下管线工程是指城市新建、扩建、改建的各类地下管线（含城市给水、排水、燃气、热力、电力、电信、工业等的地下管线）及相关的人防、地铁等工程。

2）城市地下管线探测工程项目管理

自1861年在上海埋下第一条煤气管道，首开我国的城市地下管线记载后，发展至今，尤其是改革开放以来地下管线种类越来越多，埋于地下的各种管线密如蛛网。由于种种原因，许多城市地下管线资料不全、不准，许多工程项目在施工过程中损坏地下管线的事故时有发生，造成重大的经济损失和不良的政治影响。因此，运用现代探测技术，对城市地下管线进行普查、建档与动态管理全过程进行的计划组织、协调和控制，以确地下管线工程项目在允许的费用和要求的质量标准下按期完成。

6.4.2　城市地下管线探测工程项目管理的现状

1　城市地下管线探测工程项目管理的沿革

1）建设部科学技术委员会"城市地下管线管理技术专业委员会"的成立

1861年在上海埋下第一条煤气管道以来，随着我国的城市化水平的提高，我国城市地下管线种类越来越多，埋于地下的各种管线密如蛛网，由于历史原因我国城市地下管线资料不全或是现势性管线埋设混乱等，时常出现挖断、损坏管线现象，每年损失达上百亿元。因此，清查城市地下管线，掌握城市地下隐藏工程是加快城市自身经济发展，加速现代化进程的保障，也是城市规划、建设、管理的需要。建设部与国家统计局首次在全国组织开展城市地下管线普查工作，这项量大面广的工作，除了强有力的行政管理与组织工作以外，需要技术方面的支持与协调，与此同时，随着改革开放的深入，有相当一批国家的企事业单位，主要是冶金（包括有色）、测绘、地矿等系统的研究、设计及作业队伍纷纷进城开展各类管线的探测以及检漏（水、气）、防腐等工作，还有国外仪器设备代理商等方面的力量，这为城市建设（地下管线）注入了新鲜的重要力量。他们大都脱离了原有部门传统的技术上的管理，客观上需要有一个组织进行技术交流、管理与协调工作。因此，1996年4月，建设部科学技术委员会成立了"城市地下管线管理技术专业委员会"。专业委员会成立后，主要是协助制定有关政策、规定，推动了城市地下管线普查技术、监理技术、地下管线信息系统建库和软件开发技术的发展；协助制定技术标准、手册，并组织宣传贯彻；1996年即在国内推动城镇供水管网漏水控制工作的开展，有400多个城市对供水管网进行了系统的漏水检测，效果显著；通过研讨、培训、展览等形式，推动技术交流，促进地下管线新技术、新产品、新成果的推广应用，并开展国际技术交流与合作；开展信息交流和宣传报道。

2）中国城市规划协会地下管线专业委员会成立

随着城市现代化程度的不断提高，地下管线的安全、高效运营成为城市建设科学管理的重要前提，为实现城市地下管线数字化，促进地下管线信息管理系统建设提供一个交流的平台，为政府主管部门制定相关政策法规和技术标准的制定提供客观准确的调研依据，不断推动新技术的推广应用，对集中统一地下管线规划管理，全面促进我国城市地下管线事业的进一步发展，2005年8月，中国城市规划协会城市地下管线专业委员会的正式成立，标志着我国城市地下管线管理迈向一个新台阶，中国城市规划协会地下管线专业委员会是城市地下管线相关行业的全国性社会团体，地下管线专业委员会由团体会员、个人会员组成。全国共有团体会员130多个，主要是城市规划、管线探测和专业权属管线单位。个人会员包括业内专家和有关部门负责人。地下管线专业委员会的宗旨是：贯彻执行党和政府的方针政策，遵守宪法、法律、法规，维护行业及相关单位的合法权益，反映会员愿望，促进行业的横向联系，发挥政府与行业之间的纽带作用，推动地下管线行业的发展和进步，为我国的城市规划、建设、管理服务。

地下管线专业委员会的业务范围主要有：

（1）组织研究城市地下管线行业深化改革和发展的有关问题，贯彻党和国家有关城市地下管线方面的方针、政策、法规；协助政府主管部门制定有关地下管线的技术政策、法规、标准等；

（2）总结交流地下管线行业在改革与管理方面的经验，推广新技术成果，评选先进，促进行业技术进步；

（3）组织开展城市地下管线各相关领域的咨询和技术服务活动；

（4）编辑出版城市地下管线协会会刊和信息资料；

（5）组织开展专业人才培训；

（6）组织开展地下管线国内外技术交流与合作；

（7）维护城市地下管线协会会员的合法权益，及时向中国城市规划协会和政府主管部门反映城市地下管线协会会员的意见、建议；

（8）承办政府主管部门和中国城市规划协会委托交办的和社会各界委托的其他工作，组织开展有关于协会的其他活动。

协会下设秘书处（办公室）、技术咨询与培训部、信息部。

2   城市地下管线探测工程项目管理的现状

从20世纪90年代中期以来，我国城市地下管线行业有了较快发展。1996年成立的建设部科学技术委员会"地下管线管理技术专业委员会"，制定和发布关于加强城市地下管线管理的政策性文件，对城市地下管线工作提出了明确要求。1998年建设部下发了"关于加强城市地下管线规划管理的通知"（建规〔1998〕69号）。"通知"中明确规定："未开展城市地下管线普查的城市，应尽快对城市地下管线进行一次全面普查，弄清城市地下管线的现状。有条件的城市应采用地理信息系统技术建立城市地下管线数据库，以便更好地对地下管线实行动态管理。"并严格了城市地下管线工程建设的完成和竣工测量制度。2004 年建设部第 136 号令《城市地下管线工程档案管理办法》发布，第一次以部令的形式明确了城市地下管线管理的行政主体和执法主体；地下管线规划、建设与管理的程序；规范了各责任主体的建设行为和管理行为；以及对违法行为进行处罚。

城市地下管线相关技术规范的编制与施行，促进了城市地下管线管理与技术的标准化、规范化建设。如《城市地下管线探测技术规程》（CJJ61-2003）、《城市供水管网漏损控制及评定标准》（CJJ92-2002）、《城镇供水管网漏水探测技术规程》（CJJ159-2011）以及《城市地下管线探测规程监理导则》（RISN-TG011-2010）的制定实施。

开展城市地下管线普查，建立地下管线信息管理系统。目前，我国已有 100 余个城市和 300 多个管线权属单位开展了地下管线普查工作，并建立了地下管线信息管理系统。还有一些城市正在积极开展普查工作。

地下管线管理技术领域不断拓展，城市地下管线规划建设管理工作已形成一个跨行业、跨专业领域、多学科相对独立的新行业。城市地下管线普查技术、地下管线信息系统建库和软件开发技术、监理技术都有了很大发展。我国使用国外的 GIS 平台开发管线信息管理系统；与此同时国产 GIS 平台研制成功，也开发出了地下管线信息管理系统。目前该系统功能齐全，既可实现信息共享，也可以对基础地理信息、管线信息进行修改和更新。监理技术向工程监理与数据监理相结合的"数字地下管线普查监理"过渡。目前，城市地下管线管理技术领域不断拓展，漏水控制技术、管道防腐检测技术、燃气泄漏检测技术、非开挖铺管等技术的应用推广，使地下管线管理技术服务领域不断拓展。

虽然地下管线管理工作取得一定进展，然而长期以来，由于历史和现实的种种原因致使地下管线管理滞后于城市建设发展水平，地下管线施工、维护过程中各类事故层出不穷，造成损失，由此揭示出的一些深层次矛盾日益突出，已成为城市建设和经济发展的瓶颈。在行业发展中，由于缺乏组织引导及相关配套建设，也存在诸多问题。

在城市规划建设上重地上建设、轻地下设施。对此，建设部领导就曾指出，"管网问题是当前市政公用事业发展关键问题。规划部门要从重视建筑转向更多地重视管网的规划建设。现在路网受到很大重视，但管网重视远远不够。要把注意力转到管网上来，这是实施规划和有序引导建设的重要工作。也是规划工作转变观念、转变工作重点的重要方面。"问题主要表现在各种管线配套建设不完善：旧城改造管线配套建设仍存"欠账"，许多年久失修的管线未能及时更新改造导致事故发生；新区的管线建设也存在不配套问题。如新建的污水处理厂，因管网建设不配套，使污水处理能力不能发挥作用，造成浪费。

城市地下管线家底不清，档案信息管理不全，重建轻管，动态更新不及时。目前，全国约 70% 的城市地下管线没有基础性城建档案资料，难以有效开展规划设计和施工，工程事故不断发生。据初步统计，全国每年因施工发生的管线事故所造成的直接经济损失约 50 亿元，间接经济损失估计约 400 亿元。即使已开展管线普查工作，建立地下管线信息管理系统的城市，由于管理不到位，动态更新不及时，甚至未实行动态管理，不能提供完整、准确、现势的管线信息，造成资源浪费，集中反映了城市信息管理方面缺乏必须严格遵循的制度。

管线权属单位各自为政，缺乏统筹协调，不能实现信息共享。主要表现为：城市地下管线统筹规划难，对管线设施的权属主体的管理混乱，管线"打架"现象时有发生。在工程建设和地下管线铺设施工中经常出现挖断管线，造成停水、停气、停热、停电和通讯中断的事故，影响城市生产和居民生活；地下管线的投资不同步、重复开挖多，集中反映了对管线的投资主体缺乏建设的统一协调或严格的规划建设管理，"拉链马路"在很多城市中普遍存在；一些管线权属单位在建和已建的地下管线信息管理系统，自成一体，不与其他管线互联互通，不能实现信息共享。

城市地下管线管理缺乏国家的法律法规。由于现阶段只有相关部委及地方政府制定的有关城市地下管线管理的政策规定，没有法律效力，并且尚不完备，这就造成城市政府相关部门对地下管线管理方面的职责不明，没有建立地下管线有效管理的社会机制。与国外发达国家相比，我们在地下管线法规建设方面的差距尤为明显。欧洲国家在管道规划、施工、共用管廊建设等方面都有着严格的法律规定。如德国、英国因管线维护更新而开挖道路，就有严格法律规定和审批手续，规定每次开挖不得超过 25m 或 30m，且不得扰民。

缺乏有效行业组织指导，市场监管不力，没有形成规范、有序的市场准入体系。地下管线作为一个新兴行业尚处于发展阶段，存在市场准入不规范、监管不力、无序竞争等现象。分析其原因，主要是缺乏有效的组织指导，缺乏市场行为规范约束以及行业组织监管不力。目前，管线工程队伍日益增多，竞争日趋激烈。但从全国平均或整体水平看，我们的专业队伍技术水平还不高，尤其是地方上的技术队伍（包括权属单位的队伍）力量还较薄弱。管线普查监理不规范，素质参差不齐。

技术发展不平衡，设备国产化水平较低。地下管线普查技术、地下管线信息系统建库和软件开发技术、漏水调查技术、管道防腐检测技术与非开挖铺管技术得到明显发展。但相形之下，在非金属管线探测、燃气管网泄漏检测、管线示踪记标、管道检测修复、共用管沟建设等方面，还有许多技术问题有待解决，地下管线整体水平有待提高。国产管线仪器、装备等硬件产品种类不多，也不配套，而且与国外产品相比技术含量、品质都有较大差距。

总之，地下管线作为城市重要基础设施，严重滞后于城市总体发展状况，已引起国家的重视。

6.5　城市地下管线探测工程项目管理的内容与特点

6.5.1　城市地下管线探测项目管理的基本内容

在城市地下管线探测工程项目管理的全过程中，为了取得各阶段目标和最终目标的实现，在进行各项活动中，必须加强管理工作。必须强调，城市地下管线探测工程项目管理的主体是以城市地下管线探测工程项目经理为首的项目经理部，即作业管理层，管理的客体是具体的施工对象、施工活动及相关生产要素。

1　城市地下管线探测工程项目管理组织的建立

1) 由企业采用适当的方式选聘称职的城市地下管线探测工程项目经理。

2) 根据城市地下管线探测工程项目组织原则，选用适当的组织形式，组建城市地下管线探测工程项目管理机构，明确责任、权限和义务。

3) 在遵守企业规章制度的前提下，根据城市地下管线探测工程项目管理的需要，制定城市地下管线探测工程项目管理制度。

2　城市地下管线探测工程项目管理的规划

城市地下管线探测工程项目管理规划是对城市地下管线探测工程项目管理目标、组织、内容、方法、步骤、重点进行预测和决策，做出具体安排的纲领性文件。城市地下管线探测工程项目管理规划的内容主要有：

1）进行工程项目分解，形成施工对象分解体系，以便确定阶段控制目标，从局部到整体地进行施工活动和进行城市地下管线探测工程项目管理。

2）建立城市地下管线探测工程项目管理工作体系，绘制城市地下管线探测工程项目管理工作体系图和城市地下管线探测工程项目管理工作信息流程图。

3）编制施工管理规划，确定管理点，形成文件，以利执行。现阶段这个文件便以施工组织设计代替。

3　城市地下管线探测工程项目的目标控制

城市地下管线探测工程项目的目标有阶段性目标和最终目标。实现各项目标是城市地下管线探测工程项目管理的目的所在。因此应当坚持以控制论原理和理论为指导，进行全过程的科学控制。城市地下管线探测工程项目的控制目标分为：进度控制目标；质量控制目标；成本控制目标；安全控制目标；施工现场控制目标。

由于在城市地下管线探测工程项目目标的控制过程中，会不断受到各种客观因素的干扰，各种风险因素有随时发生的可能性，故应通过组织协调和风险管理，对城市地下管线探测工程项目目标进行动态控制。

4　城市地下管线探测工程项目生产要素的优化配置和动态管理

城市地下管线探测工程项目的生产要素是城市地下管线探测工程项目目标得以实现的保证，主要包括：劳动力、材料、设备、资金和技术（即 5M）。

生产要素管理的三项内容包括：

1）分析各项生产要素的特点。

2）按照一定原则、方法对城市地下管线探测工程项目生产要素进行优化配置，并对配置状况进行评价。

3）对城市地下管线探测工程项目的各项生产要素进行动态管理。

5　城市地下管线探测工程项目的合同管理

由于城市地下管线探测工程项目管理是在市场条件下进行的特殊交易活动的管理，这种交易活动从投标开始，并持续于项目管理的全过程，因此必须依法签订合同，进行履约经营。合同管理的好坏直接涉及项目管理及工程施工的技术经济效果和目标实现。因此要从招投标开始，加强工程承包合同的签订、履行管理。合同管理是一项执法、守法活动，市场有国内市场和国际市场，因此合同管理势必涉及国内和国际上有关法规和合同文本、合同条件，在合同管理中应予高度重视。为了取得经济效益，还必须注意搞好索赔，讲究方法和技巧，提供充分的证据。

6　城市地下管线探测工程项目的信息管理

现代化管理要依靠信息。城市地下管线探测工程项目管理是一项复杂的现代化的管理活动，更要依靠大量信息及对大量信息的管理。而信息管理又要依靠计算机进行辅助。所以，进行城市地下管线探测工程项目管理和城市地下管线探测工程项目目标控制。动态管理，必须依靠信息管理，并应用计算机进行辅助。需要特别注意信息的收集与储存，使本项目的经验和教训得到记录和保留，为以后的项目管理服务，故认真记录总结，建立档案及保管制度是非常重要的。

6.5.2　城市地下管线探测项目管理的知识体系

现代项目管理所需的许多知识是独特的，或者说基本上是独特的。例如，项目工期管理与计划管理中的关键路径分析和工作结构分解方法等都是专门用于项目管理的。但是现代项目管理的知识体系还包括许多其他方面的知识，或者说与其他方面的知识是相互关联的。与项目管理知识体系关联最紧的是一般管理知识和项目所涉及的具体专业领域知识。城市地下管线探测项目管理知识关联知识的主要内容如下：

1　一般管理知识

一般管理知识体系的主要内容包括：

对于企业运营过程的管理知识。这包括：企业运营的计划管理、组织管理、决策、领导和管理控制等方面的内容。

对于企业资源的管理知识。这包括：企业人力资源管理、财务管理、设备与固定资产管理、信息资源管理、供应与存货管理等方面的内容。

一般管理中的专业性管理知识。这包括：企业信息系统的管理、产品与服务质量的管理、企业物流管理、企业形象管理等方面的内容。

一般管理的知识是用于管理企业运营各方面工作的一整套理论与方法，它也可以在城市地下管线探测项目管理中使用。在项目管理中一般管理知识的应用与在运营管理中的应用原理基本上是相同的。城市地下管线探测项目管理所涉及的一般管理知识主要包括下述几个方面：

1）计划管理知识

计划管理是一般管理中的首要职能，因为任何一项有关组织的工作都必须从计划管理开始。实际上，没有计划管理，任何有组织的活动就失去了管理的依据，都无法很好地开展，就更别说完成计划任务和实现工作目标了，因为没有计划管理就根本没有计划和目标。中国有句格言，"凡事预则立，不预则废。""预"就是计划管理，由此可见计划管理的重要性。

计划管理的主要作用是制定各种各样的计划和安排，从大政方针性的战略计划一直到一般工作的作业计划的制订。计划管理的另一项作用是对既定计划的调整和修订，这是在出现各种环境和条件发生变化的情况下，或工作目标发生变化的时候所开展的一种计划管理工作。不管是计划制定还是计划修订，这些计划管理工作以及它所生成的计划管理文件通常有如下作用：是管理者进行指挥和协调的依据，是管理者开展管理控制的基准，是降低不确定性的手段，是提高效率和效益的工具，同时也是激励人员士气的武器。

计划管理是一项非常重要的管理职能，不管一般运营管理，还是项目管理，计划管理是首要的和必不可少的，只是一般运营管理和项目管理的计划管理在原理、方法和指导思想等方面有所不同而已。其中，有许多一般运营管理中所使用的原理、方法和指导思想是可以在项目管理中使用。

2）组织管理知识

在一般管理中组织管理同样是一项重要的管理职能，它的主要职能包括：分工和部门化的职能（将组织的任务按一定的标志分工后，再按一定准则将有共性的工作组合在一起，从而构建承担相同任务的组织部门）；确定和安排一个组织中的责、权、利关系（这种责、权关系使组织的每个部门和岗位都有明确的权力和责任，使整个组织有明确的上下级负责关系和指挥命令体系）；构建组织的分工协作体系（将一个组织集成为一个有机的整体）；组织能力的培养（提升一个组织的整体能力）。

组织管理的主要作用是使一群毫无关联的个体组织成为一个有机的整体，使这些个体能够通过组织管理构件的组织系统去实现既定的组织目标和使命，同时是组织的每个个体能够获得受益。组织管理的另一个职能是分配和协调组织的权力与责任，从而形成组织的指挥与命令系统和权力体系。这既包括各个部门的权力和责任的分配与协调，也包括各个管理岗位的责任与权力的分配与协调。另外，组织管理还具有促进和实施组织变革的作用，这可以使一个组织保持活力、积极适应环境变化和保持高效。

一般管理中的组织管理知识只有一部分可以在项目管理中使用。因为二者在组织形式上有很大的不同，一般管理的运营组织多数采用直线职能制或事业部制的组织形式，而项目组织多数采用项目制或矩阵制的组织。这使得一般运营管理和项目管理在组织管理方面存在着一定的差别，所以我们在项目组织管理中不能够完全生搬硬套一般管理中的组织管理知识。

3）领导知识

领导同样是一般管理中的一项非常重要的管理职能。关于领导的概念历来有许多不同的解释。传统管理认为：领导是指由组织赋予一个人权力以率领其部下去实现组织既定目标的管理工作。现代管理认为：领导是一种行为和过程，是运用各种组织赋予的职权和个人拥有的影响权等方面的权力，去影响他人的行为，为实现组织目标服务的管理行为和过程。

领导的主要管理工作内容包括：为被领导者指明方向和任务，这既包括为组织指明未来的远景和为此所需要采用的战略，也包括为被领导者指明方向和日常工作任务；运用权力影响他人行为的工作，这包括如何组织和协调全体人员的行动，如何将组织的目标、远景、任务等传达给组织成员，使他们能够共同合作并为实现组织的目标和远景而工作；运用各种方式方法去激励自己的下属，这既包括运用身先士卒的方法去激励士气，也包括运用各种激励手段去促进人们的工作和提高工作绩效。

一般管理理论认为，影响领导效果的关键因素有三个：其一是领导者，因为领导者本身的能力、经验、背景、知识和价值观念等因素直接影响到领导工作的效果；其二是被领导者，被领导者本身的能力、经验、背景、专业知识、责任心、成熟程度和价值观念等因素也直接影响到领导工作的效果；其三是领导环境，即领导工作所面临的各种环境因素。领导效果的这些决定因素可以用图 6-4 给出更为清楚的说明。

一般管理中的领导理论和方法等方面的知识有一部分是可以在项目管理中使用的，但是也有一些不能够简单地套用。在一个项目中，尤其是一个大型项目的管理过程中，项目经理是领导者，但是项目的领导工作却并不仅仅是项目经理的事，因为在项目管理中项目相关利益主体的各种管理人员都会进行一些领导活动，尤其是决策活动，而在一般管理中这一类的领导工作只是高层管理者的事情。

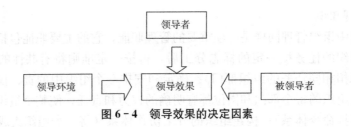

图 6-4　领导效果的决定因素

4）管理控制知识

管理控制在一般管理中与计划管理、组织管理和领导等一起构成了管理的基本职能。管理控制知识中最主要的内容是对照管理控制标准找出组织实际工作中的问题和原因，然后采取纠偏措施，从而使组织工作能够按计划进行，并最终实现组织目标。

管理控制的主要作用是：限制工作偏差的积累，从而避免给组织造成严重的问题和损失；适应环境和条件的变化，在实际环境和条件发生变化时，通过管理控制可以从设法改进实际工作和设法调整计划与修订目标去适应环境的变化；降低成本和提高绩效，管理控制通过各种专项和集成的控制措施去实现这一目标；使组织工作处于受控状态，通过全面的管理控制使组织处于一种有序和受控的状态，而不出现失控的情况。

在一般管理中，管理控制的主要工作内容包括：制定管理控制标准，因为控制标准是管理控制的依据；度量实际工作，即衡量、检查和给出具体度量结果，生成实际工作情况信息的管理控制工作；比较实际和标准并找出问题、原因和解决方法；采取纠偏措施，通过采取纠偏措施解决问题、消除偏差和产生问题与偏差的原因，从而使工作恢复到正常运营和受控状态。

一般管理的控制工作与项目管理的控制工作从原理上有许多相同之处，但是在管理控制的许多内容、方法、程序等方面也有不同之处。这些不同之处都是由于项目管理与一般运营管理的诸多不同特性所造成的。

2　城市地下管线探测项目所属专业领域的专业知识

这是指与具体项目所涉及的专业领域有关的各种专业知识。如图 6-5 所示，项目所涉及的专业知识通常包括下列三个方面：

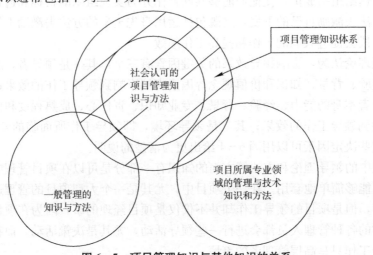

图 6-5　项目管理知识与其他知识的关系

专业技术知识：这是指城市地下管线探测项目所涉及的具体专业领域中的专业技术知识。例如，应用地球物理探测、数字测绘等。

专业管理知识：这是指城市地下管线探测项目所涉及的具体专业领域中的专业管理知识。

专门行业知识：这是指城市地下管线探测项目所涉及的具体产业领域中的一些专门的知识。

6.5.3 城市地下管线探测项目管理的特征

城市地下管线探测项目是多专业组合（应用地球物理探测、数字测绘、管理系统）几十家单位组合（规划、建设、档案、探测、监理、产品质量、管线产权单位）的整体项目，同时也是同步连接的项目（城市地质、地下管线数据采集—数据入库—管理系统运行—出台政策法规—动态维护—数据更新—数据现势）。

第7章 城市地下管线探测工程项目管理组织机构

7.1 城市地下管线探测工程项目管理组织机构的职能和作用

城市地下管线探测工程项目管理组织机构与企业管理组织机构是局部与整体的关系。组织机构设置的目的是为了进一步充分发挥项目管理功能，提高项目整体管理效率，以达到项目管理的最终目标。因此，企业在推行项目管理中合理设置项目管理组织机构是一个至关重要的问题。高效率的组织体系和组织机构的建立是城市地下管线探测工程项目管理成功的组织保证。

7.1.1 组织的概念

"组织"有两种含义。组织的第一种含义是作为名词出现的，指组织机构。组织机构是按一定领导体制、部门设置、层次划分、职责分工、规章制度和信息系统等构成的有机整体，是社会人的结合形式，可以完成一定的任务，并为此而处理人和人、人和事、人和物的关系。组织的第二种含义是作为动词出现的，指组织行为（活动），即通过一定权力和影响力，为达到一定目标，对所需资源进行合理配置，处理人和人、人和事、人和物关系的行为（活动）。管理职能是通过两种含义的有机结合而产生和起作用的。

城市地下管线探测工程项目管理组织，是指为进行城市地下管线探测工程项目管理、实现组织职能而进行组织系统的设计与建立、组织运行和组织调整三个方面。组织系统的设计与建立，是指经过筹划、设计，建成一个可以完成城市地下管线探测工程项目管理任务的组织机构，建立必要的规章制度，划分并明确岗位、层次、部门的责任和权力，建立和形成管理信息系统及责任分担系统，并通过一定岗位和部门内人员的规范化的活动和信息流通实现组织目标。

7.1.2 组织的职能

组织职能是项目管理基本职能之一，其目的是通过合理设计和职权关系结构来使各方面的工作协同一致。项目管理的组织职能包括五个方面：

1）组织设计。包括选定一个合理的组织系统，划分各部门的权限和职责，确立各种基本的规章制度。包括生产指挥系统组织设计、职能部门组织设计等等。

2）组织联系。就是规定组织机构中各部门的相互关系，明确信息流通和信息反馈的渠道，以及它们之间的协调原则和方法。

3）组织运行。就是按分担的责任完成各自的工作，规定各组织体的工作顺序和业务管理活动的运行过程。组织运行要抓好三个关键性问题，一是人员配置；二是业务交圈；三是信息反馈。

4）组织行为。就是指应用行为科学、社会学及社会心理学原理来研究、理解和影响组织中人们的行为、言语、组织过程、管理风格以及组织变更等。

5）组织调整。组织调整是指根据工作的需要，环境的变化，分析原有的项目组织系统的缺陷、适应性和效率性，对原组织系统进行调整和重新组合，包括组织形式的变化、人员的变动、规章制度的修订或废止、责任系统的调整以及信息流通系统的调整等。

7.1.3　组织机构的作用

1　组织机构是城市地下管线探测工程项目管理的组织保证

项目经理在启动项目实施之前，首先要做组织准备，建立一个能完成管理任务、令项目经理指挥灵便、运转自如、效率很高的项目组织机构——项目经理部，其目的就是为了提供进行城市地下管线探测工程项目管理的组织保证。一个好的组织机构，可以有效地完成城市地下管线探测工程项目管理目标，有效地应付环境的变化，有效地供给组织成员生理、心理和社会需要，形成组织力，使组织系统正常运转，产生集体思想和集体意识，完成项目管理任务。

2　形成一定的权力系统以便进行集中统一指挥

权力由法定和拥戴产生。"法定"来自于授权，"拥戴"来自于信赖。法定或拥戴都会产生权力和组织力。组织机构的建立，首先是以法定的形式产生权力。权力是工作的需要，是管理地位形成的前提，是组织活动的反映。没有组织机构，便没有权力，也没有权力的运用。权力取决于组织机构内部是否团结一致，越团结，组织就越有权力、越有组织力，所以城市地下管线探测工程项目组织机构的建立要伴随着授权，以便使权力的使用能够实现城市地下管线探测工程项目管理的目标。要合理分层，层次多，权力分散；层次少，权力集中。所以要在规章制度中把城市地下管线探测工程项目管理组织的权力阐述明白，固定下来。

3　形成责任制和信息沟通体系

责任制是城市地下管线探测工程项目组织中的核心问题。没有责任也就不成其为项目管理机构，也就不存在项目管理。一个项目组织能否有效地运转，取决于是否有健全的岗位责任制。城市地下管线探测工程项目组织的每个成员都应肩负一定责任，责任是项目组织对每个成员规定的一部分管理活动和生产活动的具体内容。

信息沟通是组织力形成的重要因素。信息产生的根源在组织活动之中，下级（下层）以报告的形式或其他形式向上级（上层）传递信息；同级不同部门之间为了相互协作而横向传递信息。越是高层领导，越需要信息，越要深入下层获得信息。原因就是领导离不开信息，有了充分的信息才能进行有效决策。

综上所述可以看出组织机构非常重要，在项目管理中是一个焦点。一个项目经理建立了理想有效的组织系统，他的项目管理就成功了一半。项目组织一直是各国项目管理专家普遍重视的问题。据国际项目管理协会统计，各国项目管理专家的论文，有1/3是有关项目组织的。我国建筑业体制的改革及推行、城市地下管线探测工程项目管理的研究等，说到底就是个组织问题。

7.2　城市地下管线探测工程项目管理组织机构的设置原则

1　目的性的原则

城市地下管线探测工程项目组织机构设置的根本目的，是为了产生组织功能，实现城市地下管线探测工程项目管理的总目标。从这一根本目标出发，就会因目标设事、因事设机构定编制，按编制设岗位定人员，以职责定制度授权力。

2　精干高效原则

城市地下管线探测工程项目组织机构的人员设置，以能实现城市地下管线探测工程项目所要求的工作任务（事）为原则，尽量简化机构，作到精干高效。人员配置要从严控制二三线人员，力求一专多能，一人多职。同时还要增加项目管理班子人员的知识含量，着眼于使用和学习锻炼相结合，以提高人员素质。

3　管理跨度和分层统一的原则

管理跨度亦称管理幅度，是指一个主管人员直接管理的下属人员数量。跨度大，管理人员的接触关系增多，处理人与人之间关系的数量随之增大。跨度（N）与工作接触关系数（C）的关系公式是有名的邱格纳斯公式，是个几何级数，当 $N=10$ 时，$C=5210$。故跨度太大时，领导者及下属常会出现应接不暇之烦。组织机构设计时，必须使管理跨度适当。然而跨度大小又与分层多少有关。不难理解，层次多，跨度会小；层次少，跨度会大。这就要根据领导者的能力和城市地下管线探测工程项目的大小进行权衡。美国管理学家戴尔曾调查 41 家大企业，管理跨度的中位数是 6～7 人之间。对城市地下管线探测工程项目管理层来说，管理跨度更应尽量少些，以集中精力于施工管理。在鲁布格工程中，项目经理下属 33 人，分成了所长、课长、系长、工长四个层次，项目经理的跨度是 5。项目经理在组建组织机构时，必须认真设计切实可行的跨度和层次，画出机构系统图，以便讨论、修正、按设计组建。

4　业务系统化管理原则

由于城市地下管线探测工程项目是一个开放的系统，由众多子系统组成一个大系统，各子系统之间，子系统内部各单位工程之间，不同组织、工种、工序之间，存在着大量结合部，这就要求项目组织也必须是一个完整的组织结构系统，恰当分层和设置部门，以便在结合部上能形成一个相互制约、相互联系的有机整体，防止产生职能分工、权限划分和信息沟通上相互矛盾或重叠。要求在设计组织机构时以业务工作系统化原则作指导，周密考虑层间关系、分层与跨度关系、部门划分、授权范围、人员配备及信息沟通等；使组织机构自身成为一个严密的、封闭的组织系统，能够为完成项目管理总目标而实行合理分工及协作。

5　弹性和流动性原则

工程建设项目的单件性、阶段性、露天性和流动性是城市地下管线探测工程项目生产活动的主要特点，必然带来生产对象数量、质量和地点的变化，带来资源配置的品种和数量变化。于是要求管理工作和组织机构随之进行调整，以使组织机构适应施工任务的变化。这就是说，要按照弹性和流动性的原则建立组织机构，不能一成不变。要准备调整人员及部门设置，以适应工程任务变动对管理机构流动性的要求。

6　项目组织与企业组织—体化原则

项目组织是企业组织的有机组成部分，企业是它的母体，归根结底，项目组织是由企业组建的。从管理方面来看，企业是项目管理的外部环境，项目管理的人员全部来自企业，项目管理组织解体后，其人员仍回企业。即使进行组织机构调整，人员也是进出于企业人才市场的。城市地下管线探测工程项目的组织形式与企业的组织形式有关，不能离开企业的组织形式去谈项目的组织形式。

7.3　城市地下管线探测工程项目管理组织结构的形式

组织形式亦称组织结构的类型，是指一个组织以什么样的结构方式去处理层次、跨度、部门设置和上下级关系。城市地下管线探测工程项目组织的形式与企业的组织形式是不可分割的。加强城市地下管线探测工程项目管理就必须进行企业管理体制和内部配套改革。城市地下管线探测工程项目的组织形式有直线型项目组织、部门控制式项目组织、矩阵制项目组织和事业部制项目组织。

7.3.1　直线职能型组织

直线职能型组织是一种层次型的，主要适用于运营性企业的组织结构。例如，现有的加工制造企业多数是采用这种组织结构。在这种组织结构中，每个雇员都有一个直接的上级，雇员需要接受他的领导并向他汇报，以保证组织的直线指挥系统能够充分发挥作用。这种组织中的雇员基本上是按照专业化分工的和划分部门的，所以在这种组织中除了直线指挥系统之外，还有一系列的职能管理部门，它们负责企业或组织各方面的职能管理工作。例如，企业的供应部门负责原材料的采购与供应，销售部门负责产品的营销，财务部门负责企业的财务管理，人力资源部门负责企业的人力资源管理等。

这种直线职能型组织也可以用于完成某些项目，也可以在组织内部建立相关的项目团队，但是这种项目团队多数是按照直线职能型组织的职能部门组建的，这种项目团队的多数成员属于同一个职能部门。在这种项目团队中，项目经理和项目管理人员都是兼职的，一般不从直线职能型组织的其他部门选调专职的项目工作人员。这种团队的项目经理权力和权威性很小，甚至很少使用"项目经理"这一头衔，而只是简单地称为"项目协调人"。例如，当一个直线职能型组织开发一项新产品时，他们往往将设计阶段的任务称为"设计项目"，交给由设计部门人员构成的项目团队去完成，而把新产品试制阶段的任务称为"试制项目"，交由试制或生产车间人员构成的项目团队去完成。如果在试制中遇到了问题，试制项目的人员会按照组织层次，通过部门领导去向"设计项目"的人员进行咨询和商讨。这种直线职能型组织中对于开展项目管理是十分不利的。

这种直线职能型项目组织的结构如图 7 - 1 所示。

7.3.2　项目型组织

项目型组织是一种模块式的组织结构，它主要适合于开展各种业务项目的企业，是一种专门为开展一次性和独特性的项目任务而建立的组织结构。例如，现有的建筑施工企业、系统开发与集成企业和管理咨询企业等多数都采用这种组织结构。在项目型组织中，

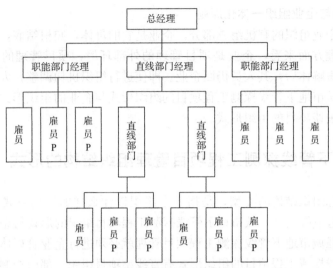

图 7-1　直线职能型组织中的项目团队结构示意图

雇员多数属于某个项目团队，而项目团队通常是多种职能人员组合而成的。在这种组织中也会有一定数量的职能部门负责整个企业的职能管理业务。例如，人力资源管理、财务管理和业务管理部门等。项目型组织的职能部门一般不行使对项目经理的直接领导，只是为各种项目提供支持或服务。

　　这种项目型组织的主要使命是开展各种业务项目。在这种组织中，绝大多数人员专门从事项目工作，只有少数人从事职能管理工作。这种组织中的项目经理是专职的，而且具有较大的权力和很高的权威性。这种组织的项目团队由专职项目经理、项目管理人员、项目工作人员和少量临时抽调的项目工作人员构成。例如，一个管理咨询公司中专门负责"战略管理咨询"的项目团队，有专职的项目经理、项目管理人员和专职的项目工作人员，在开展一些特殊行业的"战略管理咨询"时才会从本公司或外公司聘用少量熟悉这一特殊行业的专业人员参加项目团队的工作。项目型组织是非常适合于开展项目和项目管理的一种组织形式，所以多数从事业务项目经营活动的企业都采取这种组织结构和模式。这种项目型组织的结构如图 7-2 所示。

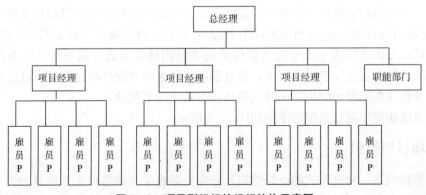

图 7-2　项目型组织的组织结构示意图

7.3.3　矩阵型组织

矩阵型组织是一种直线职能型组织和项目型组织的混合物，这种组织结构中既有适合于日常运营的直线职能型组织结构，又有适合于完成专门任务的项目型组织结构，因此它适合于既有日常运营业务，又有项目工作的企业或组织。例如，各种综合性医院、高等院校、软件开发企业和科研机构等。这种组织结构根据直线职能制和矩阵制的混合程度不同，又可以分为强矩阵型组织、弱矩阵型组织和均衡矩阵型组织。强弱不同的矩阵型组织分别保留了不同程度的直线职能型组织的特点。例如，在弱矩阵型组织中，项目经理的角色主要是协调者或促进者的角色，项目经理的权威性较低，有的项目经理甚至还是兼职的。同时，矩阵型组织也具有许多项目型组织的特点。例如，在强矩阵型的项目组织中，有专职的项目经理、专职的项目管理队伍，项目经理也具有较大的权力等。

矩阵型组织的主要特色是它的专业职能部门构成了矩阵型组织的"列"，同时这种组织建立的项目团队构成了矩阵型组织的"行"。矩阵型组织从不同职能部门抽调各种专业人员组成一个个项目团队，当这些项目团队的任务结束以后，项目团队的人员又可以回到原来的专业职能部门中去，所以它具有很大的灵活性。例如，一个综合性医院会有内科、外科、脑系科等各种各样的医疗科室，但是当需要组织各种救灾、外援医疗队的时候，他们会从不同的科室中抽调各种专业医护人员，任命专门的医疗队长，组成专门的医疗队去完成一项救灾或外援任务，但是一旦任务完成，医疗队就会解散，这些医护人员就各自回到自己原来的科室。矩阵型组织又有三种强弱不同的类型。

1　弱矩阵型组织

这种矩阵型组织与直线职能型组织相似，但是这种组织有自己正式设立的项目团队，这种项目团队的一部分人员是专职从事项目工作的。虽然这种项目团队多数是临时性的，但是团队的大部分人是专门从事项目工作的。当然，这种组织的项目团队不是非常正规，这种组织的项目团队经理和项目管理人员多数是兼职的，而且他们的权力是十分有限。由于这种组织中项目团队的临时性很强，它们的权力和影响力较弱，所以它们获得各种资源的权利有限，因此这种组织被称为弱矩阵型组织其结构如图 7-3 所示。

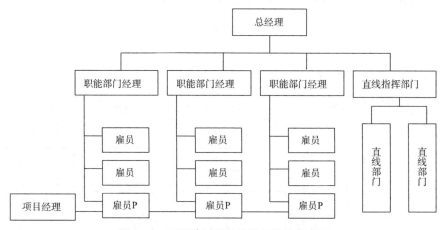

图 7-3　弱矩阵型组织的组织结构示意图

2　均衡矩阵型组织

这种矩阵型组织是直线职能型组织体制和项目型组织体制两种体制相对均衡的一种组织形式，它兼有直线职能型组织和项目型组织两方面的特性。在这种组织中，不但有正式设立的项目团队，而且这种项目团队有较大一部分人员是专职从事项目工作的。这种组织中的项目团队既有专职的，也有兼职的项目管理人员。这种组织的项目经理可以是专职的，也可以是兼职的，他们的权力比直线职能型组织中的项目经理大，但是比项目型组织中的项目经理小。这种组织获得资源的权利也是介于直线职能型和项目型组织的项目团队之间的。因此，这种组织被称为均衡矩阵型组织，这种组织的结构如图7-4所示。

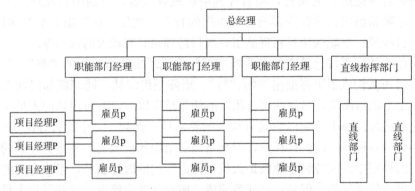

图7-4　均衡矩阵型组织的组织结构示意图

3　强矩阵型组织

这种矩阵型组织与项目型组织非常相似，所以在许多方面与项目型组织相近。这种组织中的直线部门只是一些相对不很重要的生产部门，它们所获得的资源和它们所具有的权力性相对都比较弱。这种组织中有正式设立的项目团队，绝大多数人员是专职从事项目工作的。这种组织中会有很多项目，所以专职从事项目工作的人在一个项目团队解散以后会很快转到另一个项目团队。这种组织的项目经理和项目管理人员一般是专职的，他们的权力和他们获得资源的权利都较大。这种组织的主要资源被投入到了项目团队中。因此这种组织被称为强矩阵组织，这种组织的结构如图7-5所示。

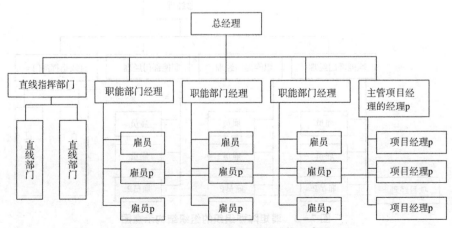

图7-5　强矩阵型组织的组织结构示意图

7.3.4 组合型组织

组合型组织是一种集成直线职能型、矩阵型和项目型组织的全面组合。这种组织既有直线职能部门，又有为完成各类项目而设立的矩阵型组织和项目型组织。从项目型组织的特性上说，这种组织有自己专门的项目队伍，这种项目队伍设立有自己的管理规章制度，他们使用与本企业直线职能部门不同的规章制度，他们可以建立独立的报告和权力体系结构。同时，这类组织的直线职能部门和项目部门与项目队伍还可以为完成一些特定的项目而按照矩阵型组织的方法去组织项目团队，在项目完成后这种项目团队的人员可以回到原有的职能部门或项目部门中去，因此这种组织具有浓厚的矩阵型组织的色彩。这种组织的结构如图7-6所示。

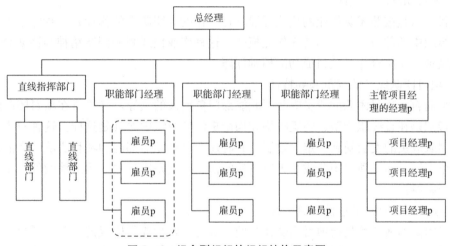

图 7-6　组合型组织的组织结构示意图

7.4　项目团队

现代项目管理十分强调项目团队的组织建设和按照团队作业的方式去开展项目工作，这就使得项目团队及其建设成了项目组织管理中一项十分重要的内容。

7.4.1　团队的定义与特性

现代项目管理有关项目团队的概念包括很多方面，其中最主要的是对于项目团队和项目团队特性的定义。

1　项目团队的定义

现代项目管理认为：项目团队是由一组个体成员，为实现一个具体项目的目标而组建的协同工作队伍。项目团队的根本使命是在项目经理的直接领导下，为实现具体项目的目标，完成具体项目所确定的各项任务，而共同努力、协调一致和科学高效地工作。项目团队是一种临时性的组织，一旦项目完成或者中止，项目团队的使命即告完成或终止，随之项目团队即告解散。

2 项目团队的特性

一般认为，项目团队作为一种临时性组织，它主要具有如下几个方面的特性：

1）项目团队的目的性

项目团队这种组织的使命就是完成某项特定的任务，实现某个特定项目的既定目标，因此这种组织具有很高的目的性，它只有与既定项目目标有关的使命或任务，而没有、也不应该有与既定项目目标无关的使命和任务。

2）项目团队的临时性

这种组织在完成特定项目的任务以后，其使命即已终结，项目团队即可解散。在出现项目中止的情况时，项目团队的使命也会中止，此时项目团队或是解散，或是暂停工作，如果中止的项目获得解冻或重新开始时，项目团队也会重新开展工作。

3）项目团队的团队性

项目团队是按照团队作业的模式开展项目工作的，团队性的作业是一种完全不同于一般运营组织中的部门、机构的特殊作业模式，这种作业模式强调团队精神与团队合作。这种团队精神与团队合作是项目成功的精神保障。

4）项目团队成员的双重领导特性

一般而言，项目团队的成员既受原职能部门负责人的领导，又受所在项目团队经理的领导，特别是在直线职能型、弱矩阵型和均衡矩阵型组织中尤其是这样。这种双重领导会使项目团队成员的发展受到一定的限制，有时还会出现职能部门和项目团队二者的领导和指挥命令不统一而使项目团队成员无所适从的情况，这是影响项目团队绩效的一个很重要的项目团队特性。

5）项目团队具有渐进性和灵活性

项目团队的渐进性是指项目团队在初期一般是由较少成员构成的，随着项目的进展和任务的展开项目团队会不断地扩大。项目团队的灵活性是指项目团队人员的多少和具体人选也会随着项目的发展与变化而不断调整。这些特性也是与一般运营管理组织完全不同的。

7.4.2 项目团队的创建与发展

一般意义上的团队是由于在兴趣、爱好、技能或工作关系等方面的共同目标而自愿组合，并经组织授权、批准的一个群体。例如，学校中有相同兴趣的师生所组成的各种兴趣小组；企业中有相同爱好的人组成的篮球队、足球队等都是一般意义上的团队。但是，项目团队是由于"工作"方面的共同目标而组建的团队，所以在项目团队创建与发展方面也有一般团队建设与发展的特性。

根据塔克曼提出的团队发展四阶段模型可知，任何团队的建设和发展都需要经历：形成阶段、震荡阶段、规范阶段和辉煌阶段这样四个阶段。这四个阶段依次展开形成了一个团队从创建到发展壮大和取得辉煌的过程。项目团队也不例外，它的创建与发展同样要经历这四个阶段。项目团队创建与发展四个阶段如图7-7所示。

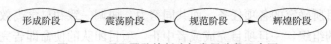

形成阶段 → 震荡阶段 → 规范阶段 → 辉煌阶段

图7-7 项目团队的创建与发展阶段示意图

图 7-7 中各个阶段的具体内容如下：

1）形成阶段

项目团队的形成阶段是团队的初创和组建阶段，这是一组个体成员转变为项目团队成员的阶段。在这一阶段中，项目团队的成员从不同的部门或组织抽调出来而构成一个统一的整体，全体团队人员开始相互认识到相互熟悉。在这个阶段中，团队成员由个体而归属于一个团队，总体上有一种积极向上的愿望，并急于开始工作和展示自己。整个项目团队也要努力去建立团队形象，并试图对要完成的工作进行分工和制订计划。然而，由于项目团队尚处于形成阶段，几乎还没有进行实际的工作，团队成员不了解他们自己的职责及角色以及其他项目团队成员的角色与职责，所以在这一阶段中团队的每个成员都有一个如何适应新环境和新团队成员关系的问题。在这一阶段，项目经理需要为整个团队明确方向、目标和任务，为每个人确定职责和角色，以创建一个良好的项目团队。

这一阶段的项目团队成员对于工作和人际关系都处于一种高度焦虑状态，团队成员的情绪特点包括：激动、希望、怀疑、焦急和犹豫，在心理上处于一种极不稳定的阶段。项目团队的每个人在这个阶段都有很多疑问：团队的目的是什么？其他的团队成员是谁？他们怎么样？等等。每个人在这一阶段都急于知道他们是否能够与其他团队成员合得来，都担心他们在项目中的角色是否与自己的个人能力和职业、兴趣等相一致。为使项目团队的成员能够明确目标、方向和人际关系，项目经理一定要不断地向团队成员们说明项目的目标，并设想和宣传项目成功的美好前景以及项目成功所能带来的利益和所能产生的好处。项目经理要及时公布有关项目的工作范围、质量标准、预算及进度计划的要求、标准和限制。项目经理应向团队成员说明他们各自的角色、任务和他们与其他团队成员之间的关系，只有这样才能完成项目团队形成阶段的工作。

2）震荡阶段

震荡阶段是项目团队发展的第二阶段。在这一阶段项目团队已经建成，团队成员按照分工开始了初步合作，各个团队成员开始着手执行分配给自己的任务并缓慢地推进工作，大家对项目目标逐步得到明确。但是很快就会有一些团队成员发现各种各样的问题，有些成员会发现项目的工作与个人当初的设想不一致，有些会发现项目团队成员之间的关系与自己期望的不同，有些甚至会发现在工作、人际关系中存在着各种各样的矛盾和问题。例如，项目的任务比预计的繁重或困难，项目的环境条件比预计的恶劣，项目的成本或进度计划的限制比预计的更加紧张，人际关系比设想的要复杂等等。甚至有些团队成员与项目经理和管理人员会发生矛盾和抵触，他们越来越不满意项目经理的指挥或命令，越来越不愿意接受项目管理人员的管理。

这一阶段项目团队成员在工作和人际关系方面都处于一种剧烈动荡的状态，团队成员的情绪特点是：紧张、挫折、不满、对立和抵制。因为很多人在这一阶段中由于原有预期的破灭，或实际与期望之间的差距而产生了很大的挫折感。这种挫折感造成了人们愤怒、对立和冲突的情绪，这些情绪又造成了关系紧张、气氛恶化、矛盾、冲突和抵触相继出现。在震荡阶段，项目经理需要应付和解决出现的各种问题和矛盾，需要容忍不满的出现，解决冲突，协调关系，消除团队中的各种震荡因素，要引导项目团队成员根据任务和其他团队成员的情况，对自己的角色及职责进行调整。项目经理必须要对项目团队每个成员的职责、团队成员相互间的关系、行为规范等进行明确的规定和分类，使每个成员明白无误地了解自己的职责、自己与他人的关系。另外，在这一阶段中项目经理有必要邀请项目团队的成员积极参与解决问题和共同做出相关的决策。

3）规范阶段

在经受了震荡阶段的考验后，项目团队就进入了正常发展的规范阶段。此时，项目团队成员之间、团队成员与项目管理人员和经理之间的关系已经理顺和确立，绝大部分个人之间的矛盾已得到了解决。总的来说，这一阶段的项目团队的矛盾低于震荡阶段。同时，团队成员个人的期望得到了调适，基本上与现实情况相一致了，所以团队成员的不满情绪也大大减少了。在这一阶段，项目团队成员接受并熟悉了工作环境，项目管理的各种规程得以改进和规范，项目经理和管理人员逐渐掌握了对于项目团队的管理和控制，项目管理经理开始逐步向下层团队成员授权，项目团队的凝聚力开始形成，项目团队全体成员归属感和集体感，每个人觉得自己已经成为了团队的一部分。

这一阶段项目团队成员的情绪特点是：信任、合作、忠诚、友谊和满意。在这一阶段，随着团队成员之间相互信任关系的建立，团队成员相互之间开始大量地交流信息、观点和感情，使得团队的合作意识增强，团队中的合作代替了震荡阶段的矛盾和抵触。团队成员在这一阶段开始感觉到他们可以自由地、建设性地表达自己的情绪、评论和意见。团队成员之间以及他们与项目经理之间在信任的基础上，发展了相互之间的忠诚，建立了友谊，甚至有些已经建立了工作范围之外的友谊。项目团队经过了这个规范阶段之后，团队成员更加支持项目管理人员的工作，项目经理通过适当授权，减少许多事务性工作，整个团队的工作效率得到了提高。项目经理在这一阶段应该对项目团队成员所取得进步予以表扬，应积极支持项目团队成员的各种建议和参与，努力地规范团队和团队成员的行为，从而使项目团队不断发展和进步，为实现项目的目标和完成项目团队的使命而努力工作。

4）辉煌阶段

辉煌阶段是项目团队发展的第四个阶段，也就是项目团队不断取得成就的阶段。在这个阶段中，项目团队的成员积极工作，努力为实现项目目标而做出贡献。这一阶段团队成员间的关系更为融洽，团队的工作绩效更高，团队成员的集体感和荣誉感更强，而且信心十足。在这一阶段中，项目团队全体成员能开放地、坦诚地、及时地交换信息和思想，项目团队也根据实际需要，以团队、个人或临时小组的方式开展工作，团队成员之间相互依赖度提高，他们经常合作并尽力相互帮助。项目经理此时要给项目团队成员以足够的授权，在工作出现问题时多数是由适当的团队成员组成临时小组去自行解决问题。团队成员做出的正确决策和取得成绩时能够获得相应的表彰，所以团队成员有了很高的满意度。此时，团队成员都能体验到工作成绩的喜悦，体会到自己正在获得事业上的成功和发展。

这一阶段团队成员的情绪特点是：开放、坦诚、依赖、团队的集体感和荣誉感。项目经理在这一阶段应该进一步积极放权，以使项目团队成员更多地进行自我管理和自我激励。同时，项目经理应该及时公告项目的进程、表彰先进的团队成员，努力帮助项目团队完成项目计划，实现项目的目标。在这一阶段中，项目经理需要集中精力管理好项目的预算、控制好项目的进度计划和项目的各种变更，指导项目团队成员改进作业方法，努力提高工作绩效和项目质量水平，带领项目团队为创造更大的辉煌而积极努力。

7.4.3　团队精神与团队绩效

要想使一群独立的个人发展成为一个成功而有效合作的项目团队，项目经理需要付出巨大的努力去建设项目团队的团队精神和提高团队的绩效。决定一个项目成败的因素有许多，但是团队精神和团队绩效是至关重要的。

1）团队精神与团队绩效的关系

项目团队并不是把一组人集合在一个项目组织中一起工作就能够建立的，没有团队精神建设不可能形成一个真正的项目团队。一个项目团队必须要有自己的团队精神，团队成员需要相互依赖和忠诚，齐心协力地去共同努力，为实现项目目标而开展团队作业。一个项目团队的效率与它的团队精神紧密相关，而一个项目团队的团队精神是需要逐渐建立的。图 7-8 给出了项目团队在形成、震荡、规范和辉煌四阶段的团队精神与团队绩效的关系。

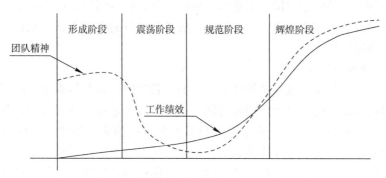

图 7-8　项目团队成长各阶段的绩效水平与团队精神示意图

2）团队精神的内涵

项目团队的团队精神是一个团队的思想支柱，是一个团队所拥有的精神的总和。项目团队的团队精神应该包括下述几个方面的内容：

3）高度的相互信任

团队精神的一个重要体现是团队成员之间的高度相互信任。每个团队成员都相信团队的其他人所做的和所想的事情是为了整个集体的利益，是为实现项目的目标和完成团队的使命而做的努力。团队成员们真心相信自己的伙伴，相互关心，相互忠诚。同时，团队成员们也承认彼此之间的差异，但是这些差异与完成团队的目标没有冲突，而且正是这种差异使每个成员感到了自我存在的必要和自己对于团队的贡献。

4）强烈的相信依赖

团队精神的另一个体现是成员之间强烈的相互依赖。一个项目团队的成员只有充分理解每个团队成员都是不可或缺的项目成功重要因素之一，那么他们就会很好地相处和合作，并且相互真诚而强烈的依赖。这种依赖会形成团队的一种凝聚力，这种凝聚力就是团队精神的一种最好体现。

5）统一的共同目标

团队精神最根本的体现是全体团队成员具有统一的共同目标。在这种情况下，项目团队的每位成员会强烈地希望为实现项目目标而付出自己的努力。因为在这种情况下，项目团队的目标与团队成员个人的目标相对是一致的，所以大家都会为共同的目标而努力。这种团队成员积极地为项目成功而付出时间和努力的意愿就是一种团队精神。

6）全面的互助合作

团队精神还有一个重要的体现是全体成员的互助合作。当人们能够全面互助合作时，他们之间就能够进行开放、坦诚而及时的沟通，就不会羞于寻求其他成员的帮助，团队成员们就能够成为彼此的力量源泉，大家会都希望看到其他团队成员的成功，都愿意在其他成员陷入困境时提供自己的帮助，并且能够相互做出和接受批评、反馈和建议。有了这种全面的互助合作，团队就能够形成一个统一的整体。

7）关系平等与积极参与

团队精神还表现在团队成员的关系平等和积极参与上。一个具有团队精神的项目团队，它的成员在工作和人际关系上是平等的，在项目的各种事务上大家都有一定的参与权。一个具有团队精神的项目团队多数是一种民主和分权的团队，因为团队的民主和分权机制使人们能够以主人翁或当事人的身份去积极参与项目的各项工作，从而形成一种团队作业和形成一种团队精神。

8）自我激励和自我约束

团队精神更进一步还体现在全体团队成员的自我激励与自我约束上。项目团队成员的自我激励和自我约束使得项目团队能够协调一致，像一个整体一样去行动，从而表现出团队的精神和意志。项目团队成员的这种自我激励和自我约束，使得一个团队能够统一意志、统一思想和统一行动。这样团队成员们就能够相互尊重，重视彼此的知识和技能，并且每位成员都能够积极承担自己的责任，约束自己的行为，完成自己承担的任务，实现整个团队的目标。

7.4.4　影响团队绩效的因素

当一个项目团队缺乏团队精神时就会直接影响到团队的绩效和项目的成功。在这种情况下，即使每个项目团队成员都有潜力去完成项目任务，但是由于整个团队缺乏团队精神，使得大家难以达到其应有的绩效水平，所以团队精神是影响团队绩效的首要因素。除了团队精神以外，还有一些影响团队绩效的因素，这些影响因素以及克服它们的具体办法如下：

1）项目经理领导不力

这是指项目经理不能够充分运用职权和个人权力去影响团队成员的行为，去带领和指挥项目团队为实现项目目标而奋斗。这是影响项目团队绩效的根本因素之一。作为一个项目经理一定要不时地检讨自己的领导工作和领导效果，不时地征询项目管理人员和团队成员对于自己的领导工作的意见，努力去改进和做好项目团队的领导工作。因为项目经理领导不力不但会影响项目团队的绩效，而且会导致整个项目的失败。

2）项目团队的目标不明

这是指项目经理、项目管理人员和全体团队成员未能充分了解项目的各项目标，以及项目的工作范围、质量标准、预算和进度计划等方面的信息。这也是影响项目团队绩效的一个重要因素。一个项目的经理和管理人员不但要清楚戏迷的目标，而且要向团队成员宣传项目的目标和计划，向团队成员描述项目的未来远景及其所能带来的好处。项目经理不但需要在各种项目会议上讲述这些，而且要认真回答团队成员提出的各种疑问，如有可能还要把这些情况以书面形式提供给项目团队中的每位成员。项目经理和管理人员一定要努力使自己和项目团队成员清楚地知道项目的整体目标。

3）项目团队成员的职责不清

项目团队成员的职责不清是指项目团队成员们对自己的角色和责任的认识含糊不清，或者存在有项目团队成员的职责重复、角色冲突的问题。这同样是一个影响项目团队绩效的重要因素。项目经理和管理人员在项目开始时就应该使项目团队的每位成员明确自己的角色和职责，明确他们与其他团队成员之间的角色联系和职责关系。项目团队成员也可以积极要求项目经理和管理人员界定和解决团队成员职责不清的地方和问题。在制订项目计划时要利用工作分解结构、职责矩阵、甘特图或网络图等工具去明确每个成员的职责，使每个团队成员不仅知道自己的职责，还能了解其他成员的职责，以及它们如何有机地构成一个整体。

4）项目团队缺乏沟通

项目团队缺乏沟通是指项目团队成员们对项目工作中发生的事情缺乏足够的了解，项目团队内部和团队与外部之间的信息交流严重不足。这不但会影响一个团队的绩效，而且会造成项目决策错误和项目的失败。一个项目的经理和管理人员必须采用各种信息沟通手段，使项目团队成员及时地了解项目的各种情况，使项目团队与外界的沟通保持畅通和有效。项目经理和管理人员需要采用会议、面谈、问卷、报表和报告等沟通形式，及时公告各种项目信息给团队成员，而且还要鼓励团队成员之间积极交流信息，努力进行合作。

5）项目团队激励不足

项目团队激励不足是指项目经理和项目管理人员所采用的各种激励措施不当或力度不够，使得项目团队缺乏激励机制。这也是很重要的一个影响团队绩效的因素，因为这会使项目团队成员出现消极思想和情绪，从而影响一个团队的绩效。通常，激励不足会使项目团队成员对项目目标的追求力度不够，对项目工作不够投入。要解决这一问题，项目经理和管理人员需要积极采取各种激励措施，包括目标激励、工作挑战性激励、薪酬激励、个人职业生涯激励等措施。项目经理和项目管理人员应该知道每个团队成员激励因素，并创造出一个充分激励机制和环境。

6）规章不全和约束无力

这是指项目团队没有合适的规章制度去规范和约束项目团队及其成员的行为和工作。这同样是造成项目绩效低下因素之一。一个项目在开始时，项目经理和管理人员要制定基本的管理规章制度，这些规章制度及其制定的理由都要在向全体团队成员做出解释和说明，并把规章制度以书面形式传达给所有团队成员。同时，项目团队要有行使规章制度以约束团队成员的不良与错误行为。例如，对于不积极努力工作、效率低下、制造矛盾、挑起冲突、或诽谤贬低别人等行为都需要采取措施进行约束和惩处。项目经理和管理人员要采用各种惩罚措施和负强化措施，努力做好约束工作，从而使项目团队的绩效能够不断提高。

7.5　城市地下管线探测工程项目经理

7.5.1　城市地下管线探测工程项目经理在企业中的地位

城市地下管线探测工程项目经理是施工企业项目经理的简称（以下简称"项目经理"），是施工承包企业法定代表人在城市地下管线探测工程项目上的代表人。因此项目经理在项目管理中处于中心地位，是项目管理成败的关键。

1）项目经理是施工承包企业法人代表在项目上的全权委托代理人。从企业内部看，项目经理是城市地下管线探测工程项目全过程所有工作的总负责人，是项目的总责任者，是项目动态管理的体现者，是项目生产要素合理投入和优化组合的组织者。从对外方面看，作为企业法人代表的企业经理，不直接对每个建设单位负责，而是由项目经理在授权范围内对建设单位直接负责。由此可见，项目经理是项目目标的全面实现者，既要对建设单位的成果性目标负责，又要对企业效率性目标负责。

2）项目经理是协调各方系，便之相互紧密协作、配合的桥梁和纽带面关。项目经理对项目管理目标的实现承担着全部责任，即承担合同责任、履行合同义务、执行合同条款、处理合同纠纷、受法律的约束和保护。

3）项目经理对项目实施进行控制，是各种信息的集散中心。自下、自外而来的信息，通过各种渠道汇集到项目经理的手中；项目经理又通过指令、计划和办法，对下、对外发布信息，通过信息的集散达到控制的目的，使项目管理取得成功。

4）项目经理是城市地下管线探测工程项目责、权、利的主体。这是因为，项目经理是项目总体的组织管理者，即他是项目中人、财、物、技术、信息和管理等所有生产要素的组织管理人。项目经理不同于技术、财务等专业的总负责人。项目经理必须把组织管理职责放在首位。项目经理首先必须是项目的责任主体，是实现项目目标的最高责任者，而且目标的实现还应该不超出限定的资源条件。责任是实现项目经理责任制的核心，它构成了项目经理工作的压力和动力，是确定项目经理权力和利益的依据。对项目经理的上级管理部门来说，最重要的工作之一就是把项目经理的这种压力转化为动力。其次项目经理必须是项目的权力主体。权力是确保项目经理能够承担起责任的条件与手段，所以权力的范围，必须视项目经理责任的要求而定。如果没有必要的权力，项目经理就无法对工作负责。项目经理还必须是项目的利益主体。利益是项目经理工作的动力，是由于项目经理负有相应的责任而得到的报酬，所以利益的形式及利益的多少也应该视项目经理的责任而定。如果没有一定的利益，项目经理就不愿负有相应的责任，也不会认真行使相应的权力，项目经理也难以处理好国家、企业和职工的利益关系。

7.5.2　城市地下管线探测工程项目经理的责、权、利

1　城市地下管线探测工程项目经理的职责

由建设部颁发的"建建 [1995] 1号"《建筑施工企业项目经理资质管理办法》（以下简称"《办法》"）中规定，项目经理对项目施工负有全面管理的责任，在承担工程项目管理过程中，履行下列职责：

1）贯彻执行国家和工程所在地政府的有关法律、法规和政策，执行企业的各项管理制度。

2）严格财经制度，加强财经管理，正确处理国家、企业与个人的利益关系。

3）执行项目承包合同中由项目经理负责履行的各项条款。

4）对工程项目施工进行有效控制，执行有关技术规范和标准，积极推广应用新技术，确保工程质量和工期，实现安全，文明生产，努力提高经济效益。

各施工承包企业都应制订本企业的项目经理管理办法，规定项目经理的职责，对上述的四大职责制定实施细则。上述职责概括起来就是：执行法规、处理利益关系、履行合同、目标控制。

2　城市地下管线探测工程项目经理的权限

赋予城市地下管线探测工程项目经理一定的权力是确保项目经理承担相应责任的先决条件。为了履行项目经理的职责，城市地下管线探测工程项目经理必须具有一定的权限，这些权限应由企业法人代表授予，并用制度具体确定下来。城市地下管线探测工程项目经理应具有以下权限：

1）用人决策权

项目经理应有权决定项目管理机构班子的设置，选择、聘任有关人员，对班子内的成员的任职情况进行考核监督，决定奖惩，乃至辞退。当然，项目经理的用人权应当以不违背企业的人事制度为前提。

2）财务决策权

在财务制度允许的范围内，项目经理应有权根据工程需要和计划的安排，作出投资动用、流动资金周转、固定资产购置、使用、大修和计提折旧的决策，对项目管理班子内的计酬方式、分配办法、分配方案等作出决策。

3）进度计划控制权

项目经理应有权根据项目进度总目标和阶段性目标的要求，对项目建设的进度进行检查、调整，并在资源上进行调配，从而对进度计划进行有效的控制。

4）技术质量决策权

项目经理应有权批准重大技术方案和重大技术措施，必要时召开技术方案论证会，把好技术决策关和质量关。防止技术上决策失误，主持处理重大质量事故。

5）设备、物资采购决策权

项目经理应有对采购方案、目标、到货要求、乃至对供货单位的选择、项目库存策略等进行决策，对由此而引起的重大支付问题作出决策。

《办法》中对项目经理的管理权力作了以下规定：

（1）组织项目管理班子。

（2）以企业法人代表人的代表身份处理与所承担的工程项目有关的外部关系，受委托签署有关合同。

（3）指挥工程项目建设的生产经营活动，调配并管理工程项目的人力、资金、物资、机械设备等生产要素。

（4）选择施工作业队伍。

（5）进行合理的经济分配。

（6）企业法定代表人授予的其他管理权力。

3　城市地下管线探测工程项目经理的利益

项目经理的利益应体现合理激励原则。因此必须有两种利益：物质利益和精神奖励。为了进行文明建设，应对精神奖励给予充分重视。

关于物质利益，项目经理部应根据预算合理计取劳动成本，项目经理应视同企业管理人员正常取费，项目利润应全部上缴企业，对项目人员的奖励可通过由企业以奖励性质返还一部分盈利的方式实现。项目亏损时，按企业规定扣发工资。

关于精神奖励，可采用表扬、奖励、记功、晋级、提职等方式实现。应努力做到以精神奖励为主、物质奖励为辅，这是符合行为科学原理的。从行为科学的理论观点来看，对城市地下管线探测工程项目经理的利益兑现应在分析的基础上区别对待，满足其最迫切的需要，以真正通过激励调动其积极性。行为科学认为，人的需要由低层次到高层次分别有：物质的、安全的、社会的、自尊的和理想的。如把第一种需要称为"物质的"，则其他四种需要为"精神的"，于是每进行激励之前，应分析该项目经理的最迫切需要，不能盲目的只讲物质激励。从一定意义上说，精神激励的面要大，作用会更显著。精神激励如何兑现，值得人们根据第 2～5 种需要认真研究，积累经验。

7.5.3　城市地下管线探测工程项目经理的素质和选拔

选择什么样的人担任项目经理，取决于两个方面：一方面看城市地下管线探测工程项目的需要，不同的项目需要不同素质的人才；另一方面还要看施工企业具备人选的素质。建筑施工企业应该培养一批合格的项目经理，以便根据工程的需要进行选择。

1　项目经理的素质

1）政治素质

城市地下管线探测工程项目经理是建筑施工企业的重要管理者，故应具备较高的政治素质。首先必须是一个社会主义的建设者，坚持"一个中心，两个基本点"，全心全意为人民服务；同时具有思想觉悟高、政策观念强的道德品质，在城市地下管线探测工程项目管理中能自觉地坚持社会主义经营方向，认真执行党和国家的方针、政策，遵守国家的法律和地方法规，执行上级主管部门的有关决定，自觉维护国家的利益，保护国家财产，正确处理国家、企业和职工三者的利益关系，并具有坚持原则、善于管理、勇于负责、不怕吃苦、从事社会主义建设事业的高度责任感。

2）领导素质

城市地下管线探测工程项目经理是一名领导者，因此应具有较高的组织领导工作能力，应满足下列要求：

博学多识，通情达理。即具有马列主义、现代管理、科学技术、心理学等基础知识，见多识广，眼光开阔。通社会主义人情，达社会主义的事理，按照社会主义的思想、品质、道德和作风的要求去处理人与人之间的关系。

多谋善断，灵活应变。即具有独立解决问题和与外界洽谈业务的能力，主意多，点子多，办法多，善于选择最佳的主意和办法，能当机立断，坚决果断地去实行。当情况发生变化时，能够随机应变地追踪决策，见机处理。

知人善任、善与人同。即要知人所长，知人所短，用其所长，避其所短，尊贤爱才，大公无私，不任人唯亲，不任人唯资，不任人为顺，不任人唯全。宽容大度，有容人之量。善于与人求同存异，与大家同心同德。与下属共享荣誉与利益，吃苦在先，享受在后，关心别人胜于关心自己。

公道正直，以身作则。即要求下属的，自己首先做到，定下的制度、纪律，自己首先遵守。

铁面无私，赏罚严明。即对被领导者赏功罚过，不讲情面，以此建立管理权威，提高管理效率。赏要从严，罚要谨慎。

在哲学素养方面，项目经理必须有讲求效率的"时间观"，能取得人际关系主动权的"思维观"，有处理问题注意目标和方向、构成因素、相互关系的"系统观"。

3）知识素质

城市地下管线探测工程项目经理应当是一个专家，具有大、中专以上相应学历和文凭，懂得建筑施工技术知识，经济知识，经营管理知识和法律知识，精通项目管理的基本知识和城市地下管线探测工程项目管理的规律。具有较强的决策能力、组织能力、指挥能力、应变能力，也就是经营管理能力。能够带领经理班子成员，团结广大群众一道工作。必须是内行、专家。项目经理不能是一名只知个人苦干，成天忙忙碌碌，只干不管的具体办事人员，而应该是会"将将"，善运筹的"帅才"。同时每个项目经理还应接受有关培训单位进行过专门的培训，并取得培训合格证书。

4）实践经验

每个项目经理，必须具有一定的施工实践经历和按规定经过一段实践锻炼。只有具备了实践经验，他才会处理各种可能遇到的实际问题。

5）身体素质

由于城市地下管线探测工程项目经理不但要担当繁重的工作，而且工作条件和生活条件都因现场性强而相当艰苦。因此，必须年富力强，具有健康的身体，以便保持充沛的精力和旺盛的斗志。

美国项目管理专家约翰·宾认为项目经理应具备的素质有六条：

一是具有本专业技术知识；二是有工作干劲，主动承担责任；三是具有成熟而客观的判断能力，成熟是指有经验，能够看出问题来，客观是指他能看到最终目标，而不是只顾眼前；四是具有管理能力；五是诚实可靠与言行一致，答应的事就一定做到；六是机警、精力充沛、能够吃苦耐劳，随时准备着处理可能发生的事情。

2　项目经理的申请条件

建设部在《办法》第三章规定：项目经理资质分为一、二、三、四级。

1）一级项目经理：担任过一个一级建筑施工企业资质标准要求的工程项目或两个二级建筑施工企业资质标准要求的工程项目施工管理工作的主要负责人，并已取得国家认可的高级或者中级专业技术职称者。

2）二级项目经理：担任过两个工程项目、其中至少一个为二级建筑施工企业资质标准要求的工程项目施工管理工作的主要负责人，并已取得国家认可的中级或者初级专业技术职称者。

3）三级项目经理：担任过两个工程项目、其中至少一个为三级建筑施工企业资质标准要求的工程项目施工管理工作的主要负责人，并已取得国家认可的中级或初级专业技术职称者。

4）四级项目经理：担任过两个工程项目、其中至少一个为四级建筑施工企业资质标准要求的工程项目施工管理工作的主要负责人，并已取得国家认可的初级专业技术职称者。

3　项目经理的资质考核和注册

《办法》第十六条规定：项目经理资质考核主要包括以下内容：

1）申请人的技术职称证书、项目经理培训合格证（复印件）。

2）申请人从事建设工程项目管理工作简历和主要业绩。

3）有关方面对建设工程项目管理水平、完成情况（包括工期、效益、工程质量、施工安全）的评价。

4）其他有关情况。《办法》第十七条，"项目经理资质考核完成后，由各省、自治区、直辖市建设行政主管部门和国务院各部门认定注册，发给相应等级的项目经理资质证书。其中一级项目经理须报建设部认可后方能发给资质证书"。该证书由建设部统一印制，全国通用。《办法》第二十七条："已取得项目经理资质证书的，各企业应给予其相应的企业管理人员待遇，并实行项目岗位工资和奖励制度"。

4　有计划地培养城市地下管线探测工程项目经理

从长远来看，应该把工程项目管理人员，包括项目经理，当做一个专业，在学校中进行有计划的人才培养，克服目前项目经理人才资源的匮乏状况。可以在大学培训，再进行实际锻炼；也可从实际工作中抽调人员到大学进行有计划地在职培训。

当前，可以从工程师、经济师以及有专业专长的工程管理技术人员中，注意发现那些熟悉专业技术，懂得管理知识，表现出有较强组织能力、社会活动能力和兴趣比较广泛的人，经过基本素质考察后，作为项目经理预备人才加以有目的地培养。主要是在取得专业工作经验以后，给以从事项目管理的锻炼的机会，既挑担子，又接受考察，使之逐步具备项目经理条件，然后上岗。在锻炼中，重点内容是项目的设计、施工、采购和管理知识及技能，对项目计划安排、网络计划编排、工程概预算和估算、招标投标工作、合同业务、质量检验、技术措施制定及财务结算等工作，均要给予学习机会和锻炼机会。

大中型工程的项目经理，在上岗前要在别的项目经理的带领下，接受项目副经理、助理或见习项目经理的锻炼，或独立承担过小型项目经理工作。经过锻炼，有了经验，并证明确实有担任大中型工程项目经理的能力后，才能委以大中型项目经理的重任。但在初期，还应给予指导、培养与考核，使其眼界进一步开阔，经验逐步丰富，成长为德才兼备、理论和实践兼能、技术和经济兼通、管理与组织兼行的项目经理。

总之，经过培养和锻炼，建筑工程项目经理的工程专业知识和项目管理能力才能提高，才能承担重大工程项目的经理重任。

培养项目经理的管理知识应当包括：①现代项目管理基本知识培训。重点是项目及项目管理的特点和规律，管理思想，管理程序，管理体制及组织机构，项目计划，项目合同，项目控制，项目管理，项目谈判等。②项目管理技术培训。重点是项目管理主要管理技术，包括网络技术，项目计划管理，项目预算及成本控制，项目合同管理，项目组织理论，项目协调技术，行为科学，系统工程，价值工程，计算机，项目管理信息系统等。培训方法可以是系统讲授，也可以采用经验交流会或学术会议的方式进行，推广试点经验，还可以重点参观学习先进经验、进行案例解剖、进行模拟训练（即模拟项目实际情况，模拟谈判场所等，让学员扮演角色，身历其境，处理其事）以接受锻炼。

5　项目经理的选拔

选择城市地下管线探测工程项目经理应坚持三个基本点：一是选择的方式必须有利于选聘适合项目管理的人担任项目经理；二是产生的程序必须具有一定的资质审查和监督机制；三是最后决定人选必须按照"党委把关、经理聘任"的原则由企业经理任命。

目前我国选择城市地下管线探测工程项目经理一般有以下三种方式：

1) 竞争招聘制。招聘的范围可面向社会，但要本着先内后外的原则，其程序是：个人自荐，组织审查，答辩讲演，择优选聘。这种方式既可选优，又可增强项目经理的竞争意识和责任心。

2) 经理委任制。委任的范围一般限于企业内部在聘干部，其程序是经过经理提名，组织人事部门考察，党政联席办公会议决定。这种方式要求组织人事部门严格考核，公司经理知人善任。

3) 内部协调、基层推荐制。这种方式一般是建设单位、企业各基层施工队或劳务作业队向公司推荐若干人选，然后由人事组织部门集中各方面意见，进行严格考核后，提出拟聘用人选，报企业党政联席会议研究决定。

7.5.4　城市地下管线探测工程项目经理的工作

1　规划城市地下管线探测工程项目管理目标

业主单位项目经理所要规划的是该项目建设的最终目标，即增加或提供一定的生产能力或使用价值，形成固定资产。这个总目标有投资控制目标、设计控制目标、施工控制目标、时间控制目标等。作为施工单位项目经理则应当对质量、工期、成本目标作出规划；应当组织项目经理班子成员对目标系统作出详细规划，绘制展开进行目标管理。这件事做得如何，从根本上决定了项目管理的效能，这是因为：

$$管理效能＝目标方向×工作效率$$

再者，确定了项目管理目标，就可以使群众的活动有了中心，把群众的活动拧到一股绳上。

2　制定规范

制定规范，就是建立合理而有效的项目管理组织机构及制定重要规章制度，从而保证规划目标的实现。规章制度必须符合现代管理基本原理，特别是"系统原理和封闭原理"。规章制度必须面向全体职工，使他们乐意接受，以有利于推进规划目标的实现。当然，规章制度并不都需要项目经理制定，绝大多数由项目经理班子或执行机构制定，项目经理给予审批、督促和效果考核。项目经理亲自主持制定的制度，一个是岗位责任制，一个是赏罚制度。

3　选用人才

一个优秀的项目经理，必须下一番工夫去选择好项目经理班子成员及主要的业务人员。一个项目经理在选人时，首先要掌握"用最少的人干最多的事"的最基本效率原则，要选得其才，用得其所。

7.5.5　城市地下管线探测工程项目经理部

1　城市地下管线探测工程项目经理部的作用

项目经理部是城市地下管线探测工程项目管理工作班子，置于项目经理的领导之下。为了充分发挥项目经理部在项目管理中的主体作用，必须对项目经理部的机构设置加以特别重视，设计好，组建好，运转好，从而发挥其应有功能。

1）项目经理部在项目经理领导下，作为项目管理的组织机构，负责城市地下管线探测工程项目从开工到竣工的全过程施工生产经营的管理，是企业在某一工程项目上的管理层，同时对作业层负有管理与服务双重职能。作业层工作的质量取决于项目经理部的工作质量。

2）项目经理部是项目经理的办事机构，为项目经理决策提供信息依据，当好参谋，同时又要执行项目经理的决策意图，向项目经理全面负责。

3）项目经理部是一个组织体，其作用包括：完成企业所赋予的基本任务项目管理和专业管理任务等；凝聚管理人员的力量，调动其积极性，促进管理人员的合作，建立为事业的献身精神；协调部门之间，管理人员之间的关系，发挥每个人的岗位作用，为共同目标进行工作；影响和改变管理人员的观念和行为，使个人的思想、行为变为组织文化的积极因素；贯彻组织责任制，搞好管理；沟通部门之间、项目经理部与作业队之间、与公司之间、与环境之间的信息。

4）项目经理部是代表企业履行工程承包合同的主体，也是对最终建筑产品和业主全面、全过程负责的管理主体；通过履行主体与管理主体地位的体现，使每个工程项目经理部成为企业进行市场竞争的主体成员。

2　城市地下管线探测工程项目经理部的设置

城市地下管线探测工程项目经理部的设置原则

（1）要根据所设计的项目组织形式设置项目经理部，因为项目组织形式与企业对城市地下管线探测工程项目的管理方式有关，与企业对项目经理部的授权有关。不同的组织形式对项目经理部的管理力量和管理职责提出了不同要求，提供了不同的管理环境。

（2）要根据工程项目的规模、复杂程度和专业特点设置项目经理部。例如大型项目经理部可以设职能部、处；中型项目经理部可以设处、科；小型项目经理部一般只需设职能人员即可。如果项目的专业性强，便可设置专业性强的职能部门，如水电处、安装处、打桩处等。

（3）项目经理部是一个具有弹性的一次性施工生产组织，随工程任务的变化而进行调整。不应搞成一级固定性组织。在工程项目施工开始前建立，在工程竣工交付使用后，项目管理任务完成，项目经理部应解体。项目经理部不应有固定的作业队伍，而是根据施工的需要，在企业内部市场或社会市场吸收人员，进行优化组合和动态管理。

（4）项目经理部的人员配置应面向城市地下管线探测工程项目现场，满足现场的计划与调度、技术与质量、成本与核算、劳务与物资、安全与文明施工的需要。不应设置专管经营与咨询、研究与开展、政工与人事等与项目施工关系较少的非生产性部门。

（5）在项目管理机构建成以后，应建立有益于组织运转的工作制度。

3　城市地下管线探测工程项目经理部的规模设计

目前国家对项目经理部的设置规模尚无具体规定。结合有关企业推行城市地下管线探测工程项目管理的实际，一般按项目的使用性质和规模分类。

4　城市地下管线探测工程项目经理部的部门设置和人员配备

城市地下管线探测工程项目经理部的部门设置和人员配备的指导思想是把项目建成企业管理的重心。成本核算的中心、代表企业履行合同的主体。

1）小型城市地下管线探测工程项目，在项目经理的领导下，可设立管理人员，包括工程师、经济员、技术员、料具员、总务员，即"一长、一师、四大员"，不设专业部门。大中型城市地下管线探测工程项目经理部，可设立专业部门，一般是以下五类部门：

（1）经营核算部门，主要负责预算、合同、索赔、资金收支、成本核算、劳动配置及劳动分配等工作。

（2）工程技术部门，主要负责生产调度、文明施工、技术管理；施工组织设计、计划统计等工作。

（3）物资设备部门，主要负责材料的询价、采购、计划供应、管理、运输、工具管理、机械设备的租赁配套使用等工作。

（4）监控管理部门，主要负责工作质量、安全管理、消防保卫、环境保护等工作。

（5）测试计量部门，主要负责计量、测量、试验等工作。

2）人员规模可按下述岗位及比例配备：

由项目经理、总工程师、总经济师、总会计师、政工师和技术、预算、劳资、定额、计划、质量、保卫、测试、计量以及辅助生产人员 15～45 人组成。一级项目经理部 30～45 人，二级项目经理部 20～30 人，三级项目经理部 15～20 人，其中：专业职称设岗为：高级 3%～8%，中级 30%～40%，初级 37%～42%，其他 10%，实行一职多岗，全部岗位职责覆盖项目施工全过程的全面管理，不留死角，也避免职责重叠交叉。

3）党工团组织在项目管理中的地位：为了使党、团、工会建设适应项目管理，并围绕项目做好服务，项目经理部组建时还要加强党团工会组织建设，项目经理部人员的党、团、工会关系原则上在原单位业务系统不动，但因工程项目施工周期长，应在项目经理部设党支部、工会、团小组。党支部书记一般由政工系统派出的专职政工人员兼任，全面负责项目经理部人员的日常思想政治工作、工会工作和团的工作，并实行党、团员、工会手册跟踪考核制度。

4）项目管理委员会在项目中的地位：为了充分发挥全体职工的主人翁责任感，项目经理部可设立项目管理委员会，由 7～11 人组成，由参与任务承包的劳务作业队全体职工选举产生。但项目经理、各劳务输入单位领导或各作业承包队长应为法定委员。项目管理委员会的主要职责是听取项目经理的工作汇报，参与有关生产分配会议，及时反映职工的建议的要求，帮助项目经理解决施工中出现的问题，定期（每季度/次）评议项目经理的工作等。

7.5.6　城市地下管线探测工程项目的劳动组织

城市地下管线探测工程项目的劳动力来源于企业的劳务市场。企业劳务市场由企业劳务管理部门（或劳务公司）管理，对内以生活基地为依托组建施工劳务队，对外招用由行业主管部门协调或指定相对稳定的区县（或外地队伍组成的）劳务基地的通过培训的施工队伍。

1　劳务输入

坚持"计划管理，定向输入，市场调节，双向选择，统一调配，合理流动"的方针。具体做法是：项目经理部根据所承担的工程项目任务，编制劳动力需要量计划，交公司劳动管理部门，公司以内部施工队伍为主、外部施工队伍为辅进行平衡，然后由项目经理部根据公司平衡的结果，进行供需见面，双向选择，与施工劳务队签订劳务合同，明确需要的工种、人员数量、进出场时间和有关奖罚条款等，正式将劳动力组织引人城市地下管线探测工程项目，形成城市地下管线探测工程项目作业组。

2　劳动力组织

以施工劳务队的建制进入城市地下管线探测工程项目后，以项目经理部为主、施工劳务公司或队配合，双方协商共同组建作业承包队，作业承包队的组建要注意打破工种界面，实行混合编班，提倡一专多能、一岗多职。形成既有固定专业工种，又有协作配套人员，能独立施工的栋号作业承包队。项目经理亦可对现场组建的作业承包队分别实行项目经理助理责任制。项目经理助理是项目经理在单位工程上的委托代理人，直接对项目经理负责，实行以单位工程开工到竣工交付使用的全过程管理。

主要负责解决所管辖现场施工出现的问题，签证各类经济洽商，保证料具供应以及沟通协调作业承包与项目经理部各业务部（室）之间的关系。

3　外埠队伍管理

对于外埠施工劳务队伍组建的现场施工作业承包队，除配备项目经理助理以外，还要实行"三员"管理岗位责任制：即由项目经理派出专职质量、安全、材料员，实行一线职工操作全过程的监控、检查、考核和严格管理。

1）城市地下管线探测工程项目管理制度的作用

管理制度是组织为保证其任务的完成和目标的实现，对例行活动应遵循的方法、程序要求及标准所作的规定，是根据国家和地方法规和上级部门单位的规定，制定的局部法规。城市地下管线探测工程项目管理制度是由施工企业或城市地下管线探测工程项目经理部制定的，对项目经理部及其作业组织全体职工有约束力。城市地下管线探测工程项目管理制度的作用主要有两点：一是贯彻国家和企业与城市地下管线探测工程项目有关的法律、法规、方针、政策、标准、规程等，指导城市地下管线探测工程项目的管理；二是规范城市地下管线探测工程项目组织及职工的行为，使之按规定的方法、程序、要求、标准进行施工和管理活动，从而保证城市地下管线探测工程项目组织按正常秩序运转，避免发生混乱，保证各项工作的质量和效率，防止出现事故和纰漏。

2）建立城市地下管线探测工程项目管理制度的原则

项目经理部组建以后，作为组织建设内容之一的管理制度应立即着手建立。建立管理制度必须遵循以下原则：

（1）制定城市地下管线探测工程项目规章制度必须贯彻国家法律政策，以及部门、企业的法规制度等文件精神，不得有抵触和矛盾，不得危害公众利益。

（2）制定城市地下管线探测工程项目管理制度必须实事求是，即符合本城市地下管线探测工程项目的需要。城市地下管线探测工程项目最需要的管理制度是有关工程技术计划、统计、经营核算、承包分配等各项业务管理所需要的，它们应是制定管理制度的主目标。城市地下管线探测工程项目管理制度与企业的管理制度不重复、不矛盾。

（3）管理制度要配套，不留有漏洞，形成完整的管理制度和业务交流体系。

（4）各种管理制度之间不能产生矛盾，以免职工无所适从。

（5）管理制度的制定要有针对性，任何一项条款都必须具体明确，可以检查，文字表达要简洁、明确。

（6）管理制度颁布、修改、废除要有严格程序。项目经理是总决策者。凡不涉及企业的管理制度，由项目经理签字决定，报公司备案；凡涉及公司的管理制度，应由公司经理批准才有效。

4　城市地下管线探测工程项目管理制度的种类

1）按颁发者分类

（1）由企业颁发的涉及进行城市地下管线探测工程项目管理的配套改革管理办法，如：城市地下管线探测工程项目经理责任制，经济合同管理实施办法，业务系统化管理办法，劳动工资管理实施办法等。

（2）由城市地下管线探测工程项目经理部颁发的管理办法，如：施工现场管理实施办法，工程质量管理实施办法，现场安全管理办法，材料节约实施办法，技术管理规定，施工计划编制与实施办法等。

2）按管理制度约束力的不同分类

（1）责任制度。责任制度是以部门、单位、岗位为主体制定的，规定了每个人应该承担的责任，强调创造性地完成各项任务。不同的职位、岗位，因其重要程度不同而责任各不相同。

（2）规章制度。规章制度以各种活动、行为为主体，明确规定人们行为和活动不得逾越的规范和准则，任何人只要涉及或参与其事，都毫无例外地必须遵守。所以规章制度是组织的法规，它更强调约束精神，对谁都同样适用，决不因人的地位高低而异。执行的结果只有是与非，即遵守与违反两个简单明了的衡量标准。

3）按管理制度的专业特点分类

（1）施工专业类管理制度。这类制度是围绕城市地下管线探测工程项目的生产要素制订的，包括：施工管理制度，技术管理制度，质量管理制度，安全管理制度，材料管理制度，劳动管理制度，机械设备管理制度，财务管理制度等等。这是城市地下管线探测工程项目管理最主要的管理制度。

（2）非施工专业类管理制度。非施工专业类制度也很多，如有关责任类制度，合同类制度，分配类制度，核算类制度等。

5　城市地下管线探测工程项目经理部工作制度的建立

城市地下管线探测工程项目经理部的工作制度包括计划、责任、监督与奖惩、核算四项工作制度。计划制是为了使各方面都能协调一致地为城市地下管线探测工程项目总目标服务，它必须覆盖项目施工的全过程和所有方面，计划的制订必须有科学的依据，计划的执行和检查必须落实到人。责任制建立的基本要求是：一个独立的职责，必须由一个人全权负责，应做到人人有责可负。监督与奖惩制目的是保证计划制订和责任制贯彻落实，对项目任务完成进行控制和激励。它应具备的条件是有一套公平的绩效评价标准和评价方法，有健全的信息管理系统，有完整的监督和奖惩体系。核算制的目的是为落实上述四项制度提供基础，控制、考核各种制度执行的情况。核算必须落实到最小的可控制单位（即班组）上，要把按人员职责落实的核算与按生产要素落实的核算、经济效益和经济消耗结合起来，建立完整的核算体系。

7.6　城市地下管线探测工程项目运作体系

7.6.1　依据组织机构形式运作

城市地下管线探测工程项目工作体系的建立与组织机构的建立形式有关。不同的组织形式有不同的领导方式，有不同的项目经理部与公司的工作关系处理方式，处理业务部门之间的关系也各有特点。矩阵制组织结构下的工作关系特点是：

1）项目经理在公司经理或工程部经理的直接领导下工作，项目经理对公司经理（或工程部经理）负责。同时项目经理直接领导项目管理各职能部门，各承包队和作业队，故亦对项目组织全体人员负责。

2）项目经理部各职能部门由公司（或工程部）各职能部门派遣人员组成非固定化组织，既受业务部门领导，又受项目经理领导。由于职能人员组织关系仍归公司（或工程部）各职能部门，故他们对职能部门的关系比对项目经理的关系紧密。项目经理必须有很强的领导能力，才能团结和调动职能人员，且应善于协调职能人员的工作。职能人员对项目经理负责，更对职能部门负责。

3）项目组织内各承包队（或作业队）是纯作业队伍，它们接受项目经理的领导和各职能部门的专业指导，完成作业任务。

4）项目组织与外界环境的工作关系比公司少得多，需在企业经理授权下才直接对外联系且由项目经理负总责。项目经理部的对外关系有：政府部门、设计单位、业主单位、供应单位、市政与公用单位，以及与施工现场有关的其他单位。有的是合同关系，如与业主和供应单位的关系；有的是项目管理的协作关系，如与设计单位、市政公用单位的关系；有的是社会协作和制约关系，如城市地下管线探测工程项目与银行、税收单位、规划部门、消防部门、环保部门、交通部门、政府部门等的关系。因此，对合同关系应严格履约；对项目协作关系要主动协调或接受协调；对社会协作和制约关系，应遵守有关规定，依法办事，重信誉，讲社会公德。

5）项目组织与监理单位的关系很重要。总的说要接受监督。监理单位监督的主要内容是否按合同办事。因此项目经理部必须严格履行合同。还要在业主向监理单位授权的范围内，在监理法规限定的条件下，与监理单位处理好例行性关系，如接受验收检查，按章签证，提供信息，接受建议，服从协调，尊重其确认权和否决权等。

7.6.2　依据内部工作关系及组织层次运作

项目经理部的内部工作关系还与项目经理部的内部工作关系及组织层次有关。如果项目经理部承担项目施工，下面又分单项工程层和单位工程层，则理想的工作关系应是直线职能制或矩阵制，在业务关系上，虽然可以分为许多业务部门，但归纳起来只有三类：一类是生产系统，二类是技术系统，三类是经济系统，即项目管理中的铁三角：工期、质量和费用。

　　生产系统主要负责在项目实施过程中的计划、组织、控制，即项目的进度管理。技术系统主要负责项目实施过程中的技术标准的制定和实施，解决施工过程中出现的技术问题，即项目的质量管理。经济系统主要负责项目实施过程中的成本管理，进行经济核算，即项目的费用管理。

第8章　城市地下管线探测工程项目进度管理

8.1　概述

对一个工程项目，其建设进度安排是否合理，在实施过程中又能否按计划执行，这直接关系到工程项目经济效益的发挥。因此，进度管理是工程项目管理中的中心任务之一。

8.1.1　基本概念

1　工程项目活动

工程项目活动是指为完成工程项目而必须进行的具体的工作。在工程项目管理中，活动的范围可大可小，一般应根据工程具体情况和管理的需要来定。如，可将混凝土拌制、混凝土运输、混凝土浇筑和混凝土养护各定义为一项活动，也可将这4项活动综合定义为一项混凝土工程。工程项目活动是编制进度计划、分析进度状况和控制进度的基本工作单元。

2　工程进度与建设工期

1) 工程进度。所谓进度，是指活动或工作进行的速度，工程进度即为工程进行的速度。工程进度则是指根据已批准的建设文件或签订的承发包合同，将工程项目的建设进度做进一步的具体安排。进度计划可分为：设计进度计划、施工进度计划和物资设备供应进度计划等。而施工进度计划，可按实施阶段分解为逐年、逐季、逐月等不同阶段的进度计划；也可按项目的结构分解为单位（项）工程、分部分项工程的进度计划。

2) 工期，其又分建设工期与合同工期。建设工期是指工程项目或单项工程从正式开工到全部建成投产或交付使用所经历的时间。建设工期一般按日月年计算，有明确的起止年月，并在建设项目的可行性研究报告中有具体规定。建设工期是具体安排建设计划的依据。合同工期是指完成合同范围工程项目所经历的时间，它从承包商接到监理工程师开工通知令的日期算起，直到完成合同规定的工程项目的时间。监理工程师发布开工通知令的时间和工程竣工时间在投标书附件中都已作出了详细规定，但合同工期除了该规定的天数外，还应计及：因工程内容或工程量的变化、自然条件不利的变化、业主违约及应由业主承担的风险等不属于承包商责任事件的发生，且经过监理工程师发布变更指令或批准承包商的工期索赔要求，而允许延长的天数。

3　工程进度控制与进度管理

1) 工程进度控制，其是指在规定的建设工期或合同工期内，以事先拟定的合理且经济的工程进度计划为依据，对工程建设的实际进度进行检查、分析，发现偏差，及时分析原因，调整进度计划和采取纠偏措施的过程。在建设项目实施过程中，业主或监理工程师、承包商均有进度控制的问题，但他们的控制目标、控制依据和控制手段均有差别。进度控制是一项系统工程，对于业主或监理工程师的进度控制，涉及勘察设计、施工、土地征用、材料设备供应、安装调试等多项内容，各方面的工程都必须围绕着一个总进度有条不紊地进行。按照计划目标和组织系统，对系统各部分应按计划实施、检查比较、调整计划和控制实施，以保证实现总进度目标。而对于承包商的进度控制，涉及施工合同环境、施工条件、施工方案、劳动力和各种施工物资的组织与供应等多项内容，应围绕合同工期，选择和运用一切可能利用的管理手段，实现合同规定的工期目标。

2）工程进度管理，其是指编制工程项目进度计划、实施计划、检查实施效果、进度协调和采取措施等的总称。显然，从工作范围这一角度看，工程进度管理涵盖了工程项目进度控制。

8.1.2　工程项目进度管理系统

1　影响进度管理的因素

工程项目进度控制是一个动态过程，影响因素多，风险大，应认真分析和预测，合理采取措施，在动态管理中实现进度目标。影响工程项目进度控制的因素来自下列几方面。

1）业主。业主提出的建设工期目标的合理性、业主在资金及材料等方面的供应进度、业主各项准备工作的进度和业主项目管理的有效性等均影响着建设项目进度控制。

2）勘察设计单位。其影响因素包括：勘察设计目标的确定、可投入的力量及其工作效率、各专业设计的配合，以及业主和设计单位的配合等。

3）承包商。其影响因素包括：施工进度目标的确定、施工组织设计编制、投入的人力及施工设备的规模，以及施工管理水平等。

4）建设环境。其影响因素包括：建筑市场状况、国家财政经济形势、建设管理体制、当地施工条件（气象、水文、地形、地质、交通、建筑材料供应）等。

上述多方面的因素是客观存在的，但有许多是人为的，是可以预测和控制的，参与工程建设各方要加强对各种影响因素的控制，确保进度管理目标的实现。

2　进度管理周期

进度管理周期系指工程建设项目进度控制的全过程。一个建设项目要经过可行性研究、设计、施工和竣工验收等阶段。每一阶段均与进度控制密切相关。

可行性研究阶段对项目建议进度进行论证，并具体化，提出实施进度（工期）的建议。它是对工程项目进行评估的时间依据，是对项目进行决策的依据之一。

设计阶段对实施进度作具体规划，实施设计进度控制，并对设计方案和施工进度作出预测，将可行性研究报告的建设工期和实施进度进行对比，对设计文件作出评价。

施工阶段是进度管理的"操作过程"，要严格按计划进度实施，对造成计划偏离的各种干扰因素予以排除，保证进度目标的实现。

3　进度控制的管理系统

进度管理首先是计划进度，参与工程建设的每一个单位均要编制和自己任务相适应的计划进度。

1）业主（监理）单位的进度计划。业主（监理）单位根据有关部门批准的可行性研究报告，编制工程建设项目总进度计划。该计划既要满足总工期的要求，又要与国家提供或可能从银行和市场获得的资金、设备、材料及施工力量相适应，根据分批配套投产或交付使用的要求，合理安排年度建设的工程项目。

2）设计单位的设计进度计划。设计单位按设计合同和总进度计划要求，编制设计准备工作计划、设计总进度计划和专业设计进度计划。此外，还需对施工进度作出规划和论证。

3）承包商的施工进度计划。承包商按施工承包合同和总进度要求编制施工进度计划，包括：施工准备工作计划、施工总进度计划、单位工程进度计划、分包工程进度计划、分部分项工程进度计划和施工项目年度、季度、月度进度计划等。

8.1.3　工程项目进度管理的特点

工程项目具有规模大、建设的一次性和结构与技术复杂等特点，无论是进度编制，还是进度控制，均有它的特殊性，主要表现在：

1）进度管理是一动态过程。一个大的建设项目，需要几年，甚至十多年。一方面，在这样长的时间里，工程建设环境在不断变化；另一方面，实施进度和计划进度会发生偏差。因此在进度控制中要根据进度目标和实际进度，不断调整进度计划，并采取一些必要的控制措施，排除影响进度的障碍，确保进度目标的实现。

2）工程项目进度计划和控制是一复杂的系统工程。进度计划按工程单位可分为整个项目总进度计划、单位工程进度计划、分部分项工程进度计划等；按生产要素可分为投资计划、物资设备供应计划等。因此进度计划十分复杂。而进度控制更要复杂，它要管理整个计划系统，而决不仅限于控制项目实施过程中的施工计划。

3）进度管理有明显的阶段性。对于设计、施工招标、施工等阶段均有明确的开始与完成时间及相应的工作内容。各阶段工作内容不一，因而相应有不同的控制标准和协调内容。每一阶段进度完成后都要对照计划作出评价，并根据评价结果作出下一阶段工作进度安排。

4）进度计划具有不均衡性。对于施工进度来说，由于外界自然环境的干扰，外界工作环境的变化及施工内容和难度上的差别，年、季、月间很难做到均衡施工，这就增加了进度管理的难度。

5）进度管理风险性大。由于建设项目的单一性和一次性的特点，进度管理也是一个不可逆转的工作，因而风险较大。在管理中既要沿用前人的管理理论知识，又要借鉴同类工程进度管理的经验和成果，还要根据本工程特点对进度进行创造性的科学管理。

8.2　工程项目活动定义

工程项目活动是工程项目进度管理的基本单元，在进度管理中，一般首先要对活动的三个属性，范围（工作内容或工程实体结构）、逻辑关系和持续时间，进行定义。定义活动范围，并给以适当编号，以区分不同的活动，确定进度管理的基本单元；定义逻辑关系，以明确活动之间的相互联系；定义活动持续时间，以落实资源供应计划。

8.2.1　工程项目活动范围定义

定义活动范围，其目的是为了确定进度管理的基本单元，并可将活动进行区分。

1　活动范围定义的依据

定义活动范围主要依据工程项目的结构、工程施工的特性和管理上的需要，具体应包括：

1）已有的工程项目分解规定。根据工程项目的特性可将其分解为单项工程、单位工程、分部工程和分项工程。这样的分解在建筑、水利水电等行业都已作了一些规定，可将这样的分解视为是工程项目活动范围定义的基础。

2）工程施工方案和管理的要求。在工程项目分解到分项工程后，可根据施工的特点和管理上的要求，再作进一步的详细分解，得到进度管理的基本单元，即工程项目活动。当然，在一些较为宏观的进度计划中，有时也将一分项工程定义为一活动。

2　活动范围定义后的表示

将活动范围定义后，工程项目可分解为从粗到细、分层的树状结构，并可将其用表的形式表示，形成活动清单。

8.2.2　工程项目活动逻辑关系定义

为方便工程项目进度管理，有必要定义活动间的逻辑关系，然后借助于一定的工具来描述这种逻辑关系，以便进一步对工程进度作分析。

1）活动逻辑关系描述

活动逻辑关系是指活动之间开始投入工作或完成工作的先后关系，其常由活动的工艺关系和组织关系所决定。

（1）工艺关系。活动之间的先后关系由活动的工艺决定的称为工艺关系。

（2）组织关系。活动之间的先后关系由组织活动的需要（如人力、材料、施工机械调配的需要）决定的称为组织关系。

（3）活动逻辑关系一般形式。活动逻辑关系一般可表达为平行关系、顺序关系和搭接关系三种形式，在这三种关系中，搭接关系是最基本的，平行关系和顺序关系可视为其特例。

2）活动逻辑关系表达方法

活动逻辑关系表达方法有多种，如，横道图法、双代号绘图法、单代号绘图法、单代号搭接绘图法和时标网络法等。

（1）横道图法

用纵向表示工程项目活动，并将其在图的左侧纵向排列；用横向线段表示活动时间的延续，横向线段的起点为活动的开始时间，横向线段的终点为活动的结束时间。

（2）双代号绘图法

双代号绘图法用箭线表示活动，用圆圈表示活动间的连接（或活动的开始，或活动的结束），将各活动有机地相连，形成一有向的图。该图中的箭线（即活动）可用专门的名称表示，也可用箭线前后圆圈中的编号表示，因此，该图称双代号网络图（图 8-1）。

① 活动，又称工序、作业或工作。在双代号网络图中一项活动用一条箭线和两个圆

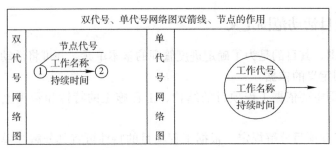

图 8-1 双代号、单代号网络图

圈表示，活动名称写在箭线上面，活动的持续时间写在箭线下面；箭尾表示活动的开始，箭头表示活动的结束；圆圈中的两代码也可用以代表活动的名称。在无时间坐标的网络图中，箭线的长度与完成活动持续时间无关。箭线一般画成直线，也可画成折线或曲线。双代号网络图中的活动分二类：一类是既需消耗时间，又需消耗资源的活动，另一类活动，它既不消耗时间，也不需要消耗资源的活动，称为虚活动。虚活动是为了反映各活动间的逻辑关系而引入的，并用虚箭线表示。

② 节点，又称事项或事件。它表示一项活动的开始或结束的瞬间，起承上启下的衔接作用，而不需要消耗时间或资源。节点在网络图中一般用圆圈表示，并赋以编号，箭线出发的节点称为开始节点，箭线进入的节点称为结束节点。在一个网络图中，除整个网络计划的起始节点和终止节点外，其余任何一个节点均有双重作用，即：既是前面活动的结束节点，又是后面活动的开始节点。

③ 线路，又称路线。从网络图的起始节点出发，沿箭线方向连续不断地通过一系列节点和箭线，到达网络图的终止节点有若干条通路，这每一条通路都称为一条线路。线路上各活动持续时间之和称为该线路持续时间。网络图中线路持续时间最长的线路称为关键路线。关键路线的持续时间称进度网络计算工期。同时，位于关键线路上的活动称为关键活动。

绘制双代号网络图，对活动的逻辑关系必须正确表达，本工作、紧前工作、紧后工作、平行工作、先行工作、后续工作、虚工作、虚拟节点等概念术语或设定条件是网络图的基本绘图要素。其中，虚拟节点但应用于单代号网络图起始或收尾工作不只一项的特定场合；

④ 绘制双代号网络图需遵循下列规则：

a 网络图中不允许出现回路。

b 在网络图中，不允许出现代号相同的箭线。

c 在一个网络图中只允许一个起始节点和一个终止节点。

d 网络图是有向的，按习惯从开工节点开始，各活动按其相互关系从左向右顺序连接，一般不允许箭线箭头指向左方向。

e 网络图中的节点编号不能出现重号，但允许跳跃顺序编号。用计算机计算网络时间参数时，要求一条箭线箭头节点编号应大于箭尾节点的编号。

表 8-1 为网络图的绘制原则。

网络图的绘制原则　　　　　　　　　　　　　　　　　　　　表 8 - 1

绘图要求	内　　容	相应绘图处理方法
基本原则	必须正确反映工作之间的逻辑关系	避免逻辑关系绘图表达出现"多余"或"欠缺"两类错误
约定规则	不允许出现反向箭线	通过图形高速避免反向箭线
	不允许出现节点代号相同的箭线	用添画虚箭线手法处理
	一个网络图只能有一个开始和终点节点	合并相应节点形成封闭圆形
	不允许出现双流向箭线	说明逻辑关系表达有误，检查、重新绘图
	不允许出现循环回路	说明逻辑关系表达有误，检查、重新绘图
	不允许出现无箭头的线段	避免疏忽漏画箭头
	不允许出现无箭尾节点或无箭头节点的箭线	遵从本规则要求画法
	不允许出现向箭线引入或自箭线引出的箭线（但采用"母线法"绘图时例外）	遵从本规则要求画法"母线法"系指多条起始或收尾工作箭线自一条起始工作的箭线引出或向一条收尾工作箭线引入的画法
图形简化规则	尽量保持箭线的水平或垂直状态	避免任意直线、层叠折线或曲线画法
	尽量避免箭线交叉	应用绘图技巧避免箭线交叉
	尽量避免多余虚箭线及相关节点	在准确判断的基础上运用可行方法去除多余虚箭线及相关点

（3）单代号绘图法

单代号绘图法用圆圈或方框表示活动，并在圆圈或方框内可以写上活动的编号、名称和持续时间；活动之间的逻辑关系用箭线表示，单代号绘图法将活动有机地连接，形成的一有向图称为单代号网络图。目前单代号网络图被大部分项目管理软件所采用。单代号网络图绘制规则：当项目中有多项起始活动或结束活动时，应在开始或结束时增加一项虚拟活动，作为起始节点或结束节点，该虚拟活动时间为 0。

（4）单代号搭接绘图法

不论是双代号网络图还是单双代号网络图，它们均只能描述活动之间的先后连接关系，活动之间的这种搭接关系用它们来描述就比较麻烦，计算也不方便。20 世纪 70 年代开始，许多学者就采用多种方法对活动的这种搭接关系进行描述，其中单代号搭接绘图法较为典型，用这种方法得到的有向图称为单代号搭接网络图。单代号搭接网络的逻辑关系是由相邻两活动之间的时距决定的。时距即为活动之间不同顺序关系所决定的时间差值。单代号搭接网络将活动的基本搭接关系分为 5 种，即：

① 结束到开始（FTS）。

② 开始到开始（STS）。

③ 结束到结束（FTF）。

④ 开始到结束（STF）。

⑤ 混合搭接。两项活动可能同时受由 STS 与 FTF 时距的限制，或 STF 与 FTS 时距的限制等。

8.2.3　工程项目活动持续时间定义

工程项目活动持续的时间一般是根据已知工程量和可投入的资源来确定的，因此，其也称活动持续时间估计，即估计为完成每项活动可能需要的时间。

1 活动时间估计的依据

活动持续时间估计的依据一般包括：

1) 活动清单。

2) 资源配置。资源包括人力、材料、施工机械和资金等，大多数情况下，活动持续时间受到资源分配的影响。

3) 资源效率。大多数活动持续时间受到所配置的资源的效率的影响。如，熟练工完成某项活动的时间一般要比普通工少。

2 活动持续时间估计的途径和方法

1) 活动持续时间估计的途径可采用下列 3 条，或者是他们的综合。

(1) 利用历史数据。历史数据包括：工程定额、项目档案、规程规范，以及企业所积累的一些数据。

(2) 专家判断估计。影响活动持续时间的因素很多，对其的估计也有一定的难度。因此，可请专家提供帮助，由他们根据历史资料和积累的经验进行估计。

(3) 类比估计。类似的活动常会有类似的持续时间，因此，可利用类比法进行估计。

2) 活动持续时间估计的方法分为：

(1) 单时估计法。其是根据施工定额、预算定额、施工方法、投入的劳动力、施工机具设备和其他资源，估计出一个肯定的时间的一种方法。其计算公式如下：

$$t_{i,j} = \frac{Q}{S \cdot R \cdot n} \tag{8-1}$$

式中　$t_{i,j}$——完成活动 (i, j) 的持续时间；

　　　Q——活动的工作量；

　　　S——产量定额；

　　　R——投入活动 (i, j) 的人数或施工机械台班；

　　　n——工作的班次。

单一时间估计法，一般适用于影响活动的因素少、影响程度比较确定，并且具有相当的历史资料的情况。

(2) "三时"估计法。当各活动的影响因素较多、其不确定性较大，且又缺乏时间消耗的历史资料时，就难估计出一个肯定的单一的时间值，而只能由概率理论，计算活动持续时间的期望值和方差。三时估计法首先估计出下列 3 个时间值：

- 最乐观时间 a；
- 最可能时间 m；
- 最悲观时间 b。

然后，假设活动持续时间服从 β 分布，并用下列公式计算活动 (i, j) 持续时间的期望值 $D_{i,j}$ 和方差 $\sigma_{i,j}^2$。

$$D_{i,j} = \frac{a + 4m + b}{6} \tag{8-2}$$

$$\sigma_{i,j}^2 = \left(\frac{b-a}{6}\right)^2 \tag{8-3}$$

8.3　工程项目进度计划编制

8.3.1　工程项目进度计划的类型

工程项目进度计划按照不同的分类原则，可分成不同类型。

1　按计划期限分类

1) 长期进度计划。它是预测性、方向性的战略计划，对建设项目的建设方案、投资使用、资源安排、控制性进度作出原则安排。

2) 中期进度计划。它是长期计划的补充和深化，它根据项目总体控制性计划目标的要求，规定计划期内的建设任务，如每年的进度计划。

3) 短期进度计划。它是实施性计划，表现为季进度计划、月进度计划、旬进度计划等多种形式。

2　按工作内容分类

1) 勘察设计进度计划。它包括地形地质勘察、设计等工作的时间安排。

2) 施工招标进度计划。它是对编制招标文件、开标评标、签署合同等进度的安排。

3) 施工准备进度计划。它是对工程开工前征地拆迁、施工场内外交通建设、施工用电用水设施建设的时间安排。

4) 施工进度计划。它是承包商根据合同的要求，考虑到可能对工程施工产生的各种影响因素，并结合自己的组织管理水平、工艺技术水平、施工机械装备水平而编制的施工时间安排。

3　按计划的范围分类

1) 建设项目总进度计划。

2) 单项工程进度计划。

3) 单位工程进度计划。

4) 分部分项工程进度计划。

进度计划除上述三种分类的各种类型外，还有：年度投资计划、材料及物资供应计划、大型设备及结构加工计划、劳动力需求计划、施工机械需要量计划、运输计划等。

8.3.2　工程项目进度计划编制依据和程序

1　工程进度计划编制依据

不同类型的施工进度计划，其依据稍有差别。编制施工进度计划，常应以下列信息为依据。

1) 施工承包合同。施工承包合同中有关工期、质量、资金的要求是确定施工进度计划的基本依据。

2) 设计文件及施工详图供图速度。设计文件明确了工程规模、结构形式及具体的要求，是编制进度的依据。此外，施工详图是施工的依据，施工详图的供图速度必须与施工进度计划相适应。

3) 施工方案。施工方案设计与施工进度计划编制是互为影响的，施工方案设计应考虑到施工进度的要求；而编制施工进度计划又应考虑到施工方法、施工机械的选择等因素的影响。

4）有关法规、技术规范或标准。例如施工技术规范、施工定额等。

5）施工企业的生产经营计划。一般施工进度计划应服从施工企业经营方针的指导，满足生产经营计划的要求。

6）承包商的管理水平和设备状况。包括承包商及分包商的项目管理水平、人员素质与技术水平、施工机械的配套与管理等资料。

7）有关施工条件。包括：① 施工现场的气象、水文、地质情况；② 建设地区建筑材料、劳动力供应情况；③ 供水、电的方式及能力等状况；④ 工地场内外交通状况；⑤ 征地、拆迁及移民安置情况；⑥ 业主、监理工程师和设计单位管理项目的方法和措施。

2　工程项目进度计划编制程序

工程项目进度计划编制程序如下：

1）定义活动（或称划分项目）。活动的大小则随工程进度计划的粗细程度而定。

2）确定活动逻辑关系（或施工顺序）。

3）计算工程量。

4）确定劳动量和施工机械使用台班（时）数量。

5）确定各施工项目（施工过程）的施工天数。

6）初拟施工进度计划。

7）施工进度计划的检查、调整和优化。

8.3.3　工程进度计划编制方法

编制进度的基本方法有横道图法和网络图法两种。不同类型的工程进度计划，采用的编制方法也有所不同。对活动项数较少进度计划，常用横道图法编制。如控制性总进度计划、实施性分部或分项工程的进度计划，因它们的活动均较少，因此常用横道图法编制。用横道图法编制的进度计划具有活动的开始和结束时间明确、直观等特点。但当活动项数较多时，横道图对活动间的逻辑关系不能清楚表达，进度的调整比较麻烦，进度计划的重点也难以确定。

与此相反，网络图法可以弥补上述不足。因此，当活动项数较多时，目前用得较普遍的是网络图法。

网络图法中又分关键线路法、计划评审技术、图示评审技术、决策网络计划法和风险评审技术。

在工程项目进度计划中用得较多的方法有：横道图法、关键线路法和计划评审技术。下面介绍关键线路法和计划评审技术。

1　关键线路法

关键线路法假定进度计划中活动与活动间的逻辑关系是肯定的，每项活动的持续时间也仅只有一个的网络计划技术。在关键线路法中可计算网络图的 6 个时间参数：

- 最早开始时间 $ES_{i,j}$——活动（i，j）最早可能开始的时间；
- 最早结束时间 $EF_{i,j}$——活动（i，j）最早可能结束的时间；
- 最迟开始时间 $LS_{i,j}$——活动（i，j）最迟必须开始的时间；

- 最迟结束时间 $LF_{i,j}$——活动 (i, j) 最迟必须结束的时间；
- 总时差 $TF_{i,j}$——活动 (i, j) 在不影响总工期的条件下可以延误的最长时间；
- 自由时差 $FF_{i,j}$——活动 (i, j) 在不影响紧后活动最早开始时间的条件下，允许延误的最长时间。

关键线路法中又可分双代号网络图法、双代号时标网络法、单代号网络法、单代号搭接网络法等，下面分别介绍。

1）双代号网络图法

（1）双代号网络图时间参数和计算工期的计算公式。令整个进度计划的开始时间为第 0 天，且节点编号有 $0 < h < i < j < k$，则

① 最早开始时间：

$$ES_{i,j} = 0, \ i = 1$$
$$ES_{i,j} = \max(ES_{h,i} + t_{i,j}) \tag{8-4}$$

式中　$ES_{h,i}$——活动 (i, j) 各项紧前活动的最早开始时间；

　　　$t_{i,j}$——活动 (i, j) 的持续时间；

　　　n——网络计划图的终节点。

② 最早完成时间：

$$EF_{i,j} = ES_{i,j} + t_{i,j} \tag{8-5}$$

③ 计算工期 T_c：

$$T_c = \max(EF_{i,n}) \tag{8-6}$$

式中　$EF_{i,n}$——终节点前活动 (i, n) 的最早完成时间。

④ 最迟完成时间：

$$LF_{i,j} = T_p, \ j = n$$
$$LF_{i,j} = \min(LF_{j,k} - t_{j,k}) \tag{8-7}$$

式中　T_p——计划工期；

　　　$LF_{j,k}$——活动 (i, j) 的各紧后活动的最迟完成时间。

⑤ 最迟开始时间

$$LS_{i,j} = LF_{i,j} - t_{i,j} \tag{8-8}$$

⑥ 总时差：

$$TF_{i,j} = LS_{i,j} - ES_{i,j} \tag{8-9}$$

或

$$TF_{i,j} = LF_{i,j} - EF_{i,j} \tag{8-10}$$

⑦ 自由时差：

$$FF_{i,j} = \min(ES_{j,k} - ES_{i,j} - t_{i,j}) \tag{8-11}$$

或

$$FF_{i,j} = \min(ES_{j,k} - EF_{i,j}) \tag{8-12}$$

（2）双代号网络的图上作业法。直接在双代号网络图上计算其时间参数的方法称图上作业法。

① 最早时间：活动最早开始时间的计算从网络图的左边向右逐项进行。先确定第一项活动的最早开始时间为 0，将其和第一项活动的持续时间相加，即为该项活动的最早结束时间。以此，逐项进行计算。当计算到某活动的紧前有两项以上活动时，需要比较他们最早完成时间的大小，取其中大者为该项活动的最早开始时间。最后一个节点前有多项活

动时，取最大的最早完成时间为计算工期。

② 最迟时间：活动最迟完成时间的计算从网络图的右边向左逐项进行。先确定计划工期，若无特殊要求，一般可取计算工期。和最后一个节点相接的活动的最迟完成时间为计划工期时间，将它与其持续时间相减，即为该活动的最迟开始时间。当计算到某活动的紧后有两项以上活动时，需要比较他们最迟开始时间的大小，取其中小者为该项活动的最迟完成时间。逆箭线方向逐项进行计算，一直算到第一个节点。

③ 总时差：每一活动的最迟时间与最早时间之差，即为该活动的总时差。

④ 自由时差：某一活动的自由时差为其紧后活动的最早开始时间减去其最早完成时间，然后取最小值。

⑤ 关键活动和关键线路：当计划工期和计算工期相等时，总时差为 0 的活动为关键活动；关键活动依次相连即得关键线路。当计划工期和计算工期之差为一值时，则总时差为该值的活动为关键活动。

2）双代号时标网络法

双代号时标网络简称时标网络，其是以时间坐标为尺度表示活动的进度网络，双代号时标网络将双代号网络图和横道图结合了起来，既可表示活动的逻辑关系，又表示活动的持续时间。

（1）时标网络的表示。在时间坐标下，以实线表示活动，以实线后的波形线（或者虚线）表示自由时差，虚活动仍以虚箭线表示。

（2）时标网络的绘图规则。绘制时标网络，应遵循如下规定：

① 时间长度是以所有符号在时标表上的水平位置及其水平投影长度表示的，与其所代表的时间值所对应；

② 节点中心必须对准时标的刻度线；

③ 时标网络宜按最早时间编制。

（3）时标网络计划编制步骤。编制时标网络，一般应遵循如下步骤：

① 画出具有活动时间参数的双代号网络图；

② 在时标表上，按最早开始时间确定每项活动的开始节点位置；

③ 按各活动持续时间长度绘制相应活动的实线部分，使其水平投影长度等于活动持续时间；

④ 用波形线（或者虚线）把实线部分与其紧后活动的开始节点连接起来，以表示自由时差。

（4）时标网络计划中关键线路和时间参数分析。其分析方法如下：

① 关键线路。自终节点到始节点观察，凡是不出现波形线的通路，即为关键线路。

② 计算工期。终节点与始节点所在位置的时间差值为计算工期。

③ 活动最早时间。每箭尾中心所对应的时标值代表最早开始时间；没有自由时差的活动的最早完成时间是其箭头节点中心所对应的时标值；有自由时差的活动的最早完成时间是其箭头实线部分的右端所对应的时标值。

④ 活动自由时差。活动的自由时差是其波形线（或虚线）在坐标轴上水平投影的长度。

⑤ 总时差。活动总时差可从右到左逐个推算，其公式为：

$$TF_{i,j} = \min\{TF_{j,k}\} + FF_{i,j} \qquad (8-13)$$

上式中，$TF_{j,k}$ 是活动 $(i，j)$ 的紧后工作的总时差，$FF_{i,j}$ 是活动 $(i，j)$ 的自由时差。

3）单代号网络图法

单代号网络图时间参数计算的方法和双代号网络图相同，计算最早时间从第一个节点算到最后一个节点；计算最迟时间从最后一个节点算到第一个节点。有了最早时间和最迟时间，即可计算时差和分析关键线路。

4）单代号搭接网络法

单代号搭接网络时间参数计算，在确定各活动的持续时间和各项活动之间的时距后，才可对单代号搭接网络时间参数进行计算。

2　计划评审技术

计划评审技术是一种解决活动间逻辑关系肯定，活动持续时间非肯定的网络计划技术。主要用其分析各项活动按规定时间完成的可能性。以方便管理人员监督、分析和调整工程项目的进行过程，实现进度目标。

1）计划评审技术主要假定

计划评审技术的假定主要有：

（1）每项活动是随机独立的，且服从正态分布；

（2）对这种活动之间逻辑关系肯定、活动持续时间非肯定的网络图中，仅有一条线路占主导地位；

（3）对这种活动之间逻辑关系肯定、活动持续时间非肯定的网络图，其关键线路持续时间服从正态分布。

2）计划评审技术应用步骤

计划评审技术应用步骤主要包括：

（1）绘制网络图（与双代号网络图相同）；

（2）活动持续时间随机分析；

（3）计算活动最早时间的期望值；

（4）计算活动最迟时间的期望值；

（5）计算活动的总时差；

（6）计算各节点或各活动按计划完成的完工概率；

（7）确定关键线路。

3）计划评审技术网络计划完工概率计算

计划评审技术网络的活动持续时间具有随机性，因此，线路持续时间也具有随机性。常用"三时估计法"确定期望活动持续时间 $D_{i,j}$ 及其方差 $\sigma_{i,j}^2$。得到期望活动持续时间后，可采用和关键线路相同的方法，计算各活动的期望时间参数和期望计算工期，并找出关键线路。由计划评审技术的假定，可得期望关键线路持续时间 T_e 及其标准差 σ_T 的计算公式：

$$T_e = \sum_{i=1}^{n} D_{i,j} \qquad (8-14)$$

$$\sigma_T = \sqrt{\sum_{i=1}^{n} \sigma_{i,j}^2} \qquad (8-15)$$

上式中，i、j 为计划评审技术网络节点编号，并有 $i<j$。

计划评审技术假定关键线路持续时间服从正态分布，因此，可由下式先计算出难度系数 λ，然后查正态分布表，得到 PERT 网络计划的完工概率。

$$\lambda = \frac{T_s - T_e}{\sigma_T} \tag{8-16}$$

式中，λ——难度系数，由此查正态分布表，可得 PERT 网络完工概率；

　　　　T_s——规定工期；

　　　　T_e——关键线路期望持续时间；

　　　　σ_T——关键线路期望持续时间的标准差。

8.3.4　工程项目进度计划的优化

编制工程项目进度计划，仅是做工程项目进度计划中较前的一个工作环节，得到的也仅是一个初步的方案，其后还要根据项目规定的工期目标进行调整和优化。

工程项目进度计划基本的优化方法有 3 种：工期优化、费用优化和资源优化。下面介绍的是肯定型网络的优化问题。

1　工期优化

工期优化是压缩计算工期，以满足规定工期的要求，或在一定约束条件下，使工期最短的过程。

工期优化通常通过压缩关键活动的持续时间来实现。在这过程中，要注意到：

（1）不能将关键活动压缩为非关键活动；

（2）当出现多条关键线路时，要将各条关键线路作相同程度的压缩，否则，不能进行有效压缩。

进行工期优化的步骤如下：

（1）计算网络计划中的时间参数，并找出关键线路和关键活动；

（2）按规定工期要求确定应压缩的时间；

（3）分析各关键活动可能的压缩时间；

（4）确定将压缩的关键活动，调整其持续时间，并重新计算网络计划的计算工期；

（5）当计算工期仍大于规定工期时，则重复上述步骤，直到满足工期要求或工期不能再压缩为止；

（6）当所有关键活动的持续时间均压缩到极限，仍不满足工期要求时，应对计划的原技术、组织方案进行调整，或对规定工期重新审定。

在对关键活动的持续时间压缩时，要注意到其对工程质量、施工安全、施工成本和施工资源供应的影响。

2　费用优化

费用优化又称时间成本优化，目的是寻求最低成本的进度安排。

进度计划所涉及的费用包括直接费和间接费。直接费是指在施工过程中耗费的、构成工程实体和有助于工程形成的各项费用；而间接费是由公司管理费、财务费用等构成。一般而言，直接费用随工期的缩短而增加，间接费用随工期的缩短而减少，直接费和间接费之和为总费用。

寻求最低费用和最优工期的基本思路是从网络计划的各活动持续时间和费用的关系中，依次找出能使计划工期缩短，而又能直接费用增加最少的活动，不断地缩短其持续时间，同时考虑其间接费用叠加，即可求出工程费用最低时的最优工期和工期确定时相应的最低费用。

3　资源优化

资源是为完成工程项目所需的人力、材料、施工机械和资金的总称。资源供应状况对工程进度有直接的影响。资源优化包括："资源有限—工期最短"和"工期固定—资源均衡"两种。

1）资源有限—工期最短优化。其是通过调整计划安排以满足资源限制条件，并使工期延长最少。其优化步骤如下：

（1）计算网络计划每天资源的需用量；

（2）从计划开始日期起，逐日检查每天资源需用量是否超过资源的限量，如果在整个工期内每天均能满足资源限量的要求，可行优化方案就编制完成。否则必须进行计划调整；

（3）调整网络计划。对资源有冲突的活动做新的顺序安排。顺序安排的选择标准是工期延长的时间最短；

（4）重复上述步骤，直至出现优化方案为止。

2）工期固定—资源均衡。其是通过调整计划安排，在工期保持不变的条件下，使资源尽可能均衡的过程。可用方差 σ^2 或标准差 σ 来衡量资源的均衡性。方差越小越均衡。利用方差最小原理进行资源均衡的基本思路是：用初始网络计划得到的自由时差改善进度计划的安排，使资源动态曲线的方差值减到最小，从而达到均衡的目的。设规定工期为 T_s，$R(t)$ 为 t 时刻所需的资源量，R_m 为日资源需要量的平均值，则可得方差和标准差的计算公式：

$$\sigma^2 = \frac{1}{T_s} \sum_{i=1}^{T_s} (R(t) - R_m)^2 \tag{8-17}$$

即有：

$$\sigma^2 = \frac{1}{T_s} \sum_{i=1}^{T_s} R^2(t) - R_m^2 \tag{8-18}$$

或

$$\sigma = \sqrt{\frac{1}{T_s} \sum_{i=1}^{T_s} R^2(t) - R_m^2} \tag{8-19}$$

由于上式中规定工期 T_s 与日资源需要量平均值均为常数，故要使方差最小，只需使 $\sum_{i=1}^{T_s} R^2(t)$ 为最小。因工期是固定的，所以，求方差 σ^2 或标准差 σ 最小的问题只能在各活动的总时差范围内进行。

8.4　工程项目进度控制

在工程项目实施过程中，由于多种因素的干扰，经常在实际进度与计划进度间存在偏差。这种偏差不及时得到消除，进度计划目标就不会实现。因此，在工程项目进度计划的实施过程中要进行控制。工程项目进度控制的主要环节有：进度检查、进度分析和进度的调整等。

8.4.1　工程项目进度检查

1　施工进度检查内容

施工进度检查的目的是要弄清工程项目施工进行到了什么程度，是超前，还是落后。其检查的内容一般比较广泛，主要包括：

1）施工形象进度检查。检查施工现场的实际进度情况，并和计划进度比较。这是施工进度检查的重点。

2）设计图纸及设计文件编制工作进展情况检查。检查各设计单元供图进度，确定或估计是否满足施工进度计划的要求。

3）设备采购进展情况检查。检查设备在采购、运输过程中的进展情况，确定或估计是否满足计划的到货日期或能否适应土建和安装进度的安排。

4）材料供应或成品、半成品加工情况检查。有些材料（如水泥）是直接供应的，主要检查其订货、运输和贮存情况。有些材料需经工厂加工成成品或半成品，然后运到工地，例如钢构件和钢制管段等，应检查其原料订货、加工、运输等情况。

2　施工进度检查方法

施工进度检查有多种方法，这里主要介绍横道图检查法、S形曲线检查法和前锋线检查法。

1）横道图检查法

利用横道图进行进度控制时，可将每天、每周或每月实际进度情况定期记录在横道图上，用以直观地比较计划进度与实际进度，检查实际执行的进度是超前、落后，还是按计划进行。若通过检查发现实际进度落后了，则应采取必要措施，改变落后状况；若发现实际进度远比计划进度提前，可适当降低单位时间的资源用量，使实际进度接近计划进度。这样常可降低相应的成本费用。

2）S形曲线检查法

S形曲线检查法是将进度实际情况和计划情况放在一张图表上进行比较，如图8-2所示。

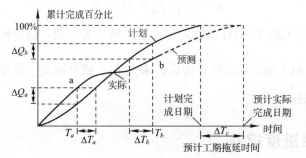

图8-2　S形曲线图

S形曲线检查法能直观地反映工程实际进度情况，工程项目实施过程中，每隔一段时间将实际进展情况绘制在原计划的S形曲线上进行直观比较。通过比较，可得如下信息：

（1）实际工程进展速度；

（2）进度超前或延迟时间；

（3）工程量的完成情况；

（4）后续工程进度预测。

3）前锋线检查法

前锋线检查法是一种有效的进度动态管理的方法。前锋线又称实际进度前锋线，它是在网络计划执行中的某一时刻正在进行的各活动的实际进度前锋的连线。前锋线一般是在时间坐标网络图上标示的，从时间坐标轴开始，自上而下依次连接各线路的实际进度前锋，即形成一条波折线，这条波折线就是前锋线。

画前锋线的关键是标定各活动的实际进度前锋位置。其标定方法有两种：

（1）按已完成的工程实物量比例来标定。时间坐标网络图上箭线的长度与相应活动的历时对应，也与其工程实物量成比例。检查计划时刻某活动的工程实物量完成了几分之几，其前锋点自左至右标在箭线长度的几分之几的位置。

（2）按尚需时间来标定。有时活动的历时是难于按工程实物量来换算的，只能根据经验或用其他办法来估算。要标定该活动在某时刻的实际进度前锋，就用估算办法估算出从该时刻起到完成该活动还需要的时间，从箭线的末端反过来自右到左进行标定。

实际进度前锋线的功能包括两个方面：分析当前进度和预测未来的进度。

（1）分析当前进度。以表示检查时刻的日期为基准，前锋线可以看成描述实际进度的波折线。处于波峰上的线路，其进度相对于相邻线路超前，处于波谷上的线路，其进度相对于相邻线路落后。在基准线前面的线路比原计划超前，在基准线后面的线路比原计划落后。画出前锋线，整个工程在该检查计划时刻的实际进度状况便可一目了然。按一定时间间隔检查进度计划，并画出每次检查时的实际进度前锋线，可形象地描述实际进度与计划进度的差异。检查时间间隔愈短，描述愈精确。

（2）预测未来进度。通过对当前时刻和过去时刻两条前锋线的分析比较，可根据过去和目前情况，在一定范围对工程未来的进度变化趋势作出预测。可引进进度比概念进行定量预测。

前后两条前锋线间某线路上截取的线段长度 ΔX 与这两条前锋线之间的时间间隔 ΔT 之比叫进度比，用 B 表示。进度比 B 的数学计算式为：

$$B = \frac{\Delta X}{\Delta T} \tag{8-20}$$

B 的大小反映了该线路的实际进展速度的大小。某线路的实际进展速度与原计划相比是快、是慢或相等时，B 相应地大于1、小于1或等于1。根据 B 的大小，就有可能对该线路未来的进度作出定量的分析。

为计算方便，i 和 j 前后两条前锋线的时间间隔 ΔT 和 ΔX 可分别表示为：

$$\begin{cases} \Delta T = T_j - T_i \\ \Delta X = X_j - X_i \end{cases}, \quad i < j \tag{8-21}$$

上式中，T_i、T_j、X_i、X_j 为工作天（绝对工期），则有 B：

$$B=\frac{X_j-X_i}{T_j-T_i} \tag{8-22}$$

第 n 天后某线路的前锋线到达的位置 X_n 为：

$$X_n=X_j+nB \tag{8-23}$$

该时刻线路与原计划相比的进度差 C_n（即超前或落后的天数）为：

$$C_n=C_j+n（B-1） \tag{8-24}$$

上式中，C_j 为当前时刻该线路的进度差。

一条线路上的不同活动之间的进展速度可能不一样，但对于同一活动，特别是持续时间较长的活动，上述预测方法对于指导施工、控制进度是十分有意义的。

8.4.2　施工进度分析

通过施工进度检查，仅能发现进度的偏差，了解到实际进度比计划进度是提前还是落后，但不能从中发现产生这种偏差的原因和对后续活动施工进度的影响。因此，在发现偏差的基础上，必须进一步对进度作分析，为进度的调整提供依据。

1　进度偏差原因分析

引起进度偏差的原因是多方面的。例如，材料供应跟不上、设计图纸不及时、施工组织措施不当、施工机械的生产能力不能满足要求、不利的施工条件等原因均可能拖后施工进度。在合同环境下，施工进度偏差的影响因素就更多。例如，业主没有按时支付进度款、业主提供的施工条件不满足合同要求、监理工程师指令的差错等原因也会导致进度的延误。

为正确分析进度偏差的原因，进度控制者应深入现场调查研究，查明各种可能的原因，并从中找出主要原因。然后依据主次原因采取措施，依次排除障碍，或调整进度计划。

2　对后续活动及工期影响的分析

当出现进度偏差时，除要分析产生的原因外，还需要分析此种偏差对后续活动产生的影响。偏差的大小以及此偏差所处位置，对后续活动及工期的影响程度是不相同的。分析的方法主要是利用网络图中总时差和自由时差来进行判断。具体分析步骤如下：

1）判断此时进度偏差是否处于关键路线上，即确定出现进度偏差的这项活动的总时差是否为零。若这项活动的总时差为零，说明此项活动在关键路线上，其偏差对后续活动及总工期会产生影响，必须采取相应的调整措施；若总时差不为零，说明此项活动处在非关键线路上，这个偏差对后续活动及工期是否产生影响及影响的程度，需作进一步分析。

2）判断进度延误的时间是否大于总时差。若某活动进度的延误大于该活动的总时差，说明此延误必将影响后续活动及工期；若该延误小于或等于该活动的总时差，说明该延误不会影响工期，但它是否对后续活动产生影响，需作进一步分析。

3）判断进度延误是否大于自由时差。若某活动的进度延误大于该活动的自由时差，说明此延误将对后续活动产生影响，需作调整；反之，若此延误小于或等于该活动的自由时差，说明此延误不会对后续活动产生影响，原进度可不调整。

8.4.3　施工进度的调整

当发现某活动进度有延误，并对后续活动或总工期有影响时，一般需对进度进行调整，以实现进度目标。

调整进度的方案可有多种，需要择优选择。但其基本的调整方法有下列两种。

1）改变活动间的逻辑关系。该方法主要是改变关键路线上各活动间的先后顺序及逻辑关系来实现缩短工期的目的。例如，若原进度计划中的各项活动采用分别实施的方式安排，即，某项活动结束后，才做另一活动。对这种情形，只要通过改变活动间的逻辑关系及前后活动实施搭接施工，便可达到缩短工期的目的。采用这种方法调整时，会增加资源消耗强度。此外，在实施搭接施工时，常会出现施工干扰，必须做好协调工作。

2）改变活动持续时间。该方法的着眼点是调整活动本身的持续时间，而不是调整活动间的逻辑关系。例如，在工期拖延的情况下，为了加快进度，通常是压缩关键线路上有关活动的持续时间。又如，某活动的延误超出了它的总时差，这会影响到后续活动及工期。若工期不允许拖延，此时，只有采取缩短后续活动的持续时间的办法来实现工期目标。

"按时、保质地完成项目"是每一位项目经理最希望做到的。但工期拖延的情况却时常发生。因而合理地安排项目时间是项目管理中一项关键内容，它的目的是保证按时完成项目、合理分配资源、发挥最佳工作效率。它的主要工作包括定义项目活动、任务、活动排序、每项活动的合理工期估算、制定项目完整的进度计划、资源共享分配、监控项目进度等内容。

第9章　城市地下管线探测工程项目费用管理

9.1　城市地下管线探测工程项目成本控制概述

1　城市地下管线探测工程项目成本的含义

城市地下管线探测工程项目成本一词本身具有多重含义，其具体体现，包括对不同的项目实施主体而言，工程建设成本在业主是项目投资，在承包商是工程建设费用；以及在不同的项目实施阶段，工程建设成本表现形式多样，例如在整个建设过程中，城市地下管线探测工程项目成本存在投资估算、设计概算、施工图预算、工程承包合同价、工程结算价及竣工决算等多种形式。

与成本含义相适应，广义的城市地下管线探测工程项目成本控制，一般是指在项目实施全过程中，借助各种理论、方法、手段、措施并通过一定的程序，在保证满足进度、质量目标的同时，力争使项目的实际建造费用不超出计划额度的要求，并基于合理使用人、财、物力，努力提高项目投资经济效益、社会效益和生态环境效益，从而圆满实现项目的成本费用控制目标。

2　城市地下管线探测工程项目成本控制

1）在项目实施前的控制工作

在城市地下管线探测工程项目的构思与定义阶段，形成工程构想，初步进行项目结构分解，实施分项投资估算，做出拟建项目的概略经济评价，形成初步的项目投资建议。

在可行性研究阶段，对项目各种拟建方案进行初步投资估算，并论证每一方案在功能上、技术上和财务上的可行性。

在方案建议阶段，按照不同的设计方案编制估算书。

在初步设计阶段，制订投资分项初步概算，制订资金支出初步估算表。

在施工图设计阶段，编制分项施工图预算，与项目投资限额进行衡量、比较，调整偏差。

2）项目实施过程中的控制工作

业主督促、检查承包商严格执行工程合同，审核承包商提交的申请支付报表，综合评价承包商当月的工程完成情况。

定期制订成本估计报告书，反映施工中存在的问题及工程价款的分期支付情况。

严格控制设计变更以及由于业主本身工作失误而引起的工程变更，控制变更申请程序。

严格按照合同文件的规定及合同与索赔管理的程序，审核、评估承包商提出的索赔。

审核承包商工程竣工报告，根据对竣工工程量的核算和对承包商其他支付要求的审核，确定工程竣工报表的支付金额，并针对完工项目，做好项目投资控制执行情况总结工作。

3　城市地下管线探测工程项目成本控制的目的

城市地下管线探测工程项目成本控制的目的是通过依次满足项目建设的阶段性成本目标，实现实际成本不超出计划额度要求，并同时取得工程建设投资的经济、社会及生态环境效益。

城市地下管线探测工程项目成本控制的阶段性目标设立要求城市地下管线探测工程项目成本控制需要借助于使用各种行之有效的理论、方法、手段、措施。

理论：全生命周期费用管理、全面成本管理、资金时间价值、项目经济评价及动态控制、系统控制、信息反馈控制、弹性控制和循环控制等各种相关理论；

方法：项目投资估算、设计概算、施工图预算编审环节控制、合理确定工程承包合同价、开展成本预测、计划、实施、分析、考核及综合运用价值工程、限额设计及工程价款结算、工程变更及索赔控制等各种基本控制方法；

手段：技术与经济结合、主动与被动控制结合等各种重要的控制手段；

措施：采取技术、组织、经济、合同管理等措施及时纠正业已出现的费用偏差。

4　城市地下管线探测工程项目成本控制程序

城市地下管线探测工程项目成本控制需要借助于一套完善合理的控制程序。

1）程项目成本控制的基本步骤

比较：是指通过比较实际与计划费用，确定有无偏差及偏差大小程度；

分析：即确定偏差的严重性及产生偏差的原因；

预测：是指按偏差发展趋势估计项目完成时的费用，并以此作为成本控制的决策依据；

纠偏：即根据偏差分析、预测结果，采取相应缩小偏差行动；

检查：是指基于对纠偏措施执行情况、效果的确认，决定是否继续实施上述步骤，通过措施调整，持续进行纠偏活动，或是在必要时，调整不合理的项目成本方案或成本目标。

2）工程项目成本控制程序图如图 9-1 所示。

9.2　城市地下管线探测工程项目成本估算

城市地下管线探测工程项目成本估算是城市地下管线探测工程项目成本管理的一项核心工作，其实质是通过分析去估计和确定城市地下管线探测工程项目成本的工作。这项工作是确定城市地下管线探测工程项目成本预算和开展城市地下管线探测工程项目成本控制的基础和依据。

9.2.1　城市地下管线探测工程项目成本估算的概念

城市地下管线探测工程项目成本估算是指根据项目的资源需求和计划，以及各种资源的价格信息，估算和确定项目各种活动的成本和整个项目总成本的项目管理工作。

城市地下管线探测工程项目成本估算既包括识别各种城市地下管线探测工程项目成本的构成科目，也包括估计和确定各种成本的数额大小。例如，在大多数项目应用领域中，人工费、设备费、管理费、物料费、开办费等都属于构成城市地下管线探测工程项目成本的科目（其下面可以进一步细分出二级科目）；而项目各项工作需要发生的费用多确定数

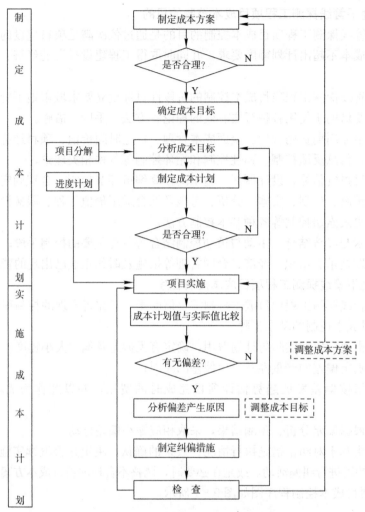

图 9 - 1　工程项目成本控制程序图

额大小的工作了。城市地下管线探测工程项目成本估算也包括综合分析和考虑各种可选择城市地下管线探测工程项目成本方案与估算的协调问题。

9.2.2　城市地下管线探测工程项目成本构成与其影响因素

城市地下管线探测工程项目成本的构成是指项目总成本的构成成分，城市地下管线探测工程项目成本影响因素是指能够对城市地下管线探测工程项目成本的变化造成影响的因素。二者的具体说明与描述如下：

1　城市地下管线探测工程项目成本的构成

城市地下管线探测工程项目成本是指项目形成全过程所耗用的各种费用的总和。城市地下管线探测工程项目成本是由一系列的城市地下管线探测工程项目成本细目构成的。城市地下管线探测工程项目的主要成本细目包括：

1) 项目定义与决策成本

项目定义与决策是每个项目都必须要经历的第一个阶段，项目定义与决策的好坏对项目实施和项目建成后的经济效益与社会效益会产生重要影响。为了对项目进行科学的定义和决策，在这一阶段要进行翔实的各种调查研究，收集和掌握第一手信息资料、进行项目的可行性研究，最终做出抉择。要完成这些工作需要耗用许多人力、物力资源，需要花费许多的资金，这些资金构成了城市地下管线探测工程项目成本中的项目定义与决策成本。

2）项目采购成本

所谓项目采购成本是指为获得项目所需的各种资源（包括物料、设备和劳务等），项目组织就必须开展一系列的询价、选择供应商、广告、承发包、招投标等一系列的工作。对于项目所需商品购买的询价、供应商选择、合同谈判与合同履约的管理需要发生费用，对于项目所需劳务的承发包、从发标、广告、开标、评标、定标、谈判到签约和履约同样也需要发生费用。这些就是项目为采购各种外部资源所需要花费的成本，即项目的采购成本。

3）项目实施成本

在项目实施过程中，为生成项目产出物所耗用的各项资源构成的费用统一被称为"项目实施成本"。这既包括在项目实施过程中所耗费物质资料的成本（这些成本以转移价值的形式转到了项目产出物中）也包括项目实施中所消耗活劳动的成本（这些以工资、奖金和津贴的形式分配给了项目团队成员）。项目实施成本的具体科目包括：

（1）项目人工成本：这是给各类项目实施工作人员的报酬。这包括项目施工、监督管理和其他方面人员（但不包括项目业主/客户）的工资、津贴、奖金等全部发生在活劳动上的成本。

（2）项目物料成本：这部分是项目组织或项目团队为项目实施需要所购买的各种原料、材料的成本。比如，油漆、木料、墙纸、灌木、毛毯、纸、艺术品、食品、计算机或软件等。

（3）项目顾问费用：当项目组织或团队因缺少某项专门技术或完成某个项目任务的人力资源时，他们可以雇用分包商或专业顾问去完成这些任务。为此项目就要付出相应的顾问费用。

（4）项目设备费用：项目组织为实施项目会使用到某种专用仪器、工具，不管是购买这些仪器或设备，还是租用这种仪器和设备，所发生的成本都属于设备费用的范畴。

（5）项目其他费用：不属于上述科目的其他费用。例如，项目期间有关人员出差所需的差旅费、住宿费、必要的出差补贴、各种项目所需的临时设施费等。

（6）项目不可预见费：项目组织还必须准备一定数量的不可预见费（意外开支的准备金或储备），以便在项目发生意外事件或风险时使用。例如，由于城市地下管线探测工程项目成本估算遗漏的费用，由于出现质量问题需要返工的费用，发生意外事故的赔偿金，因需要赶工加班而增加的成本等。

项目实施成本是项目总成本的主要组成部分，在没有项目决策或设计错误的情况下，项目实施成本会占项目总成本的90%左右。因此城市地下管线探测工程项目成本管理的主要工作是对项目实施成本的管理与控制。

具体地讲，城市地下管线探测工程的成本主要有：

（1）劳动力。这部分包括在项目中工作的各类人员——如项目经理、技术负责人、外业台组长、内业台组长、作业员、司机、厨师等——的基本工资和效益工资，各种福利、补贴、奖励以及安排招聘、培训的费用等。

(2) 直接材料。这部分包括项目队伍为项目购买的各种原材料，如标石、油漆、钢卷尺等作业用工具、警示标志、工作服等，不包括仪器设备。

(3) 仪器和设备。仪器和设备一般是由施工企业提前作为固定资产购置的，但是在项目使用的过程中存在折旧，若企业所拥有的仪器和设备无法满足项目需要，则需要另外购置或租赁，因此而产生的折旧费、购置费和租赁费都属于这部分成本。这类仪器或设备一般包括计算机、地下管线探测仪、地质雷达、全站仪、水准仪、寻阀仪等。

(4) 差旅及交通。这部分包括项目员工出差所乘坐飞机、火车、汽车等交通工具，以及日常出工所乘交通工具的费用。

(5) 食宿。这部分包括为满足项目成员办公、起居和吃饭等日常生活所需而产生的房屋租赁费、用餐费、购置生活家电的费用。

(6) 其他。这部分包括，垫资、因意外或不可抗力产生的其他费用，如返工、原料价格上涨、资金的机会成本等。

其中劳动力、直接材料属于直接成本，其他属于经营成本。

2　影响城市地下管线探测工程项目成本的因素

影响城市地下管线探测工程项目成本的因素有许多，而且不同应用领域中的项目，其影响城市地下管线探测工程项目成本的因素也会不同。但是最为重要的城市地下管线探测工程项目成本影响因素包括如下几个方面：

1) 耗用资源的数量和价格

城市地下管线探测工程项目成本自身受两个因素的影响，其一是项目各项活动所消耗和占用的资源数量，其二是项目各项活动所消耗与占用资源的价格。这表明城市地下管线探测工程项目成本管理必须要管理好项目消耗和占用资源的数量和价格这两个要素。通过降低项目消耗和占用资源的数量和价格去直接降低项目的成本。在这两个要素中，资源消耗与占用数量是第一位的，资源价格是第二位的。因为通常资源消耗与占用数量是一个相对可控的内部要素；而资源价格是一个相对不可控的外部要素，主要是由外部市场条件决定的。

2) 项目工期

项目的工期是整个项目或项目某个阶段或某项具体活动所需要或实际花费的工作时间周期。从这层意义上说，项目工期与时间是等价的。在项目实现过程中，各项活动消耗或占用的资源都是在一定的时点或时期中发生的。所以项目的成本与工期是直接相关并随着工期的变化而变化。这种相关与变化的根本原因是因为项目所消耗的资金、设备、人力等资源都具有自己的时间价值，这表现为：等额价值量的资源在不同时间消耗或占用，其价值之间的差额。实际上，项目消耗或占用的各种资源都可以看成是对于货币资金的一种占用。这种资金的占用，不管是自有资金还是银行贷款，都有其时间价值，这种资金的时间价值的根本表现形式就是资金占用所应付的利息。这种资金的时间价值既是构成城市地下管线探测工程项目成本的主要科目之一，又是造成城市地下管线探测工程项目成本变动的重要影响因素之一。

3) 项目质量

项目质量是指项目能够满足业主或客户需求的特性与效用。一个项目的实现过程就是项目质量的形成过程，在这一过程中为达到质量要求需要开展两个方面的工作。其一是质量的检验与保障工作，其二是质量失败的补救工作。这两项工作都要消耗资源，从而都会产生项目的质量成本。其中，如果项目质量要求越高，项目质量检验与保障成本就会越高，项目的成本也就会越高。因此，项目质量也是城市地下管线探测工程项目成本最直接的影响因素之一。

4）项目范围

任何一个项目的成本最根本取决于项目的范围，即项目究竟需要做些什么事情和做到什么程度。从广度上说，项目范围越大显然项目的成本就会越高，而项目范围越小项目的成本就会越低；从深度上说，如果项目所需完成的任务越复杂，项目的成本就会越高，而项目的任务越简单，项目的成本就会越低。因此，项目范围更是一个城市地下管线探测工程项目成本的直接影响因素。

根据上述分析可以看出，要实现对城市地下管线探测工程项目成本的科学管理，还必须通过开展对项目资源耗用和价格，项目工期和质量以及项目范围等要素进行集成的管理与控制。如果仅仅只对项目资源耗用量和价格要素进行管理和控制，无论如何也无法实现城市地下管线探测工程项目成本管理的目标。然而，这仍然是我们当今城市地下管线探测工程项目成本管理中经常存在的一种通病。

9.2.3　城市地下管线探测工程项目成本估算的方法

城市地下管线探测工程项目成本估算的方法有：类比估算法、参数估计法和工料清单法等。

1　类比估算法

这是一种在城市地下管线探测工程项目成本估算精确度要求不高的情况下使用的城市地下管线探测工程项目成本估算方法。这种方法也被叫做自上而下法，是一种通过比照已完成的类似项目实际成本，估算出新城市地下管线探测工程项目成本的方法。类比估算法通常比其他方法简便易行，费用低，但它的精度也低。有两种情况可以使用这种方法，其一是以前完成的项目与新项目非常相似，其二是城市地下管线探测工程项目成本估算专家或小组具有必需的专业技能。类比估算法是最简单的成本估算技术，它将被估算项目的各个成本科目与已完成同类项目的各个成本科目（有历史数据）进行对比，从而估算出新项目的各项成本。这种方法的局限性在于很多时候没有真正类似项目的成本数据，因为项目的独特性和一次性是的多数项目之间不具备可比性。类比估算法的优点是这种估算是基于实际经验和实际数据的，所以可信度较高。

2　参数估计法

这也叫参数模型法，是利用项目特性参数建立数学模型来估算城市地下管线探测工程项目成本的方法。例如，工业项目可以使用项目生产能力作参数，民用住宅项目可以使用每平方米单价等作参数去估算项目的成本。参数估算法很早就开始使用了，如赖特1936年在航空科学报刊中提出了基本参数的统计评估方法后，又针对批量生产飞机提出了专用的参数估计法的成本估算公式。参数估计法使用一组项目费用的估算关系式，通过这些关系式对整个项目或其中大部分的费用进行一定精度的估算。参数估计法重点集中在成本动因（即影响成本最重要因素）的确定上，这种方法并不考虑众多的城市地下管线探测工程项目成本细节，因为是城市地下管线探测工程项目成本动因决定了城市地下管线探测工程项目成本总量的主要变化。参数估计法能针对不同城市地下管线探测工程项目成本元素分别进行计算。参数估计法是许多国家规定采用的一种城市地下管线探测工程项目成本的估算和分析方法，它的优点是快速并易于使用，只需要一小部分信息，并且其准确性在经过模型校验后能够达到较高精度。这种方法的缺点是：如果不经校验，参数估计模型可能不精确，估算出的城市地下管线探测工程项目成本差距会较大。

3　工料清单法

工料清单法也叫自下而上法，这种方法首先要给出项目所需的工料清单，然后再对工料清单中各项物料和作业的成本进行估算，最后向上滚动加总得到项目总成本。这种方法通常十分详细而且耗时但是估算精度较高，它可对每个工作包进行详细分析并估算其成本，然后统计得出整个项目的成本。这种方法的优点是对使用工料清单为城市地下管线探测工程项目成本估计提供了相对详细的信息，所以它比其他方式的成本估算更为精确。这种基于项目详细工料资源需求清单的城市地下管线探测工程项目成本估算方法能够给出一个项目最接近实际成本的成本估算。这种方法的缺点是要求有详细的工料消耗和占用量信息，这种信息本身就需要大量的时间和经费的支持。另外，这种成本估算方法所需的工料消耗与占用数据本身也需要有数据来源，而且这些数据经常是过时的数据，所以这种方法往往需要在成本估算中做出各种各样的城市地下管线探测工程项目成本费率调整。

9.2.4　城市地下管线探测工程项目成本控制措施

1　经营成本的控制

经营成本中占较大比重的部分就是仪器和设备，对一个造价几百万而言的地下管线普查项目而言，一台用以分析复杂管线埋设情况地质雷达往往价值近百万，而地下管线普查的方法应遵循有效、快捷、轻便的原则，所以对于一般不复杂的地下管线敷设情况，采用价值几万元的管线探测仪即可，而管线探测仪无效的部分则可以全部汇总后再上地质雷达一并解决。所以施工单位可根据企业情况，租用或购买关键设备，若施工单位同时开展多个项目，可合理调节分配使用时间，这样一台关键设备也可以满足多个项目的需求，而不必要每个项目都购置关键设备而增加企业的负担，且闲置或损坏必然造成巨大浪费。所以施工企业要注意对设备需求的合理购置，并且要特别做好对仪器和设备的维护和保养，提高仪器和设备的利用率和完好率，使其满负荷运转；交通、食宿的部分要尽可能考虑地理因素，往往地下管线普查工程的测区面积非常巨大，选择一个中心点，出工方便也节约时间，这样在交通、购物方面可以节省不少成本；另外有一个经常被忽略的部分——资金的机会成本，往往类似的工程都是项目开始后甲方付一少部分工程款或者干脆由施工单位先行垫资，最后项目完成验收通过再付清余款，所以经常形成应收账款，账款收回的越晚，产生的机会成本越大，所以企业一定要随时掌握好应收账款的回收情况，采用编制账龄表，对不同拖欠时间的款项采用不同的收账方法，制定出经济可行的收款政策，对可能发生的坏账损失提前做出准备，充分估计这一因素的损益的影响；最后严格控制工程质量，一旦验收不合格造成返工则无疑使成本剧增，对企业利润将造成极大的影响。

2　控制影响直接成本的因素

直接成本中最重要的部分就是人力资源费用，人力资源是指一定范围内的人口总体所具有的劳动力的总和，是劳动力人口数量和劳动力人口质量两者的结合。所以人力资源费用不仅包括工人取得的劳动报酬，还应有招聘费用、培训费用、保险、福利等等支出。控制人力资源费用的措施主要有改变劳动组织形式，减少窝工浪费，提高劳动生产率。实行按岗定酬、按量定酬及合理的奖惩制度，激发工人劳动热情。加强技术教育和培训工作，不断提高队伍技能。加强劳动纪律，压缩非生产用工，严格控制非生产人员比例。特别值得注意，近期在很多工程实施期间，很多企业倾向于采用分包形式，寻找专业的外协队伍合作，既能从整体上控制工程质量，又能加快工期节约成本，获得了较好的经济效益；对消耗性的材料的使用虽然有很多管控方法，但实际实施总是存在浪费，如果将材料费用做出预算分配给个人，即由各作业人员承包消耗性的材料费，那么在使用时将大大减少浪费。

9.3　城市地下管线探测工程项目挣值分析方法

项目成本控制的关键是经常及时地分析项目成本状况，尽早地预测和发现项目成本差异与问题，努力在情况变坏之前采取纠偏措施。挣值分析与管理的方法是实现这一目标的重要方法，这一方法的基本思想是通过引进一个中间变量即"挣值"，来帮助项目管理者分析项目成本的变动情况，并给出项目成本与工期相关变化的信息，以便对项目成本发展趋势做出科学预测与判断和正确的决策。

9.3.1　挣值的定义

挣值的定义有多种不同的表述。一般的表述为，挣值是一个表示"已完成作业量的计划价值"的变量，是一个使用"计划价格"或"预算成本"表示在给定时间内已完成实际作业量的一个变量。这一变量用 EV 表示，计算公式如下式（9-1）：

$$EV＝实际完成的作业量×已完成作业的预算成本（计划价格）\qquad（9-1）$$

9.3.2　挣值分析方法的内涵

关于挣值分析方法，最低需要掌握其中的三个关键中间变量、三个绝对差异分析变量和三个相对差异分析变量。

1　三个关键中间变量

1）项目计划作业的预算成本。项目计划作业的预算成本（BCWS）是按照"项目预算成本"（计划价格）乘上"项目计划工作量"而得到的项目成本中间变量。

2）挣值。"挣值"是项目已完成作业的预算成本（BCWP），它是按照"项目预算成本"乘上"项目实际完成工作量"而得到的一个项目成本的中间变量。

3）项目实际完成作业的实际成本。项目实际完成作业的实际成本（ACWP）是按照"项目实际成本"乘上"项目实际完成工作量"而得到的另一个项目成本的中间变量。

这些指标都是挣值分析方法中根据项目预算成本与实际成本和项目计划作业量和项目实际完成作业量等指标计算获得的中间变量指标，这些指标都是项目成本水平指标，反映了项目成本的计划和实际水平。

2 三个差异分析变量

1）项目成本进度差异

项目成本进度差异（CSV）的计算公式是：

$$CSV = BCWS - ACWP \qquad (9-2)$$

这一指标反映了：项目"计划作业"的"预算成本"与项目"实际完成作业"的"实际成本"之间的绝对差异，它给出了项目实际发生的成本与项目预算成本之间的差异。这种差异是由于项目成本从"预算成本"变化到"实际成本"和项目进度从"计划作业量"变化到"实际完成作业量"这两个因素的变动综合造成的。

2）项目成本差异

项目成本差异（CV）的计算公式是：

$$CV = BCWP - ACWP \qquad (9-3)$$

这一指标反映了：项目"实际完成作业"的"预算成本"与项目"实际完成作业"的"实际成本"之间的绝对差异。这一指标剔除了项目作业量（从计划作业量和实际作业量）变动的影响，独立地反映了由于项目"预算成本"和"实际成本"差异这一单个因素对于项目成本变动造成的影响。

当CV为负值时，表示执行效果不佳，即实际消耗人工（或费用）超过预算值，即超支；当CV为正值时，表示实际消耗人工（或费用）等于预算值。

3）项目进度差异

项目进度差异（SV）的计算公式是：

$$SV = BCWP - BCWS \qquad (9-4)$$

这一指标反映了：项目"计划作业"的"预算成本"与"挣值"（项目"实际完成作业"的"预算成本"）之间的绝对差异。这一指标剔除了项目成本（从预算成本到实际成本）变动的影响，独立地反映了由于项目"计划作业"和"实际完成作业"差异这一单个因素对于项目成本的影响（虽然指标名称是"项目进度差异"，但是反映的是成本变化）。

3 两个指数变量

1）成本绩效指数

成本绩效指数（CPI）的计算公式如下：

$$CPI = ACWP / BCWP \qquad (9-5)$$

该指标的含义是：项目"实际完成作业"的"实际成本"与项目"实际完成作业"的"预算成本"的相对数。这一指标以排除项目作业量变化的影响为基础，度量了项目成本控制工作的绩效情况，它是前面给出的"项目成本差异"指标的相对数形态。

当$CPI > 1$，表示低于预算，即实际费用低于预算费用；

当$CPI < 1$，表示超出预算，即实际费用高于预算费用；

当$CPI = 1$，表示实际费用与预算费用正好吻合。

2）计划完工指数

计划完工指数（SCI）的计算公式如下：

$$SCI = BCWP / BCWS \qquad (9-6)$$

该指标的含义是：项目"挣值"（"实际完成作业"的"预算成本"）与项目"计划作业"的"预算成本"的相对数。这一指标以排除项目成本变动因素的影响为基础，度量了项目进度变动对于项目成本的相对影响程度，它是前面给出的"项目进度差异"指标的相对数形态。

当 $SCI>1$，表示进度提前，即实际进度比计划进度快；

当 $SCI<1$，表示进度延误，即实际进度比计划进度慢；

当 $SCI=1$，表示实际进度等于计划进度。

9.3.3 挣值分析的图解说明

图 9-2 给出了有关挣值分析的图解说明。

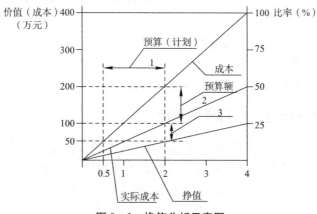

图 9-2 挣值分析示意图

图 9-2 中给出了某项目在实施之前通过项目预算与项目计划安排，其中整个项目的计划工期是 4 年，项目总预算是 400 万元。在项目的实施过程中，通过对于项目成本的核算和有关项目成本与进度的记录得知，在开工后第二年年末的实际情况是：项目工期已经过半（两年），而实际项目成本发生额是 100 万元。与项目预算相比较可知：当工期过半时，项目的计划成本发生额应该是 200 万元，而实际项目成本发生额只是 100 万元，比预算成本少 100 万元。看起来，似乎项目取得很好的业绩，但是这只是事情的一个侧面。那么，这里"减少"的 100 万元成本究竟是不是减少？是什么原因造成的呢？从图中给出的信息可知：

1) 项目进行到两年时：计划作业量的预算成本（BCWS）是 200 万元，

实际完成作业量的实际成本（ACWP）是 100 万元，

挣值（实际完成作业量的预算成本 BCWP）仅仅是 50 万元。

2) 项目成本差异（$CV=BCWP-ACWP$）为 -50 万元（在图中由"2"号线段来表示），意味着项目实际成本比"挣值"多出 -50 万元的绝对差异（多发生了 50 万元）。这是在项目实施过程中由于实际消耗和占用资源的价格变动造成的，这是一种与项目成本控制有关的成本差异。

3) 项目进度差异（$SV=BCWP-BCWS$）为 -150 万元（由图中标注"2"和"3"的两条线段之和来表示），即项目成本预算与项目"挣值"之间由高达 -150 万元的绝对差异（多发生了 150 万元），这是一种与项目进度控制有关的成本差异。

4) 项目成本绩效指数（$CPI=ACWP/BCWP$）为 2 或 200%，这意味着在项目完成作业量的过程中，实际花费的成本是预算成本的 2 倍。

5）项目计划完工指数（$SCI = BCWP/BCWS$）为 0.25 或 25％，这意味着剔除项目成本变化的影响，项目价值进度计划只完成了 25％。由图中可以看出，在项目进行到两年时，相对应的实际工期进度仅为 0.5 年，与计划工期相比有 1.5 年的拖期（在图中由标注有"1"的线段表示），这 1.5 年的拖期是一种项目时间（工期）管理的问题。

从上述分析可知，这一项目成本减少的 100 万元从根本上说是由于项目工期拖后造成的，是由于没有完成项目工期计划造成的，而不是由于节约造成的。实际上项目不但没有节约成本，而且在"减少"的 100 万元中，还有各种原因所造成的 50 万元的额外开支。

综上所述，引进"挣值"这一中间变量就能够明确地区分由于项目工期管理不善和项目成本控制问题各自所造成的项目成本差异。这类信息对于指导项目工期管理和项目成本控制是非常重要的，它使得人们能够找到造成项目变动的具体原因，可以分别定量地去分析这些具体原因所造成的后果大小。另外，引入"挣值分析"还可以预测未来项目成本的发展变化趋势，这将为项目成本管理与控制指明方向。

9.3.4　运用挣值分析进行项目成本预测

按照图 9-2 给出的线性变化规律（实际项目成本分布情况是非线性的"S"形），根据现有项目成本和工期管理的结果就可以进行预测项目成本进化发展变化趋势和结果了。例如，图 9-2 的实例表明在项目进行到 4 年的时候，项目"挣值"仅能达到 100 万元，仅能完成项目计划价值的 25％，即按现有的项目实施速度，当项目时间到期末（4 年末）的时将会出现高达 75％项目工期拖期，而其相应的项目成本发生额会达到 200 万元，相对于 25％的作业量来说，这会出现高达 100 万元的超预算成本支出。

在分析整个项目实际成本控制结果的基础上，利用挣值去预测项目未来成本的发展变化趋势和结果，对于项目成本控制、项目工期进度管理和项目集成管理都是非常有价值的。但是这种预测需要有一定的数据积累，一般只有在项目已经完成作业量超过项目计划总工作量的 15％以上，根据实际发生的数据去预测项目成本未来发展变化和结果才有效，当然数据积累越多这种预测就会越接近实际。因此这种项目成本预测方法的一个重要前提是在项目成本控制中必需保存项目实施过程中发生的有关项目成本和进度两个方面的数据。

利用挣值去预测项目未来成本的发展变化趋势和结果，还有一个前提条件就是要相对准确地确定出项目成本发展变化的规律（曲线走向），然后才能预测出今后项目实施进程中不同时点上的项目成本发生情况。但是要找出这种项目成本的发展变化趋势时非常困难的，多数时候需要使用一些简化的方法。这种方法不但要花很多时间，而且如果项目的不确定性较高时，今后实际项目成本的发展变化会很快背离做出的预测，所以这种预测方法多数适用于项目的预期情况不会发生很大变化的情况。

但是无论如何考虑，努力运用增值分析的方法去预测项目成本未来发展变化的趋势和结果对于指导项目的成本控制和工期管理都是很有意义和十分重要的。一般情况下，这种预测分析所获得的信息，用这种方法可以预测的成本超支或节约数额大小，并依此制定和采取相应的成本控制和纠偏措施，会使项目在尽可能节约成本的前提下完成实施作业。

第10章 城市地下管线探测工程质量控制

10.1 概述

工程质量控制是确保城市地下管线普查探测工程成果质量符合有关规定要求的核心工作。要做到对普查工程质量的有效控制，需要识别地下管线普查的过程，而后按照过程方法对地下管线普查工程实施质量控制。城市地下管线普查工程包括技术准备、地下管线实地调查与仪器探查、地下管线测量、数据处理等过程，对每个过程，应从输入控制、程序和方法控制以及监视和测量控制等方面采取相应的质量控制措施，以满足过程目标和产品要求，最终确保工程质量目标的实现。

10.1.1 质量控制的目的

地下管线资料的获取方式具有多样性，如通过实地调查、管线探测、竣工测量或由已有竣工资料数字化等方式获得。地下管线资料存储的介质类型、数据格式和存储方式多样，从其存储的介质类型可划分为纸介质资料和电子数字资料，纸介质资料包括各种形式的文字、图和表等；电子数字资料包括以电子文件形式存储的文档资料、存储在数据库管理系统中的数据表以及各种专题信息管理系统中存储的数据等，即使以电子形式存储的数据，其数据格式大不相同。地下管线资料分散存储在各管线权属单位、市政管理部门、城建档案馆、城市测绘部门等单位。

由于城市地下管线资料具有多源性、多样性和离散性等特点，而地下管线资料又分散存储在城市多个部门，导致城市地下管线资料存在"谁都在管、谁都不全"的现状，其结果是各部门存储的地下管线资料一致性较差，甚至互相矛盾，地下管线信息共享困难，各城市因施工破坏地下管线的事故频频发生，严重制约了城市的建设和发展。

合理开发利用城市地下空间资源，成功应对城市公共危机管理，提高政府市政建设管理部门的行政效率和市民满意度，降低地下管线信息更新成本和管理成本，整合地下管线信息资源，实现地下管线信息共享，为城市管理、规划设计、建设以及应急管理等提供现势、准确和完整的地下管线信息，避免施工破坏地下管线事故，都迫切需要开展城市地下管线普查工作。

城市地下管线普查是按城市规划建设管理要求，采取经济合理的方法查明城市建成区或城市规划发展区内的地下管线现状，获取准确的管线有关数据，编绘管线图、建立数据库和信息管理系统，实施管线信息资料计算机动态管理的过程。城市地下管线普查探测是城市综合地下管线信息管理系统数据源的主要获取手段之一。

城市地下管线普查的目的是为城市综合地下管线信息系统提供现势、准确和完整的数据源，地下管线数据是城市综合地下管线信息系统的灵魂。由此可见，对城市地下管线普查探测工作实施科学、合理的工程质量控制显得尤为重要。

10.1.2 质量控制的目标

地下管线探测质量控制的目标是，确保地下管线探测的成果能够真实地反映地下管线的现状，即：

1）探测的区域范围符合规定要求；

2）探测的对象正确；

3）探测的取舍标准符合规定要求；

4）在现有的技术条件下，应探测的管线没有遗漏；

5）地下管线探查测精度和地下管线图测绘精度符合有关规定；

6）探测的数据采集应满足建立地下管线信息管理系统的数据格式要求；

7）探测成果资料使用的档案载体、装订规格和组卷符合归档要求；

8）提交的图件、表格、图形数据以及入库数据等各类成果保持一致性。

10.1.3 质量控制的方法

质量控制是为达到质量要求所采取的作业技术和活动。从质量控制的定义可以看出，质量控制包括作业技术和活动，作业技术是指专业技术和管理技术结合在一起，作为控制手段和方法总称。

质量控制目的在于以预防为主，通过监视过程并采取预防措施，来排除质量环各个阶段中导致不满意结果的原因，以获得期望的经济效益。质量控制的对象是过程，使被控制对象达到规定的质量要求，质量控制应贯穿于质量形成的全过程（即质量环的所有环节）。质量控制的具体实施主要是对影响产品质量的各环节、各因素制订相应的计划和程序，对发现的问题和不合格情况进行及时处理，并采取有效的纠正措施。

既然质量控制的对象是过程，因此，应该采用过程方法对地下管线普查探测工程实施质量控制。过程是一组将输入转化为输出的相互关联或相互作用的活动。过程方法是根据过程输出目标按照 P—D—C—A 循环（图 10-1），对过程进行策划，建立过程目标和为达到过程目标——期望的结果要求，对所需的程序、采用的方法、过程输入（人、设施、设备和软件等资源、信息、原材料）以及监视测量过程有效性和效率等方面的要求（图 10-2）。根据过程策划的结果实施过程，对照过程目标和产品要求监视和测量过程和产品，并根据监视和测量的结果，采取相应的纠正措施和预防措施，以持续改进过程业绩。需要注意的是，PDCA 循环可用于单个过程，也可用于整个过程网络。

图 10-1 P—D—C—A 循环

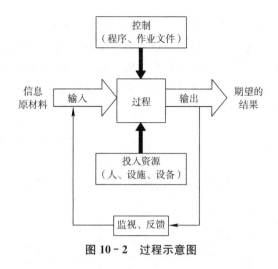

图 10-2　过程示意图

10.2　地下管线探测作业过程分析

从作业工序划分，城市地下管线普查探测可分为技术准备、地下管线实地调查与仪器探查、地下管线测量、数据处理与管线图编绘以及成果整理与提交等工序，每个工序通常由若干过程组成，通常一个过程的输出构成随后的过程的输入的一部分。

10.2.1　技术准备工序过程分析

探查前的技术准备工作包括资料搜集、现场踏勘、探测方法试验、探测仪器校验（以往多称"一致性校验"）、技术设计书编制和技术交底等（图 10-3）。

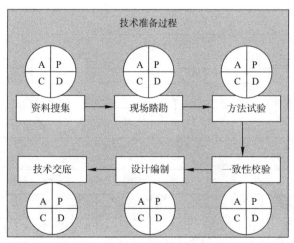

图 10-3　技术准备工序过程分析

10.2.2　探查工序过程分析

地下管线探查是通过实地调查和仪器探查手段，在现场查明各种地下管线的敷设状况，即管线在地面上的投影位置和埋深，同时应查明管线类别、材质、规格、载体特征、电缆根数、孔数及附属设施等，绘制探查草图并在地面上设置管线点标志。可见，探查工序由地下管线实地调查和仪器探查两大过程组成，每个过程又分别由确定管线点位置、设置管线点地面标志、测量或量测管线点埋深、管线点属性调查、探查成果记录和探查草图绘制等子过程组成（图10-4）。

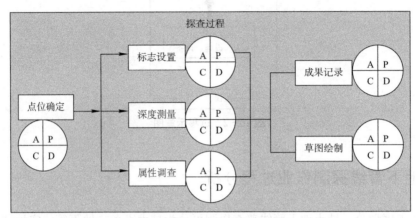

图 10-4　探查工序过程分析

10.2.3　测量工序过程分析

地下管线测量包括控制测量和管线点测量两大过程。其中，控制测量由选点、标志设置、施测、记录、平差计算等子过程组成；管线点测量由选点、施测、记录、计算等子过程组成（图10-5）。

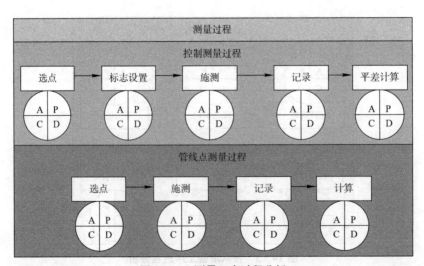

图 10-5　测量工序过程分析

10.2.4　数据处理与管线图编绘工序过程分析

1　地下管线数据处理包括的子过程

1) 录入或导入工区地下管线探查成果资料；

2) 导入工区地下管线测量成果资料；

3) 对录入或导入的探查或测量成果资料进行检查；

4) 地下管线数据处理；

5) 地下管线图形检查；

6) 地下管线成果表生成；

7) 地下管线图形与属性数据库生成；

8) 元数据录入。

2　管线图编绘工作包括的子过程

1) 地下管线图比例尺的确定；

2) 地下管线图形数据的获取；

3) 地下管线图编辑；

4) 地下管线图输出等。

10.2.5　成果整理与提交工序过程分析

成果整理与提交工序包括工程报告书编制、成果分类装订和成果提交等子过程。

10.3　技术准备过程质量控制

探查前的技术准备工作包括资料搜集、现场踏勘、探测方法试验、探测仪器校验、技术设计书编制和技术交底。

10.3.1　资料搜集过程质量控制

在地下管线探查工作开展前，探测单位应搜集测区地下管线现状调绘图、测区基本比例尺地形图以及测区测量控制点成果等资料。基于地下管线现状调绘图是方法试验和地下管线探查过程的输入信息；测区基本比例尺地形图是地下管线探查、数据处理和管线图编绘过程的输入信息；测区测量控制点成果是地下管线测量工序的输入信息，因此，资料搜集过程的质量控制要点包括：

1) 由于通过现行的技术手段还不能查明隐蔽管线的管径、材质、建设年代和权属单位等属性信息，因此，在地下管线探查过程中，对于隐蔽管线，这些信息一般是根据地下管线现状调绘图的内容直接采用。如果业主提供的地下管线现状调绘图未包括这些内容，应要求其提供。此外，地下管线现状调绘图上宜注明资料来源方式，以供探查过程中参考。

2) 测区基本比例尺地形图是地下管线探查的工作底图，如果地形图现势性较差，会影响地下管线草图的编制和外业的工作效率。因此，应该尽可能搜集现势的测区基本比例尺地形图。

3）应注意测量控制点成果与测区基本比例尺地形图的坐标和高程系统是否一致，应注意所有测量控制点成果是否是同期测量成果，在转抄测区测量控制点成果时应进行100％比对检查，确保成果转抄无误。

10.3.2　现场踏勘过程质量控制

现场踏勘的工作内容包括：核查地下管线现状调绘图与实地是否一致；核查测区内测量控制点的位置和保存情况；察看测区内对地下管线探测可能有影响的各种干扰因素。现场踏勘的目的是为方法试验和施工技术设计编制提供数据依据，其工作的好坏会直接影响到施工技术设计的编制质量；影响到方法试验是否有针对性。此过程的质量控制要点包括：

1）应该核查测区内非金属管线的管线种类、材质类型、主要埋设方式和埋深范围，以为方法试验过程提供输入信息；

2）应该核查所搜集测量控制点的位置和保存情况，以为地下管线测量过程提供输入信息；

3）应该察看测区内对地下管线探测可能有影响的各种干扰因素，如交通护栏、交通流量、井盖类型以及地面绿化情况等，以为施工技术设计的编制和工具准备提供输入信息。

10.3.3　方法试验过程质量控制

方法试验的目的是为编制项目施工技术设计提供技术依据，其过程输入和输出分析如图10-6所示。过程的质量控制要点包括：

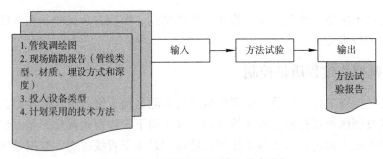

图 10-6　方法试验过程输入输出分析

1）方法试验的时间：在项目施工技术设计编制前完成；此外，新技术新方法推广前也需要进行方法试验。

2）方法试验的内容：方法试验的内容应根据测区内各类地下管线的埋设方式、管线接口类型、埋设深度和材质确定。即方法试验要有针对性，如针对高阻金属煤气管线的电磁法试验；针对PE、水泥材质的探测方法试验；针对大口径管线、多孔排列电缆组的探测方法试验；针对地面金属交通护栏的探测方法试验等。

3）方法试验的人员：进行方法试验的人员应是有经验的探测技术人员。

4）方法试验的仪器：用于方法试验的地下管线探测仪应是经过校验合格的仪器。

5）过程输出：方法试验报告及相关的过程记录。

10.3.4　探测仪器校验过程质量控制

探测仪器校验的目的是确保投入工程使用的地下管线探测仪精度符合有关要求。探测仪器校验过程的质量控制要点包括：

1）校验时间：仪器应在投入使用前进行精度校验。对分批投入工程使用的地下管线探测仪，每投入一批（台）时，均应进行精度校验。

2）校验内容：探测仪精度校验应包括定位精度校验和定深精度校验。

3）校验条件：校验要选择在测区内已知的地下管线上进行。

4）校验要求：投入工程使用的地下管线探测仪，其定位、定深精度达到规定要求。不能满足要求的地下管线探测仪，不应投入生产应用。

5）过程输出：探测仪器校验报告及相关的过程记录。

10.3.5　技术设计书编制过程质量控制

项目施工技术设计是指导施工作业、质量审核和控制的技术工作文件，项目施工技术设计可实现但不限于以下目的和作用：

1）为跨专业工序提供信息以利于更好地理解相互的关系；

2）通过将过程形成文件以达到作业的一致性；

3）说明如何才能达到规定的要求，帮助项目成员理解工作的目的和内容，提供项目明确和有效的运作框架，使项目管理者和员工达成共识；

4）提供表明已经满足规定要求的客观证据，为项目质量审核提供依据；

5）为项目新成员培训提供基础；

6）向项目干系人证实探测单位的能力以及提供项目明确的内容和目标要求。

因此，在地下管线探测工作开展前应编制项目施工技术设计。其过程输入输出分析如图 10－7 所示。施工技术设计编制过程的质量控制要点包括：

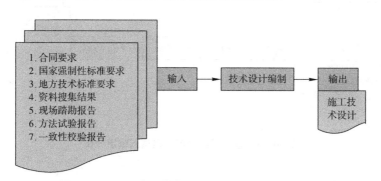

图 10－7　项目施工技术设计编制过程输入输出分析

1）项目施工技术设计应由项目技术总负责人组织各专业技术负责人编制。

2）项目施工技术设计应根据合同、国家强制性标准和地方技术标准的要求，以及资料搜集结果、现场踏勘报告、方法试验报告和一致性校验报告等输入信息编制。

3）项目施工技术设计的内容应是完整的，结构应是恰当的，规定应是明确可操作的。

4）项目施工技术设计在发布前对应进行评审和批准，以确保其清楚、准确、充分、结构恰当。

5）项目施工技术设计经批准后，应由项目文件管理员将项目施工技术设计的正确版本分发给所有需要文件的人员。

6）项目施工技术设计的修订应当履行提出、实施、评审、控制和纳入的过程，更改的过程应当执行与制定相同的评审和批准过程。

7）项目施工技术设计应当有明确的版本标识和审核、批准标识。

10.3.6　技术交底过程质量控制

作业前，应对从事工程施工的技术人员进行技术交底，对其进行项目技术设计的培训和考核，并明确其工作职责，确保地下管线探查人员了解项目的目标、工作范围、工作内容、工作程序、有关技术要求以及有关问题的处理方法等。此外，还应建立项目沟通管理体系以及适宜的激励机制，确保有关人员能够适时、适地的获得相关信息；确保项目成员的目标能够与项目团队目标保持一致，以提高项目的工作质量和工作绩效。

10.4　探查作业过程质量控制

地下管线探查是在现有地下管线资料调绘工作的基础上，采用实地调查与仪器探测相结合的方法，在实地查明地下管线在地面上的投影位置和埋深、管线类别、走向、连接关系、偏距、规格、材质、压力（电压）、电缆条数、管块孔数、权属单位、建设年代以及附属设施等，绘制探查草图，并在地面上设置管线点标志。地下管线探查过程输入输出分析如图 10-8 所示，其质量控制要点包括输入控制、程序和方法控制以及监视和测量控制三个方面。

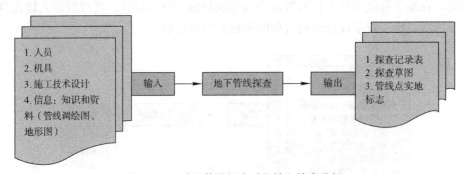

图 10-8　地下管线探查过程输入输出分析

10.4.1　输入控制

1　人员控制

人是地下管线探查工作的主体，探查质量的形成受到所有参加工程项目施工的探查台组的共同作用，他们是形成工程质量的主要因素，只有从事地下管线探查的人具备其工作岗位所需要的能力，其工作成果才可能满足工程质量要求。人的因素又可细分为：①岗位技能；②职责和权限；③质量意识；④个人和团队目标是否一致；⑤激励机制是否有效；⑥沟通机制是否畅通。

地下管线探查工序人员控制的目标是确保从事地下管线探查的人员是能够胜任其岗位工作，并了解项目的目标、工作范围、工作内容、工作程序、技术要求以及有关问题的处理方法等。

进场前，作业单位应对从事地下管线探查的人员进行技术交底。作业过程中，项目质量审核员通过过程巡视检查的方式检查探查人员的仪器操作是否规范；所采用的探查方法是否合理，是否采用经方法试验验证合格的探查方法；是否按项目施工技术设计规定的探查范围、工作内容和技术要求进行作业等。作业工区完成后，项目质量检验员应按照《城市地下管线探测技术规程》CJJ61 的有关规定，通过抽样检验的方式，检查每个探查人员的成果质量。

作业前的技术交底、作业中的过程巡检和作业后的质量检验均应形成相应的纠正措施报告，不合格的人员不应上岗作业。对相关不合格人员，应针对发现的问题采取有针对性的措施进行纠正，并跟踪评估纠正措施的实施效果。

2　机具控制

机具控制的目标是确保投入工程使用的探查设备的精度指标、稳定性和一致性能够满足工程需要，探查设备的类型和数量能够与工程需要相匹配。

投入工程使用的探查设备类型应该根据现场地下管线的材质、接口类型、埋设方式和埋设深度进行选择，探查设备数量应该根据工程工作量、工期进行选择。一般情况下，工程投入的常规探查设备应该包括：①地下管线探测仪；②探地雷达；③井盖探测仪；④L 型尺；⑤打孔器具；⑥具有计量检验标识的钢卷尺。

地下管线探测仪在投入使用前应进行定位、定深精度校验，不能满足要求的地下管线探测仪，不应投入生产应用。分批投入工厂使用的地下管线探测仪，每投入一批（台）时，都应该进行精度校验。

投入工程使用的探地雷达，其发射天线和接收天线的频率范围应与测区范围内所探测目标管线的埋深和管径相匹配。探地雷达在使用前应在探测点附近的已知管线上作雷达剖面，以获得介电常数和波速参数。

在探测过程中，经常会遇到因道路施工井盖被掩埋的情况，为了探测掩埋井盖的位置，工程需要配备掩埋井盖探测仪。

此外，探查作业所使用的钢卷尺应该具有计量检验标识；在实地调查过程中，应该配备 L 型尺，以测量埋深较大的管线的埋深及其管线规格。

3　文件与信息控制

文件与信息控制的目标是确保项目施工技术设计和地下管线探查记录表的正确版本分发给所有需要文件的人员，确保所搜集的地下管线调绘图和基本比例尺地形图等资料满足地下管线探查的要求。

此阶段对文件的控制主要体现在以下几个方面：

1）项目施工技术设计在发布前得到评审与批准，确保其内容完整、结构恰当、规定明确可操作；

2）确保项目施工技术设计的更改和现行修订状态得到识别；

3）确保在使用处可获得项目施工技术设计和地下管线探查记录表的的正确版本，防止失效版本的非预期使用。

此阶段对输入信息的控制主要体现在以下几个方面：

1）所搜集的地下管线现状调绘图上宜标明管线位置、连接关系和管线构筑物或附属物等空间信息，以及管线规格、材质、电缆根（孔）数、压力（电压）、建设年代等管线属性信息。尤其是隐蔽管线，现状调绘图上的管线规格、材质、压力（电压）和建设年代等信息更是不可或缺。

2）当地下管线现状调绘图上的管线是根据管线竣工测量成果或外业探查成果编制时，应搜集相应的地下管线成果表，以便于核对。

3）地下管线现状调绘图绘制的图式和颜色应与最终成果一致，以便于查询和使用。

4）所搜集的测区基本比例尺地形图现势性良好，以便于实地查找，提高地下管线草图编制的效率。

4　环境控制

影响探查工程质量的环境因素一般包括地电条件、地面金属护栏、地面交通、其他电磁干扰、地面平整性以及地下管线附属物保存状况的好坏等。环境控制的目标是消除或减轻环境因素的不利影响。应针对不同的环境影响因素，采取相应的措施进行探查，以避免或减轻环境因素对探查方法的影响。环境控制的措施可采取但不限于下列内容：

1）在管线密集地段，可采用两种或两种以上方法进行验证，以及在不同的地点采用不同的信号加载方式进行验证探测。

2）对非良性传导管线可采用电磁波法、示踪电磁法、打样洞法或开挖法探测。

3）管线接口采用绝缘方式时，可通过在管线的支管用夹钳施加信号探测。

4）软土地面宜采用机械探针法探测；硬质路面宜采用电磁波法或打样洞法探测；排水沟渠宜采用电磁波法或示踪电磁法探测。

5）地面交通影响较大时，可选择在交通影响较小的时段进行探查。

6）地下管线附属物被掩埋时，可通过井盖探测仪来探测掩埋的井盖，而后探测地下管线。

7）现行技术方法都不适用时可采用开挖方法，现场条件不允许开挖或钎探时，应将问题记录。

10.4.2　程序和方法控制

程序和方法控制的目标是确保程序正确，投入工程使用的方法行之有效，其精度能够满足工程需要。程序和方法控制的内容包括项目边界、管线点点位确定、管线点标志设置、管线点深度测量、管线点属性调查、探查成果记录、探查草图编制和接边等八个方面的质量控制。

1　项目边界的质量控制

项目边界的内容包括测区范围、探查的对象和管线取舍要求。由于各作业单位或各作业人员对技术设计的理解不一致，或由于技术设计对项目边界的定义不清晰，在实际工作过程中，经常会出现探查的作业范围与测区范围不一致，探查的对象与规定要求的管线类型不一致，探查时没有按规定的要求对管线进行取舍。造成无效工作量的增加和工程延期的后果。

项目边界的质量控制要点包括：

1）按施工技术设计编制过程的质量控制要点对技术设计实施控制，确保技术设计对项目边界的定义清晰，无二义性。

2）作业前的技术交底，应确保所有探查作业人员、探查质量审核员和检验员对项目边界的理解和认知达成一致。

3）作业过程中，探查质量审核员应通过过程巡视检查或查看记录的方式，检查各作业员对项目边界的理解和认识是否有偏差。

4）作业过程中，各探查组应随时与周边作业工区进行接边工作，以检查项目边界的一致性。

2　管线点点位确定的质量控制

管线点点位是通过采用实地调查与仪器探测相结合的方法，在实地查明各种地下管线在地面上的投影位置、管线类别、走向和连接关系。确定管线点点位工作的质量控制主要体现在以下几个方面：

1）在项目施工技术设计中规定各类地下管线的管线点点位的设置方法，尤其是针对地下管沟、综合管廊、一井多盖、一井多阀、一井同方向多根管线、管线偏离井中心以及管线的建（构）筑物等情况。项目施工技术设计中应该明确规定：对于矩形断面的管线，管线点点位是设置在断面几何中心，还是设置在断面边线；对于一井多盖、一井多阀、一井同方向多根管线、管线偏离井中心以及管线的建（构）筑物等情况，管线点点位管线点点位如何设置。

2）采用电磁法探测隐蔽管线时，应运用峰值法进行管线定位；对于转折点和分支点，应该采用交会法定位。定位前应先查明管线走向和连接关系，在管线走向的各个方向上均应至少测三个点，且三个点位于一条直线上时，方可通过交会确定管线特征点的具体位置。

3）在项目施工技术设计中规定对管线点间距的要求。对管线点间距的要求应该从管线点的设置应能够真实反映管线的三维走向方面来考虑。当增加管线点会损失管线的精度时，就不应该强求管线点间距的要求，如对于大口径排水管线，当两检查井距离为 80m，中间无转折、分支时，就没有必要在中间另外增加管线点。

4）作业过程中，各探查组应随时与周边作业工区进行接边工作，以检查管线点点位确定方法是否一致。

5）作业过程中，探查质量审核员应通过过程巡视检查的方式，检查各作业组的管线点点位方法是否一致。

3　管线点标志设置的质量控制

管线点的地面标志主要有两个作用，一是为地下管线测量工序提供输入信息；二是为工序质量检验和成果验收提供实地依据。因此，管线点的地面标志应能够保证在管线探测成果验收前不宜毁失、不应移位和易于识别，不易设置地面标志的管线点应在实地栓点或作点之记。管线点地面标志的质量控制措施可包括：

1）车行道上的管线点应该刻"+"字或设置"铁钉"标记其位置，并用颜色油漆在"+"字或"铁钉"外围画"○"注记。

2）人行道上的管线点可用颜色油漆画"＋"字，并在"＋"外围画"○"标记管线点位置。

3）杂草丛、垃圾物中的管线点可钉木桩并在其上涂颜色油漆标记管线点位置。

4）不易设置地面标志的管线点应该在实地栓点标记管线点位置。

5）在设置的管线点附近应该用颜色油漆标记管线点点号，管线点点号应该标记在易查找、不宜毁失的建构筑物上，并应与探查草图、探查记录表中的管线点点号完全一致。

4　管线点深度测量的质量控制

管线点深度测量包括明显管线点深度量测和隐蔽管线点深度测量。管线点深度测量的质量控制主要体现在以下几个方面：

1）深度测量位置应该按照规定的要求进行。一般说来，地下沟道和重力自流管线一般测量其沟内底埋深；其他管线一般测量其外顶埋深；不明管线一般测量其管线中心埋深。

2）管线点深度的计量单位应该一致。一般情况下，管线点深度的计量单位为米（m），读数时精确到小数点后两位。

3）一般情况下，明显管线点埋深尽可能采用钢尺直接开井量测；不能用钢尺直接量测时，应采用 L 型尺从地面进行量测，L 型尺的长轴方向应保持与地面线垂直，读数时应在地面拉水平线，水平线与 L 型尺长轴方向的交点即为读数起始位置。深度应量测两次，当两次读数较差小于 3cm 时，方可将其读数作为成果记录。

4）不能直接量测深度的明显管线点，如被掩埋物或淤泥等覆盖的检查井、给水管线的阀门手孔以及煤气管线的抽水缸等，应采用仪器探测、打样洞等方法查明地下管线的埋深，同时应在地下管线探查记录表中注明定深方法。

5）采用电磁法探测地下管线埋深时，应在对管线进行精确定位之后进行，且在管线走向变化的各个方向均应测量地下管线的埋深。定深点的位置宜选择在管线点附近至少 3 至 4 倍埋深范围内是单一的直管线，中间无分支或弯曲，且相邻管线之间距离较大的地方；在管线走向的各个方向用同一方法至少应对管线的埋深进行两次探测，当两次探测的结果较差在 $0.05h$（h 为管线的中心埋深）之内，采用其均值作为管线的埋深值；当两次探测的结果较差大于 $0.05h$ 时，应重新进行探测。当被测管线周围存在干扰时，应采用其他适宜的方法确定管线的埋深。

6）采用地质雷达探测非金属管线时，要在探测点附近的已知管线上作雷达剖面以确定介电常数和波速，在一个探测点应作两次以上的往返探测，如探测对象无明显异常，应改变参数重新探测。

5　管线点属性调查的质量控制

管线点属性调查内容包括管线类别调查、规格量测、材质调查、管线上的建（构）筑物和附属设施调查、压力、电压、建设年代和权属单位调查等。

1）管线类别调查的质量控制措施主要包括：

（1）管线类别要按照从已知到未知的原则调查。

（2）同一条管线其管线类别应该一致。因此，在探查作业过程中，各探查组应随时与周边作业工区进行接边工作，以防止不同台组或不同作业单位将同一条管线确定为不同的管线类别。

2）管线规格量测的质量控制措施主要包括：

（1）管线规格应用钢卷尺下井量测，并按照相对应的标准管线规格记录量测成果。

（2）管线规格的量测位置应该按照规定的要求进行。一般说来，圆形断面量测其内径；排水管沟量测矩形断面内壁的宽和高；电缆沟道量测沟道断面内壁的宽和高；电缆管块或电缆管组量测其外包络尺寸的宽和高；地下综合管廊（沟）量测矩形断面内壁的宽和高；直埋电缆的管线规格用条数表示。

（3）管线规格的计量单位应该一致，管线规格应该取整数表示。一般情况下，电缆管块或管组的计量单位用厘米（cm）表示；其他用毫米（mm）表示。

（4）量测结果应与地下管线现状调绘图进行对照，当两者不一致时，应以实地量测内容为准。

（5）同一规格的地下管线其管线规格量测结果应一致。

（6）隐蔽管线的管线规格应根据地下管线现状调绘图填写。

3）其他属性调查的质量控制措施主要包括：

（1）调查管线上的建（构）筑物和附属设施以及管线的材质时，应采用统一规范的名称，必要时可采用代码记录。

（2）同一条管线其管线材质应该一致。因此，在探查作业过程中，各探查组应随时与周边作业工区进行接边工作，以防止不同台组或不同作业单位将同一条管线确定为不同的材质类型。

（3）压力、电压、建设年代和权属单位以及隐蔽管线的管线材质等属性调查内容应根据地下管线现状调绘图填写。

6　探查成果记录的质量控制

地下管线探查成果记录的质量控制措施主要包括：

1）探查成果应该使用规定的记录表在现场记录，不应将成果记录在草图上，而后转抄到《地下管线探查记录表》中，即探查原始记录字迹不应有涂改、擦改和转抄现象，字迹应清楚、整齐。

2）《地下管线探查记录表》中各数据项和记事项都应根据实地探查的实际结果记录清楚，填写齐全，不得伪造数据。为了保持成果的可追溯性，保证在发现仪器失效时可追溯其在某个时间段生产的数据，因此，在《地下管线探查记录》中应记录日期、探测所采用的接收机型号和编号。

3）更正《地下管线探查记录表》中错误时，应将错误数字、文字整齐划去，在上方另记正确数字和文字；更正埋深错误时，应在另行重新记录。

4）《地下管线探查记录表》中的管线连接关系与探查草图要保持一致；管线点点号应该与探查草图、实地标记点号完全一致。

7　探查草图编制的质量控制

探查草图的质量控制措施主要包括：

1）探查草图要根据实地探查的结果绘制在基本比例尺地形图上，内容应包括管线连接关系、管线点编号、必要的管线注记和放大示意图等。探查草图上管线点与周围地物的相对位置要准确。

2）探查草图上的图例符号与颜色应与综合地下管线图相一致；图例符号、文字和数字注记内容应与《地下管线探查记录表》记录的内容相一致。

3）探查草图上的管线点点号应该与《地下管线探查记录表》、实地标记点号完全一致。

4）各探测工区应对探查草图进行接边工作，不得在未接边的情况下，将管线画至内图廓线。接边内容应包括管线空间位置接边和管线属性接边。

8　接边的质量控制

地下管线探查成果接边的质量控制措施主要包括：

1）作业过程中，各探查组应随时与周边作业工区进行接边工作，以保证各探查组在项目边界范围内作业；保证各探查组管线点点位设置方法一致；防止不同台组或不同作业单位将同一条管线确定为不同的管线类别或不同的材质类型。

2）工区探查工作完成后，应该与周边相邻工区进行接边工作。接边不但包括管线空间位置接边，还应该包括管线属性接边，以有效防止遗漏探查管线，并确保同一条管线在跨工区时其属性内容保持一致性。

10.4.3　监视和测量控制

1　人员监视的质量控制

项目质量审核员应该通过过程巡视检查或查看记录的方式，检查进场前是否对从事地下管线探查的人员进行了技术交底；作业过程中，检查是否有未经过技术交底培训就进行上岗作业的人员；检查探查人员的仪器操作是否规范，所采用的探查方法是否合理，即是否采用经方法试验验证合格的探查方法进行作业；是否按项目施工技术设计规定的探查范围、工作内容和技术要求进行作业等。

2　机具监视的质量控制

项目质量审核员应该通过旁站检查的方式，检查地下管线探测仪在投入使用前是否进行了一致性校验；作业过程中，通过过程巡视检查的方式，检查是否有未经过一致性校验的仪器投入使用；所使用的钢卷尺是否具有计量检验标识；工程配置的设备类型是否满足工程需要等。

3　文件监视的质量控制

项目质量审核员应该通过过程审核的方式，检查在使用处是否可获得项目施工技术设计和地下管线探查记录表的的正确版本；项目施工技术设计的更改是否及时发放到相关人员，其现行修订状态是否容易得到识别。

4　程序和方法监视的质量控制

作业过程中，探查质量审核员应通过过程巡视检查的方式，检查各作业组质量，项目如下：

1）对项目边界的理解和认识是否有偏差；

2）管线点点位设置是否一致，定位方法是否符合要求；

3）管线点标志设置是否符合要求；

4）管线点深度测量位置是否一致，深度测量方法是否符合要求；

5）管线点属性调查内容是否齐全，调查方法是否符合要求；

6）探查成果记录与探查草图编制是否符合要求。

5　探查成果测量的质量控制

作业工区完成后，项目质量检验员应按照《城市地下管线探测技术规程》的规定，通过抽样检验的方式，检查各作业工区的成果质量，即每一个工区应在隐蔽管线点和明显管线点中分别抽取不少于各自总点数的 5%，通过重复探查进行质量检查，检查取样应分布均匀，随机抽取，在不同时间、由不同的操作员进行。质量检查应包括管线点的几何精度检查和属性调查结果检查。探查成果测量的质量控制要点包括：

1）各级质量检查工作是否独立进行、是否省略或代替；
2）探查质量检验的样本是否具有代表性；数量是否足够；
3）探查质量检验后是否进行了统计分析；
4）在现有的探查技术条件下，是否有遗漏探查的管线；
5）属性调查结果是否进行了检查；
6）探查质量检验后采取的纠正措施是否适宜。

10.5　测量作业过程质量控制

地下管线测量是在地下管线探查和城市基础控制测量工作的基础上，采用测量仪器测绘管线点的三维坐标的过程。地下管线测量过程输入输出分析如图 10-9 所示，其质量控制要点包括输入控制、程序和方法控制以及监视和测量控制三个方面。

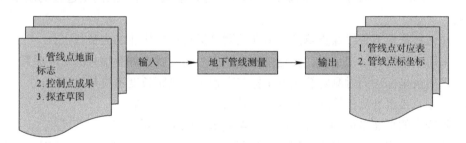

图 10-9　地下管线测量过程输入输出分析

10.5.1　输入控制

1　人员控制

作业前，应对从事地下管线测量的人员进行技术交底。作业过程中，项目质量审核员通过过程巡视检查的方式检查测量人员的仪器操作是否规范；所采用的测量方法是否合理。

2　机具控制

投入工程使用的测量仪器应该在其检校有效期内使用，仪器在使用前应按现行行业标准《城市测量规范》CJJ8 的有关规定进行检验和校正，当仪器经检验和校正合格后方可投入工程使用。作业过程中，项目质量审核员应该通过过程巡视检查的方式，检查使用的仪器是否是经过检验和校正合格的仪器，使用的钢卷尺是否具有计量检验标识。

3　文件与信息控制

此阶段对文件的控制与地下管线探查阶段一致。对输入信息的控制主要体现在以下几个方面：

1）测量控制点成果与测区基本比例尺地形图的坐标和高程系统是否一致；

2）所收集的测量控制点成果是否是同期测量成果；

3）转抄测区测量控制点成果时不应该有转抄错误；

4）所收集的测量控制点密度是否能够满足管线点测量需要。

10.5.2　程序和方法控制

1　图根控制测量的质量控制

如前所述，控制测量由选点、标志设置、施测、记录和平差计算等子过程组成。控制测量过程的质量控制要点包括：

1）对缺少控制点的测区，基本控制网的建立要按《城市测量规范》有关规定执行。

2）导线联测到已知控制点时，应验测角和边长。已知控制点的已知夹角与实际观测角值之差不应超过现行《城市测量规范》CJJ8 的有关规定；已知控制点的已知边长与实际观测值边长之差不应超过 20mm。

2　管线点测量的质量控制

管线点测量由选点、施测、记录、计算等子过程组成。管线点测量过程的质量控制要点包括：

1）应该根据地下管线探查草图，由在该测区进行探查作业的人员找点。

2）采用全站仪自动记录时，要记录测量顺序号与管线点外业编号的对应关系。

3）采用极坐标法同时测定管线点坐标与高程时，测距长度不应超过 150m。

4）采用直接水准测量管线点高程时，站数不宜超过 50 站。

5）管线点的平面坐标和高程均应计算至毫米，取位至厘米。

6）测量工作完成后，要将已测量的管线点与探查的管线点进行一一比对，以防止遗漏管线点。

10.5.3　监视和测量控制

1　人员监视的质量控制

项目质量审核员应该通过过程巡视检查或查看记录的方式，检查进场前是否对测量人员进行了技术交底；作业过程中，检查是否有未经过技术交底培训就进行上岗作业的人员；检查测量人员的仪器操作是否规范，所采用的测量方法是否合理，所利用的已有控制资料是否经过检验。

2　机具监视的质量控制

项目质量审核员应该通过巡视检查或查看记录的方式，检查测量仪器在使用前是否按《城市测量规范》CJJ8 的有关规定进行了检验和校正；检查仪器是否在检校有效期内；作业过程中，通过过程巡视检查的方式，检查是否有未经过检验和校正的仪器投入使用；所使用的钢卷尺是否具有计量检验标识；工程配置的设备数量是否满足工程需要等。

3　程序和方法监视的质量控制

作业过程中，质量审核员应通过过程检查的方式，检查：

1）导线限差是否符合有关规定的要求；

2）管线点平面与高程测量的方法是否符合设计要求；

3）管线点测量是否符合规定的技术要求；

4）管线点的平面坐标和高程计算和至取位是否符合要求。

4　测量成果测量的质量控制

作业工区完成后，项目质量检验员应按照《城市地下管线探测技术规程》的规定，通过抽样检验的方式，检查各作业工区的成果质量，即每一个工区应抽取不少于总点数的5％进行质量检查，检查取样应分布均匀，随机抽取，在不同时间、由不同的操作员进行。测量成果的质量控制要点包括：

1）各级质量检查工作是否独立进行、是否省略或代替；

2）探查质量检验的样本是否具有代表性；数量是否足够；

3）质量检验后是否进行了统计分析；

4）质量检验后采取的纠正措施是否适宜。

10.6　数据处理作业过程质量控制

地下管线数据处理是在地下管线探查和地下管线测量工作的基础上，对地下管线探查成果资料和地下管线测量成果资料进行处理，生成地下管线图、地下管线成果表和地下管线图形与属性数据库的过程。地下管线数据处理包括下列工作内容：

1）录入或导入工区地下管线探查成果资料；

2）导入工区地下管线测量成果资料；

3）对录入或导入的探查或测量成果资料进行检查；

4）地下管线数据处理；

5）地下管线图形检查；

6）地下管线图形与属性数据库生成；

7）建立元数据库。

10.7　数据输入的质量控制

由于外业探查或竣工测量的管线数据记录在《地下管线探查记录表》中，因此，在数据处理前需要将数据录入到相应的管线探查成果数据库中。管线点测量成果可直接导入到管线点测量成果库中。为确保录入到管线探查成果数据库中的数据与《地下管线探查记录表》中的数据一致，在录入工作完成后，应对录入的数据进行100％核对，并改正录入过程中引起的错误。

在人工检查完成后，应采用地下管线数据检查软件对管线探查成果数据库和管线点测量成果库进行检查，检查内容一般包括：

1）管线探查成果数据库中的重点号；

2）管线点测量成果库中的重点号；

3）管线探查成果数据库与管线点测量成果库点号一致性；

4）测点性质、管线材质的规范性；

5）管线埋深的合理性。

对检查出的探查错误，探查人员应根据管线探查草图进行原因分析并采取适宜的措施纠正错误，必要时应到现场进行复核、补测和重新探查；对检查出的管线点测量错误，测量人员应进行原因分析并采取适宜的措施纠正错误，必要时应到现场进行补测。纠正错误时应先对《地下管线探查记录表》进行改正，而后对管线探查成果数据库中的数据进行改正，以保证成果的一致性和可追溯性。对数据库中的错误改正后，应重新执行上述程序，直至无错误为止。

10.8　数据处理的质量控制

数据录入与检查工作完成后，用管线数据处理软件对数据进行预处理，生成管线图形文件、注记文件、管线线属性库和管线点属性库。将管线图形文件和注记文件输出成地下管线图，并由探查人员根据地下管线探查草图检查如下内容：

1）管线点符号（测点性质）的正确性；

2）管线连接关系的正确性；

3）有无遗漏管线；

4）管线性质的正确性；

5）管线点的坐标是否正确；

6）管线属性是否正确；

7）相邻图幅、相邻测区的管线是否一致，即相邻图幅、相邻测区接边处的管线类型、空间位置要一一对应，同一管线的属性内容也一致，无遗漏探查的管线。

在人工检查以及对检查出的错误进行改正后，就可以用管线数据检查软件对管线线属性库和管线点属性库进行检查，检查包括如下内容：

1）重力排水管高程是否有错误；

2）管线点间距是否超标；

3）管线间是否存在空间碰撞；

4）管线拓扑关系检查等。

当发现数据错误时，应根据数据错误的类型对数据进行相应的核查。如果是探查问题且该问题不影响到相邻探查台组的成果质量，则由本探查台组来查明引起错误的原因；如果是探查问题且该问题影响到相邻测区探查台组的成果质量，则由本探查台组会同相邻测区探查台组来查明引起错误的原因。所有错误都应采取适宜的措施加以改正，必要时应到现场进行复核、补测和重新探查，改正错误时应先填写《管线探查数据库错误改正跟踪单》，而后对管线探查成果数据库中的数据进行改正，以确保成果的可追溯性。如果是管线点测量问题，则由本测区测量台组来查明引起错误的原因，并采取适宜的措施纠正错误，必要时应到现场进行补测。改正错误时应先填写《管线点测量成果库错误改正跟踪单》，而后对管线测量成果数据库中的数据进行改正，以确保成果的可追溯性。

对数据库中的错误改正后，应重新进行预处理和检查，此次检查的目的主要是：

1）原来发现的错误是否得以改正；

2）改正错误时是否引起新的错误。

在数据预处理工作完成后，由管线数据处理软件对管线探查数据库和管线测量成果数据库的数据进行处理，生成正式的管线图形文件、注记文件、管线线属性库和管线点属性库，并建立图形文件与属性数据库之间的拓扑关系，以便于《地下管线信息管理系统》对管线信息进行管理。

第11章　城市地下管线探测工程项目风险管理

11.1　风险管理的概念

风险，汉语辞典的解释为"危险；遭受损失、伤害、不利或毁灭的可能性"。而在英文中风险一词用"venture"来表示，其解释则为"含有某种机会、冒险或危险的可能性"。从两种文化对同一概念所作的解释可以看出，汉语中的风险更强调的是导致某种不利局面（危险）的可能性，而英语中除强调引致负面的可能性外，还蕴含着某种达到成功的机会。可以说，后一种解释更能反映当前的经济环境要求。

1　风险与危险的关系

风险是一种不确定性，是为获取某种收益而不得不承担遭受某种损失的可能性，它有可能会向坏的方向发展（丧失机会），也有可能会向好的方向发展（把握机会），因而损失有可能发生，也有可能不会发生；即使损失发生了，其影响可能大些（有的会导致危险），也可能很小（化解和削弱）。而危险则不一样，它是一种有可能失败、灭亡或遭受损害的境况，它的发生只会产生不利结果，如果不加以解决，会直接导致毁灭。可以说，风险可能会导致危险，但不等同于危险，关键看风险发生的概率和破坏程度。

2　风险与保险的关系

这里的保险是指稳当、可靠、不会发生意外，无论环境发生什么变化，人们都会获取某种利益上的保障。风险不具有这种保证，它的结果常常会出现两种情况，有可能损失，也有可能不损失。承揽城市地下管网探测任务并从中获得收益，需要面临从策划、资源配置、技术运用、管理等诸多风险，虽然能够达到预期目标（即所谓的保险），但完全保险的收益只能是一种幻想。

3　风险与收益的关系

风险虽然会导致某种不确定性的损失，但它也会带来不确定性的收益，损失的概率有多大，获取收益的机会就有多大。或者可以说，风险恰恰是获取某种收益的必要条件。关键要看对风险的把握和化解程度，把握得好了，获取收益的概率就会大一些，否则就有可能导致损失。

4　风险与机会成本的关系

人们往往认为获取收益就是成功，就避免了损失，就保证了资源的有效利用。其实这种认识是不全面的，至少忽略了机会成本的存在。机会成本是一种可以被预见和认知，但是又要被放弃或已经被放弃的最佳机会和最高收益。真正的收益不单单只是减掉会计意义上的成本，还须减掉机会成本。在资源配置合理的情况下，若选择一种手段来实现收益，就必须放弃用其他手段获取收益。选择正确，效率很高，则收益就有可能会实现，反之，就会有所损失。

通过这些关系的分析，我们可看到，风险具有不确定性，但与危险属于两个概念，风险可能会转化为危险，但绝非必然。风险并非洪水猛兽，它更像一匹时时要脱缰的野马，只要被驯服，就能载你到达成功彼岸。风险与收益相辅相成，若要获取收益，就必须承担一定风险，绝对无风险的收益是不存在的。风险还与机会成本有关，收益的背后往往隐含着机会成本的损失。对于城市地下管网探测工程项目，必须在任务策划前将探测的不确定性考虑进去，并对其进行充分的估计，尽可能地预见和认知同等条件下的各种机会。根据这种不确定性来制定相应的风险识别、风险控制、风险评估等风险管理机制。

11.2　城市地下管线探测的风险管理

城市地下管网探测的风险管理应包括：风险识别、风险控制和风险评估这三个部分，而且，这三部分内容是同工程项目的策划、实施和总结三个阶段相对应的。

11.2.1　策划阶段——风险识别

工程项目的策划人员要做到，熟知探测工程项目的收费标准、部门现有技术人员的技术水平、部门现有仪器设备的性能及主要技术参数、部门现有地下管网资料数据情况、行业规范和技术细则的主要精度指标；还应了解工程项目的地理位置、地理环境、交通状况、面积多少等信息为科学决策、合理规避风险、降低机会成本提供必要的情报。

风险表（表 11-1）中给出可能造成影响的风险，每一工程项目策划人员应先进行一次风险识别，估算出风险概率或严重度，使决策者对可能风险有一定的认识，以便更好制定风险规避措施。

11.2.2　实施阶段——风险控制

管理人员制定工程项目技术设计书，进度安排、工程预算；工程主持人应根据工程所处的地理位置、地理环境选则适宜的探测方法，特别是对于确定管线的埋深，要采用多种方法综合分析、判断，切忌只运用一种方法就确定管线的深度。

工程项目的各级检验人员要明白各类管线的性能、材质、铺设方式，综合分析各类地下管线的并行、交叉等高程变化情况，对存在矛盾的管线要及时发现并作出正确判断和处理。

表 11-2 为风险控制表。

风险表　　　　　　　　　　　　　　　　　　　　　　　　　表 11-1

风险识别	风险描述及其原因	影响严重度	风险类型
项目内容不明确	没有明确的成果标准，使项目随意性太大	进度：严重	支持风险
项目规模超过实际工作技术能力	规模展开过大，超过部门现有技术能力。在估算失误的情况下安排计划导致后期时间紧迫，项目进度无法控制 需求或制订目标很高，但缺乏基础 产品处理的数据量及产品的用户数很大，需要很高的效率。在基础较差的情况下，需要工程规模太大 没有正确估算工程规模	进度：严重	规模风险

续表

风险识别	风险描述及其原因	影响严重度	风险类型
项目时间紧	时间估计过于紧张，项目压力太大，可能导致降低目标及质量要求 因为商业目的而制订了较短的工期 项目启动太晚 项目初期缺乏紧迫感，组织不力	支持：严重	进度风险
项目后期需求频繁变动	需求变动，特别是后期的频繁或重大变动导致产品不稳定，加大工作量，影响进度，引入质量下降的隐患 因为客户需求模糊或未能正确理解需求 随着项目进展，使用环境发生变化导致需求变化；客户人员变动	进度：严重 成本：严重 支持：严重	需求变动风险
管理能力不足	项目因为管理力量不足造成效率损耗，不能发挥完全的效率 管理人员缺乏较强的管理能力 缺乏工程管理和工程指导 管理人员陷入技术事务	进度：严重 成本：严重 支持：严重	管理风险
人员变动 缺乏人力 人员缺乏经验	因为人员变动造成任务的中断、交接，新人培训等需要牵扯大量精力，导致时间和精力分散。且重要人员较难找到合适的人选替代 工作环境恶劣、项目缺乏吸引力、报酬不公平等原因造成的人员离职 管理不善造成人员离职 人员能力不足或无法管理被清退 部门人力缺乏造成人员调用 人员另有其他优先级更高的任务而临时离开 缺乏人力资源及优秀的人员 新技术应用，理解掌握的人员太少，培训不足 项目过多，人力分散 缺乏人力资源计划，人员使用不合理	进度：严重	人力资源风险
客户不配合	因为客户的不配合可能导致许多任务被拖延，不能被协调 客户缺乏相应的能力 没有客户高层管理者支持和协调 与客户的关系较差	进度：严重 支持：严重	客户风险
技术过于复杂而无法达到目标	技术目标无法达到的风险 对采用的技术缺乏深刻了解 缺乏技术支持	支持：严重	技术风险
预算不足	缺乏预算或人力资源保证，甚至不作为项目启动	进度：严重	支持风险
缺乏高层管理支持	缺乏高层管理层的理解、认可和支持。可能导致项目资源得不到保障，开发组心理上因为得不到重视而难以激发工作热情 耗费资源太大 效益不明显 缺乏有效的沟通	进度：严重	支持风险
关键人员冲突影响整个项目	如果核心关键人员因各种原因产生严重分歧及冲突，将严重影响项目，致使项目无法正常协调，还会严重影响开发组的团结及凝聚力 不合理的组织或人事安排 缺乏协同工作的规程 缺乏合作素质	进度：严重	协调风险

风险识别	风险描述及其原因	影响严重度	风险类型
关键人员敷衍了事	如果核心关键人员不积极，敷衍了事，责权不明确 人事安排不当 缺乏定义明确的目标及任务	进度：严重	协调风险
缺乏沟通，问题得不到及时反映和解决	缺乏必要的沟通，使许多问题得不到及时的反映和解决 企业没有建立完善的沟通渠道，而较原始的沟通方法不适合某些需要 没有形成沟通的意识，意见及问题沟通不畅而通过其他不良的方法去表达		沟通风险
工作环境恶劣	缺乏良好的工作环境，对工作效率影响较大 环境约束 对工作环境缺乏足够的重视 对员工关心不够 员工长期出差在外		效率风险

风险控制表　　　　　　　　　　　　　　　　　　表 11-2

风险类型	控制措施
规模风险	对产品估算规模，进一步估算时间进度及资源，制订可行性计划 在时间及其他资源允许范围内适当调整目标 充分考虑可重复利用资源或集成现有成熟技术，将需要新增加的工作量降低
进度风险	充分估算实际需要时间，同客户协商，争取更合理的工期和进度安排 尽早启动项目，项目启动后即开始严格控制进度。避免工期前松后紧 在安排时间表时，各阶段间应留出一段（1/4-1/3）缓冲时间 紧急的项目可采取增量方式进行，并取得客户的认可 争取需要的人力资源，并保证人力资源的稳定性 定期检查进度
需求变动风险	在制订需求时考虑工程项目的发展趋势 客户需求变动必须以严格的书面形式递交 若在必要的需求变动时同用户商定风险解决办法，如相应延长成果提交日期
效率风险	建立本地有效的加班环境 加强任务控制、并给予充分的引导和适当的压力。以帮助提高效率 改善员工工作及生活条件。消除后顾之忧
支持风险	部门给予充分的肯定与支持，充分调动大家的积极性
人力资源风险	针对人员流失情况，分析原因，制定相应的避免措施 加强技术交流、坚持技术文档管理，保证技术的内部公开 关键任务注意人员的储备 加强技术评审，使更多的人了解该项工作 建立完善的文档管理机制。使新加入人员容易了解技术和任务，尽快赶上进度 部门内不鼓励技术垄断。核心技术必须做好人员储备 建立培训体系，扩大知识获得渠道以提高开发人员的素质和技术能力 人员即将离开时，尽快停止工作，进入交接模式
沟通风险	通过活动加强相互交流、增强信任，鼓励大家及时反馈意见及建议 建立完善的沟通渠道，使意见和建议能够及时反馈到上层
协调风险	明确责任和权利。明确个人的目标、计划和任务 协作流程程序化、书面化，责任清晰 协调共同的利益，确定共同的目标，制订大家必须遵循的行为原则 强调管理程序和规则。使大家更多依靠制度化工作而尽量减少人为因素

续表

风险类型	控制措施
客户风险	要求客户高层管理者的参与和负责 明确客户的责任义务，并给以方法上的指导 使同客户间的交流例行化，与客户交流应遵从部门的行为规范。维护部门形象；建立客户至上的行为规范
技术风险	尽早对相关技术做探索；对选择的关键技术及仪器设备做评估 做好资料收集、整理和研究工作 是否有足够能掌握该技术的人员；能否取得该技术的足够支持

11.2.3　总结阶段——风险评估

工程项目的技术总结大家都认为它很重要。然而，在实际工作中，人们很少把它与进度、成本等同等对待，总认为它是一项可有可无的工作。因而，在项目实施过程中，项目干系人就很少会注意经验教训的积累，即使在项目运作中碰得头破血流，也只是抱怨运气、环境或者团队配合不好，很少系统地分析总结，或者不知道怎样总结，以至于同样的问题不断出现。从而导致工期进度延误、工程执行成本较高甚至客户满意度下降等问题。这也是在工程项目中经常会出现的问题。每当问题出现后，大家不知如何做到防微杜渐，通过有效的工程项目技术总结做到亡羊补牢，避免在下一个项目中再出现类似的问题。这实际上就是通过有效的总结使生产过程形成一个闭合的反馈机制，最终避免和减少问题的发生。

因此，做好工程项目技术总结工作是风险管理的关键之处。要做好工程项目技术总结，首先就应该在项目启动时将其加以明确规定，比如项目评估的标准、总结的方式以及参加人员（如项目策划、工程主持人、各级检验人员、资料管理人…）等。除此以外，如果可能，工程项目技术总结大会上还应吸收用户及其他相关项目干系人参加，以保证工程项目技术总结的全面性和充分性。

事实上，工程项目技术总结工作应作为现有工程项目或将来工程项目持续改进工作的一项重要内容，同时也可以作为对项目合同、设计方案内容与目标的确认和验证。工程项目技术总结的目的和意义在于总结经验教训、防止犯同样的错误、评估作业团队、为绩效考核积累数据以及考察是否达到阶段性目标等。总结项目经验和教训，也会对其他工程项目和部门的项目管理体系建设和企业文化起到不可或缺的作用。完善的项目汇报和总结体系对项目的延续性是很重要的，特别是项目收尾时的工程项目技术总结，项目管理机构应在项目结束前对项目进行正式评审，其重点是确保能够为其他项目提供可利用的经验，另外还有可能引伸出用户新的需求而进一步拓展市场。

1　工程项目技术总结的信息来源

总结项目经验所需的信息应来自哪些方面呢？在项目实施中，项目工程主持人有时会发现，以前项目中的总结信息很零散，每个班组只从本工程出发，总结自己的问题，而没有其他班组或人员的参加。实际上，它应该来自项目的各个方面，其中包括来自管理层、客户及其他项目干系人的反馈。同时，使用这些信息以前，应确保收集这些信息的系统、组织和流程能够正常运行，并且应建立项目信息的收集、发布、存贮、更新及检索系统，确保有效地利用项目中的各种信息资源。

2　工程项目技术总结的阶段性

从管理的观点来说，项目周期的每个阶段或者称之为里程碑，都应该进行评估总结，以确定是否实现了此阶段的目标，项目是否可以正式转入下一个阶段工作。总之，项目的不同阶段都应该有完善的工程项目技术总结，只不过总结的形式、内容、编写者和阅读对象等侧重点不同而已。

3　工程项目技术总结的框架

在编写工程项目技术总结报告时，应该首先明确编写的目的，同时也应简述项目概况、项目背景和项目进展情况。因为既然叫项目，就有其独有性、时间性，这样工程项目技术总结的内容才能够更具有针对性、时效性和持续改进的意义。工程项目技术总结的框架提纲宜分成以下几个方面来进行：

1）项目进度

按照项目整体计划或项目滚动计划编写的计划工期与实际工期之间的差距和原因分析。其间有哪些变化？对工作量的估计如何？以便为"项目经验库"提供相应数据，提高下次计划的准确性。

2）项目质量

项目的最终交付产品与客户实际需求的符合度。需要注意的是"客户"，他可以是一般意义上的外部客户，也可以指内部的客户。项目质量管理不但包括对项目本身的质量管理，也包括对项目生产的产品进行的质量管理。具体可以从质量计划、质量控制、质量保证入手，以保证项目质量的持续改进。具体可以采用ISO9000质量保证体系，加上完善的质量管理工具、图表等辅助工具加以统计分析，得出改进建议。

3）项目成本

就计划成本、实际成本两者对比构成明细的差距，进一步原因分析及提出建议，也包括项目合同款执行情况的分析总结。项目工程主持人一般可控制的成本主要是人工费，对于未建立项目级核算的组织，可以用加权人天数表示，对不同级别的人员（项目工程主持人、高级工程师、一般工程师）赋予不同的权重。

4）项目风险

就风险识别、风险控制和风险监督中的经验和教训进行总结，包括项目中事先识别的风险和没有预料到而发生的风险等风险应对的措施进行分析和总结。也可以包括项目中发生的变更和项目中发生的问题进行分析统计的总结。

5）项目资源

项目资源不但包括人力资源情况，而且还包括设备、材料等其他资源的合理使用、开发情况。特别是项目成员的绩效统计分析和评估，以便更加有效地开发和利用人力资源。通常，可以采用直观的图表形式来反映项目的资源情况。

6）项目范围

项目范围包括产品范围和项目范围。其中，产品范围定义了产品或服务所包含的特性和功能；项目范围定义了为交付具有规定特性和功能的产品或服务所必须完成的工作。合同中所规定的产品范围和项目范围以及用户确认的计划等都属于项目中要控制的范畴，另外还包括实际执行情况的差距和原因分析。

7）项目沟通

沟通是人员、技术、信息之间的关键纽带，是项目成功所必须的。在国内，不少项目工程主持人对沟通不够重视，或者不知如何做好项目中的沟通工作，这都需要各级项目管理人员对其加以重视。在工程项目技术总结时，可以就项目过程中的内部、外部沟通交流是否充分，以及因为沟通而对项目产生的影响等方面进行总结。

8）项目采购

项目工程主持人一般对项目采购接触不多或接触不到，多由设备和财务部门负责。如果是重大工程项目的核算，采购管理是很重要的组成部分，否则可能因采购过程中的成本、风险、进度、技术和资源等方面引起很多问题。

9）项目文档

项目文档，包括硬拷贝文档和电子文档，都应该收集、整理、编制、控制和移交，以便统一归档保存和进一步开发利用。文档是过程的踪迹，它提供项目执行过程的客观证据，同时也是对项目有效实施的真实记录。项目文档记录了项目实施轨迹，承载了项目实施及更改过程，并为项目交接与维护提供便利。此外，项目文档还是项目实施和管理的工具，用来理清工作条理、检查工作完成情况，提高项目工作效率。所以每个项目都应建立文档管理体系，并做到制作及时、归档及时，同时文档信息要真实有效，文档格式和填写必须规范，符合标准。

10）项目评估

项目评估是对项目交付物的生产率，产品质量，采用的新技术、新方法、项目特点等的总结。另外还应该包括项目客户满意度收集统计和分析。客户满意度调查内容不但包括项目管理或流程层面，也应包括技术层面。同时，有必要说明本项目与以往项目相比的特别之处。例如：特殊的需求、特殊的环境、资源供应、新技术新工艺等，总之是具有挑战性的、独特的事件以及关键的解决方案和实施过程。

11）遗留亟待解决问题

说明项目有无遗留亟待解决问题。如果有，必须针对这些问题进行深入分析，明确责任，提出解决方案。

12）经验教训及建议

不断将实施过的项目中的技术经验、管理经验以及教训等进行总结，积累起来建立"项目经验库"就可以成为部门的财富。

以上是工程项目技术总结时应该包括或者应该注意的几个方面。总之，工程项目技术总结应该根据不同的汇报对象，提供有针对性的内容。因为不同的报告阅读者需求不一样。例如，像部门主管领导，他可能只关注项目收款及影响收款进度的原因、项目验收计划、项目中的重大事故或问题。部门总工程师可能更关心项目中新技术、新流程、新工艺的采用情况及效果。工程主持人可能更重视项目的质量控制、变更、风险、问题报告。因此，应该尽可能要求项目团队所有成员提交工程项目技术总结报告，因为每个人都会根据自己的知识、经验和能力，就所承担的不同工作、不同项目阶段，提出不同的问题和建议，这样能够从不同侧面来总结项目，更好地为下一阶段或以后的项目提供有意义的参考。

11.3　地下管线探测项目风险预防的特性

风险：风险是对目前所进行的作业行动，在未来发生失败的可能性，对地下管线探测项目而言，就是具体地下管线探测项目发生失败的可能性。

风险预防：是一种识别和测算风险并开发选择管理方案，来解决这些风险的有组织的措施及手段。风险预防有以下特性。

1　目标性

通过规避项目风险，实现项目在时间和质量成本上的预期目标。衡量项目是否成功的标准就是，是否按约定的时间、质量和成本控制指标完成项目工作，如过达到指标，项目成功，如果未达到指标项目失败，或部分失败。风险预防的工作就是围绕如何及时排除有可能影响上述三项指标顺利完成的风险因素而展开的。

2　分析性

要大量地占用信息，了解情况，通过研究项目执行过程中产生的动态数据、不利事件、异常现象等归纳出其背后的问题本质，有针对性地采取预防措施。项目风险因素的产生，发展过程具有隐蔽性，只有通过分析研究才能抓住本质，采取的措施才能及时有效，一旦等到风险因素显性化，风险预防就转化为危机处理，等于风险预防失败。

3　综合性

必须综合运用多种方法和措施，用最少的成本将各种风险因素有效化解或减少到最低程度。项目时间、质量、成本三项指标背后关联着项目执行过程中的全部必备要素，不能"头痛医头，脚痛医脚"，要从项目的合同、设计、组织结构、人员构成、管理程序、制度建设、奖励责罚，文化建设，统计测量等多方面分析判断，采取组合措施。

4　主动性

要求项目管理班子在风险事件发生之前采取行动，而不是在发生之后被动地应付。风险预防就是要避免发生风险，在风险因素的产生、发展、到突显过程中，预见越早、发现越及时、采取措施越快，风险越小，成本越低。因此主动预防是风险预防的必要条件。

5　特殊性

根据不同的项目特性确定不同的防控措施。比如，地下管线探测项目不同于一般的建筑施工项目，其产品形态是地下管线数据，其生产过程大部分是户外，流动作业，就大大增加了项目因实施地，地理位置造成的不同气候条件给项目执行带来的技术质量，工期及成本等风险，所以每一个项目因实施地不同，就必须采取不同的防范气候风险的措施。

11.4　项目风险因素分析

11.4.1　合同风险

1）合同是执行项目管理活动的最主要依据，所有项目都以合同的形式而确立，一切偏离合同规定的权利和义务的行为和作业活动都会给项目造成风险。

经营单位在与发包方签约时要严格按照 9000 标准进行合同评审，项目经理要规避合同风险，必须要了解合同规定条款，要通过合同谈判当事人了解合同谈判的背景及过程，了解约定条款的当时解释。比如 2000 年某公司与山西某煤气公司签约其中有一条规定就是"精确查明煤气管线变径点"就这一条就注定这个项目必然是不可能成功，因为从技术上，物探方法不可能精确查明变径点，最后结果是项目开工不久，双方解约。

2）往往合同中不可能把项目实施过程中的所有事项进行约定。这些未约定事项都必须在项目实施过程中进行商议和沟通。从此意义上讲，项目实施过程中项目经理不仅是一个项目合同执行者而且是一个合同谈判和签约者。因此项目经理要重视合同风险。地下管线项目常常出现，实际完成工作量超过合同预计工作量的情况，许多项目经理不及时掌握探测进度，等工作结束时才告知发包方实际工作量远超合同约定量，也就是远超合同预算，实际形成了合同风险。

3）项目经理要学会以口头沟通，以文字确认的方式来记录沟通过程，以规避合同带来的风险。

11.4.2　财务风险

主要是要做好项目预算资金管理，堵塞漏洞，防止出现亏损失控。

项目预算标准是项目管理的最重要资源，一般地下管线探测项目是按完成单位探测公里核定成本费用，项目预算执行情况涉及，项目经理，项目成员的经济利益，一旦失控必然影响项目工作团队积极性，从而造成项目风险。

项目应制定成本控制计划，要落实成本责任制，做好阶段性成本分析和评估，规避成本风险。

11.4.3　信用风险

在项目实施中，信用风险，主要指信任风险，这涉及能力与道德问题。

项目信用风险包括：项目内信用风险和项目外信用风险，实际上是一个项目经理的个人信用问题，或信用能力问题。

内信用建立，要求项目经理用高尚的人格凝聚人心，用高超的管理能力树立权威，用合理有效的制度规范项目团队行为，用公平透明的考核分配制度激励员工，做到令行禁止，说到做到。

外信用建立，要求项目经理带领项目团队树立良好的团队工作形象，加强与发包方的沟通，要严格履行双方约定义务，本着对客户高度负责的精神，从细节入手，加强内部施工管理，时时处处说到做到，让客户感到放心。

11.4.4　环境风险

对地下管线探测项目来说主要包括社会环境和地理气候环境带来的风险。

作为地下管线探测项目一般以项目队的组织形态进行工作，工作场地是马路和街道，且是流动作业，要遵守当地公序良俗。比如：在回民区，就要尊重他们的禁忌习惯，以免冲突。

在南方作业要考虑雨水季节可能给项目带来的不利影响，要采取针对性措施，在北方作业要考虑冰冻季节给项目带来的不利影响，要采取针对性的应对措施。

11.4.5　法律风险

主要指违反法律的行为可能造成的风险。

对地下管线探测项目而言一要遵守国家测绘管理的法律法规，严格执行相关技术规程和标准，而且在作业居住地要遵守当地政府社区的相关规定，在探测过程中要遵守各专业管线单位的禁忌性规定，一切依法办事。

同时要在所有民事交往过程中注意留证，以利于在发生纠纷时有效保护自身权益不受侵害。

地下管线探测项目，留证内容包括：项目技术设计书审批文件，技术要求变更通知单，会议纪要，文件接签收文据，数据交接收据，成果资料交接文据，验收文据等。

11.4.6　安全风险

主要指发生安全事故造成的风险。

地下管线探测项目的安全风险因素可能来源于以下几个环节：

1）生活居住地，项目人员一般是群居，如管理不善，有可能发生火灾、触电、煤气中毒、食物中毒、被盗等事故。

2）交通过程，管理不善有可能发生交通安全事故。

3）作业场地，由于地下管线探测，测量是在马路街道作业管理措施不到位有可能发生，人员，设备被撞事故。

4）作业过程，项目作业对象是负载地下管线，预防措施不到位，有可能发生，损坏地下管线从而产生的次生事故。也可能发生中毒事故。

11.4.7　用人风险

主要指用人不当可能造成的风险。

地下管线探测是通过物理场的信号来判断提取埋藏在地下的管线空间数据的作业过程，不同地段复杂程度不同，对作业组人员技术水平要求不同，因此项目经理在安排任务时要，要把最适合的人用在最适合的地段，否则可能发生探测质量风险。

事实上每一项工作在用人上都应当选择最适合的人去做，才能减少降低用人风险。

11.4.8　政策风险

主要指政府改变政策可能造成的风险。

比如施工地因某种原因政府发布紧急状态、交通管制命令等措施，项目必须中止，要及时与公司沟通，与发包方沟通作好善后工作，减少损失，等待时局变化。

11.4.9　产品服务质量风险

主要指项目实施的进度控制，技术质量控制问题造成的风险。

11.4.10　自然灾害风险

主要指自然灾害可能造成的风险。

自然灾害一般很难预见，但是作为项目经理要注意政府部门发布的预报和预警，做好防范工作。同时承包单位要通过交纳商业保险的方式避险。

11.5 风险识别方法

1) 统计分析：根据数据的发现异常情况，追溯原因判断可能产生的风险。

项目要通过统计分析来判断风险首先要确定预警指标体系。有以下几个方面：

(1) 实际完成实物工作量进度指标；

(2) 各项技术质量指标；

(3) 支出成本指标；

(4) 安全评价指标；

(5) 人员变化指标；

(6) 劳动效率指标；

(7) 设备完好指标；

(8) 其他指标。

2) 满意度分析：根据业主、行业管理部门、监理单位的需求满意程度判断是否可能演变为风险。

项目经理要加强与项目相关单位人员广泛加强沟通，通过沟通观察，了解调查，或发放满意调查表的方式收集各方对项目工作满意度，并进行分析判断。

3) 监理报告：根据监督部门的警示报告判断是否可能演变为风险。

监理评价是项目风险识别的最直接标志，项目经理要非常重视监理报告提出的所有问题，要采取切实措施改进并及时解决。

4) 业主报告：根据业主的专题警示报告判断是否可能演变为风险。

项目造成的风险往往也是发包方的风险，发包方对项目工作的评价报告也是项目风险识别的直接标志，必须高度重视。

5) 业界反映：根据同行内的评价反映判断是否可能演变为风险。

对业界反映要进行甄别，有的是竞争对手的竞争战术，有的是个人片面观点，但要及时发布事实真相，检讨自身问题，有则改之无则加勉。

6) 媒体报道：根据媒体的负面报道判断是否可能演变为风险。

媒体负面报到常常会无限放大，及时澄清事实真相是最好的办法。

7) 用户反馈：根据用户的负面反映判断是否可能演变为风险。

地下管线探测特点是所采集数据不可能百分之百精准，国家技术标准有规定，然而用户使用时，有可能遇到个别点有较大误差，常常因为用户不了解国家标准，就质疑项目成果质量，发生此此类情况时要依法依规做好解释工作。

8) 内部检验：根据公司或项目内检发现的问题判断是否可能演变为风险。

9) 外部检验：根据外部监管部门的专题检验发现的问题判断是否可能演变为风险。

10) 专家建议：根据相关专家的意见判断是否可能演变为风险。

11) 异常现象分析：根据一些反常现象，通过调查情况判断是否可能演变为风险。项目经理要有敏感性，对项目执行工程中的异常现象，要高度警觉。

比如：有的作业组经常发生小事故；有的作业组的质量常常不合格，此要进行深入调查搞清原因，及时采取针对性措施。

11.6　风险预防基本工作原则

1　风险预防

1）预防策略通常采取有形或无形手段。一是在项目活动开始之前采取一定措施，减少风险因素；二是减少已存在的风险因素；三是将风险因素分离。

2）无形预防手段有教育法和程序法。

3）教育法：就是对有关人员进行风险和风险管理教育。让有关人员了解项目所面临种种风险，了解和控制这些风险的方法。使他们深刻认识到，个人的任何疏忽和错误行为都可能给项目造成巨大损失。

4）程序法：就是以制度化的方式从事项目活动，减少不必要的损失。实践表明，如果不按规范办事，就会犯错误，就会造成浪费和损失。所以从战略上减轻项目风险就必须遵循基本程序，任何图省事抱侥幸心理的想法都是风险发生的根源。

2　风险的回避

彻底规避风险的一种方法，即断绝风险来源，主动放弃。

3　风险转移

将可能的风险转移给他人承担，出售＼分包＼保险＼担保。

4　风险缓解

设计将某一负面风险事件的概率或其后果降低到一种可以承受的限度。

5　风险接受

将风险的后果自愿接受下来，通过应急处理来化解。

11.7　项目危机事件管理

危机就是风险已经发生，其表现形式是危机事件，一旦发生危机事件，项目必然要造成损失，对危机的控制管理的目标，就是把危机事件的影响和损失降低到最低程度，不至于造成项目的整体失败，最好能通过危机事件的有效管理转化出新的机会。

11.7.1　危机评估

危机评估就是要在危机事件发生后对事件产生的损失和后果，以及假如管控不力，有可能产生的最大损失和最坏的后果进行估计。危机评估应当包括以下内容：

1）危机影响面积评估：主要指危机后果影响的范围。

2）危机损失评估：主要指危机后果影响的损失大小。

3）危机波及对象评估：主要指危机后果可能造成影响的单位或群体。

4）危机性质评估：经济性质、社会性质、道德性质、政治性质、民事性质、刑事性质。

危机评估的结论是确定响应等级和制定应对措施的决策依据，一定要深入一线实事求是。要往最坏处想，往最好处做。

11.7.2　应急管理

应急管理就是危机事件发生后，对其进行决策、控制、处理、转化的全部活动。管理原则是：以人为本，把保障人的生命安全，健康放在第一位，同时要避免因危机影响公共安全和公共利益。避免造成次生灾害，把损失降到最低程度。

从事任何活动都有风险，任何活动通过科学预防都可以减少风险，但不可能保证不发生风险，应急管理就必须成为常态化管理，可以备而不用，但是有备无患。

应从以下几个方面入手：

1）时时处处树立危机管理意识。

要对项目经理和项目成员加强危机意识教育，要让所有项目成员牢记，麻痹出事故，"大意失荆州"的事经常会发生。

2）建立危机预警及管理机制：

一要，建立健全危机指挥管理组织结构；

二要，建立健全危应对管理制度；

三要，建立健全危机应对各项资金和物质保障制度；

四要，建立健全危机事件信息发布制度；

五要，建立健全危机事件的善后处理制度。

3）设定危机预警指标体系，设定危机响应等制度。

第12章 城市地下管线探测工程项目招标与投标

12.1 工程项目招标

招标是市场经济的产物，也是目前国际上广泛采用的分派工程建设任务主要的交易方式，如工程设计、工程施工、工程设备和材料采购等过程均采用招标方式。在我国，2000年开始施行的《中华人民共和国招投标法》，对规范招投标的行为，保护国家利益、社会公共利益和招投标活动当事人的合法权益，提高经济效益，保证项目质量等均起到重要作用。招标与投标是相辅相成的两个方面，也是成交一次工程合同的两个方面。

工程项目招标是指招标人即买方，对实施的工程项目的特定任务或所需的资源，采用市场运作的方式来进行选择的方法和过程，或者说是招标人对愿意参与工程项目某一特定任务或资源供应的投标人（Bidder）审查、评比和选用的过程。

12.1.1 工程项目招标的分类

工程项目招标，不同分类方法有不同的类型。

1 按建设项目的建设阶段分类

根据工程项目建设阶段，招标可分为三类，即工程项目开发招标、勘察设计招标和施工招标。

1）项目开发招标。这种招标是业主邀请工程咨询单位对建设项目进行可行性研究，其"标底"是可行性研究报告的质量。中标的工程咨询单位必须对自己提供的可行性研究报告负责，可行性研究报告应得到业主认可。

2）勘察设计招标。勘察设计招标是根据通过的可行性研究报告，择优确定勘察设计单位的过程，其"标底"是勘察和设计成果的质量。勘察和设计是两种不同性质的工作，不少工程项目是分别由勘察单位和设计单位承担的。设计中的施工图设计可由中标的设计单位承担，也可由施工单位承担，一般不进行单独招标。

3）工程施工招标。它是用招标方式选择施工承包商的过程。工程施工招标的前提条件是建设项目计划已批准、设计文件已审定、所需资金已落实。

2 按工程承包的范围分类

1）建设项目总承包招标。这种招标又可分为两种类型：一种是建设项目实施阶段的全过程招标；另一种是建设项目全过程招标。前者是在可行性研究报告已通过后，从项目勘察、设计到交付使用进行一次性招标。后者是从项目的可行性研究开始到交付使用进行一次性招标。业主提供项目投资和提出使用要求及竣工、交付使用期限，其可行性研究、勘察设计、材料和设备采购、建筑安装和交付使用都由一个总承包商负责承包，即所谓"交钥匙"工程。

2）单项或单位工程承包招标。这种招标是把整个工程分成若干单项或单位工程分别进行招标和发包。

3）专业工程承包招标。它是指在工程承包招标中，对其中某些比较复杂，或专业性强，或施工和制作有特殊要求的子项工程单独进行的招标。

3　按招标国界分类

按招标的国界可分为国际招标和国内招标两种。

1）国际招标。国际招标即是在世界范围内发出招标通告，挑选世界上技术水平高、实力雄厚、信誉好的承包商来参加工程建设。对于利用世界银行贷款的项目，其规定必须实行国际招标，世界银行的成员国均有机会参与投标。如我国云南省鲁布革水电站引水隧洞工程就采用国际招标，有 13 个国家的 23 个家厂商提交了资格预审申请，经预审后有 8 家外国承包商单独或与我国施工企业组成公司参加竞争投标，最后由日本大成公司中标。

2）国内招标。它是在本国范围内的招标，我国目前除利用外资的项目外，其他大部分是限于国内招标。

12.1.2　建设项目的招标方式

常采用的招标方式有下列二种。

1）公开招标

公开招标，亦称无限竞争性招标。这种招标方式是由业主在国内外主要报纸或有关刊物上刊登招标广告，凡对此招标建设项目有兴趣的承包商均有同等的机会购买资格预审文件，并参加资格预审，预审合格后均可购买招标文件进行投标。

公开招标可以为一切有能力的承包商提供一个平等的竞争机会，业主也可以选择一个比较理想的承包商。它有利于降低工程造价、提高工程质量和缩短工期，但由于参与竞争的承包商可能很多，会增加资格预审和评标的工作量。此外，还要防止一些投机商故意压低报价以挤掉其他态度认真而报价较高的承包商。因此，采用这种招标方式时，业主要加强资格预审，认真做好评标工作。

2）邀请招标

邀请招标，又称有限竞争性招标。这种招标方式一般不在报刊上刊登招标广告，而是业主根据自己的经验和所掌握的有关承包商的资料信息，对那些被认为是有能力，而且信誉好的承包商发出邀请，请他们来参加投标。一般邀请 5～10 家为宜，不能少于 3 家，因为投标者太少时，则缺乏竞争力。邀请招标的优点是被邀请的承包商大都较有经验，技术、资金、信誉等均较可靠。缺点则是可能漏掉一些在技术上、报价上有竞争力的承包商。

12.1.3　建设项目的招标程序

招标是以招标人或是招标人委托的招标代理机构为主体进行的活动，投标是以承包商为主体进行的活动。

我国工程建设中施工招标的一般程序如图 12-1。

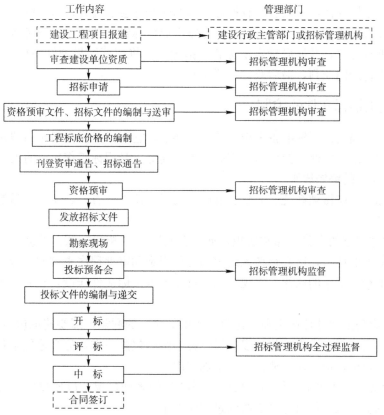

图 12 - 1　工程项目招标投标程序

　　招标人进行施工招标首先必须做好招标准备，其内容有落实招标条件、建立招标机构和确定招标计划三个方面。

　　施工招标条件通常包括：工程项目已列入国家或地方的建设计划；工程设计文件的设计概算已完成并经批准；项目建设资金和主要建筑材料来源已落实或已有明确安排，并能满足合同工期进度要求；有关建设项目永久征地、临时征地和移民搬迁的实施、安置工作已经落实或已有明确安排；施工准备工作基本完成，具备承包商进入现场施工的条件；施工招标申请书已经上级招标投标管理机构批准；等等。

　　施工招标计划一般包括：确定招标的范围、招标方式和招标工作进程等。

　　招标人在报刊上或其他场合发布工程招标公告（Tender Notice），在公告中一般要说明工程建设项目概况、工程分标、资格预审文件提交日期、投标文件提交日期以及工程的工期要求等。对该工程项目有兴趣的承包商就会去购买资格预审文件，并按规定填好表中的各项内容，按要求日期送达招标人。招标人经过对送交资格预审文件的所有承包商进行认真的审核之后，通知那些业主认为有能力承包本工程的承包商前来购买招标文件。

　　通过资格预审的承包商购买招标文件后，一般先仔细研究招标文件，进行投标决策分析，若决定投标，则派员赴现场考察，参加业主召开的标前会议，仔细研究招标文件，制定施工组织设计，做工程估价，编制投标文件等，并按照招标文件规定的日期和地点把标书送达招标人。

由招标人主持开标，一般在所有投标者参加的开标会上公开进行。随后进入评标决标阶段，由招标人、监理工程师和有关单位专家组成评标组，从技术、商务等方面对所有的投标者逐一进行评议，并最后确定中标者。招标人应将招标结果通知中标者和非中标者，并与中标者进行合同谈判，最后双方签署合同。

12.1.4　施工招标文件的编制

招标文件的编制是招标准备工作中的重要环节，它不仅是投标者进行投标的依据，也是签订合同的基础。因此，招标文件编制质量的高低，是招标工作成败的关键。

1　招标文件的编制原则

编制招标文件应做到系统、完整、准确、明了，使投标者一目了然。编制招标文件的依据和原则是：

1）应遵守国家的有关法律和法规，如《合同法》、《招投标法》等多种法律法规。对于国际组织贷款的项目，还必须按该组织的各种规定和审批程序来编制招标文件。若招标文件的规定不符合国家的法律、法规，则有可能导致招标文件作废，有时业主方还要赔偿损失。

2）应注意公正地处理业主和承包商（或供货商）的利益，即要使承包商（或供货商）获得合理的利润。若不恰当地将过多的风险转移给承包商一方，势必迫使承包商加大风险费，提高投标报价，最终还是业主一方增加支出。

3）招标文件应正确地、详尽地反映建设项目的客观情况，以使投标者的投标能建立在可靠的基础上，从而尽可能减少履约过程中的争议。

4）招标文件包括许多内容，从投标人须知、合同条件到规范、图纸、工程量表等，这些内容应力求统一，尽量减少和避免各种文件间的矛盾。招标文件的矛盾会为承包商创造许多索赔的机会，甚至会影响整个工程施工或造成较大的经济损失。

2　工程项目分标

工程项目分标是指业主对准备招标的工程项目分成几个单独招标的部分，即是对工程的这几个部分都编出独立的招标文件进行招标。这几个部分可同时招标，也可以分批招标，可以由数家承包商分别承包，也可由一家承包商全部中标，全部承包；同一工程中不同的分标项目可采用不同招标方式。我国的招投标法规中规定，可根据建设项目的规模大小、技术复杂程度、工期长短、施工现场管理条件等情况采用全部工程、单位工程和专业工程等形式进行招标。

分标主要考虑的因素有：

1）工程特点和施工特点。对施工场地集中、工程量不大、技术上不复杂的工程，可不分标，让一家承包，以便于管理；但对工地场面大、工程量大，有特殊技术要求的工程，应考虑分标。如高速公路不仅施工战线长，而且工程量大，应根据沿线地形、河流、城镇和居民情况等对土建工程进行分标，而道路监控系统则又可是一独立的标。

2）对工程造价的影响。对于大型、复杂的工程项目，如大型水电站工程，对承包商的施工能力、施工经验、施工设备等有较高的要求。在这种情况下，如不分标，就有可能使有资格参加此项工程投标的承包商数大大减少，竞争对手的减少必然导致报价的上涨，业主得不到比较合理的报价。而分标后，就会避免这种情况，让更多的承包商参加投标竞争。

3) 施工进度安排。施工总进度计划安排中，施工有时间先后的子项工程可考虑单独分标。而某些子项工程在进度安排中是平行作业，则要考虑施工特性、施工干扰等情况，然后决定是否分标。

4) 施工现场的地形地貌和主体建筑物的布置。应考虑对施工现场的管理，尽可能避免承包商之间的相互干扰，对承包商的现场分配，包括生活营地、附属厂房、材料堆放场地、交通运输道路、弃渣场地等，要进行细致而周密的安排。

5) 资金筹措的情况。资金不足时，可以先部分工程招标；若为国际工程，外汇不足时，则将部分工程改为国内招标。

根据以上影响因素分析，可提出下列分标原则：

1) 各子项工程施工特性差异大时，尽量使每个子项工程单独招标，做到专业化施工。

2) 根据总进度安排，对某些独立性较强，且又制约着其他工程的子项工程宜首先进行单独招标，这对加快工程进度具有重要作用。

3) 根据施工布置，相邻两标的施工干扰尽量要少，相邻两标的交接处要有明显的实物标记，前后两标要有明确交接日期和实物标记，以减少相邻标的矛盾和合同纠纷。

4) 标分得较多时一般能更多地降低合同价，但会给业主增加管理工作量，同时施工干扰也必然会增加，因此在分标时必须统筹考虑。

3　招标文件内容

工程分标后，对每一个标应单独编制一招标文件。要根据每一标段的实际情况选定比较先进的施工方案和定额，据此编制施工方法、施工进度，计算标底。

招标文件一般由监理工程师或其他咨询机构协助招标人编制而成，其包括：投标邀请书、投标人须知、合同条件、规范、设计图纸、工程量表、投标书和投标保证格式、补充资料表、合同协议书、各类保证等。

1) 投标邀请书。投标邀请书用以邀请经资格预审合格的承包商按业主规定的条件和时间前来投标。投标邀请书一般应说明：业主单位和招标的性质；资金来源；工程概况，如分标情况、主要工程量和工期要求等；承包商为完成本工程所需提供的服务内容，如施工、设备和材料采购等；发售招标文件的时间、地点、售价；投标书送交的地点、份数和截止时间；提交投标保证金的规定额度和时间；开标的日期、时间和地点；现场考察和召开标前会议的日期、时间和地点。

2) 投标人须知。投标人须知是指导投标者正确进行投标的文件，它告诉投标者应遵守的各项规定，以及编制标书和投标时所应注意、考虑的问题。有的业主将投标者须知作为正式合同的一部分，有的不作为正式的合同内容，这一点在编制招标文件和签订合同时应注意说明。投标人须知所列条目应清晰、内容明确。一般应包括下列内容：

（1）工程项目简介。包括工程的名称、地理位置，主要建筑物名称、尺寸、工程量、工程分标情况、本合同的范围及与总体工程的关系、资金来源、工期要求等。

（2）承发包方式。要说明是属于总价承包，还是单价承包或其他方式承包。

（3）组织投标者到工程现场勘察和召开标前会议的时间、地点及有关事项。

（4）填写投标书的注意事项。其注意事项经常包括：

① 投标书必须用墨水钢笔或打字填写每一空白栏，不得删改，如个别错误需更正，应有投标人在旁签字。

② 说明投标报价应使用的货币名称。若用多种货币支付，应有专门表格填报各类货币的数量、所占比例和计算中使用的汇率。

③ 对填报报价的统计错误的处理办法。如，每一页中单项价格和总价出现差错，以单项价为准，或以其较少金额的数字为准；大写金额与小写金额有出入，将以大写金额为准；算错的金额如超出某一限定（例如 5％），则该标被视为废标。没有总价的标不予接受。

④ 对替代方案的规定。如果业主还允许投标人按照招标文件的基本要求，对原有工程的布置、设计或技术要求进行局部的甚至全局的改动，以达到优化设计方案，有利于施工及降低造价等目的，那么提供替代方案时，投标人首先必须完整地填写标书的报价表及其附件，对其内容不得有任何更改。在这个前提下，再提替代方案，它应包括设计图纸、计算方法、技术规范、施工规划、价格分析等资料，列举理由及其优缺点供业主审查。替代方案单独装订成册，随同规定的招标文件一起提交，并随替代方案可另有报价。一般规定只允许投标人提供一个替代方案。

⑤ 对招标文件的澄清。投标人如发现工程说明书、图纸、合同条件或其他任何招标文件中有任何不符或遗漏，以及感到意图或意义含糊不清时，应在投标以前及时以书面形式提请业主予以解释、澄清或更正。对于投标人的请求业主应将以补遗的形式给予有效答复。

⑥ 投标书使用的语言。

（5）投标保证。为了对业主进行必要的保护，招标文件中一般规定"投标必须提供投标保证金"的条款。投标保证金一般不支付现金，而采用保函的形式。应说明投标保函的金额和有效期、业主可以接受的开出保函的银行等。还应说明未按规定在开标之前随同投标书一并递交投标保函的标，将是无效的，保函金额不足者也将被认为是废标。还应注明未中标者的投标保证书将在对中标者发出接受其标书的通知后多少天（例如 28 天）内或开标后多少天（例如 90 天）内退还给投标人。

（6）投标文件的递送。递交投标文件应注意下列问题：

① 投标文件的送达地点和截止日期。投标文件截止日期后递交的标书，均为无效投标。

② 组成投标书的文件。应包括投标书及其附件，投标保证金，工程量表，附加报表，有关资格证明（不需经过资格预审程序的邀请投标），提出的替代方案，按投标人须知所要求提供的其他各类文件（如施工组织计划、进度表和资金流动计划等）。为招标目的发出的所有文件，包括各种修改通知、回答问题的信函等均被认为是招标文件的组成部分。

③ 投标文件的格式与签署，规定需提供的正本和副本份数。正本是投标人填写所购买招标文件的表格及投标人须知中所要求提交的全部文件和资料。副本即正本的复印件。正本与副本如有不一致的地方，以正本为准。正本和副本的每一页均应由投标人正式授权的全权代表签署确认。授权书应一并递交业主。

④ 投标文件的密封和印记。投标文件的正本和每一份副本都应分别包装，密封并加盖印记。如果未按规定书写和密封，由此引起的一切后果将自负。

⑤ 投标文件的修改或撤销。投标人在投标截止时间前的任何时间邮发或递送到的投标书均有效，而且在投标截止时间以前，可以通过书面形式向业主提出修改或撤销已提交的投标文件。要求修改投标文件的信函应该按照递交投标文件的规定编制、密封、标记和

发送。撤销通知书可以通过电报或电传发送，随后再及时向招标委员会递交一份有投标人确认的证明信，收到日期不得迟于投标截止时间。

（7）投标有效期。从截止投标日到公布中标日为止的一段时间均为投标有效期，按照国际惯例，一般为 90～120 天。有效期长短根据招标工程的具体情况而定，要保证有足够的时间供招标单位评标。如为世界银行贷款项目，还需有报世界银行审查批准的时间。投标有效期内，投标人不得变动报价，投标保函的有效期也必须与投标有效期一致。

（8）招标人拒绝投标书的权利（Right to Reject Any or All Bids）。业主可以拒绝任何不符合投标人须知要求的投标书。在上述原则不受限制的条件下，业主不承担接受最低报价的标书或任何其他标书的义务。在签订合同前，有权接受或拒绝任何投标，宣布投标程序无效或拒绝所有投标。对因此而受到影响的投标人不负任何责任，也没有义务向投标人说明原因。

（9）评标时将依据的原则和评审方法。如怎样进行价格评审，价格以外的其他合同条件的评审标准等。

（10）授予合同。规定授予合同的标准、授予合同的通知方法、签订合同和提交履约担保等事项。

3）合同条件，也称合同条款。它主要是规定在合同执行过程中，合同双方当事人的职责范围、权利和义务，监理工程师的职责和授权范围；遇到各类问题，如工程进度、工程质量、工程计量、款项支付、索赔、争议和仲裁等问题时，各方应遵循的原则及采取的措施等。目前在国内外，根据多年积累的经验，已编写了许多合同条件文本。如国际上有：FIDIC 合同条件、英国土木工程师学会的 ICE 合同条件等；国内有：建设部和国家工商行政管理局的《建设工程施工合同（GF—1999—0201）》、水利部、国家电力公司、和国家工商行政管理局的《水利水电土建工程施工合同条件（GF—2000—0208）》。在这些合同条件中有许多通用条件几乎已经标准化、国际化，无论在何处施工，均能适应承发包双方的需要。这种通用的工程合同条件大多将合同条件分为两大部分，即"通用条件"和"专用（或特殊）条件"。前者不分具体工程项目，不论项目所在国别均可适用，具有国际普遍性；而后者则是针对某一特定工程项目合同而做出的有关具体规定，用以将通用条件加以具体化，对通用条件进行某些修改和补充。

4）技术规范。技术规范规定了工程项目的技术要求，也是施工过程中承包商控制质量和监理工程师进行监督验收的主要依据。在拟定或选择技术规范时，既要满足设计要求，保证工程的施工质量，又不能过于苛刻，太苛刻的技术要求必然导致投标者提高投标价格。招标文件中使用的规范一般选用国家部委正式颁布的，但往往也需要由监理工程师主持编制一些适用于本工程的技术要求和规定。规范一般包括：工程所用材料的要求；施工质量要求；工程计量方法；验收标准和规定等。

5）设计图纸。设计图纸是投标者拟定施工方案、确定施工方法以及提出替代方案、计算投标报价必不可少的资料。图纸的详细程度取决于设计的深度与合同的类型，详细的设计图纸能使投标者比较准确地计算报价。图纸中所提供的各种资料，业主和监理工程师应对其负责，而承包商根据这些资料做出自己的分析与判断，据之拟定施工方案，确定施工方法。但业主和监理工程师对这类分析和判断不负责任。

6）工程量报价表。工程量报价表是对合同规定要实施的工程的全部项目和内容按工程部位、性质等列在一系列表内，每个表中既有工程部位需实施的各个子项目，又有每个子项目的工程量和计价要求，以及每个项目报价和总报价等。后两个栏目留给投标者去填写。工程量报价表为投标者提供了一个共同竞争投标的基础，投标者根据投标要求、工程具体情况和自身的经验，对表中各子项目填报单价或价款，并逐项计算汇总得到投标报价。承包商填报的工程量表中的单价或价格是支付工程月进度款项的依据，也是计算新增项目或索赔项目单价或价格的主要参考数据。

7）投标书格式和投标保证书格式。投标书是由投标单位充分授权的代表签署的一份投标文件。投标书是对业主和承包商双方均有约束力的合同的一个重要组成部分。投标书包含投标书及其附件，一般都是业主或监理工程师拟定好固定的格式，由投标者填写。投标保证书，或称投标保函，可分为银行提供的投标保函和担保公司、证券公司或保险公司提供的担保书两种格式。

8）补充资料表。补充资料表是招标文件的一个组成部分，其目的是，要求投标者按招标文件中的这些补充资料表填写有关信息，以便招标人可得到所需要的相当完整的信息。通过这些信息既可以了解投标者的各种安排和要求，便于在评标时进行比较，又可以在工程实施过程中便于业主安排资金计划，计算价格调整等。

9）合同协议书。合同协议书常由业主在投标文件中拟好具体的格式和内容，然后在中标者与业主谈判达成一致协议后签署，投标时不需填写。

10）履约保证和动员预付款保函。履约保证一般有两种形式，即银行保函或称履约保函，以及履约担保。我国向世界银行贷款的项目一般规定，履约保函金额为合同总价的10%，履约担保金额则为合同总价的30%。银行保函又分为两种形式：一种是无条件银行保函；另一种是有条件银行保函。无条件银行保函有点类似不可撤销的信用证，银行见票即付，不需业主提供任何证据。业主在任何时候提出声明，认为承包商违约，而且提出的索赔日期和金额在保函有效期和保证金额的限额之内，银行即无条件履行担保，进行支付。当然业主也要承担由此行动而引起的争端、仲裁或法律程序裁决的法律后果。对银行而言，愿意承担这种保函，因这样既不承担风险，又不卷入合同双方的争端。有条件银行保函即是银行在支付之前，业主必须提出理由，指出承包商执行合同失败，不能履行其义务或违约，并由业主和监理工程师出示证据，提供所受损失的计算数值等。一般而言银行和业主均不喜欢这种保函。动员预付款是在工程开工以前业主按合同规定向承包商支付的费用，以供承包商调遣人员、施工机械和购买建筑材料及设备等。动员预付款保函是在招标文件中规定了业主向承包商提供动员预付款（一般为合同价的10%～15%）的条件下才需要。在这种条件下承包商应到银行去开动员预付款保函，业主在收到此保函后，才支付动员预付款。

12.1.5　施工招标标底

制定标底是招标的一项重要工作。标底是招标工程的预期价格，是衡量投标人报价的准绳，也是评标的主要尺度之一。

1）编制标底的依据和原则

编制标底的依据是：

（1）现行的概预算定额（作为参考）、当地现行人工、材料、工程设备和施工机械台班的预算价格，以及目前的施工水平。

（2）施工组织设计，包括：施工进度计划、施工方案、施工布置等内容。

（3）市场动态，如建筑市场、材料市场和劳动力市场的动态。

编制标底一般应考虑下列原则：

（1）标底要体现工程建设的政策和有关规定。标底虽可浮动，但它必须以国家的宏观控制要求为指导。

（2）计算标底时的项目划分必须与招标文件规定的项目和范围相一致，单价编制方法要与招标文件中确定的承包方式相一致。

（3）所选择的基础单价（人工、材料、施工机械）要和实际情况相符合，以按实际价格计算为原则。

（4）一个招标项目，只能有一个标底，不能针对不同的投标人而有不同的标底。

（5）标底应由施工成本、管理费、利润、税金等组成，一般应控制在批准的总概算或投资包干的范围内。

2）标底的编制方法

编制标底常用两种方法，即概预算法和综合单价法。采用何种方法编制标底，常由业主或监理工程师根据工程具体情况、项目管理能力和招标范围等因素而定。

（1）概预算法。它是根据初步设计（或招标设计，或施工图设计），对招标项目用概预算方法编制的一个预算，此预算成果作适当修正即为标底。

（2）综合单价法。在招标的工程量报价表中，不出现临时工程费用等项目，只有招标项目的工程量及单价，此单价即是综合单价。因此综合单价就应包括不单独列项工程（如临时工程）的费用，即综合单价为所列工程项目的预算单价和不列项工程的摊入单价之和。综合单价法是国际招标标底惯用的编制方法。

3）标底的确定

对应于概预算法和综合单价法编制标底，标底的确定也有区别。

（1）概预算法做标底。用概预算法做标底，最后确定标底，有先预算后调整和先调整后标底两种方法。先预算后调整即是将预算作为标底基础，再考虑一个浮动幅度，加以调整，然后得到标底；先调整后标底即是将部分或全部概预算单价考虑一个浮动幅度，加以调整作为招标单价，然后计算各招标工程项目费用，最后汇总各工程费用，即为标底。

（2）综合单价法标底的确定。一般先确定各工程项目的预算费用，它等于各工程项目的工程量乘以相应的综合单价，然后将各工程项目的预算费累加，得到招标项目的总预算费用。此总预算费用仍是常规预算水平的预算，不过在项目划分上做了变化，将一些非主体工程项目的费用摊入到了主体工程的项目之中。将此总预算费用考虑一个浮动幅度，加以调整，即得标底。

12.1.6　投标者的资格预审

1）资格预审的目的

对投标者进行资格预审是公开招标中必须有的一个环节，对投标者均要进行资格预审，通过资格预审达到下列目的：

（1）了解投标者的财务能力、技术状况及类似本工程的施工经验。

（2）选择在财务、技术、施工经验等方面优秀的投标者参加投标。

（3）淘汰不合格的投标者。

（4）减少评审阶段的工作时间，减少评审费用。

（5）为不合格的投标者节约购买招标文件、现场考察及投标等的费用。

（6）排除将合同授予没有可能通过资格预审的投标者的风险，为业主选择一个优秀的投标者打下良好的基础。

2）资格预审内容

投标者资格预审的内容，各国各地不尽相同，但概括起来基本上有以下几个方面。

（1）投标者一般性资料审核

投标者一般性资料审核的内容包括：

① 投标者的名称、注册地址（包括总部、地区办事处、当地办事处）和传真、电话号码等，对国际招标工程，还有投标者国别。

② 投标人的法人地位、法人代表姓名等。

③ 投标者公司注册年份、注册资本、企业资质等级等情况。

④ 若与其他公司联合投标，还需审核合作者的上述情况。

（2）财务情况审核

财务情况审核的内容包括：

① 近3年（有的要求5年）来公司经营财务情况，对近3年经审计的资产负债表、公司益损表，重点说明总资产、流动资产、总负债和流动负债。

② 与投标者有较多金融往来的银行名称、地址和书面证明资信的函件，同时还要求写明可能取得信贷资金的银行名称。

③ 在建工程的合同金额及已完成和尚未完成部分的百分比。

（3）施工经验记录审核

施工经验记录审核的内容包括：

① 列表说明近几年（如5年）内完成各类工程的名称、性质、规模、合同价、质量、施工起讫日期、业主名称和国别。

② 与本招标工程项目类似的工程的施工经验，这些工程可以单独列出，以引起审核者重视。

（4）施工机具设备情况审核

施工机具设备情况审核的内容包括：

① 公司拥有的各类施工机具设备的名称、数量、规格、型号、使用年限及存放地点。

② 用于本工程上的各类施工机具设备的名称、数量和规格，以及本工程所用的特殊或大型机械设备情况，属公司自有还是租赁等情况。

（5）人员组成和劳务能力审核

人员组成和劳务能力审核的内容包括：

① 公司总部主要领导和主要技术、经济负责人的姓名、年龄、职称、简历、经验以及组织机构的设置和分工框图等。

② 参加本工程施工人员的组织机构及其主要行政、技术负责人和管理机构框图。

③ 参加本工程施工的主要技术工人、熟练工人、半熟练工人的技术等级、数量以及

是否需要雇用当地劳务等情况。

④ 总部与本工程管理人员的关系和授权。

（6）工程分包和转包计划

工程分包和转包计划的内容有：

① 哪些部分项目要分包或转包。

② 分包、转包单位的名称、地址、资质等级，有无分包合同。

③ 哪些专业性很强的工程需要业主另行招标，总包与分包的关系等。

④ 分包是否服从总包的统一指挥和结算，应在资格预审中说明自己的态度。

（7）必要的证明或其他文件的审核

必要的证明或其他文件常包括：

① 审计师签字、银行证明、公证机关公证，国际工程还应有大使馆签证等。

② 承包商誓言等。

只有通过资格预审的投标申请者，才能购买招标文件并参加投标。

12.1.7　开标、评标和决标

1　开标

开标，即在规定的日期、时间、地点当众宣布所有投标者送来的投标文件中的投标者名称和报价，使全体投标者了解各家报价和自己的报价在其中的顺序。招标单位当场逐一宣读投标书，但不解答任何问题。

如果招标文件中规定投标者可提出某种供选择的替代方案，这种方案的报价也在开标时宣读。

对某些大型工程的招标，有时分两个阶段开标，即投标文件同时递交，但分两包包装，一包为技术标，另一包为商务标。技术标的开标，实质上是对技术方案的审查，只有在技术标通过之后才开商务标，技术标通不过的则将商务标原封不动退回。

对没有按规定日期送达或寄到的投标书，原则上均应视为废标而予以原封退回，但如果迟到日期不长，延误并非由于投标者的过失（如邮政等原因），招标单位也可以考虑接受该迟到的投标书。

开标后任何投标者都不允许更改他的投标内容和报价，也不允许再增加优惠条件，但在业主需要时可以作一般性说明和疑点澄清。开标后业主进入评标阶段。

2　评标

1）评标组织。通常由招标人依法组织评标委员会负责评标的业务。为保证评标工作的科学性和公正性，评标委员会必须具有权威性。它一般由招标人的代表和有关技术、经济等方面的专家组成，成员人数为 5 人以上单数，其中技术、经济等方面的专家来不得少于成员总数的三分之二。与投标人有利害关系的人不得进入相关项目的评标委员会。评标要求在保密的情况下进行。

2）投标文件符合性审查。符合性审查即是检查投标文件是否符合招标文件的要求，审查的内容有：①投标书是否按要求填写；②投标书附件有无实质性修改；③是否按规定的格式和数额提交了投标保证书；④是否提交了承包商的法人资格证书、企业资质等级证书及对投标负责人的授权委托证书；⑤如是联营体，是否提交了合格的联营体协议书以及对投标负责人的授权委托证书；⑥是否提交了已标价的工程量表；⑦招标文件要求提交单价分析表时，则投标书中是否提供；⑧投标文件是否齐全，并按规定签了名；⑨是否提出了招标单位无法接受或违背招标文件的保留条件；等等。上述内容一般在招标文件的"投标人须知"中作出了明确的规定，如果投标文件的内容及实质与招标文件不符，或者某些特殊要求和保留条件事先未得到招标单位的同意，则这类投标书将被视作废标。

3）投标者比较。通过投标文件审查的投标者就可参与最后的评比，具有中标的机会。土建项目评比的内容包括：

（1）价格比较，既要比较总价，也要比较子项目单价、计日工单价等。对于国际招标，首先要按"投标人须知"中的规定将投标货币折成同一种货币，即对每份投标文件的报价按规定日期和指定银行公布的外汇兑换率折算成当地币进行比较。由于汇率每天都在变化，所以开标当天的折算结果不应与定标当天的折算结果进行比较，以定标当天的折算结果为准。

（2）施工方案比较。即对主体工程施工方法、施工进度、施工机械设备、施工质量保证措施等的比较，对每一份投标文件所叙述的施工方法、技术特点、施工设备、施工质量保证措施和施工进度等进行评议，对所列的施工设备清单进行审核，审核其数量是否符合施工进度要求，以及施工方法是否先进、合理，施工进度是否满足招标文件要求等。

（3）对该项目主要管理人员及工程技术人员的数量及其经历的比较。拥有一定数量有资历、有丰富施工经验的管理人员和工程技术人员，是中标的一个重要因素。

（4）商务、法律条款方面的比较。主要是评判此方面是否符合招标文件中合同条款、支付条件、外汇兑换率条件等方面的要求。

（5）有关优惠条件的比较。优惠条件一般包括：施工设备赠给、软贷款（带资承包）、技术协作、专利转让以及雇用当地劳动力条件等。在上述工作的基础上，即可最后评定中标者。

评定的方法既可采用讨论协商的方法，也可以采用评分的方法。评分的方法即由评标委员会事先拟定一个评分标准，在对有关投标文件分析、讨论和澄清问题的基础上，由每一个委员采用无记名方式打分，最后统计打分结果，得出中标者。采用这种方法，其评分的项目常有：投标报价、采用的施工方案、施工质量和工期保证措施等。

3　决标

决标，即确定中标人。评标委员会推荐的中标人，经招标人批准后即为正式中标者，然后，招标人向其发出书面中标通知。中标者接到中标通知后，一般应在 15 天内与招标人谈判签订合同，如借故拖延谈判和签订合同，招标单位有权没收其投标保证金，并取消其中标资格，另定中标人。招标单位也不得借故改变中标单位或拖延签订合同的时间，否则招标人应按投标保证金同样数额赔偿中标人的经济损失。

12.2　工程项目投标

工程项目投标是投标人，即卖方，通过了招标人的资格审查，并根据招标人的招标条件，用报价的形式争取获得工程项目的过程。

12.2.1　投标组织和程序

1　投标的组织

若是一个承包商单独投标，投标组织是指对投标班子成员的要求和组成；若是几个承包商联合投标，则有个联合承包的组织问题。

当某承包商决定要参加某工程的投标之后，应立即组织一个高效精干的投标班子。对参加投标班子的人员要认真选择，一般应具备下列条件：

1）知识面宽。要求每个参加投标的人员既精通工程技术又精通经营管理可能苛刻了些，但一般要求参加投标的人员精通其中一项，而对其他也应有相当水平。如精通工程技术，而在经济、管理、法律等方面也有相当水平；或精通经营管理，而在工程技术方面也有一定水平。将这两种人组合在一起，组成工作班子，才可能处理好在投标中可能出现的各种问题。

2）具有丰富的实践经验。不仅需要熟悉施工和估价的工程师，还需要具有懂设计或有设计经验的设计工程师，因为从设计或施工角度对招标文件的设计图纸提出改进方案，以节省投资和加快工程进度经常是投标者中标的重要条件。

3）具有经济合同的法律知识和工作经验。这类人员应了解我国乃至国际上的有关法律和国际惯例，并对开展招投标业务所应遵循的各项规章制度有充分的了解。

4）掌握一套科学的研究方法和手段。诸如科学的调查、统计、分析、预测的方法。

5）其他能力。最好有熟悉物资采购的人员参加投标班子，对国际工程一般还需要工程翻译，当然，在投标人员中最好应该有一些通晓（或水平较高）招标国语言的工程师。

以上要求的基本素质往往难以集中到某个人身上，因而要求各种人员合理组合，并在工作中紧密合作，取长补短，充分发挥投标班子的群体作用。

为了在激烈的投标竞争中取胜，一些承包商往往相互联合组成一个临时性的或长期性的联合承包组织，以发挥各承包商的优势，增加竞争实力。

联合承包组织有许多形式，如：

1）合资公司，即正式组织一个新的法人单位，进行注册并进行长远的经营活动。

2）联合集团。各承包商单独具有法人资格，但联合集团不一定以集体名义注册为一家公司，他们可以联合投标并承包一项或多项工程。

3）联营体。为了特定的项目组成的非永久性团体，对该项目进行投标、承包和实施。该项工程承包任务结束，清理完合营期间的财务帐目，或者该项工程联合投标失败后，这项联营也就终结。联营体是一种松散型的联合组织。

联合集团这种形式，各承包商在其分工负责的范围内具有相对独立性，分担施工的成分多一些；联营体则共同施工的成分多一些。目前在联合承包中，联合集团和联营体的组织形式用得较多，主要是这两种组织形式有下列优点：

1）可增大融资能力。大型建设项目需要承包商有巨额的履约保证金和周转资金，资金不足者无法承担这类项目。采用联合集团或联营体的联合承包形式后，可增大融资能力，减轻每一公司的资金负担。

2）分散风险。大型工程，特别是国际工程，风险因素很多，如经济方面的风险、技术方面的风险和管理方面的风险等。这诸多风险若由一家承包商承担是对其十分不利的，而由多家承包商承担则可减少他们的压力。

3）可弥补技术力量的不足。大型工程项目需要很多专门的技术，而技术力量薄弱和经验少的企业是不能承担的。采用联合集团或联营体的方式联合承包，则可使各家承包商之间的技术专长取长补短，形成强大的实力。

4）可提高报价的可靠性。几家承包商联合投标时，报价可采用分头制定、互相查对、合伙制定、共同检查的方法确定，一般来说报价要可靠些。

2　投标的程序

投标的过程和招标过程相对应，其一般程序如图 12-2 所示。

图 12-2　投标程序

12.2.2　投标决策

世界上经常有工程在招标，任何一个承包商都不可能也不应当见标就投。正确地决定投哪些标，不投哪些标，即投标决策，是承包商提高中标率及获得较好经济效益的重要环节。

1　投标决策的准备工作

若是到某一新地区或国外去投标，投标的准备工作一般应分二阶段：第一阶段是有意识地到该地区或该国去对投标市场作调查研究，而并不是针对某一个标；第二阶段则是在见到招标公告或接到招标邀请之后的具体准备工作。当然在本地投标一般来说做第二阶段具体的准备工作就行了。

投标决策准备工作的内容包括下列几方面资料的收集和调查研究：

1）建筑市场情况。包括建设项目及投资情况、建筑材料价格（特别是当地砂石料等地方建筑材料的货源和价格、当地机电设备的采购条件和价格）、当地劳务的技术水平及雇用价格、当地的运输条件及价格等。

2）招标项目的特点、要求、结构形式、技术复杂程度、施工特点、工期等。

3）招标人及其咨询单位的资信、资金来源、协作情况、对招标是否有倾向性（即想让哪个承包商承包）等。

4）各竞争对手的基本情况。如技术、装备、管理水平、中标迫切程度、投标报价动向、与招标单位之间的人际关系等。

5）国家和工程所在地区对工程招标承包的有关规定、法律条款、税率等。

对于国外工程，还应对政治方面的形势进行研究，如工程项目所在国的政治形势是否稳定，有无发生暴动、战争或政变的可能，工程项目所在国政府对我国政府的政治态度如何等。

2　投标决策的影响因素

投标决策应考虑下几方面的因素：

1）投标者方面的因素，即主观条件因素。指有无完成此项目的实力以及对投标者目前和今后的影响。主要包括：①投标者的施工能力和特点；②投标者拥有的施工机械设备；③投标者有无从事过类似工程的经验，有无垫付资金的来源；④投标项目对投标者今后业务发展的影响。

2）工程方面的因素。包括：①工程性质、规模、复杂程度以及自然条件（气象、水文、地质等）；②施工条件，如道路交通、供水和供电情况；③材料供应条件；④施工工期要求。

3）业主方面因素。包括：①业主的信誉，特别是项目资金的来源和工程款项的支付能力；②业主是否要求承包商带资承包或延期支付；③对于国外工程，还要考虑到业主所在国政治、经济形势，货币币值稳定性，施工机械设备和人员进入该国有无困难，该国法律对外商的限制程度等。

3　投标决策的分析方法

决策理论中有多种方法支持投标决策，这里介绍比较实用的加权评分法。

使用加权评分法时，承包商必须事先列出评价内容，制定出各评价内容的权数和评价系数，见表 12-1。具体步骤如下：

用加权评分法决策投标项目举例　　　　　　　　表 12-1

评 价 内 容	权数 p_i	评价系数 k_i	评价分数 S_i
1. 招标项目的可行性和资金来源可靠性	15	1	15
2. 业主的要求及合同条款，本企业能否做到	10	0.8	8
3. 本企业管理水平及队伍素质	10	0.7	7
4. 本企业机械及设备能力的适应性	5	1	5
5. 本企业流动资金及周转期的适应性	5	0.4	2
6. 本企业的在建工程对招标项目的影响	5	0.9	4.5
7. 本企业信誉	5	1	5
8. 该投标项目可能盈亏及风险程度	20	0.5	10
9. 该投标项目能否带来新的合同	5	0.5	2.5
10. 战胜竞争对手的可能性	20	0.6	12
合计	100		$S=71$

1）列出评价内容。评价内容应根据承包商和招标项目的具体情况列出若干条，表 12-1 中是一般均要列出的评价内容。

2）确定各种评价内容的权数。为了衡量各评价内容对招标决策的影响程度，把各评价内容分成若干等级，并将其数量化（如分成 4 级，用 20、15、10、5 表示），称其为权数，用 p_i 表示。如表 12-1 中第 8 项 "8. 该投标项目可能盈亏及风险程度" 对投标者至关重要，因此，取 $p_8 = 20$。为便于评价结果的可比性，规定各评价内容权数之和为 100，即 $\sum p_i = 100$。

3）确定各种评价内容的评价系数。表 12-1 中各项评价内容处于最满意状态时，评价系数用 1 表示，达不到这种状态时，用 0.9、0.8、0.7……表示，并记为 k_i。

4）计算评价总分。各项评价内容的评价权数 p_i 乘以它的评价系数 k_i，然后累加，即

得总分 S，即有：

$$S = \sum p_i k_i \tag{12.1}$$

评价总分 S 具有两个作用：一是对某一个招标项目投标机会作出评价，承包商可以根据过去的经验，确定一个评价总分的最小值 S_{min}，若某招标项目计算出的评价总分 S 大于该最小值 S_{min}，即 $S > S_{min}$，则可以参加投标竞争，否则不能参加投标竞争。当然还要注意到权数大的评价内容的满意程度，有时，权数大的评价内容不满意时也不宜投标。二是可用 S 来比较若干个同时可以考虑投标的项目，看哪个 S 最高，则可考虑优先投哪个标。

12.2.3　投标的主要环节

投标的一般程序如图 12-2 所示，下面介绍其中一些主要环节。

1　申报资格预审

资格预审能否通过是承包商能否中标的第一关。作为承包商，申报资格预审时应注意的问题有：

1）准备一份一般的资格预审文件。承包商要在平时就将一般资格预审的有关资料准备齐全，最好全部存放在计算机内，针对某一招标项目填写资格预审调查表时，再将有关资料调出来，并加以补充完善。

2）针对工程特点，填好资格预审表。在填写预审表时，要加强分析，针对工程特点，下功夫填好重点部位，特别要反映出本公司的施工经验、施工水平和施工组织能力，这些往往是业主考虑的重点。

3）加强信息收集，及早动手做好资格预审申请的准备。这样可及早发现问题，并加以解决。当针对某一招标项目，发现本企业某些缺陷，如资金、技术或施工设备有问题时，则应及早考虑寻找合作伙伴，弥补某些不足，或组成联营体参加资格预审。

4）做好递交资格预审文件后的跟踪工作，以便发现问题，及时解决。若是国外工程，可通过当地分公司或代理人做好这一工作。

2　现场考察、调查

投标前现场的考察、调查是投标者必须经过的投标程序。在去现场考察之前，应仔细地研究招标文件，特别是文件中的工作范围、专用条款，以及设计图纸和说明，然后拟定出调研提纲，确定重点要解决的问题，做到事先有准备。一般业主要组织投标者进行一次工地现场考察。

承包商现场考察应从下列几方面调查了解：

1）工程的性质以及与其他工程之间的关系。

2）投标者投的那一部分工程与其他承包商或分包商之间的关系。

3）施工现场地形、地貌、地质、气象、水文、交通、电力和水源供应以及有无障碍物等。

4）工地附近有无住宿条件、料场开采条件、设备维修条件和其他加工条件等。

5）工地附近生活供应和治安情况等。

3　分析招标文件、校核工程量、编制施工组织设计

1）分析招标文件。招标文件是投标的主要依据，因此应该仔细地分析研究。研究招标文件，其重点应放在研究投标人须知、专用条款、设计图纸、工程范围以及工程量表上，对技术规范和设计图纸，最好要组织专人研究，弄清招标项目在技术上有哪些特殊要求。

2）校核工程量。对招标文件中的工程量清单，投标者一定要进行校核，这不仅影响到投标报价，若中标还影响到投标者的经济利益。例如，当投标者大体上确定工程总报价后，对某些子项目施工中可能会增加工程量的，可适当提高单价；而对某些子项目工程量估计会减少的，可以适当降低单价。在工程量核对中，若发现有重大出入，如漏项或算错，必要时应找业主核对，要求业主给以书面说明。对于总价合同，校核工程量的工作显得尤为重要。

3）编制施工组织设计。投标过程中的施工组织设计比较粗略，但必须有一全面规划，不同的施工方案和施工组织，对工程报价影响很大。投标中施工组织设计的内容一般包括：①选择和确定施工方法。应根据工程类型和特点，采用适当的施工方法，努力做到节省成本，提高质量，加快进度；②选择施工机械设备。这项内容一般在研究施工方法时一并考虑；③编制施工进度计划。施工进度计划应提出各时段内应完成的工程量及限定日期；④施工质量保证措施。其措施要切实可行，这一点业主经常比较重视。

4　计算投标报价

投标报价计算工作内容一般包括：定额分析、单价分析、工程成本计算、确定间接费率和利润率，最后确定报价。

5　编制投标文件

编制投标文件也称填写投标书，或叫编制报价书。投标文件应完全按照招标文件的要求编制，一般不带任何附加条件，有附加条件的投标文件（书）一般视废标处理。投标文件的内容包括：

1）投标书。

2）投标保证书。

3）报价表。报价表格式随合同类型而定，单价合同一般将各项单价开列在工程量表（清单）上。有时业主要求报单价分析表，则需按招标文件规定将主要的或全部的单价均附上单价分析表。

4）施工组织设计或施工规划。各种施工方案（包括建议的新方案）及其施工进度计划表。

5）施工组织机构图表及主要工程施工管理人员名单和简历。

6）若将部分子项工程分包给其他承包商，则需将分包商的情况写入投标文件。

7）其他必要的附件及资料。如投标保函、承包商营业执照、企业资质等级证书、承包商投标全权代表的委托书及其姓名和地址、能确认投标者财产及经济状况的银行或金融机构的名称和地址等。

6　准备备忘录提要

招标文件中通常明确规定，不允许投标者对招标文件的各项要求进行随意取舍、修改或提出保留。但在投标过程中，投标者对招标文件反复深入地研究后，经常会发现许多问题，这些问题大致可分三类：

第一类是对投标者有利的，可以在投标时加以利用或在以后可提出索赔要求的问题。

这类问题投标者一般在投标时是不提的。

第二类是明显对投标者不利的问题，如总价合同中子项工程漏项或工程量少计。这类问题投标者应及时向业主提出质询，要求更正。

第三类是投标者通过修改某些招标文件的条件或是希望补充某规定，以使自己在合同实施过程中能处于主动地位的问题。

这些问题在准备投标文件时应单独写成一份备忘录提要，但这份备忘录提要不能附在投标文件中提交，只能由投标者保存。第三类问题一般留待合同谈判时一个一个提出来，并将谈判结果写入合同协议书的备忘录中。通常而言，投标者在投标过程中，除第二类问题外，一般是少提问题，多收集信息，以争取中标。

12.2.4　投标报价

投标报价是承包商采取投标方式承揽工程项目时，确定的承包该项工程所要的总价。业主常把承包商的报价作为选择中标者的主要依据。报价是投标者投标的核心，报价过高会失去中标机会，而报价过低虽易得标，但会给其承包工程带来亏本的风险。

1　报价的主要依据

1）设计图纸。

2）工程量表。

3）合同条件。特别是有关工期、款项支付等条件，对国际工程还有外汇比例的条件等。

4）有关法规。

5）拟采用的施工方案、进度计划。

6）施工规范和施工说明书。

7）工程材料、设备的价格及其运输价格。

8）劳务工资标准。

9）工程所在地生活物价水平。

10）税收等各种费用的标准。

2　报价的组成

投标报价费用的基本组成见图 12-3，不同承包商其分类可能有些差别。要注意的是不要漏掉项目或重复计算，以免造成不应有的损失。

1）直接费，一般包括：

（1）人工费；

（2）材料费；

（3）永久设备费；

（4）施工机械使用费；

（5）分包费。

其中，人工费一般由劳动工日消耗乘以当时当地劳动力单价而得；材料、永久设备费均应以到工地价计算；施工机械使用费以台班（时）计，包括基本折旧费、安装拆卸费、维修费、机械保险费、动力消耗费和机上操作人工费。

2）间接费。在国际工程中，间接费名目繁多，分类方法也没有统一标准。常见的一些项目包括：

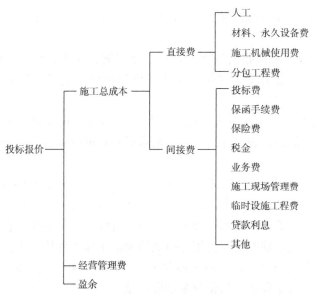

图 12 - 3　投标报价基本组成

（1）投标费，含招标文件购买费、投标差旅费和编制投标文件费；

（2）保函手续费，含投标保函、履约保函、预付款保函和维修保函等的手续费，如到中国银行办保函，一般要收取保函金额的 4‰～6‰的手续费；

（3）保险费，工程承包中保险项目一般有工程保险、第三者责任保险、人身意外保险、材料设备运输保险、施工机械保险等，其中后三项常计入直接费中，不要重复计算；

（4）税金，我国的税金项目有：营业税、城市建设维护税，对国际工程，税的项目和税率很不相同，要注意了解；

（5）业务费，包括代理人佣金、法律顾问费等；

（6）施工现场管理费，指施工现场或工地管理费，一般约为直接费的 10%左右；

（7）临时设施工程费，包括全部生产、生活和办公所需的临时设施费用，如施工区内的道路、水电、通讯等，具体项目和数量应在做施工规划时列出。有的招标文件要求把临时设施作为一个独立的工程项目计入总价，此时就计入直接费内。

3）经营管理费，也称公司或总部管理费。它是指上级管理公司对所属现场施工项目经理部收取的管理费，不包括工地现场管理费，约为工程总成本的 3%～5%。

4）盈余。一般包括利润和风险费两部分。利润随建筑市场情况变化较大，一般可考虑 5%～10%。风险费对承包商来说是一项很难准确预测的费用，据对部分投标资料统计，风险费约为工程总成本的 4%～6%。

3　编制报价程序

编制报价的主要步骤有：

1）预测标底。这是确定报价的准备工作，因为若报价超出标底的某一范围，则无法中标；若报价低于标底很多，虽中标可能性大，但风险也很大。可根据当地或业主可能使用的定额和有关规定去试编概预算，由此进行预测。

2）校核工程量。这在分析招标文件时已做过这样工作的话，这里可省略。

　　3）计算基础报价。即根据报价的组成计算报价表中的每一项目的单价，并汇总可得基础报价。

　　4）确定报价方案。基础报价算出后，不一定能把它作为报价，还应在报价策略的指导下，相应做出几个报价方案，并作出可能高报价和可能低报价的分析，供投标决策人参考。

　　5）调整基础报价。投标决策人选取的报价方案即为正式报价，它一般不等于基础报价，这就要求按业主的报价表，并结合报价艺术对基础报价编制的成果进行调整，使之总价等于正式报价。

　　6）填写报价表。填报价表方法和标底编制方法相对应，也分概预算法和综合单价法。

　　（1）概预算法，即按概预算书格式填，一般将临时工程单独列项。

　　（2）综合单价法，即按综合单价报表填。该报表仅列出了主体工程项目，而临时工程项目则不列入，需将这些临时工程费用分摊到所列的主体工程项目中去。临时工程费的分摊问题，也是投标的技巧之一，总的分摊原则是"早摊为好，适可而止"。早摊早收回较多的工程款，可加速资金周转，为企业多创造效益。

12.2.5　投标技巧

　　投标技巧是指在投标报价中采用什么手法使业主可以接受，而中标后又能获更多的利润。可将投标技巧分为开标前的技巧和开标后的技巧。

1　开标前的技巧

　　1）不平衡报价法

　　不平衡报价法，也称前重后轻法。它是指一个工程项目的投标报价在总价基本确定后，如何调整内部各个子项目的报价，以期既不影响总报价，又在中标后可以获得较好的经济效益。下列几种情况可考虑采用不平衡报价法。

　　（1）能够早日完工的项目，如基础工程、土方工程等，可以报较高的单价，以利于及早收回工程款，加速资金周转；而后期工程项目，如机电设备安装、装饰等工程，可适当降低单价。

　　（2）经工程量核算，估计今后工程量会增加的项目，其单价可适当提高；而工程量可能减少的项目，其单价可适当低些。

　　（3）设计图纸内容不明确，估计修改后工程量要增加的项目，其单价可高些；而工程内容不明确的，其单价不宜提高。

　　（4）没有工程量只填报单价的项目，如疏浚工程中的淤泥开挖，其单价宜高些，这并不影响到总价。

　　（5）暂定项目或选择项目，若经分析肯定要做，则单价不宜低；而不一定做，则单价不宜高。

　　不平衡报价法的应用一定要建立在对工程量表中工程量仔细核对分析的基础上。同时提高或降低单价也应有个范围或幅度，一般可在10％左右，以免引起业主反感，甚至导致废标。

　　2）多方案报价法

　　对于某些招标文件，若要求过于苛刻，则可采用多方案报价法对付，即按原招标文件报一个价；然后再提出：若对某些条件做些修改，可降低报价，报另一个较低的价。以此来吸引业主。

投标者有时在研究招标文件时发现，原招标文件的设计和施工方案不尽合理，则投标者可提出更合理的方案吸引业主，同时提出一个和该方案相适应的报价，以供业主比较。当然一般这种新的设计和施工方案的总报价要比原方案的报价低。

应用多方案报价法时要注意的是，对原招标方案一定要报价，否则是废标。

3）突然降价法

报价是一项保密的工作，但由于竞争激烈，其对手往往通过各种渠道或手段来刺探情况，因此在报价时可采用一些迷惑对方的手法。如不打算参加投标，或准备报高价，表现出无利可图不干等现象，并有意泄露一些情报，而到投标截止前几小时，突然前去投标，并压低报价，使对手措手不及。

采用突然降价法时，一定要考虑好降价的幅度，在临近投标截止日期前，根据情报分析判断，作出正确决策。

4）优惠条件法

在投标中能给业主一些优惠条件，如贷款、垫资、提供材料、设备等，解决业主的某些困难，有时这是投标取胜的重要因素。

5）先亏后盈法

有的承包商为了占领某一地区的建筑市场，或对一些大型工程中的第一期工程，不计利润，只求中标。这样在后续工程或第二期工程招标时，凭借经验、临时设施及创立的信誉等因素，比较容易拿到工程，并争取获利。

2　开标后的技巧

开标后，各承包商的报价已公开，但业主不一定选择最低标中标，经常考虑多种因素确定中标者。若投标者利用议标谈判的机会，充分利用竞争手段，就可提高中标机会。

议标谈判，通常选 2～3 家条件较好的投标者进行。在议标谈判中的主要技巧有：

1）降低投标价格。投标价不是中标的唯一因素，但是很重要的因素。在议标中，投标者适时提出降价要求是关键。只有摸清招标者的意图，在得到其希望降低标价的暗示后，才能提出降价要求。因为有些国家政府的招标法规中规定，已投出的投标书不得改动任何文字，否则投标无效。此外，降低价格要适当，不能损害投标者自己的利益。

2）补充投标优惠条件。在议标谈判中，投标者还可以考虑其他许多重要因素，如缩短工期、提高质量、降低支付条件、提出新技术和新工艺方案等，以这些优惠条件，争取中标。

第13章　城市地下管线探测工程合同管理

13.1　合同管理基础

13.1.1　合同及其特征

合同是一种协议，是平等主体的自然人、法人、其他组织之间设立、变更、终止民事权利义务关系的协议。

合同有下列几方面的特征：

1）合同是一种民事法律行为。合同是合同双方当事人意思表示的结果，合同的内容，即当事人的权利和义务，是由意思的内容来确定的，因而合同是一种民事法律行为。

2）合同是平等的主体间的一种协议。平等主体是指当事人在合同关系中的法律关系平等，彼此间不存在隶属关系或从属关系，平等地承担合同规定的权利和义务。

3）合同是以当事人之间设立、变更、终止民事权利义务关系为目的的协议。其既包括有关债权债务关系的合同，也包括非债权债务关系的合同，如抵押合同、质押合同等，还包括非纯粹债权债务关系的合同，如联营合同等。但一般合同不包括婚姻、收养、监护等有关身份关系的协议。

依法订立的合同，对当事人具有法律约束力。当事人应当按照约定履行自己的义务，不得擅自变更或者解除合同。如果不履行或不按约定履行合同义务，就应当承担违约责任。

13.1.2　合同的订立

1　合同主体资格

当事人订立合同，应当具有相应民事权利能力和民事行为能力。当事人可依法委托代理人订立合同。民事权利能力是参与民事活动、享有民事权利，承担民事义务的能力；民事行为能力是指以自己的意思进行民事活动，取得权利和承担义务的能力。

对建设工程合同，承包人必须经审查合格，取得相应资质证书后，才可在其资质等级许可的范围内订立合同；当由同一专业几个单位组成联合体，按资质等级低的单位确定资质等级。

2　合同形式

当事人订立合同，有书面形式、口头形式和其他形式。法律、行政法规规定采用书面形式的，应当采用书面形式；当事人约定采用书面形式的，应当采用书面形式。其中，合同法又规定，建设工程合同必须用书面形式。

3　合同订立原则

订立合同，要求遵循下列原则：

1）平等原则。合同当事人法律地位上是平等的，一方不能凌驾于另一方之上，不得将自己的意志强加给另外一方。

2）自愿原则。当事人有是否订立和与谁订立合同的自由，任何人和任何单位均不得强迫对方与之订立合同。在不违法的情况下，当事人对合同的内容、合同的形式等均应遵循自愿原则，任何单位和个人不得非法干预。自愿原则和平等原则是相辅相成，不可分割的。平等体现了自愿，自愿要求平等。

3）公平原则。公平原则是指本着社会公认的公平观念，确定当事人的权利义务。主要体现在：①当事人在订立合同时，应当按照公平的标准确定合同的权利和义务，合同的权利义务不能显失公平；②当事人发生纠纷时，法院应当按照公平原则对当事人确定的权利和义务进行价值判断，以决定其法律效力；③当事人变更、解除合同或者履行合同，应体现公平精神，不能有不公平的行为。

4）诚信原则。诚实信用原则，一个重要方面要求合同当事人在合同订立和合同履行过程中，遵守法律法规和双方的约定，本着实事求是的精神，以善意的方式履行合同义务，不准出现欺诈行为，不乘人之危进行不正当竞争等；另一个重要方面是要将诚信原则作为解释合同的依据。在合同的内容含糊不清时、发生歧义等情况下，就需要对当事人的真实意思表示进行解释。

5）合法原则。当事人订立、履行合同应当遵守各种法律、行政法规，主要是指遵守强制性的规定。

4　合同订立方式

当事人订立合同，采取要约、承诺方式。

要约是一方当事人以缔结合同为目的向对方表达意愿的行为。提出要约的一方为要约人，对方称为受要约人。要约人在提出要约时，除了表示订立合同的愿望外，还必须明确提出合同的主要条款，以使对方考虑是否接受要约。显然，工程招标文件就是要约，招标人为要约人，而投标人就是受要约人。

承诺是受要约人按照要约规定的方式，对要约的内容表示同意的行为。一项有效的承诺必须具备以下条件。

1）承诺必须在要约的有效期内做出。

2）承诺要由受要约人或其授权的代理人做出。

3）承诺必须与要约的内容一致。如果受要约人对要约的内容加以扩充、限制或变更，这就不是承诺而是新要约。新要约须经原要约人承诺才能订立合同。

4）承诺的传递方式要符合要约提出的要求。

从有效承诺的 4 个条件分析，投标书是承诺的一种特殊形式。它包含着新要约的必然过程。因为投标人（受要约人）在接受招标文件内容（要约）的同时，必然要向业主（要约人）提出接受要约的代价（即投标报价），这就是一项新要约。此时，投标人成了要约人，而招标人为受要约人。招标人（业主）接受了投标人的新要约之后，才能订立合同。

5　工程承包合同的谈判和签订

工程承包合同签订前一般要进行合同谈判，这谈判一般分两个阶段。

1) 决标前的谈判。开标以后，招标人常要和投标人就工程有关技术问题和价格问题逐一进行谈判。招标人组织决标前谈判的目的在于：

(1) 通过谈判，了解投标人报价的构成，进一步审核和压低报价；

(2) 进一步了解和审核投标人的施工规划和各项技术措施的合理性，及对工程质量和进度的保证程度；

(3) 根据参加谈判的投标人的建议和要求，也可吸收一些好的建议，可能对工程建设会有一定的影响。

投标人有机会参加决标前的谈判，则应充分利用这一机会：

(1) 争取中标，即通过谈判，宣传自身的优势，包括技术方案的先进性，报价的合理性，必要时可许诺优惠条件，以争取中标；

(2) 争取合理价格，既要准备对付招标人的压价，又要准备当招标人拟增加项目、修改设计或提高标准时适当增加报价；

(3) 争取改善合同条件，包括争取修改过于苛刻的和不合理的条件，澄清模糊的条款和增加有利于保护投标人利益的条款。

决标前谈判一般来说招标人较主动。

2) 决标后的谈判。招标人确定中标者并发出中标函后，招标人还要和中标者进行决标后的谈判，即将过去双方达成的协议具体化，并最后对所有条款和价格加以认证。决标后的谈判一般来说对中标承包商比较主动，这时他地位有所改善，他经常利用这一点，积极地、有理有节地同业主就合同的有关条款谈判，以争取对自身有利的合同条件。

招标人和中标者在对价格和合同条款谈判达成充分一致的基础上，签订合同协议书（在某些国家需要到法律机关公证）。至此，双方即建立了受法律保护的合同关系。

13.2　工程项目合同类型及选择

13.2.1　工程项目合同类型

工程项目本身的复杂性决定了承包合同的多样性，其类型可按不同标准加以划分。

1　按合同的"标的"性质分类

根据工程项目的标的性质，一般将合同分成下列几种类型：

1) 勘察设计合同；

2) 工程咨询合同；

3) 工程建设监理合同；

4) 材料供应合同；

5) 工程设备加工生产合同；

6) 工程施工合同；

7) 劳务合同。

2　按合同所包括的工作范围和承包关系分类

根据合同所包括的工程范围和承包关系可将合同分为总包合同和分包合同。

1) 总包合同。它是指业主与总承包商之间就某一工程项目的承包内容签订的合同。

总包合同的当事人是业主和总承包商，工程建设中所涉及的权利和义务关系，只能在业主和总承包商之间发生。

2）分包合同。它是指总承包商将工程项目的某部分或某子项工程分包给某一分包商去完成所签订的合同，分包合同的当事人是总承包商和分包商。分包合同所涉及的权利和义务关系，只在总承包商和分包商间发生。业主与分包商之间不直接发生合同法律关系，但分包商要间接地承担总承包商对业主承担的而由分包商承担的工程项目的有关义务。

3　按计价方式的承包合同的分类

按承包合同的计价方式，可将合同分为总价合同、单价合同、成本加固定费用合同和混合合同4种类型，总价合同和单价合同又可细分许多形式。

1）总价合同。总价合同又可分：①固定总价合同。这种合同以图纸和工程说明为依据，按照商定的总价进行承包，并一笔包死。在合同执行过程中，除非业主要求变更原定的承包内容，否则承包商不得要求变更总价。这种合同方式一般适用于工程规模较小，技术不太复杂，工期较短，且签订合同时已具备详细设计文件的情况。②调值总价合同。在招标及签订合同时，以设计图纸、工程量清单及当时的价格计算签订总价合同，但在合同条款中双方商定，若在执行合同过程中由于通货膨胀引起工料成本增加时，合同总价应相应调整，并规定了调整方法。这种合同业主承担了物价上涨这一不可预测费用因素的风险，承包商承担其他风险。这种合同方式一般适用于工期较长，通货膨胀率难以预测，但现场条件较为简单的工程项目。③固定工程量总价合同。对这种合同，承包商在投标时按单价合同办法分别填报分项工程单价，从而计算出工程总价，据之签订合同。原定工程项目全部完成后，根据合同总价给承包商付款。若改变设计或增加新项目，则用合同中已确定的单价来计算新的工程量和调整总价。这种合同方式要求工程量清单中的工程量比较准确，不宜采用估算的数量。

2）单价合同。它又可分为：①估计工程量单价合同。这种合同要求承包商投标时按工程量表中的估计工程量为基础，填入相应的单价作为报价。合同总价是根据结算单中每项的工程数量和相应的单价计算得出，但合同总价一般不是支付工程款项的最终金额，因单价合同中的工程数量是一估计值。支付工程款项应按实际发生工程量计，但当实际工程量与估计工程量相差过大，超过规定的幅度时，允许调整单价以补偿承包商。②纯单价合同。这种合同方式的招标文件只给出各分项工程内的工作项目一览表、工程范围及必要说明，而不提供工程量。承包商只要给出各项目的单价即可，将来实施时按实际工程量计算。

3）实际成本加酬金合同。这类合同在实际中又有下列几种不同的做法：

（1）实际成本加固定费用合同这种合同的基本特点是以工程实际成本，加上商定的固定费用来确定业主应向承包商支付的款项数目。这种合同方式主要适用于开工前对工程内容尚不十分确定的情况。

（2）实际成本加百分率合同。这种合同的基本特点是以工程实际成本加上实际成本的百分数作为付给承包商的酬金。这种合同方式不能鼓励承包商关心缩短建设工期和降低施工成本，因此较少采用。

（3）实际成本加奖金合同。这种合同的基本特点是先商定一目标成本，另外规定一百分数作为酬金。最后结算时，若实际成本超过商定的目标成本，则减少酬金；若实际成本低于商定的目标成本，则增加酬金。这种合同方式鼓励承包商关心缩短建设工期和降低施工成本，业主和承包商均不会有太大的风险，因此采用得较多。但目标成本的确定常比较复杂。

4）混合型合同。它是指有部分固定价格、部分实际成本加酬金合同和阶段转换合同形式的情况。前者是对重要的设计内容已具体化的项目采用得较多，而后者对次要的、设计还未具体化的项目较适用。

13.2.2　工程承发包合同类型的选择

工程项目合同类型的选择取决于工程项目的具体内容、工程项目的性质、业主和承包商双方的兴趣及合作基础、项目复杂程度及项目客观条件、项目风险程度等多种因素。一般而言，合同类型选择需考虑下列因素：

1）业主和承包商的意愿。业主从自己的角度出发，一般都希望自己少担风险，简化管理手续，并期望通过各种合同条件将项目目标、责任及约束条件由承包商全部承担下来。因此，许多业主对固定总价合同更感兴趣。从承包商角度出发，一般都不愿对大型复杂项目搞总价包死的"交钥匙"合同，以免承担过大风险。若业主坚持搞固定总价合同，承包商往往把风险应变费和盈利打得很高，以应付可能出现的风险。

2）工程项目规模和复杂程度。一般而言，项目规模越大，技术越复杂，越难于采用固定总价的合同，因为承包商要为此承担全部风险，有的承包商宁可少赚钱，也希望采用成本加酬金合同。从业主角度看，则刚好相反。对于小型项目或简单项目，总价合同和单价合同都易为业主和承包商所接受。

3）工程项目的明确程度和设计深度。总价合同、单价合同要求工程细节明确，工程设计具有一定的深度，以便准确地估算工程成本。若工程细节不够明确，设计没有达到一定深度，则一般采用成本加酬金合同较合适。

4）工程进度的紧迫程度。工期要求过紧的项目一般不宜采用固定价格合同。这种项目由于仓促上马，图纸不全，准备不充分，实施中变更频繁，很难以固定价格成交，多采用成本加酬金合同。

5）项目竞争激烈程度和市场供求状况。当建筑承包市场呈现供过于求的买方市场时，业主对合同类型的选择拥有较大主动权。由于竞争激烈，承包商只能尽量满足业主意愿。相反，若施工任务多于施工力量，或承包商对项目某种特殊技术处于垄断地位，则承包商对合同类型选择起主导作用。

6）项目外部因素和风险。项目实施要受到项目外部条件和环境的影响，当项目外部风险较大时，大型项目一般难于采用总价合同。比如通货膨胀率较高、政局不稳或者气候恶劣地区，由于物价、政治和自然条件多变，可能导致项目风险加大，承包商一般难以接受总价合同，因为这些不可控制因素可能导致项目成本大幅度上升。

合同类型选择是业主和承包商双方签约前共同协商的重要内容。由于涉及双方利益、责任和权限范围，业主、承包商应综合考虑上述多种因素，权衡利弊，根据项目具体的内、外部条件，在充分协商的基础上共同选择能为双方认可和接受的合同类型。

在规定使用标准合同条件的环境下，合同类型就不由业主和承包商自由选择了，例如，世界银行贷款项目，规定要使用 FIDIC 条件；在我国，水利水电工程项目规定使用

《水利水电土建工程施工合同条件（GF—2000—0208)》，在这两种情况下，实际上只能用单价合同了，因为它们均属单价合同。而对建筑工程项目，规定使用《建设工程施工合同（GF—1999—0201)》，实际上只能用总价合同了，因为它具有总价合同的性质。

13.3　施工合同管理

13.3.1　合同文件

施工合同文件是施工合同管理的基本依据，也是业主（项目法人）、监理工程师和承包商进行项目管理的基本准则。不论是业主、监理工程师还是承包商不仅要掌握已经形成的最终的合同文件，而且还要了解这些条款或规定的来龙去脉；不仅要了解合同文件的主要部分，例如合同条款，而且也要熟悉报价单、规范和图纸，要把合同文件作为一个整体来考虑。

1　合同文件的形式

施工合同文件不仅仅是业主和承包商签订的最终合同条款，而且还包括招标文件、投标文件、澄清补遗、合同协议备忘录等。澄清补遗是在招标过程中，投标者向业主提出疑问，业主用书面形式做的解释或说明。合同协议备忘录则是业主和承包商在合同谈判中，双方愿意对招标文件或投标文件的某些方面进行的修改或补充。

合同文件的最终形式通常有两种：一种称为综合标书，即将招标文件、投标文件、澄清补遗，合同协议备忘录以及双方同意进入合同文件的参考资料汇总在一起，去掉重复的部分即成综合标书。这样形成的合同文件其好处是内容不易遗漏、编制的工作量相对比较小，但篇幅较大，而且使用也很不方便。因为常常是后面的部分修正了前面的部分，整个标书对同一个问题的叙述几个地方可能均不一致，要用很大的功夫弄清以何者为准。另一种是重新编制过的合同文件，即根据招标文件的框架，将投标文件、补遗和合同协议备忘录等内容一起重新整理编辑，形成一个完整的合同文件。这样使用起来很方便，但整理工作量大。因为对合同文件某一问题的修改往往涉及从条款、规范到图纸一系列的修改，为了保持合同文件的一致性，必须进行仔细反复核对的工作。

2　合同文件的优先次序

施工合同文件包括：招标文件及补遗、投标文件、中标通知书、双方签订的合同协议书及合同协议备忘录、合同条件、双方同意进入合同文件的补充资料及其他文件。

由于上述各部分有的是重复的，有的则是后者对前者的修改，因此在合同条款中必须规定合同组成文件使用的优先次序（Priority Order)，即，组成合同的所有文件被认为是彼此能相互解释的，但是如果有意思不明确和不一致的地方，那么各部分文件在解释上应有优先次序，并在合同条款中事先作出规定。优先次序的确定，第一是根据时间的先后，通常是后者优先；第二是文件本身的重要程度。对一般国际大中型工程而言，通常合同文件解释的优先次序为：

1）合同协议书。

2）合同协议书备忘录。

3）中标通知书。

　4）投标书及其附件。

　5）合同条件（特殊条件或专用条件）。

　6）合同条件（通用条件）。

　7）技术规范。

　8）图纸。

　9）工程量报价单。

　10）业主同意纳入合同的投标书补充资料表中若干内容。

　11）投标人须知。

　12）其他双方同意组成合同的文件。

3　合同文件的主导语言

在国际工程中，当使用两种语言拟定合同文件时，或用一种语言编写，然后译成其他语言时，则应在合同中规定据以解释或说明合同文件以及作为翻译依据的一种语言，其被称为主导语言。不同的语言在表达上存在不同的习惯，往往不能完全相同地表达同一意思。一旦出现不同语言的文本有不同的解释时，则应以主导语言编写的文本为准。

4　合同文件的适用法律

在国际工程中，应在合同文件中规定一种适合于该合同，并据以对该合同进行解释的国家或地方的法律，其被称为该合同的"适用法律"。

5　合同文件的解释

对合同文件的解释，除应遵循上述合同的优先次序、主导语言原则和适用法律，还应遵循国际上对工程承包合同文件进行解释的一些公认的原则，主要包括：

　1）诚实信用原则，即诚信原则。其要求合同双方当事人在签订合同和履行合同中都应是诚实可靠、恪守信用的。

　2）反义先居原则。其是指，当合同中有模棱两可、含糊不清之处，因而对合同有不同解释时，则按不利于合同文件起草方或提供方意图进行解释，也就是以与起草方相反的解释居于优先地位。对施工合同，业主总是合同文件的起草方，所以出现对合同的不同解释时，承包商的理解与解释应处于优先地位。但在实践中，合同的解释权常属监理工程师，承包商可要求监理工程师对含糊、矛盾之处作出书面解释，而这种解释视为"变更指令"，并据此处理工期和经济补偿问题。

　3）确凿证据优先原则。若在合同文件中出现几处对同一规定有不同解释或含糊不清时，则除了合同的优先次序外，以确凿证据做的解释为准，即要求：具体规定优先于原则规定；直接规定优先于间接规定；细节规定优先于笼统规定。据此原则形式了一些公认的惯例：细部结构图纸优先于总装图纸；图纸上的尺寸优先于其他方式的尺寸；数值的文字表达优先于阿拉伯数字表达；单价表达优先于总价表达；定量说明优先于其他方式的说明；规范优先于图纸等。

　4）书面文字优先原则。书写条文优先于打字条文；打字条文优先于印刷条文。

6　合同条件的标准化

由于合同条款在合同管理中十分重要，合同双方都很重视。对作为条款编写者的业主方而言，必须慎重推敲每一个词句，防止出现任何不妥或有疏漏之处；对承包商而言，必须仔细研读合同条款，发现有明显错误要及时向业主指出予以更正，有模糊之处又必须及时要求业主方澄清，以便充分理解合同条款表示的真实思想与意图。因此，在订立一个合同过程中，双方在编制、研究、协商合同条款上要投入很多的人力、物力和时间。

世界各国为了减少每个工程都必须花在编制讨论合同条款上的人力物力消耗，也为了避免和减少由于合同条款的缺陷而引起的纠纷，都制订出自己国家的工程承包标准合同条款。实践证明，采用标准合同条款，除了可以为合同双方减少大量资源消耗外，还有以下优点：

1) 标准合同条款能合理地平衡合同各方的权利和义务，公平地在合同各方之间分配风险和责任。因此多数情况下，合同双方都能赞同并乐于接受，这就会在很大程度上避免合同各方之间由于缺乏所需的信任而引起争端，有利于顺利完成合同。

2) 由于投标者熟悉并能掌握标准合同条款，这意味着他们可以不必为不熟悉的合同条款以及这些条款可能引起的后果担心，可以不必在报价中考虑这方面的风险，从而可能导致较低的报价。

3) 标准合同条款的广泛使用，可为合同策划人员提供参考的模板，也可为合同管理人员的培训提供参考的依据。这将有利于提高工程项目的管理水平。

应该指出，标准化合同条款仅是一种格式条款。按我国《合同法》规定：采用格式条款订立合同，应当遵循公平原则确定当事人之间的权利和义务；提供条款一方免除其责任、加重对方责任、排除对方主要权利的，该条款无效。《合同法》也规定，对格式条款的理解发生争议的，应当按照通常理解予以解释，对格式条款有两种以上解释的，应当作出不利于提供格式条款一方的解释；格式条款与非格式条款不一致的，应当采用非格式条款。

13.3.2　施工合同管理的一般问题

业主和承包商在施工合同协议书上签字后，双方就应按该合同协议中的有关条款认真执行。在履行施工合同过程中，业主和承包商均有合同管理的问题，但业主一般是委托监理工程师对合同进行管理。施工合同管理中主要有下列一些问题。

1　业主、承包商和监理工程师的基本关系

业主是建设工程项目的投资主体和责任主体。它通过招标投标，择优选择承包商和监理单位，并与中标人签订合同，通过合同文件规定合同双方的权利、义务、风险、责任和行为准则。对施工项目，业主与施工承包商签订施工承包合同，按合同向承包商支付其应支付的款额，并获得工程。业主与监理单位签订委托监理合同，委托监理单位对施工承包合同进行管理，控制工程的进度、质量和投资，并向监理单位支付报酬。

承包商应按照施工合同规定，实施工程项目的施工、完建以及修补工程的任何缺陷，并获得合理的利润。承包商应接受监理工程师的监督和管理，严格执行监理工程师的指令，并仅接受监理工程师的指令。

监理工程师受聘于业主，在业主的授权范围内进行合同管理，履行合同中规定的职责，行使合同中规定的或隐含的权力。监理工程师不是合同的当事人，无权修改合同，也无权解除合同任一方的任何职责、义务和责任。监理工程师可按照合同规定向承包商发布指令，承包商必须严格按指令进行工作。监理工程师可按合同对某些事宜作出决定，在决定前应与双方协商并力争达成一致，如不能达成一致，应作出一个公正的决定。业主和承

包商都应遵守监理工程师作出的决定，如不同意，可在执行的同时提出索赔或仲裁。

2　施工合同的转让和分包

1）施工合同转让。转让是指中标的承包商对工程的承包权转让给另一承包商的行为。转让的实质是合同主体的变更，是权利和义务的转让，而不是合同内容的变化。施工承包合同一经转让，原承包商与业主就无合同关系，而改变为新承包商与业主的合同关系。一般说，原承包商是业主经过资格审查、招标投标和评标后选中，并在相互信任的基础上经过谈判，签订合同的。承包商擅自转让，显然是违约行为。所以，各种合同条款都规定，没有业主的事先同意，承包商不得将合同的任何部分转让给第三方。

2）施工合同分包。分包是指承包合同中的部分工程分包给另一承包商承担施工任务。分包与转让不同，它的实质是为了弥补承包商某些专业方面的局限或力量上的不足，借助第三方的力量来完成合同。施工合同的分包有两种类型，即一般分包与指定分包：①一般分包指由承包商提出分包项目，选择分包商（称为一般分包商），并与其签订分包合同。一般也规定，承包商不得将其承包的工程肢解后分包出去，也不得将主体工程分包出去；未经监理工程师同意，承包商不得将工程任何部分分包出去；承包商应对其分包出去的工程以及分包商的任何工作和行为负全部责任，分包商应就其完成的工作成果向业主承担连带责任；分包商不得将其分包的工程再分包出去。②指定分包是指分包工程项目和分包商均由业主或监理工程师选定，但仍由承包商与其签订分包合同，此类分包商称为指定分包商。指定分包有两种情况：一种是业主根据工程需要，在招标文件中写明分包工程项目以及指定分包商的情况。若承包商在投标时接受了此项指定分包，则该项指定分包即视为与一般分包相同，其管理也与一般分包的管理相同；另一种是在工程实施过程中，业主为了更有效地保证某项工作的质量或进度，需要指定分包商来完成此项工作的情况。此种指定分包，应征得承包商的同意，并由业主协调承包商与分包商签订分包合同。业主还应保证补偿承包商由于指定分包而增加的一切额外费用，并向承包商支付一定数额的分包管理费。承包商应按分包合同规定负责分包工作的管理和协调。指定分包商应接受承包商的统一安排和监督管理。

3　工程的开工、延长和暂停

1）工程开工。在投标书附件中规定了从中标函颁发之后的一段时间里，监理工程师应向承包商发出开工通知。而承包商收到此开工通知的日期即作为开工日期，承包商应尽快开工。竣工日期是从开工日起算的。若由于业主的原因，如征地、拆迁未落实，引起承包商工期延误或增加开支，则业主应对工期和费用给予补偿。

2）工期延长。由于某种原因，承包商有权得到工期延长，能否得到费用补偿，要视具体情况而定。这些原因有：

（1）额外的或附加的工作。

（2）不利的自然条件。

（3）由业主造成的任何延误。

（4）不属于承包商的过失或违约引起的延误。

（5）其他合同条件提到的原因。

承包商必须在导致延期事件开始发生后一定时间（如28天）内将要求延期的报告送达监理工程师。若导致延期的事件持续发生，则承包商应每28天向监理工程师送一份期中报告，说明事件详情。

3）工程暂停。暂停施工是施工过程中出现了危及工程安全或一方违约使另一方受到严重损失的情况下，受害方采取的一种紧急措施，其目的是保护受害方的利益。引起工程暂停的原因可能是承包商也可能是业主。引起工程暂停的损失由责任方承担。在施工中出现暂停或需要暂停，一般监理工程师应下达暂停施工指令，当具备复工条件时，监理工程师再下达复工令。

4　工程变更、增加与删减

在监理工程师认为必要时，可以改变任何部分工程的形式、质量水平或数量。监理工程师用书面形式发出变更指令。有关变更程序和变更处理在下文单独介绍。

5　工程计量与支付

1）工程计量。工程量是予以支付的一个依据之一。予以支付的工程量必须满足：在内容上，必须是工程量清单上所列的，包括监理工程师批准的项目；在质量上，必须是经过检验的、质量合格的项目的工程量；在数量上，必须是按合同规定的原则和方法所确定的工程量。若合同中没有特殊规定，工程量一般均应测量净值计。仅当监理工程师批准或认定的工程量，才能作为支付的工程量。

2）工程支付。施工承包合同支付或结算涉及的款项有：

（1）工程进度款（Project Progress Payment）。其是指，对工程量清单中所列的项目，按实际完成的，满足支付条件的，并经监理工程师确认的工程量，乘以合同中规定的单价，得到向承包商支付的款项。工程进度款常按月支付，因此其也称月进度款。

（2）暂定金。其包含在合同总价中，并在工程量清单中用该名称标明。暂定金可用于工程的任何部分施工的一笔费用。其也可用于采购货物、设备或服务；或用于指定分包；或供处理不可预见事件。按监理工程师的指令，暂定金可全部或部分被使用，也可能不需被动用。

（3）计日工，又称点工。其是指监理工程师认为工程有必要做某些变动，且按计日工作制适宜于承包商开展工作，于是就以天为基础进行计量支付的一种结算制度。

（4）工程变更、工程索赔、价格调整。

（5）预付款。在施工合同中，预付款分为动员预付款和材料预付款。动员预付款是指承包商中标后，由业主向其提供一笔无息贷款，主要用于调迁施工队伍、施工机械，以及临时工程的建设等。材料预付款也是业主向承包商提供的无息贷款，不过其主要用于支持承包商采购材料和工程设备。预付款在工程进度款中将由业主逐步扣回。

（6）保留金。为了施工过程中和施工完后的保修期里，工程的一些缺陷能得到及时的修补，承包商违约的损失能得到及时的补偿，一般在合同中规定，业主有权在工程月进度款中按其百分比扣留一笔款项，这就是保留金。合同中一般也规定，保留金累计扣留值达到合同价的 2.5%～5% 时，即停止扣留；在监理工程师签发合同工程移交证书后的 14 天内，业主应退还 50% 的保留金，在工程保修期满后的 14 天内，业主应将所有保留金退给承包商。

（7）奖励与赔偿。施工中，如因承包商的原因，而使业主得到额外的效益，或致使业主额外的支付或损失时，业主应对承包商进行奖励，或向承包商要求赔偿。

（8）完工支付和最终支付。在监理工程师签发合同工程移交证书后的 28 天内，承包商就应向业主提交完工支付申请，并附有详细的计算资料和证明文件；承包商在收到监理工程师签发的保修责任终止证书后的 28 天内，应向监理工程师提交一份最终支付申请表，并附有证明文件。

6　质量检查

对所有材料、永久工程的设备和施工工艺，均应符合合同要求及监理工程师的指示。承包商应随时按照监理工程师的要求，在工地现场以及为工程加工制造设备的所有场所，为其检查提供方便。

监理工程师应将质量检查的计划在 24 小时前通知承包商。监理工程师或其授权代表经检查认为质量不合格时，承包商应及时补救，直到下次检查验收合格为止。对隐蔽工程，在监理工程师检查验收前不得覆盖。

质量检查费用一般由承包商承担，但下列情况应由业主支付：

1）监理工程师要求检验的项目，但合同中无规定的。

2）监理工程师要求进行的检验，虽在合同中有说明，但检验地点在现场以外或在材料、设备的制造现场以外，其检验结果合格时的费用。

3）监理工程师要求对工程的任何部位进行剥露或开孔以检查工程质量，如果检查合格时，剥露、开孔及还原的费用。

7　承包商的违约

承包商的违约是指承包商在实施合同过程中由于破产等原因而不能执行合同，或是无视监理工程师的指示有意或无能力去执行合同。承包商的下列几种行为均认为是违约：

1）已不再承认合同。

2）无正当理由而不按时开工，或是当工程进度太慢，收到监理工程师指令后又不积极赶工者。

3）在检查验收材料、设备和工艺不合格时，拒不采取措施纠正缺陷或拒绝用合格的材料和设备替代原来不合格的材料和设备者。

4）无视监理工程师事先的书面警告，公然无视履行合同中所规定的义务。

5）无视合同中有关分包必须经过批准及承包商要为其分包承担责任的规定。

承包商违约，业主可自行或雇用其他承包商完成此工程，并有使用原承包商的设备、材料和临时工程的权利。监理工程师应对其已经做完的工作、材料、设备、临时工程的价值进行估价，并清理各种已支付的费用。

8　业主的违约

业主的违约主要是业主的支付能力问题，包括下面几种情况：

1）在合同规定的应付款期限内，未按监理工程师的支付证书向承包商支付款项。

2）干扰、阻挠或拒绝批准监理工程师上报的支付证书。

3）业主停业清理或宣告破产。

4）由于不可预见原因或经济混乱，业主通知承包商，他已不可能继续履行合同。

若出现上述业主的违约，承包商有权通知监理工程师：在发出通知某期限内（如 14 天）终止承包合同，并不再受合同的约束，从现场撤出所有属自己的施工设备。此时，业主还应按合同条款向承包商支付款项，并赔偿由于业主违约而引起的对承包商的各种损失。

9 争端解决

争端解决是合同管理中的主要问题之一。合同在执行过程中，经常会发生各种争端，有些争端可以按合同条款双方友好协商解决，但总会存在一些合同中没有详细规定，或虽有规定但双方理解不一的争端。争端解决的方式有许多，如，谈判、调解、仲裁、诉讼等。

一般均是通过监理工程师去调解，当争议双方不愿谈判或调解，或者经过谈判和调解仍不能解决争端时，可以选择仲裁机构进行仲裁或法院进行诉讼审判的方式进行解决。

我国实行的是"或裁或审制"，即当事人只能选择仲裁或诉讼两种解决争议方式中的一种。

10 索赔

一般而言，索赔是指在合同实施过程中，当事人一方不履行或未正确履行其义务，而使另一方受到损失，受损失的一方向违约方提出的赔偿要求。在施工承包中，施工索赔是指，承包商由于非自身原因发生了合同规定之外的额外工作或损失，而向业主所要求费用和工期方面的补偿。换言之，凡超出原合同规定的行为给承包商带来的损失，无论是时间上的还是经济上的，只要承包商认为不能从原合同规定中获得支付的额外开支，但应得到经济和时间补偿的，均有权向业主提出索赔。因此索赔是一种合理要求，是应取得的补偿。

广义上的索赔概念不仅是承包商向业主提出，而且还包括业主向承包商提出，后者也常称反索赔，索赔和反索赔往往并存。

11 工程移交

工程移交分全部工程和局部工程移交两种。

1）当承包商认为其所承包的全部工程实质上已完工，可向监理工程师申请竣工验收。通过竣工验收，其可向监理工程师申请颁发移交证书。若监理工程师对工程验收满意，则其应签发一份移交证书。该移交证书经业主确认后，就意味着承包商将工程移交给了业主，此后该工程即由业主负责管理。

2）区段或局部工程移交。这种移交常见在这三种情况：①合同中规定，某区段或部位有单独的完工要求和竣工日期；②已局部完工，监理工程师认为合格且为业主所占用，并成为永久工程的一部分；③在竣工前，业主已选择占用，这种占用在合同中无规定，或是属于临时性措施。对于上述情况之一，承包商均有权利向监理工程师申请签发区段或局部工程的移交证书。这类移交证书的签发，相应的区段或局部工程则移交给业主。

12 缺陷责任期

缺陷责任期，亦称保修期，是指移交证书上确认的工程完工日期后的一段时间，通常为1年。若一个工程有几个竣工日期，则整个工程的缺陷责任期应以最后一部分工程的缺陷责任期的期满而结束。在缺陷责任期内，承包商应尽快完成竣工验收阶段所遗留的扫尾工作，并负责对各种工程缺陷的修补。若引起工程缺陷的责任在承包商，则其修补费用由承包商自负；若引起工程缺陷的责任不在承包商，则维修费用由业主支付。

13.3.3 工程变更

工程变更是指，在工程施工合同执行过程中，监理工程师根据工程需要，下达变更指令，对合同文件的内容或原设计文件进行修改，或对经监理工程师批准的施工方案进行改变。

在施工合同签订以前，尽管已对工程计划、工程设计做了大量的工作，但还不能认为已对工程有了彻底的了解，更难预测到未来合同执行过程中工程项目外部因素对施工的影响。特别是那些规模大、工期长、施工条件复杂的大中型建设项目，经常还会发生一些较大的工程变更事项，如施工条件变化、设计改变、材料替换、施工进度或施工顺序变化、施工技术规程规范变更、工程量的变化等。因此，关于解决变更问题，不论是业主，还是承包商均是施工合同管理中的一重要课题。

1　工程变更发生原因

发生工程变更的原因是多方面的，主要有下列几点：

1）施工条件的变化。在工程建设中，施工条件的变化是经常发生的，特别是地质等条件的变化。如，施工过程中发现地基承载能力不足、施工部位边坡稳定有问题等都会引起工程变更。除自然条件外，施工过程中还可能由于社会环境、经济环境等方面的因素引起工程变更。如，社会动乱、政策和法令变化、资金短缺等。

2）设计的变化。这主要是由于设计优化、修改设计标准、纠正设计错误时发生的，也可能是施工中遇到困难时，承包商提出对图纸进行适当的修改。

3）工程范围发生变化，出现了合同外工程。新增工程项目或属于合同范围以外的工作经常引起工程变更问题，新增工程按其工程范围划分为附加工程和额外工程两种。属于工程项目范围以内的新增工程称为附加工程；超出工程范围以外的新增工程称为额外工程。附加工程是工程项目运行所不可少的，而额外工程则是工程项目正常运行并不是必需的。对于附加工程一般按合同规定程序按月支付款项；对于额外工程按新合同规定程序支付款项，承包商也可提出索赔。合同范围以外的工作，具体有两种情况：①工程的性质发生了根本性变化。如，合同规定的 8 层楼房加高到 10 层或要求将合同规定的 100km 道路延长到 120km 等。②发生的工程数量或款额超出了工程量清单的一定界限。至于这个界限是多少，则根据合同条件或类似工程确定。

4）施工方法和施工计划的变化。在合同实施中，若施工方案发生重大变化，则会引起工程变更。

5）承包商违约。在某些情况下，承包商的违约会引起工程变更。如承包商没有按开工日期开工，严重影响了工期，甚至影响了控制性工期，则可能引起工程变更。

6）业主或监理工程师发出的指令（工程变更指令）。施工合同中一般规定业主或监理工程师认为有必要时，可对工程或其中任何部分的形式、数量或质量作出改变。

2　工程变更程序

施工合同通常规定，只有监理工程师发出工程变更指令，承包商才能进行任何变更工作。但工程变更的要求则参与工程建设的各方均可提出，即业主、监理工程师、设计单位和承包商均可能提出工程变更。为了顺利处理工程变更，在合同实施初期，监理工程师就应制定一工程变更程序，并通知建设各方。其程序一般为：

1）工程变更的提出。无论是业主、监理单位、设计单位、还是承包商，认为原设计图纸或技术规范不适应工程实际情况时，均可向监理工程师提出变更要求或建议，提交书面变更申请书或建议书，工程变更申请书或建议书包括以下主要内容：

（1）变更的原因及依据；

（2）变更的内容及范围；

（3）变更引起的合同价的增加或减少；

（4）变更引起的合同期的提前或延长；

（5）为审查所必须提交的附图及其计算资料等。

2）工程变更建议的审查。监理工程师在工程变更审查中，应充分与业主、设计单位、承包商进行协商，对变更项目的单价和总价进估算，分析因此而引起的该项工程费用增加或减少的数额。监理工程师负责对工程变更申请书或建议书进行审查时，一般应遵循的原则有：

（1）工程变更的必要性与合理性；

（2）变更后不降低工程的质量标准，不影响工程完工后的运行与管理；

（3）工程变更在技术上必须可行、可靠；

（4）工程变更的费用及工期是经济合理的；

（5）工程变更尽可能不对后续施工在工期和施工条件上产生不良影响。

监理工程师在工程变更审查中，应充分与业主、设计单位、承包商进行协商，对变更项目的单价和总价进行估算，分析因此而引起的该项工程费用增加或减少的数额。

3）工程变更的批准与设计。如该项工程变更属于监理工程师权力范围之内，监理工程师可作出决定。对于不属于监理工程师权限范围之内的工程变更，则应提交业主在规定的时间内给予审批。工程变更获得批准后，由业主委托原设计单位负责完成具体的工程变更设计工作，设计单位应在规定时间内提交工程变更设计文件，包括施工图纸。如果原设计单位拒绝进行工程变更设计，业主可委托其他单位设计。

4）工程变更估价。监理工程师审核工程变更设计文件和图纸后，要求承包商就工程变更进行估价，由承包商提出工程变更的单价或价格，报审监理工程师审查，业主核批。

5）工程变更令发布与实施。业主批准了确定的单价或价格以后，由监理工程师向承包商下达工程变更指令，承包商据此组织工程变更的实施，工程变更指令应包括两部分内容，即变更的文件和图纸以及变更的价格。为避免耽误施工，监理工程师可以根据具体情况，分两次下达工程变更令。第一次发布的变更令主要是变更设计文件和图纸，指示承包商继续工作；第二次发布的变更令主要是业主单位核批后的工程变更单价和价格。工程变更指令必须是书面的。承包商对工程变更指令的内容，如单价不满意时，可以提出索赔要求。

3 工程变更的价格调整

工程变更引起的价格调整的 3 种情况：

1）工程变更引起本项目和其他项目单价或合价的调整。任何一项工程变更都有可能引起变更项目和有关其他项目的施工条件发生变化，以致影响本项目和其他项目的单价或合价。此时，业主和承包商均可提出对单价或价格的调整。这种价格调整情况经常应讲究下列原则：

（1）如项目相同，则用工程量清单中已有的单价；

（2）如果没有适用于该变更工程的单价，则可以用清单中类似项目的单价并加以修正；

（3）如既无相同项目，也无类似项目，则应由监理工程师、业主和承包商进行协商确定新的单价或价格；

（4）如协商不成，监理工程师有权独立决定他认为合适的价格，并相应地通知承包商，将一份副本呈交业主。此决定不影响业主和承包方解决合同中争端的权力。

2）工程变更总值超过合同规定值引起的合同价格的调整。在竣工结算时，如发现所有合同变更的总金额和支付工程量与清单中工程量之差引起的金额之和超过了合同的价格（不包含暂定金）的15%时，除了上述单价或合价的调整外，还应对合同价格进行调整。调整的原则是：当变值为增加时，业主在支付时应减少一笔金额；当变更值为减少时，则支付中应增加一笔金额。这种调整金额仅考虑超过合同价格（不包含暂定金）15%的部分。这种调价的理由是：承包商在投标时，将工程的各项成本和利税等均分摊到了各项目的单价之中，其中有一部分固定费用，如总部管理费、调遣费等，而这些是不随工程量的变化而变化的。而在工程变更中，由于采用单价合同支付方式，事实上使这些固定费用发生了变化。当变更值增加时，它也增加；变更值减少时，它也减少。前者使承包商获得了不该增加的费用，后者使承包商蒙受损失。

3）新增工程项目价格的调整。在工程变更的各种形式中，新增工程的现象最为普遍。工程师在下达的工程变更指令中，经常要求承包商实施某种新增工程。从合同含义上分析，新增工程应按其工程范围划分附加工程和额外工程两种：属于工程项目合同范围的新增工程，称为附加工程；超出工程项目合同范围以外的新增工程，称为额外工程。附加工程和额外工程价格调整原则如下：

（1）附加工程是指建成合同工程所必不可少的工程。如果缺少了这些工程，该合同工程项目就不能发挥其预期的作用。因此，只要是该工程合同项目必需的工程，都属于附加工程，无论该工程在合同文件的工程量清单中是否列出该工作项目，只要监理工程师发出工程变更指令，承包商应遵照执行。因为它在合同意义上属于合同范围以内的工作项目。因此，附加工程的价格调整与前述一般工程变更价格调整相同。

（2）额外工程（Extra Work）是指工程项目合同文件中"工程范围"未包括的工作，缺少这些额外工程，原订合同的工程项目仍然可以运行，并发挥效益。所以，额外工程是一个"新增的工程项目"，而不是原合同项目的一个新的"工作项目"。因此，对于一项额外工程，应签订新的承包合同，独立地确定合同价。

13.3.4　施工合同调价

合同调价是施工合同管理的重要内容，它涉及业主和承包商双方的经济利益。合同价格调整可分为物价波动引发的价格调整和法规引起的价格调整二类。

1　物价波动引起的价格调整

物价波动引发的价格调整是指人工、材料、施工机械单价波动而影响合同价时，应考虑对合同价的调整。物价波动引起合同价格调整的方法有下述3种：

1）文件证据法。所谓文件证据法，是业主依据实际发生文件（如票据）上的价格与合同（或投标文件）上的原始价格之差，给承包商给予补偿的一种方法。文件证据法调价包括的范围可以是劳动力工资、工程材料、施工用电、运输费用和税金等。文件证据法的使用，要求合同中有劳动力工资、工程材料等的原始价格，并有对何种对象可以调，以及需提供何种文件证据等的规定。文件证据法的使用存在这样一些问题：

（1）文件证据法要求有原始价格和调整时实际价格的证据，否则无法操作。像施工机械台班费这一类费用就难以用此法调整。

（2）文件证据法调整合同价的管理工作量大。对一个较大的施工项目，仅材料一项可能会有上百种，调整时需对这些材料的原始价和实际的有关证据逐一核实、计算，工作量相当大。

（3）在法制不健全、票据管理混乱的环境下，文件证据法也并不适宜。

（4）施工中常会出现不同规格、型号材料代用的问题，在合同中可能不会找到这些代用材料的原始价格。

2）按实计算法。该方法的计算公式为：

$$\Delta P = \sum_{i=1}^{n} \left[(F_{ti} - F_{oi}) Q_i \right] \tag{13-1}$$

式中，ΔP——需调整的价格差额；

　　　n——可调价的项目数；

　　　F_{ti}——第 i 项目的现行价格；

　　　F_{oi}——第 i 项目的基本价格；

　　　Q_i——第 i 项目的消耗量。

运用方法时，必须在签订合同前双方商定本工程中可调价项目的数量与内容。

3）调价公式法。该方法的计算公式为：

$$\Delta P = P_0 \left[\sum_{i=1}^{n} \frac{F_{ti}}{F_{oi}} B_i + A - 1 \right] \tag{13-2}$$

式中，ΔP——需调整的价格差额；

　　　P_0——业主应支付的金额（不包括价格调整、保留金和预付款）中，以基本价格计价部分；

　　　n——可调价的项目数；

　　　F_{ti}——第 i 项目的现行价格指数或现行价格；

　　　F_{oi}——第 i 项目的基本价格指数或基本价格；

　　　B_i——第 i 项目的权重，为第 i 项目在合同估算价中所占比例；

　　　A——不调价项（一般指管理费、利润）的权重；

　　　[ ]——其中综合被称为调价系数。

公式法在具体运用时，通常可在招标文件附有价格指数和权重表，规定可调价的项目数 n、不调价项权重 A 和可调价项目的权重范围 B_i，并应满足 $A + \sum_{i=1}^{n} B_i = 1.0$ 的约束条件。

2　法规引起的价格调整

在递交投标书截止日期前 28 天后，如政府法规发生变化而导致工程费用发生除物价波动引起的价差以外的增减，则业主应和承包商协商对合同价格进行调整。

第 14 章　城市地下管线工程项目信息管理

14.1　工程项目信息

14.1.1　工程项目信息的概念

近 20 年来，我国不断从工业发达国家引进项目管理的概念、理论、组织、方法和手段，取得了不少成绩。但是，应认识到，当前我国在项目管理中最薄弱的工作环节是信息管理。至今多数业主方和施工方的信息管理还相当落后，其落后表现在对信息管理的理解，以及信息管理的组织、方法和手段基本上还停留在传统的方式和模式上。城市地下管线探测工程项目信息管理也同样比较落后或重视不够。

信息指的是用口头、书面或电子等方式传输（传达、传递）的知识、新闻，或可靠或不可靠的情报。声音、文字、数字和图像等都是信息表达的形式。

14.1.2　工程项目信息的构成

由于城市地下管线探测工程项目管理涉及多部门、多环节、多专业、多渠道，其信息量大、来源广泛、形式多样，主要由下列信息构成：

1）文字信息

包括设计图纸、资料、技术设计书、合同书、地下管线探测原始数据记录、数据处理、成果图表、来往信件等信息。

2）语言信息

包括口头分配任务、作指示、汇报、工作检查、介绍情况、谈判交涉、建议、批评、工作讨论和研究、会议等信息。

3）新技术信息

包括电话、电报、电传、计算机及网络、电视会议、数码照片与摄像、广播通讯等信息。

工程项目管理者应当捕捉各种有用的信息并加工处理和运用各种信息。

14.1.3　工程项目信息的分类

工程项目建设实施过程中，涉及大量的信息，这些信息依据不同标准可划分如下：

1　按工程项目建设的目标划分

1）投资控制信息

投资控制信息是指与投资控制直接有关的信息，如各种估算指标、类似工程造价、物价指数、概算定额、预算定额、工程项目投资估算、设计概预算、合同价、施工阶段的支付账单、原材料价格、机械设备台班费、人工费、运杂费等。

2）质量控制信息

如国家有关的质量政策及质量标准、项目建设标准、质量目标的分解结果、质量控制工作流程、质量控制的工作制度、质量控制的风险分析、质量抽样检查的数据等。

3）进度控制信息

如施工定额、项目总进度计划、进度目标分解、进度控制的工作流程、进度控制的工作制度、进度控制的风险分析、某段时间的进度记录等。

4）安全控制信息

如安全管理目标、安全控制的基本要求。

5）合同管理信息

如经济合同、工程建设施工承包合同、物资设备供应合同、工程咨询合同、施工索赔等。

2　按工程项目建设的来源划分

1）项目内部信息

内部信息取自建设本身。如工程概况、设计文件、施工方案、合同结构、合同管理制度、信息资料的编码系统、信息目录表、会议制度、项目的投资目标、项目的质量目标、项目的进度目标。

2）项目外部信息

来自项目外部环境的信息称为外部信息。如国家有关的政策及法规、国内及国际市场上原材料及设备价格、物价指数、类似工程造价、类似工程进度、招标单位的实力、投标单位的信誉、毗邻单位情况等。

3　按信息的稳定程度划分

1）固定信息

是指在一定时间内相对稳定不变的信息，包括标准信息、计划信息和查询信息。标准信息主要指各种定额和标准，如施工定额、原材料消耗定额。计划信息反映在计划期内已定任务的各项指标。查询信息主要指国家和行业部门颁发的技术标准、不变价格等。

2）流动信息

是指反映在某一时刻或某一阶段项目建设的实际进程及计划完成情况等的不断变化着的信息，如项目实施阶段的质量、投资及进度的统计信息，项目实施阶段的原材料消耗量、仪器设备台班数、人工工日数等。

4　按信息的层次划分

1）战略性信息

指有关项目建设过程中的战略决策所需的信息，如项目规模、项目投资总额、建设总工期、承建商的选定、合同价的确定等信息。

2）策略性信息

提供给建设单位中层领导及部门负责人作短期决策用的信息，如项目年度计划、财务计划等。

3）业务性信息

指的是各业务部门的日常信息，如日进度、月支付额等。这类信息较具体，因而精度较高。

5 按信息的管理功能划分

工程项目信息按项目管理功能又可划分为：组织类信息、管理类信息、经济类信息和技术类信息四大类，每类信息根据工程项目各阶段项目管理的工作内容还可以进一步细分，如图 14-1 所示。

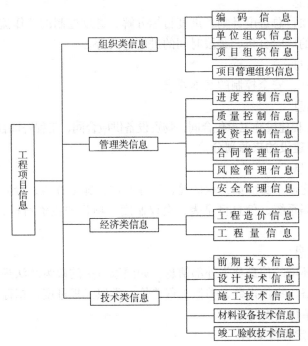

图 14-1 工程项目信息分类图

6 按其他划分

1）按照信息范围的不同，可以把工程项目建设信息分为精细的信息和摘要的信息两类。

2）按照信息时间的不同，可以把工程项目建设信息分为历史性的信息和预测性信息两类。

3）按照对信息的期待性不同，可以把工程项目建设信息分为预知的和突发的信息两类。预知的信息是项目管理者可以估计的，它产生在正常情况下；突发的信息是项目管理者难以估计的，它发生在特殊情况下。

以上是常用的几种分类形式。按照一定的标准将工程项目建设信息予以分类，对信息管理工作有着重要意义。因为不同的范畴，需要不同的信息，而把信息予以分类，有助于根据管理工作的不同要求，提供适当的信息。

14.1.4 项目信息管理的任务

项目管理者承担着项目信息管理的任务，他是整个项目的信息中心，负责收集各种信息，作各种信息处理，并向各级、向外界提供各种信息。项目信息管理的任务主要包括：

1）组织项目基本情况的信息，并系统化，编制项目手册。项目管理的任务之一是，按照项目的任务、项目的实施要求设计项目实施和项目管理中的信息和信息流,确定它们的基本要求和特征,并保证在实施过程中信息流通畅。

2) 项目报告及各种资料的规定,例如资料的格式、内容、数据结构要求。

3) 按照项目实施、项目组织、项目管理工作过程建立项目管理信息系统流程,在实际工作中保证这个系统正常运行,并控制信息流。

4) 文档管理工作。

14.2　城市地下管线工程项目文件和档案资料的管理

14.2.1　城市地下管线工程项目文件档案资料概述

1) 地下管线信息管理首先要解决好管线信息管理机构设置问题。当前我国城市地下管线探测成果的保管单位不尽相同,主要集中在城建档案馆、信息中心或城市测绘院,这些单位各有其技术专长和工作职责,到底由谁管理更合适? 城建档案馆的职责是收集、整理、保管和提供利用城市建设档案,地下管线和地面房屋建设的档案同属城市建设档案,从我国相关的管理法规来看地下管线档案的管理应是城建档案馆的工作职责。过去由于地下管线资料分散管理,城建档案馆缺少地下管线管理的经验和专业技术人员,今后应加强管线管理岗位、技术人员的配置,不断提高管线管理的水平,履行自己应尽的工作职责。

2) 地下管线档案信息是一种公共信息资源,应实行资源共享,并按相关的管理法规进行信息交换,向社会提供查询和利用,充分开发管线信息的应用价值,发挥管线信息在城市建设中作用。

3) 地下管线必须实行动态管理,以保证管线信息的现势性。新建、改建和扩建的地下管线应在覆土前进行竣工测量,实时采集管线最新信息,并及时录入管线数据库,保证管线信息的准确性。

工程项目文件指:在工程建设过程中形成的各种形式的信息记录,如设计文件、合同文件、各种部门(如业主、承建商、工程咨询机构)之间相互交递的文件、施工文件、竣工图和竣工验收文件等,也可简称为工程文件。

14.2.2　我国城市地下管线档案管理现状

地下管线档案是城市规划、建设、管理的重要依据,全面掌握和了解地下管线信息一直是城市建设行政主管部门的管理职责,建设部近几年对城市地下管线的管理问题非常重视,采取了不少措施。但由于一些城市存在重地上建设,轻地下建设,地下管线的建设和管理跟不上,造成地下管线信息不明,给城市建设带来影响。据统计全国绝大多数城市不掌握本市的地下管线情况,分析其原因主要有以下几个方面:

1) 专业管线权属单位不能按规定向城市城建档案馆报送管线竣工档案,造成管线档案信息不全;

2) 地下管线分由不同的权属部门规划、建设,管理上各自为政,重复建设、重复投资、浪费严重,管线资料分散管理,缺乏交流、协调与配合;

3) 新建管线没有按要求进行覆土前的竣工测量,无法实现管线动态跟踪管理。

以上原因造成城市地下管线档案缺少综合性、统一性，资料分散，信息不全和老化，档案资料缺乏现势性，滞后于城市建设发展的需要，管线事故屡有发生，造成人员伤亡和财产损失，给城市建设和人民生活带来一定影响。

鉴于此，建设部作了大量的技术和法规建设工作：颁布了新的《城市地下管线探测技术规程》（CJJ61－2003），下发了《全国城建档案信息化建设规划与实施纲要》，下发了《关于加强地下管线档案信息管理的通知》，发布了《城市地下管线工程档案管理办法》（以下称《档案办法》）。《档案办法》的颁布实施，为城市地下管线管理工作提供了法规依据。

14.2.3 地下管线档案管理的指导思想和原则

1）地下管线档案管理的指导思想

地下管线档案管理的指导思想是：实行地下管线档案信息的集中统一管理。

2）地下管线档案管理的基本原则

地下管线档案信息管理的原则是：

（1）统一接收城市的地下管线档案，包括普查成果档案和动态管理档案，集中保管地下管线档案，建立统一的地下管线数据库，建立综合地下管线信息管理系统和动态管理系统，集中为社会提供查询利用服务。

（2）地下管线信息统一数据标准，即管线数据采集和竣工测量都要按统一数据格式标准进行数据采集、建库、入库、交换和共享。

3）统一管理的目的和依据

目的：加强城市地下管线工程档案的管理。

依据：《中华人民共和国城市规划法》、《中华人民共和国档案法》、《建设工程质量管理条例》等有关法律、行政法规。

4）地下管线管理的范围

《档案办法》适用于城市规划区内地下管线工程档案的管理。

《档案办法》所称城市地下管线工程，是指城市新建、扩建、改建的各类地下管线（含城市供水、排水、燃气、热力、电力、电信、工业等的地下管线）及相关的人防、地铁等工程。

5）地下管线档案管理体制

国务院建设主管部门对全国城市地下管线工程档案管理工作实施指导、监督。

省、自治区人民政府建设主管部门负责本行政区域内城市地下管线工程档案的管理工作，并接受国务院建设主管部门的指导、监督。

县级以上城市人民政府建设主管部门或者规划主管部门负责本行政区域内城市地下管线工程档案的管理工作，并接受上一级建设主管部门的指导、监督。

城市地下管线工程档案的收集、保管、利用等具体工作，由城建档案馆或者城建档案室（以下简称城建档案管理机构）负责。

各级城建档案管理机构同时接受同级档案行政管理部门的业务指导、监督。地下管线档案信息必须实行集中统一管理：统一接收城市的地下管线档案，包括普查成果档案和动态管理档案，集中保管地下管线档案，建立统一的地下管线数据库，建立综合地下管线信

息管理系统和动态管理系统，集中为社会提供查询利用服务。地下管线档案信息管理机制
如图 14 - 2 所示。

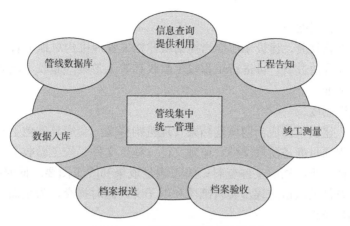

图 14 - 2　管线档案信息管理机制

地下管线信息必须统一数据标准：管线数据采集和竣工测量都要按统一数据格式标准
进行数据采集、建库、入库、交换和共享。

6）地下管线档案管理机制

实现地下管线动态管理不只是技术问题，关键要有法规和机制的支撑。20 世纪 90 年
代中期，我国一些城市曾开展过地下管线探测普查，由于缺少必要的法规和制度，新增管
线数据不能得到及时更新，管线资料信息缺少现势性，造成管线信息数据老化，降低甚至
失去信息的利用价值。

目前全国正在大规模地开展地下管线普查探测工作，我们不应重蹈覆辙，必须重视管
线普查探测后的动态管理问题。要实现管线的动态管理，必须做好以下几方面工作：

（1）建立管线信息查询制度

建设单位在申请领取建设工程规划许可证前，应当到城建档案管理机构查询施工地段
的地下管线档案资料，取得该施工地段地下管线现状资料；建设单位在申请领取建设工程
规划许可证时，应当向规划主管部门报送地下管线现状资料；施工单位在地下管线工程施
工前，要取得施工地段地下管线现状资料。

建立查询制度，使施工单位在工程施工前，全面了解施工地段地下情况，可有效地避
免因盲目施工所造成的挖断地下管线事故的发生[6]。

（2）实行告知制度

地下管线工程管理部门在办理地下管线工程施工批准手续时，应将批准情况告知城建
档案馆，以便城建档案馆跟踪并指导地下管线工程档案的建档工作。

在建设单位办理地下管线工程施工许可手续时，城建档案管理机构应当将工程竣工后
需移交的工程档案内容和要求告知建设单位。以便建设单位在工程开工前就对工程档案工
作作出具体部署和安排，使工程档案与工程建设同步开展。

（3）建立地下管线竣工测量制度

所有地下管线工程在竣工覆土前，建设单位应委托具有相应资质的工程测量单位，按

现行的《城市地下管线探测技术规程》CJJ61-2003的要求进行竣工测量，并按当地城市建设的信息需求和数据标准进行地下管线数据采集，形成准确的竣工测量数据文件和管线工程竣工图。

（4）专项预验收制度

地下管线竣工验收前，建设单位应当提请城建档案管理机构对地下管线工程档案进行专项预验收。预验收通过后，可进行工程竣工验收和竣工备案。验收不能通过的，要进行整改，直至符合标准。

（5）移交报送制度

工程备案前，建设单位应当向城建档案管理机构移交一套完整的地下管线档案。移交的内容包括：工程项目准备阶段文件、监理文件、施工文件、竣工验收文件和竣工图；竣工测量成果；其他应当归档的文件资料。竣工测量成果和竣工图要求同时提交电子文件，其他档案资料有条件的城市应逐步实行纸质和电子文件同时提交，为全面实现地下管线档案信息化管理创造条件。

（6）动态管理制度

新建地下管线要进行竣工测量，并按上述要求报送管线档案资料。管线工程投入使用后，对更改、报废、漏测部分的管线，地下管线专业管理单位应及时测定记录相应管线信息，并对地下管线图进行修改补充，再按要求向城建档案管理机构移交。

城建档案馆应将管线建设单位报送的地下管线工程档案资料，及时录入地下管线信息数据库，实行动态管理。

（7）服务制度

① 是要建立城市地下管线数据库和信息管理系统，对城市地下管线实行综合管理和动态管理；

② 是要建立各种档案管理制度，保管好地下管线档案；

③ 是要做好服务工作，随时为各政府机关、地下管线专业管理单位、建设和施工单位以及社会各界提供地下管线档案资料的查询、服务。积极开发地下管线工程档案资源，为城市规划建设管理提供服务。

14.3　城市地下管线项目管理中的信息系统

14.3.1　城市地下管线项目管理中的信息系统的工作内容

1）收集已有的控制测量成果资料（平面和高程）、地形图、管线成果资料，了解城市坐标系统、高程基准和地形图分幅标准。

2）在充分调查研究的基础上，编写项目总体方案、项目经费预算、拟定工作计划和工作进度。

3）计算机软硬件设备的调研和选型工作，包括GIS软件、数据库软件、服务器、储存设备、输入输出设备、计算机、数据的安全与备份等设备。

4）组织专业技术人员进行专业管线现况图调绘。

5）管线探测样区试验，主要目的是选定探测队伍，验证技术规程可行性，确定探测方法、工作程序、组织方式、技术标准和作业方式等。

6）各工程子项目的招投标工作，主要为招标中介机构提供工程子项目的工程概况、技术要求、技术标准、项目工作内容、造价预算、选择中标商的条件要求等。

7）根据本地区的实际需要和技术要求，编制指导管线项目工作的技术规程、规范、标准，内容涵盖管线探测、管线监理、数据建库、系统开发和软件监理等工作，作为指导管线项目工作的技术标准。

8）布设管线测量控制网。为测定管线点的准确位置提供平面和高程起算坐标。

9）采用物探方法探测各种管线的地下位置，同时采集管线的属性数据，测定各类管线点的平面坐标和高程，描绘出埋藏于城市地下的管线位置图，为城市规划、建设和管理提供管线现况资料。

10）测绘带状地形图，为编制综合管线图和各种专业管线图提供清晰、准确的地形图背景。

11）组织专业管线权属单位进行专业管线图的审查工作，确保管线成果准确完整，防止管线数据缺漏。

12）把采集到的所有管线数据和地形图数据进行归类、整理、标准化并录入数据库，建立管线数据库和地形图数据库。

13）开发地下管线信息管理系统，对城市地下管线实现信息化管理。

14）建立城域管线局域网络，实现管线数据共享和数据交换。

15）项目工程监理，内容包括控制测量监理、管线探测监理、软件开发监理。

16）成果资料组卷归档，包括控制测量、管线探测、带状图测绘、软件开发、探测监理和软件监理的记录、计算、成果、文档等。

17）项目建设的同时，同步进行管线工程档案管理的立法工作，如：出台《地下管线工程档案管理办法》等。

14.3.2　城市地下管线项目管理中的信息系统主要技术工作

1　管线控制测量网的布设

为了测定地下管线位置、管线点坐标和测绘地形图，在地下管线探测区域内布设控制测量网，如：布设四等 GPS 网点，以 GPS 点作为首级控制沿主要路网加密布设一、二级导线网，所有导线点以串测形式按四等水准精度要求进行水准测量，形成四等水准高程网，为地下管线探测和带状地形图测绘提供高精度的平面和高程起算数据。

2　地下管线探测与带状地形图测绘

探测并查明给水、排水、燃气、电力、电信、广播电视、热力、工业等各类地下管线的走向、性质、规格、材质、权属单位等管线属性信息，测定管线的平面位置、埋深和高程，测绘带状地形图，编绘综合地下管线图和专业地下管线图。

在充分搜集和分析已有资料的基础上，采用内外业一体化数字测绘技术，同步进行管线探测和地形图测绘，同时获取管线数据和地形图数据，使用成图软件在计算机上自动生成地下管线图，提高了作业的自动化程度和工作效率。

为了确保数据采集成果质量的精度，通过作业单位自查、工程监理检查、管线办抽查、管线权属单位审图、软件开发单位数据入库复查等形式，严把成果质量关，每级检查都规定一定检查比例。从实际效果看，通过层层把关，有效地保证成果精度，避免数据缺漏。

作业单位检查主要从三方面控制质量：

1）管理制度保障。每个作业单位都设立有质量管理小组，有专职质检组长和专职的质检员，全面负责作业质量保证工作。

2）工作程序保障。实行三级检查制度，即作业小组自查，小组与小组交换互查，再由项目组组织检查。

3）技术保障。严格执行有关技术规定的操作程序和精度指标，认真分析作业区域的地球物理特性，选择最佳探查方法，每天检查仪器性能并进行修正，确保仪器作业时性能最佳。

管线办除了在工作例会上听取工程质量情况汇报，制定措施，提出要求，抓落实，还到现场进行检查、督促、指导，不定期进行随机抽查。

3　管线探测工程监理

管线探测工程监理是由监理单位的测绘、物探和计算机专业人员组成的监理部对管线探测作业实行全过程监理，内容包括：合同履行监理、工程进度监理、工程准备监理、管线探查监理、管线测量监理、数据监理以及成果归档整理监理。

4　系统软、硬件及网络平台建设

根据计算机、网络、GIS、海量存储技术的发展水平，考虑综合地下管线信息管理系统在性能及扩展性等方面的要求，综合地下管线信息管理系统采用数据库服务器、中间层服务器和 Web 服务器、客户机三级体系结构，既保证了系统的稳定性与数据的安全性，又使得整个系统架构具有较高的性价比。整个系统全部在专用网络环境下运行，与国际互联网或任何其他外部网络进行了物理隔离，杜绝黑客或非法用户通过网络窃取国家秘密数据的可能性，保证系统的安全。系统在软、硬件及网络的设计和技术应用上均应具有先进性，保证系统今后进行升级、扩展的灵活性。

软、硬件平台的选择。软件平台包括 GIS 平台软件、数据库等，硬件平台包括电脑、绘图仪、打印机、磁盘阵列等。

网络平台建设。充分考虑系统的安全机制，在网络安全方面为系统配置网络防火墙、保密机、入侵检测系统、VPN 硬件加密卡等设备。

5　系统设计与开发

根据多年来长期对城市规划管理信息化建设模式的研究和探索，综合地下管线信息系统应利用计算机网络、以 GIS 软件为平台，能为地下管线的规划、管理、服务提供辅助决策。

系统的建设要求应以地形图管理为核心的综合地下管线地理信息系统基础平台上，建立各个子系统。如建库子系统、综合应用子系统、动态更新子系统和公众服务子系统等。梳理地下管线信息的结构层次，使各子系统具有相互独立的功能体系，同时又相互构成完整的地下管线数据库，进行综合查询、叠加分析等。在以计算机软硬件为支撑工具、以数字地图为基础空间数据、以管线管理业务所包含的空间信息和非空间信息为资源，利用GIS 的数据库管理、查询、统计、空间分析和数学分析模型等为城市地下管线的规划、管理提供技术支持，形成决策支持。系统将逐步通过动态更新系统，实现城市各管类包括给排水、燃气、电力、电信、广电等其他管线的数据更新，以便实现各管线的综合管理和数据共享。

系统软件包括开发功能齐全、通用性强、标准先进、实用完整的综合地下管线管理系统软件，以及根据各专业需要深入开发专门功能的软件。系统软件应满足不同用户不同层次的需求，能高效的分析和处理各种信息，应具备丰富的 GIS 查询显示及图形分析功能，具备良好的用户界面，具备较强的服务能力，并且可与行业办公自动化系统紧密结合，实现分布式数据库的存储、管理、信息互通和共享。通过管线管理系统为领导和有关部门对城市的建设、管理、防灾减灾及管线工程建设提供良好的服务和辅助决策，提高工作效率，提高城市的现代化管理水平。

6　地下管线数据建库与地形数据建库

数据是信息系统的核心，数据建库也是信息系统建设的主要内容。建立综合地下管线信息数据库和地形信息数据库，从而统一地下管线信息管理系统建设的数据标准，做到地下管线数据的集中管理与资源共享。在进行地形建库时，地形要素分层和属性数据采集均应基于城市基础地理信息地形建库的要求，保障在国内专业 GIS 应用系统建设中具有一定的先进性，并应可以为开发 GIS 信息管理系统高级应用功能提供数据支持。

数据库包括给水、排水、燃气、电力、通信、广播电视、热力、工业等管线的空间坐标数据和属性数据综合管线数据库，以及地形图数据库。管线数据库应能通过不同渠道同时为多用户、多系统提供完整、准确、标准的管线信息。

14.3.3　城市地下管线项目管理中的信息系统技术标准建设

为了做好地下管线探测及信息化建设工作，力求对地下管线探测及信息化建设各项工作的内容、流程、程序、方法、技术标准、精度指标、数据格式和质量控制等进行规范和统一，从而确保项目工作的顺利开展和项目成果的质量，开展城市地下管线探测与信息化建设技术和方法的研究工作，制定相应的技术规程、数据规范、数据标准、成果质量检查规定、成果评定评分规定和地下管线数据建库规定等技术文件，逐步形成较为完善的地下管线技术标准体系。

参考文献

[1] 周凤林，洪立波．城市地下管线探测技术手册．北京：中国建筑工业出版社，1998.

[2] 洪立波．城市地下管线面临的挑战与机遇．地下管线管理，2005年第4期

[3] 洪立波．积极推进城市地下管线信息化建设．城市勘测，2007年增刊

[4] 李学军．我国城市地下管线信息化发展与展望．城市勘测，2009年第1期

[5] 李学军，洪立波．城市地下管线探测与管理技术的发展及应用．城市勘测，2010年第4期

[6] 洪立波，周凤林，区福邦，等．城市地下管线探测技术规程（CJJ61-2003）．北京：中国建筑工业出版社，2003

[7] 张正禄，司少先，李学军，等．地下管线探测和管网信息系统．北京：测绘出版社，2007.

[8] 陈穗生，梁瑜萍．复杂条件下的地下管线探测方法．物探与化探．2008年第32卷第1期

[9] 曹震峰，丘广新，葛如冰．地下非金属管线探地雷达图像特征的研究及应用．城市勘测，2010年第2期

[10] 张汉春，莫国军．特深地下管线的电磁场特征分析及探测研究．地球物理学进展，2006年第21卷第4期

[11] 陈品祥，洪立波，过静珺，等．卫星定位城市测量技术规范（CJJ/T73-2010）．北京：中国建筑工业出版社，2010.

[12] 洪立波，蒋达善，顾孝烈，等．城市测量规范（CJJ8-99）．北京：中国建筑工业出版社，1999

[13] 江贻芳．地下管线探查作业的质量控制．北京测绘，2006年第1期

[14] 洪立波，江贻芳，李学军，等．城市地下管线探测工程监理技术导则．北京：中国建筑工业出版社，2010.

[15] 戚安邦，等．项目管理学．北京：科学出版社，2007.

[16] 李世蓉．建设工程项目管理．武汉：武汉理工大学出版社，2002.

[17] 任宏，张巍，等．工程项目管理．北京：高等教育出版社，2007.

[18] 王祖和．现代工程项目管理．北京：电子工业出版社，2007.

[19] 全国注册咨询工程师资格考试参考教材编写委员会．工程项目组织与管理．北京：中国计划出版社，2007.